Ein Quantum Zukunft – Quantenphysik und
Quantentechnologien einfach erklärt

Johannes Knörzer · Patrick Emonts

Ein Quantum Zukunft – Quantenphysik und Quantentechnologien einfach erklärt

Johannes Knörzer
ETH Zürich
Zürich, Schweiz

Patrick Emonts
Universität Leiden
Leiden, Niederlande

ISBN 978-3-662-70065-5   ISBN 978-3-662-70066-2   (eBook)
https://doi.org/10.1007/978-3-662-70066-2

Die Deutsche Nationalbibliothek verzeichnet diese Publikation in der Deutschen Nationalbibliografie; detaillierte bibliografische Daten sind im Internet über https://portal.dnb.de abrufbar.

© Der/die Herausgeber bzw. der/die Autor(en), exklusiv lizenziert an Springer-Verlag GmbH, DE, ein Teil von Springer Nature 2025, korrigierte Publikation 2025

Das Werk einschließlich aller seiner Teile ist urheberrechtlich geschützt. Jede Verwertung, die nicht ausdrücklich vom Urheberrechtsgesetz zugelassen ist, bedarf der vorherigen Zustimmung des Verlags. Das gilt insbesondere für Vervielfältigungen, Bearbeitungen, Übersetzungen, Mikroverfilmungen und die Einspeicherung und Verarbeitung in elektronischen Systemen.
Die Wiedergabe von allgemein beschreibenden Bezeichnungen, Marken, Unternehmensnamen etc. in diesem Werk bedeutet nicht, dass diese frei durch jede Person benutzt werden dürfen. Die Berechtigung zur Benutzung unterliegt, auch ohne gesonderten Hinweis hierzu, den Regeln des Markenrechts. Die Rechte des/der jeweiligen Zeicheninhaber*in sind zu beachten.
Der Verlag, die Autor*innen und die Herausgeber*innen gehen davon aus, dass die Angaben und Informationen in diesem Werk zum Zeitpunkt der Veröffentlichung vollständig und korrekt sind. Weder der Verlag noch die Autor*innen oder die Herausgeber*innen übernehmen, ausdrücklich oder implizit, Gewähr für den Inhalt des Werkes, etwaige Fehler oder Äußerungen. Der Verlag bleibt im Hinblick auf geografische Zuordnungen und Gebietsbezeichnungen in veröffentlichten Karten und Institutionsadressen neutral.

Springer ist ein Imprint der eingetragenen Gesellschaft Springer-Verlag GmbH, DE und ist ein Teil von Springer Nature.
Die Anschrift der Gesellschaft ist: Heidelberger Platz 3, 14197 Berlin, Germany

Wenn Sie dieses Produkt entsorgen, geben Sie das Papier bitte zum Recycling.

Geleitwort

Als Physikerin bin ich oft die Ansprechpartnerin für Freunde und Familie, die grundlegende Konzepte der Naturwissenschaften verstehen wollen. Die Quantenmechanik nimmt dabei in ihrem Interesse einen besonderen Platz ein: Einerseits scheinen die Konzepte abstrakt und schwer mit der täglichen Erfahrung vereinbar, andererseits begegnen wir ständig der Möglichkeit neuer Technologien, die „fast in Reichweite" sind. Vor kurzem hatte ich einen Austausch mit meiner Mutter, die sich häufig mit neuen Veröffentlichungen beschäftigt, die versuchen, Erkenntnisse in Fächern wie Biologie, Philosophie oder Spiritualität zu vermitteln. Sie fragte mich, ob sie den darin dargestellten Grundlagen der Quantenmechanik trauen könnte, und war besonders daran interessiert, wie diese geheimnisvolle Welt unser Verständnis von freiem Willen, Erkenntnistheorie und Bewusstsein beeinflussen könnte. Dabei stellte sich für uns beide heraus, dass die wissenschaftlich-technischen Grundlagen oft entweder gar nicht oder nur im Hinblick auf das spezifische Ziel der jeweiligen Autoren dargestellt werden. Meine Mutter wünschte sich daher eine klare Erläuterung der Quantenmechanik und deren Anwendungen.

Das vorliegende Buch ist genau das: Es macht Spaß zu lesen, ist klar und verständlich, ohne die Komplexität der Materie zu verzerren, und bietet einen ansprechenden, gut strukturierten Aufbau. Besonders fallen da die „Kurz & knackig"-Erklärungen auf, die komplexe Konzepte prägnant und leicht verständlich vermitteln. Der Inhalt spiegelt den aktuellen Kenntnisstand der Wissenschaft wider und ist für alle gedacht, die sich für die faszinierende Welt der Quantenmechanik und ihre modernen Anwendungen interessieren.

Die Autoren sind jung, aufstrebend und international bekannt und arbeiten selber an der *cutting edge* der Quantenforschung. Ihr Ziel ist es, sowohl interessierten Laien mit Interesse an Wissenschaft und Technik als auch Wissenschaftlern mit dem Wunsch, einen allgemein verständlichen Zugang zu lernen, ein fundiertes Verständnis der Quantenmechanik und der daraus entstehenden Technologien zu vermitteln.

Wenn man die Zeitungen und populärwissenschaftlichen Veröffentlichungen durchstöbert, stößt man auf zahlreiche Beispiele, wie Quantencomputer und ihre Verwandten, wie Quantensimulation und Quantenkryptografie, die Welt verändern könnten. Man liest von der Möglichkeit, Verschlüsselungscodes zu knacken, bessere Medikamente zu entwickeln oder sogar den Klimawandel rückgängig zu machen. Dabei wird oft verschwiegen, wie technisch schwierig diese Anwendungen sind und welche davon tatsächlich auf realistischen Ideen basieren – auch wenn die technologischen Voraussetzungen noch Jahre oder Jahrzehnte oder Ewigkeiten entfernt sein mögen.

Nehmen wir zum Beispiel die Entschlüsselung von Codes: Es gibt bereits realistische Algorithmen, die theoretisch funktionieren könnten, sobald die technischen Hürden überwunden sind (siehe Kap. 4). Auf der anderen Seite steht die Idee, den Klimawandel zu bekämpfen – hier fehlen uns bisher nicht nur die technischen Mittel, sondern auch die grundlegenden Algorithmen und insbesondere die grundsätzlichen Fragestellungen.

Wie soll man sich da als interessierter Laie ein fundiertes Urteil bilden? Dieses Buch bietet die nötigen Grundlagen und Einblicke, um die Hypes und Hoffnungen um die Quantenmechanik und ihre Anwendungen besser zu verstehen. Es hilft, fundierte Urteile zu fällen und die tatsächlichen Potenziale von Quantencomputern und anderen Quantentechnologien realistisch einzuschätzen. Zudem bietet es eine Lektüre, die ausgesprochen unterhaltsam ist.

Viel Spaß auf der Entdeckungsreise!

Cambridge (USA)
im Sommer 2024

Susanne Yelin
Professorin für Physik an der Harvard University

Danksagung

Als wir im Sommer 2022 an der schönen Mecklenburgischen Seenplatte einen zweieinhalbwöchigen Ferienkurs der Deutschen Schülerakademie gestalteten, entdeckten wir unsere anhaltende Begeisterung für eine Wissensaufbereitung, die ohne viele Vorkenntnisse auskommt. Dort entwickelten wir aus der Idee zu diesem Buch ein erstes Konzept. Dass uns die Zusammenarbeit Freude bereiten und gut funktionieren würde, haben uns vor allem die Teilnehmenden unseres *Quantencomputing*-Kurses spüren lassen. Ihnen gilt daher unser besonderer Dank: In dem Sommer haben wir mindestens so viel von Euch gelernt, wie ihr von uns. Ohne Euch würde es dieses Buch in dieser Form nicht geben. Wir danken auch *Bildung und Begabung* für die Organisation der Schülerakademie.

Auch ohne Caroline Strunz vom Springer-Verlag wäre dieses Buch nicht zustande gekommen. Ihr erfahrener Blick und routinierte Regie machten die Veröffentlichung unseres ersten populärwissenschaftlichen Textes zu einer äußerst angenehmen Erfahrung. Mit ihrem hilfreichen Feedback und Engagement machte sie uns Mut, einen dreißigseitigen Probeentwurf in ein umfangreiches Sachbuch zu verwandeln. Wir sind auch Germia Johnson und allen anderen involvierten Springer-Mitarbeiten für Ihren Einsatz dankbar.

Mit der Arbeit an diesem Sachbuch haben wir beide Neuland betreten. Wissenschaftliche Themen didaktisch aufzuarbeiten will gelernt sein und bedarf einiger Gehversuche. Wir sind daher allen Probelesern unseres Buches zu großem Dank für ihre Geduld und sorgsame Korrekturarbeit verpflichtet. Birgit Emonts, Géza Giedke und Martina Kamps haben das gesamte Manuskript in verschiedenen Fassungen gelesen und dem Buch mit ihren zahlreichen wertvollen Hinweisen einen großen Dienst erwiesen. Géza Giedke,

Florian Reetz und Felix Frohnert danken wir zudem für ihre gründliche Inaugenscheinnahme des Fachlichen. Herzlicher Dank gilt auch Susanne Yelin, die uns mit ihrem wunderbaren Vorwort unterstützt hat.

Inspiration zu grafischen Darstellungen, Analogien und geeigneten Beispielen kamen von vielen Seiten. Elisa Bäumer danken wir für die Vorlage zum Beispiel der Geburtstagsparty für die Erklärung des Grover-Algorithmus. Marc-Olivier Renou gilt unser Dank für seine anschauliche Erklärung von Nichtlokalität, auf die wir in unserem Buch zurückgegriffen haben. Manuel Rispler danken wir für seine Hinweise zur Quantenfehlerkorrektur-Fachliteratur. Andi Gu und Susanne Yelin haben uns mit ihrer kostbaren Empfehlung des Visualisierungstools Draw.io die grafische Arbeit sehr erleichtert und die Freude daran immens gesteigert. Evelyn Häusler und Dario Knörzer haben mit ihren interessierten Nachfragen entscheidend zur ersten Idee dieses Buches beigetragen.

Das Institut für Theoretische Studien an der ETH Zürich und das Lorentz-Institut für theoretische Physik an der Universität Leiden haben uns freundlicherweise in unserem Buchvorhaben unterstützt. Andreas Wallraff, Monika Aidelsburger und ihre Teams haben uns Aufnahmen ihrer Labore zur Verfügung gestellt. Vielen Dank dafür! Jordi Tura danken wir für sein stetes Interesse und seine Unterstützung und Ulrich Schollwöck für seine hilfreichen Rückmeldungen zu unserem Manuskript. Wolfgang Löffler hat uns freundlicherweise mit Informationen zu Kohärenzlängen von Lasern versorgt.

Zahlreiche weitere Unterstützer aus dem Familien- und Freundeskreis haben uns in den richtigen Momenten ermutigt und durch ihr engagiertes Korrekturlesen und mit ihrer konstruktiven Kritik weitergeholfen. Esther Fey sind wir für ihre wertvollen Einsichten ins Verlagswesen und Korrekturen der Leseprobe dankbar. Coralie Gmür hat uns anfangs mit hilfreichen Ratschlägen beim Entwurf eines grafischen Konzeptes unterstützt. Wir danken Caroline Emonts, Wolfgang Emonts, Susanne Fejér, Paul-Michael Graefe, Bernadette Knörzer, Dario Knörzer, Karl-Heinz Knörzer, Rebecca Kruse, Simon Möller, Julia Spirig und Simon Zürcher für ihr Interesse und ihr äußerst nützliches Feedback zu zahlreichen Formulierungen, Textstruktur und grafischem Material.

Bernadette Knörzer danken wir herzlich für ihre Geduld und immerwährende Hilfe. Unseren Familien und Freunden danken wir für ihren Rückhalt und das Interesse an unserem Buchprojekt. Ihr habt uns den Rücken freigehalten und stets ermutigt.

Inhaltsverzeichnis

1	Prolog	1
2	Das kleine Einmaleins der Quantenphysik	25
3	Qubits im Labor	79
4	Rechnen mit Quanten	131
5	Simulieren mit Quanten	179
6	Telefonieren mit Quanten	209
7	Messen mit Quanten	237
8	Ein vorsichtiger Blick in die Zukunft	269
Erratum zu: Das kleine Einmaleins der Quantenphysik		E1
Glossar		281
Quellenverzeichnis		293

1
Prolog

Wir haben wissbegierige Großmütter. Kürzlich hat eine von ihnen gefragt, was es mit Quantencomputern auf sich habe. Folgt man den Nachrichten dazu, entsteht leicht der Eindruck, dass sie bald in etlichen Bereichen zum Einsatz kämen. Verheißungen aus den letzten Jahren klingen zum Beispiel so: *„Forschende melden Durchbruch bei Quantencomputing", „So wird das Quantencomputing die Welt verändern", „Quantencomputing bringt Vorteile im Banken- und Finanzwesen"* oder *„Was bringt ein Quantencomputer in der Steuerberatung"*.

Solche Meldungen künden vom bevorstehenden Siegeszug der Quantencomputer. Erklärt wird oft, dass sie eine Vielzahl an Rechenaufgaben parallel lösen können und deshalb besser seien als unsere heutigen Computer. Viele Zeitungsartikel begnügen sich mit dieser Erklärung.

In Wirklichkeit ist die Sache komplizierter – aber auch spannender. Um das aus Sicht von zwei jungen Forschern zu erklären, haben wir dieses Buch geschrieben. Wir setzen dabei auf anschauliche Erklärungen und verzichten auf die meisten Formeln, sodass für die Lektüre wenig Hintergrundwissen nötig ist. Wir wollen einen Einblick in unsere Forschungswelt geben und neben dem oft genannten Quantencomputer weitere Quantentechnologien vorstellen, die häufig unerwähnt bleiben.

1.1 Von der ersten zur zweiten Quantenrevolution

Die Quantenphysik ist eines der großen Vermächtnisse moderner Wissenschaft. Sie dient der Beschreibung der Natur im ganz Kleinen, auf der

Größenskala einzelner Atome und darunter. Einige mögen dabei an Futuristisches denken, doch die Quantenphysik ist mittlerweile ganz schön in die Jahre gekommen. Ihre historischen Wurzeln reichen zurück ins 19. Jahrhundert. Damals empfanden viele Wissenschaftler das Theoriegebäude der Physik bereits als vollständig und rechneten nicht mehr mit bahnbrechenden Entdeckungen. Doch dann häuften sich Experimente, die von den vorherrschenden Theorien nicht erklärt werden konnten. Zu Beginn des 20. Jahrhunderts verbreitete sich die Meinung, dass eine völlig neue Theorie entwickelt werden müsse. Diese Erkenntnis markiert die Geburtsstunde der modernen Physik.

Das neue Theoriegebäude wurde zu dem, was wir heute *Quantenphysik* oder *Quantenmechanik* nennen. Die geistigen Pioniere der Quantenwelt, wie Erwin Schrödinger oder Werner Heisenberg, mussten jedoch rasch feststellen, dass sie die Büchse der Pandora geöffnet hatten. Denn die Quantentheorie mit ihren Postulaten und neuen Rechenvorschriften hatte auch weitreichende Auswirkungen auf unser deterministisches Weltbild. Sie räumte so gründlich mit alten Gewissheiten auf, dass ihr selbst Albert Einstein, der sie mitbegründet hatte, in späteren Jahren kritisch gegenüberstand. Viele Vorhersagen der Quantenmechanik konnten erst später mit Experimenten überprüft werden. Die Fachwelt der Physik lieferte sich daher vor knapp hundert Jahren einen öffentlichen Schlagabtausch auf Basis der neuen Theorie und ohne die Möglichkeit, ihre Aussagen in Laborversuchen zu bestätigen.

Heute sind die meisten grundlegenden Vorhersagen der Quantenmechanik im Labor bestätigt. Doch der Siegeszug der neuen Quantentheorie endete nicht mit Laborexperimenten und der bloßen Überprüfung theoretischer Vorhersagen. Im 20. Jahrhundert erblickte auch eine ganze Reihe an Technologien das Licht der Welt, die nur mit einem soliden Verständnis der Quantenphysik entwickelt werden konnten, zum Beispiel *Transistoren* oder *Laser*. Heute sind diese aus unserem Alltag nicht mehr wegzudenken. Da sie so einschneidende Auswirkungen auf unsere Welt haben, bezeichnet man ihre Entwicklungsphase in der Mitte des 20. Jahrhunderts auch als *erste Quantenrevolution*.

Welchen Einfluss hatte diese Quantenrevolution auf unser Leben? Die Antwort darauf steckt in den zahlreichen Erfindungen, die zu jener Zeit das Licht der Welt erblickten. Vor zehn Jahren ließ die US-amerikanische Zeitschrift „The Atlantic" ein Expertengremium aus Wissenschaftlern und Historikern die größten technologischen Durchbrüche seit der Erfindung des Rads küren [1]. Während sich der Mainzer Johannes Gutenberg mit seinem Buchdruck Platz eins der Liste sicherte, lagen die Elektrizität auf Platz zwei, die auf Quantenphysik beruhenden Halbleitertechnologien auf dem vierten und der PC auf dem 16. Platz. Die Reihenfolge scheint aus heutiger Sicht nicht mehr den Einfluss auf unser Alltagsleben widerzuspiegeln. Doch bauen die

Erfindungen aufeinander auf. Ohne Buchdruck keine massenhafte Verbreitung von Wissen und Wissenschaft, ohne Elektrizität keine Halbleitertechnologien und ohne diese keine digitalen Computer.

So wie die Erfindung des Buchdrucks vor 600 Jahren den Weg in die *Wissensgesellschaft* ebnete, haben die Technologien der ersten Quantenrevolution den Grundstein für unsere heutige *Informationsgesellschaft* gelegt. Diese zeichnet sich vor allem durch die schiere Menge an Daten aus, die wir täglich generieren, verschicken oder bearbeiten. Doch was ist eigentlich Information? Dieser Frage ging vor 75 Jahren der geistige Vater des Digitalzeitalters nach. Claude Shannon entwickelte um 1950 beinahe im Alleingang die Informationstheorie. Er führte Information als physikalische Größe ein und versah sie mit einer Maßeinheit, dem *Bit*. Bits sind die Nullen und Einsen, mit denen Computer Daten darstellen und rechnen.

Bits als Informationseinheit sind ein übergreifendes Konzept und unabhängig von ihrer physikalischen Gestalt. In der Praxis können sie verschiedene Formen annehmen. Zwei Zustände (null oder eins) lassen sich mit einer Lampe (Licht an oder aus), einem unserer Daumen (hoch oder runter), einer elektrischen Schaltung (Strom an oder aus) und vielem anderen darstellen und speichern. In einem herkömmlichen Computer wird Information auf Festplatten abgelegt. Diese Speicherung funktioniert in der Regel magnetisch oder elektrisch. Es gibt einige Anforderungen an Speichermedien – zum Beispiel, dass die Information lange überdauern soll. Speichern wir heute eine Datei auf unserer Festplatte ab, soll sie auch morgen noch darauf zu finden sein. Wenn wir ein Bit mit einem Daumen (hoch oder runter) darstellen, lässt sich leicht nachvollziehen, dass nicht jedes Speichermedium gleich gut ist, denn eine Hand wird schnell müde. Eine SSD-Festplatte in einem Computer hingegen hat eine Lebensdauer von etwa zehn Jahren.

Der Physiker Rolf Landauer betrachtete Information als physikalisches Konzept [2]: Das Speichern, Bearbeiten und auch Löschen von Information unterliegt den Gesetzen der Physik und in der physikalischen Welt ist nichts so ideal wie in mathematischen Modellen. Echte Speicher sind daher fehleranfällig, und Rechenoperationen nie perfekt. Das *ideale Bit* existiert nur als Konzept.

Auf Landauer geht ein berühmter Satz zurück: „Information is physical" [3]. Diese Erkenntnis war richtungsweisend. Denn im späten 20. Jahrhundert wurden die Informationswissenschaften und Physik immer enger verflochten. Eine Konsequenz daraus war die Entwicklung der *Quanteninformationstheorie* – eine Verschmelzung von Quantenphysik und Informationswissenschaften. Konzepte wie die des Bits wurden auf quantenphysikalische Systeme übertragen, wo man von sogenannten Quantenbits, kurz *Qubits*, spricht und man begann die Möglichkeiten und Grenzen dieser neuen Disziplin auszuloten.

Im Laufe der 1990er- und 2000er-Jahre wurden Ideen für eine technologische Nutzung dieser neuen Konzepte immer konkreter. Seitdem haben sich die Quanteninformationswissenschaften in verschiedene Teilbereiche aufgeteilt, die unterschiedliche Ziele verfolgen, doch alle über grundlegende Erkenntnisse der Quantenphysik, Mathematik und Informatik miteinander zusammenhängen. Diese Entwicklungen werden oft als *zweite Quantenrevolution* bezeichnet.

1.2 Das *What is What* der Quantentechnologie

Die Entwicklung moderner Quantentechnologien spielt sich in vier Kernbereichen ab. Diese haben zwar sehr unterschiedliche Zielsetzungen, doch sie sind eng miteinander verknüpft. Als Grundlage dient ihnen allen die Quanteninformationstheorie. In diesem Buch stellen wir diese vier Kernbereiche vor: Quantencomputing, Quantensimulation, Quantenkommunikation und Quantenmetrologie.

Diese Vierteilung (Abb. 1.1) hilft uns bei der weiteren Orientierung:

1. *Quantencomputer* sollen es eines Tages ermöglichen, komplexe Probleme zu lösen, an denen unsere heutigen Computer hoffnungslos scheitern. Sie machen sich Quanteneffekte wie *Superposition* und *Verschränkung* zunut-

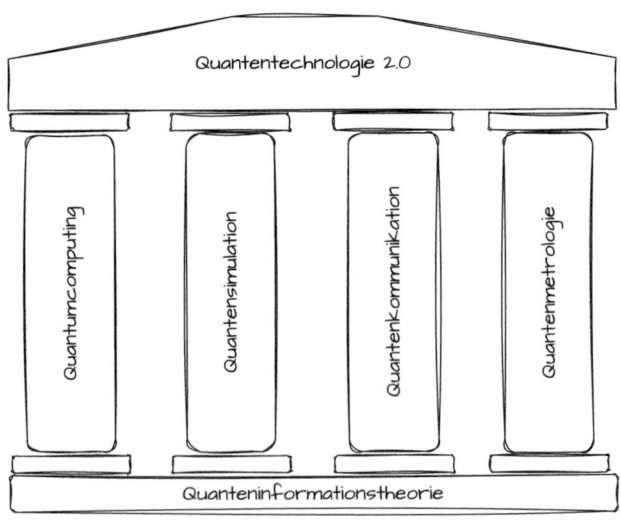

Abb. 1.1 Quantentechnologien der zweiten Generation basieren auf den vier Säulen: Quantencomputing, Quantensimulation, Quantenkommunikation und Quantenmetrologie. Alle diese Errungenschaften machen sich Erkenntnisse aus der Quantenphysik und Quanteninformationstheorie zunutze

ze, um ausgewählte mathematische Probleme deutlich effizienter zu lösen als *klassische* Computer. Zu klassischen Computern zählen alle Rechenmaschinen, die wir gewohnt sind – Laptop, Desktop-PCs, aber auch Supercomputer in großen Rechenzentren. Ein Beispiel für ein mathematisches Problem, bei dem Quantencomputer den klassischen Computern unserem Kenntnisstand nach überlegen sind, ist die *Primfaktorzerlegung*. Diese spielt eine zentrale Rolle in wichtigen Verschlüsselungsverfahren, mit denen wir heute unsere Daten verschlüsseln. Da die technische Realisierung von Quantencomputern sehr komplex ist, gibt es bis heute nur kleine Prototypen. Bisher lassen sich damit noch keine praktisch relevanten Probleme schneller lösen als mit einem klassischen Computer. Trotz technischer Herausforderungen wächst das Interesse von Wissenschaft, Industrie und Regierungen weltweit, was zu verstärkten Investitionen in Forschung und Entwicklung von Quantencomputern führt.
2. Ein *Quantensimulator* dient der Nachbildung komplexer Quantensysteme unter kontrollierten Bedingungen. Damit erhoffen sich Wissenschaftler ein besseres Verständnis, zum Beispiel bestimmter Materialien oder chemischer Prozesse. Die Entwicklung von Quantensimulatoren ist ein wichtiges Zwischenziel vieler Forschenden, bevor es gute Quantencomputer gibt. Ein Simulator ist jedoch weniger *universell* einsetzbar als ein Quantencomputer.
3. Bei der *Quantenkommunikation* werden Informationen mittels Qubits übertragen. Das sind die Träger quantenmechanisch codierter Information. Die Quantenkommunikation ermöglicht Datenübertragungen, bei denen unbemerktes Abhören durch Dritte nicht möglich ist. Wie wir aus Spionagefilmen und der echten Welt wissen, sind viele herkömmliche Kommunikationswege nicht besonders sicher. Bei *Quantendaten* ist das deshalb anders, weil Quanteninformation nicht kopiert werden kann, ohne das Original zu verändern. Das ist bereits ein erstes Indiz dafür, dass die Quantenwelt für einige Überraschungen gut ist – und das ist keineswegs bloße Theorie. In der Praxis wurden mithilfe von Quantenkryptografie und -kommunikation schon im Jahr 2007 das erste Mal Wahlergebnisse in der Schweiz versandt [4]. Die Quantenkommunikation ebnet zudem Quantennetzwerken und verteilten Quantenrechensystemen den Weg.
4. Die *Quantenmetrologie* befasst sich mit möglichst präzisen Messungen. Mit Quantensensoren sollen genauere Messungen von Größen wie Zeit, Länge und Masse durchgeführt werden als es mit klassischen Verfahren möglich ist. Durch Quantenphysik verbesserte Messungen sind keine Zukunftsmusik, sondern schon im Einsatz. Mögliche Anwendungen gibt es zum Beispiel bei der Messung sogenannter *Gravitationswellen* in der Physik,

bei der Untersuchung von Gehirnaktivitäten in der Medizin und bei der Erforschung einzelner Zellen in der Biologie.

Auf den folgenden Seiten begeben wir uns in die Vogelperspektive und werfen einen ersten Blick auf jeden einzelnen der vier Grundpfeiler aus Abb. 1.1. Dafür gehen wir den Begriffen *Computing, Simulation, Kommunikation* und *Metrologie* nach – also den Kerneinsatzbereichen von Technologien, die mithilfe von Quantenphysik verbessert werden sollen.

1.3 Computing – Der heilige Gral

Der heilige Gral aller Quantentechnologien ist der Quantencomputer. Wie ein Computer soll er eines Tages *universell* einsetzbar sein, also bei der Lösung einer Vielzahl an verschiedenen Problemen helfen. Obwohl sich Quantencomputer noch in der Entwicklung befinden, haben in den letzten Jahren erste Prototypen für Furore gesorgt. Aber warum eigentlich? Wie sieht ein Quantencomputer aus, was soll er mal können und wie steht es um sein Entwicklungsstadium?

Ein einfaches Kochrezept
Gehen wir zuerst der Frage nach, was ein *klassischer* Computer kann – und was nicht. Bekanntlich ist die Liste der Anwendungsbereiche lang und geht weit über Heimanwendungen wie Spiele oder Tabellenkalkulation hinaus. In Industrie und Forschung kommen Computer bei der Berechnung komplexer Probleme zum Einsatz, die ohne ihre Hilfe nicht lösbar wären. Oft geht es dabei um Zeitersparnis, denn auch wenn einige Aufgaben prinzipiell ohne ihre Hilfe bewerkstelligt werden könnten, würde es schlichtweg ewig dauern. Ein einfaches Beispiel stammt aus dem Mathematikunterricht in der Schule. Für viele Aufgaben steht Schülern ein Taschenrechner zur Verfügung, etwa für die Multiplikation zweier großer Zahlen. Wenn sie gelernt haben, schriftlich zu multiplizieren, wären sie prinzipiell zwar in der Lage, so eine Rechnung selbst mit Stift und Papier auszuführen. Doch je größer die Zahlen, desto mühsamer wird das. Der Taschenrechner stößt dabei erst viel später an seine Grenzen.

Dabei verfolgt der Taschenrechner die gleiche Strategie wie ein Mensch, der schriftlich multipliziert. Er bedient sich, ähnlich einem Kochrezept, einer eindeutigen Anleitung und geht sie Schritt für Schritt durch. So eine Rechenvorschrift – also die genaue Anleitung zur Lösung eines Problems – nennt man einen *Algorithmus*.

Wie wir im Laufe dieses Buches sehen werden, gibt es nicht für jedes mathematische Problem so ein einfaches Kochrezept wie für die Multiplikation zweier Zahlen. Ob und wie schnell sich mathematische Aufgaben überhaupt lösen lassen, und wie viel Rechenschritte damit verbunden sind, fällt in den Zuständigkeitsbereich der sogenannten *Komplexitätstheorie*. Mit ihrer Hilfe lassen sich Aussagen über die *Komplexität* oder *Schwierigkeit* eines Problems machen. Wichtig ist dabei die Unterscheidung zwischen der *Lösung eines Problems* und der *Überprüfbarkeit einer Lösung* auf Korrektheit. Um das zu verstehen, machen wir einen kurzen Abstecher in die Welt der Primzahlen. Er befördert uns direkt zu den historischen Anfängen des Quantencomputings.

In Primzahlen zerlegt

Primzahlen, die nur durch eins und sich selbst teilbar sind, spielen in der Mathematik eine besondere Rolle. Fünf ist zum Beispiel eine Primzahl, da sie weder durch zwei, drei oder vier teilbar ist. Andere Zahlen sind nicht *prim*, das heißt, sie sind keine Primzahlen. Ein Beispiel dafür ist die sechs, denn sie ist durch zwei und durch drei teilbar. Zwei und drei sind die sogenannten Primfaktoren der Zahl sechs.

Wenn wir Ihnen eine Zahl geben und dazu die Aufgabe, ihre Primfaktoren zu nennen, dann ist das für ein paar ausgewählte Beispiele noch ganz gut machbar. Wie wäre es zum Beispiel mit der Zahl 10? Durch Ausprobieren lässt sich schnell herausfinden, dass die Primfaktoren von 10 die Zahlen 2 und 5 sind. Je größer jedoch die Zahl ist, desto schwieriger wird es, die Primfaktoren herauszufinden. Doch das braucht uns nicht zu entmutigen, denn selbst ein Computer hat Probleme damit, große Zahlen in ihre Primfaktoren zu zerlegen. Das liegt daran, dass kein Algorithmus bekannt ist, der schnell (genauer sagt man auch: *effizient*) alle Primfaktoren findet.

Was passiert, wenn wir den Spieß umdrehen? Was ist, wenn wir Ihnen eine Zahl x geben und zusätzlich eine Liste an Zahlen, von denen wir behaupten, es seien die Primfaktoren von x? Können Sie überprüfen, ob die Liste wirklich die Primfaktoren von x enthält? Ja! Denn multipliziert man alle Primfaktoren von x miteinander, muss wieder x herauskommen. So, wie bei $10 = 2 \cdot 5$. Wenn uns die Zahlen zu groß werden, befragen wir einfach unseren Computer, der auf jeden Fall schnell große Zahlen miteinander multiplizieren kann.

Mangels eines geeigneten Algorithmus können wir also selbst mit den besten Computern der Welt nicht effizient die Primfaktoren großer Zahlen finden – aber jederzeit überprüfen, ob eine Reihe gegebener Zahlen tatsächlich die Primfaktoren einer großen Zahl sind. Mit anderen Worten: Das Problem der Primfaktorzerlegung lässt sich nicht leicht lösen, aber eine potenzielle Lösung lässt sich leicht überprüfen. Was hat das jetzt alles mit Quantencomputern zu tun?

Auftritt Quantencomputer

Im Jahr 1994 stellte der amerikanische Physiker Peter Shor der Weltöffentlichkeit einen Algorithmus vor, der heute als *Shor-Algorithmus* bekannt ist und mit dem sich in kurzer Zeit (wir werden das im Laufe des Buches präzisieren) die Primfaktoren auch sehr großer Zahlen finden lassen [5]. Doch haben wir eben nicht behauptet, dass das keinem Computer gelänge? Das stimmt auch – zumindest ist für keinen *klassischen* Computer so ein Algorithmus bekannt. Peter Shor schlug vor dreißig Jahren auch keinen Algorithmus vor, den ein herkömmlicher Computer ausführen könnte. Er stellte einen *Quantenalgorithmus* vor – also einen Algorithmus, der sich nur auf einem Quantencomputer ausführen lässt.

Wir nehmen hier eins vorweg: Es gibt heute noch keinen funktionstüchtigen Quantencomputer, der große Zahlen in ihre Primfaktoren zerlegen kann. Im Jahr 2001 gelang es einem Forscherteam in den USA erstmals, die Zahl 15 mit einer Quantenrechnung in ihre beiden Primfaktoren 3 und 5 zu zerlegen [6]. Der bisherige Rekord für die höchste mithilfe des Shor-Algorithmus faktorisierte Zahl ist die Zerlegung von 21 [7]. Klingt lächerlich, weil sie das selbst mit Stift und Papier hinbekommen würden, oder sogar im Kopf? Das stimmt – aber es war ein technologischer Meilenstein, denn jede neue Technologie steckt mal in den Kinderschuhen und erste Gehversuche sind wichtig für alles, was danach kommt. Doch auch heute, Stand 2024, lässt sich konstatieren: Es gibt bisher noch keine *nützliche* Rechnung, die ein Quantencomputer ausführen konnte und die ein klassischer Computer nicht auch hätte bewältigen können. Das hat damit zu tun, dass es nicht leicht ist, einen Quantencomputer zu bauen.

Zusammenfassung

- Quantencomputing ist die bekannteste aller modernen Quantentechnologien. Zugleich steckt sie noch in den Kinderschuhen.
- Bevor Quantencomputer nützliche Probleme bewältigen können, arbeiten Forscher und Unternehmen an der Weiterentwicklung und Verbesserung der Hardware.
- Parallel zur Entwicklung der nötigen Hardware wird aktiv an Quantenalgorithmen geforscht. Das sind Programme, die man eines Tages mal auf Quantencomputern ausführen könnte. Es gibt einige bekannte Quantenalgorithmen (z. B. Shors Algorithmus), die es Quan-

tencomputern erlauben würden, bestimmte Probleme viel schneller zu lösen als klassische Computer.

1.4 Simulation – Simulierst du noch, oder rechnest du schon?

Quantensimulatoren sind die kleinen, frühreifen Geschwister von Quantencomputern. Warum sie die kleinen Geschwister sind und warum frühreif, klären wir gleich. Doch zuerst zu der Frage, was eine *Simulation* im Allgemeinen ausmacht und was sie von einer *Rechnung* unterscheidet.

Vom Winde verweht
Simulationen kommen in der Regel dann zum Einsatz, wenn man ein komplexes Problem lösen möchte, das sich nicht ohne Weiteres berechnen lässt. Ein typisches Beispiel ist die Simulation von Luftströmungen in einem Windkanal, siehe Abb. 1.2. Luftströmungen mit dem Computer zu berechnen, ist je nach Situation selbst mit modernster Hard- und Software nur in begrenztem Umfang möglich. Für viele Anwendungen ist es allerdings von entscheidender Bedeutung, Strömungen von Luft genau zu verstehen. Da kommt der Windkanal zum Einsatz. Er bietet die Möglichkeit, in Miniaturexperimenten das komplizierte Verhalten von strömender Luft zu erproben, wie es zum Beispiel um die Tragflächen eines Flugzeugs herum auftritt. Für die Planung und Entwicklung von Flugzeugen, Sportrennwagen oder Hochhäusern und Brücken stellt ein Windkanal daher ein unverzichtbares Hilfsmittel dar. Denn die Alternative, unausgereifte Flugzeugprototypen in die Luft zu schicken und bei

Abb. 1.2 Flugzeug in einem Windkanal zur Untersuchung der aerodynamischen Eigenschaften des Flugzeugs unter kontrollierten Bedingungen. (Quelle: Wikipedia)

jedem missglückten Flugversuch die Absturzursache zu protokollieren und ein verbessertes Modell in die Luft zu befördern, ist wesentlich teurer und gefährlicher. Flugpioniere wie Otto Lilienthal hätten sich über einen Windkanal sicher gefreut.

Mit dem Windkanal lässt sich das aerodynamische Verhalten großer Objekte in Miniaturexperimenten *simulieren,* bevor man es in der Praxis testet. Ohne ihn wären viele aerodynamischen Errungenschaften nicht möglich gewesen.

Wann kommt die Flut?
Schon lange vor dem ersten Windkanal wurden Simulatoren eingesetzt. Ebbe und Flut lassen sich regionsspezifisch recht genau mithilfe von Computerberechnungen vorhersagen. Für Orte in Küstennähe ist das von Vorteil, z. B. um sich auf die nächste Flut einstellen zu können. Der Bedarf nach einer guten Vorhersage des örtlichen Wasserstands ist deshalb nicht neu. Doch noch im 19. Jahrhundert war von Computern keine Spur und eine präzise Vorhersage nicht ohne Weiteres möglich. William Thomson, auch bekannt als Lord Kelvin, kam damals auf eine brillante Idee. Er baute einen Simulator für Gezeitenvorhersagen [8].

Dabei stützte er sich auf eine wichtige Beobachtung: Gezeiten entstehen durch die Anziehungskraft des Mondes und der Sonne auf die Erde. Um eine quantitative Vorhersage über Ebbe und Flut zu treffen, muss man verstehen, welche Anziehungskräfte Mond und Sonne zu gegebener Zeit auf einen Ort auf der Erde ausüben. Da sich die Erde innerhalb eines Tages einmal um ihre eigene Achse dreht, steht der Mond nach gut 24 h wieder fast am gleichen Punkt wie am Vortag. Genau genommen sind es 24 h und 50 min, es sind 50 zusätzliche Minuten, weil sich der Mond in der gleichen Zeit auch weiter bewegt. Systeme, die in der Zeit regelmäßig wiederkehrendes Verhalten zeigen, heißen *periodisch.* Auch die Kräfte, die Mond und Sonne auf die Erde ausüben, sind periodisch. Wie diese Kräfte auf unsere Ozeane wirken und wie das den Wasserstand beeinflusst, hängt stark von den physischen Gegebenheiten des jeweiligen Ortes ab. Während viele Küstenregionen zweimal täglich Ebbe und Flut haben (ein Beispiel für eine entsprechende Tidekurve ist in Abb. 5.2 gezeigt), gibt es etwa im Golf von Mexiko Orte, wo Ebbe und Flut nur einmal am Tag vorkommen. Die Gezeitenvorhersage bedarf also sowohl astronomischer als auch geografischer Kenntnisse.

Was hat das alles mit Lord Kelvins Simulator zu tun? Um das zu verstehen, fehlt noch eine wichtige Zutat physikalischer Simulationen: ein Modell, also eine mathematische Beschreibung der Gezeiten. In der Mathematik beschreibt man periodische Schwankungen mithilfe der Sinusfunktion. Die Gezeiten lassen sich mathematisch mithilfe solcher Sinusfunktionen berechnen. Um die

Wirkung der Gezeiten und den Wasserstand im Hafen zu bestimmen, müssen viele solcher Sinusfunktionen addiert werden.

Lord Kelvin hatte die tolle Idee, eine Maschine zu bauen, die genau das tut. Sie ist in Abb. 1.3 zu sehen und heute im Science Museum in London zu bewundern. Diese Maschine überlagert viele Sinusfunktionen miteinander. Vor 150 Jahren wurden damit schon ortsspezifische Gezeitenvorhersagen gemacht, lange bevor digitale Computer aufkamen. Im Gegensatz zu einem Computer kann man mit einem Simulator keine Banküberweisungen tätigen. Er dient einzig der Lösung eines spezifischen Problems.

Der Simulator kann nur die richtige Vorhersage über die Gezeiten treffen, wenn das mathematische Modell mit den Sinusfunktionen die Gezeiten gut beschreibt.

Quantensimulation

Quantensimulatoren funktionieren nach dem gleichen Prinzip wie die klassischen Simulatoren, die wir gerade kennengelernt haben. Ihr Ziel ist es, ein komplexes Problem (z. B. Vorhersage von Luftströmungen oder Gezeiten) zu lösen. Auch ihnen liegt ein mathematisches Modell (z. B. Addition vieler Sinusfunktionen) zugrunde und sie helfen mittels eines Physikexperimentes (z. B. Windkanal) bei der Lösung. Im Gegensatz zu unseren beiden Beispielen sind die mathematischen Modelle im Falle von Quantensimulatoren allerdings

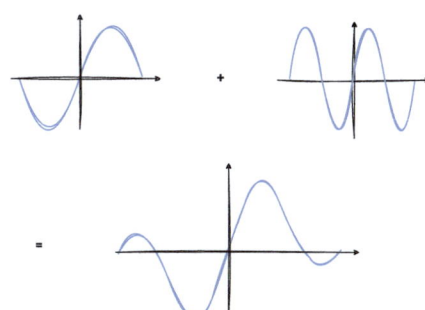

Abb. 1.3 *Links*: Gezeitenmaschine von Lord Kelvin aus dem Jahr 1876. Die Maschine erhält als Eingabe die verschiedenen Kräfte und gibt als Ergebnisse eine zeitabhängige Gezeitenkurve aus. *Rechts*: Addition zweier Sinuskurven mit verschiedenen Frequenzen. Die links abgebildete Maschine kann viele solcher Sinuskurven miteinander addieren und so zur Gezeitenvorhersage benutzt werden. (Quelle: Wikipedia)

so kompliziert, dass man vermutet, dass klassische Computer sie vorerst nicht (oder sogar nie) lösen können.

> **Zusammenfassung**
>
> - Simulatoren und Quantensimulatoren dienen der Lösung spezifischer Probleme. Sie können, ganz im Gegensatz zur Idee einer *Allzweckmaschine*, nicht zur Lösung einer breiten Palette an Problemen eingesetzt werden.
> - Für eine physikalische Simulation braucht man in der Regel ein mathematisches Modell, wie im Beispiel des Gezeitensimulators.

1.5 Kommunikation – Von Brieftauben zum Quantenbrief

Schon vor langer Zeit haben Menschen nach Mitteln und Wegen gesucht, Nachrichten über weite Entfernungen zu übermitteln. Die Verwendung von Trommeln in alten afrikanischen Kulturen, Signalfackeln im alten China und Brieftauben zeugen von der Erfindungsgabe des Menschen in diesem Bereich. Oft reicht es nicht, Nachrichten einfach zu übertragen, sondern sie müssen auch vor neugierigen Augen geschützt werden. Brieftauben etwa waren wertvolle Informationsüberträger in Kriegen, da sie Botschaften übermitteln konnten, ohne dass sie vom Feind abgefangen wurden. Signalfackeln und Trommeln hatten spezielle Muster und Rhythmen, die von Außenstehenden schwer zu interpretieren waren.

Im 19. Jahrhundert revolutionierte der elektrische Telegraf die Kommunikation, gefolgt vom Telefon, Funk und schließlich dem Internet im 20. Jahrhundert. Auch mit technischem Fortschritt gab es weiterhin den Bedarf, Nachrichten geheim und sicher zu halten. Hier kommt die Kunst der Verschlüsselung ins Spiel.

Die Welt der Geheimniskrämer – Die Würfel sind gefallen, aber nicht mehr lesbar
Der Überlieferung nach bediente sich bereits Julius Cäsar vor mehr als zweitausend Jahren zur Verschlüsselung seiner Botschaften eines Geheimtextalphabets [9]. Die *Caesar-Verschlüsselung* ist eine Art der Substitution, bei der jeder Buchstabe im Text durch einen anderen, festgelegten Buchstaben ersetzt wird,

indem man ihn um eine bestimmte Anzahl an Stellen im Alphabet verschiebt. Ein einfaches Beispiel: Wenn wir eine Verschiebung von 3 Plätzen nutzen, um das Wort „HALLO" zu verschlüsseln, wird „H" zu „K", „A" wird zu „D" usw. Aus dem Ursprungswort wird so völliges Kauderwelsch: „KDOOR". Jeder Buchstabe wurde hier durch den drittnächsten im Alphabet ersetzt. Als Empfänger der Nachricht lässt sich die Botschaft leicht entschlüsseln, wenn man die Anzahl an Verschiebungen kennt.

Spätestens mit dem römischen Imperator beginnt somit die Geschichte der Kryptografie – der Kunst, Nachrichten zu übermitteln, ihren Sinngehalt aber für Unbefugte im Verborgenen zu halten. Lange Zeit diente die Kryptografie vor allem militärischen Zwecken. Dabei konnten verschlüsselte Botschaften über Leben und Tod entscheiden. Inzwischen ist aus der Kryptografie ein veritabler Wissenschaftszweig geworden, der an Universitäten gelehrt wird und in unserem digitalisierten Alltag eine zentrale Rolle spielt. Möglichst sichere Verschlüsselungen sind wichtig, um unsere Daten und unsere Privatsphäre zu schützen. Von Online-Banking über E-Mail-Kommunikation bis hin zu sozialen Netzwerken – überall sind wir auf die Sicherheit der Übertragung und Speicherung von Informationen angewiesen. In Zeiten, in denen Daten oft als das „neue Gold" bezeichnet werden, sind sie auch ein begehrtes Ziel für Staaten, Unternehmen und Kriminelle. Ohne robuste Verschlüsselungsverfahren sind unsere sensibelsten Informationen gefährdet und könnten missbraucht werden. Damit gehen nicht nur Fragen der Privatsphäre einher, sondern auch des Vertrauens in digitale Technologien. In diesem Sinne bildet die Verschlüsselung das Fundament für unsere moderne Kommunikation und Interaktion im digitalen Zeitalter. Moderne Verschlüsselungstechniken sollten daher so schwierig wie möglich zu knacken sein. Cäsars Buchstabenverrückung ist zwar schön wegen ihrer Einfachheit – hat aber eine offensichtliche Schwachstelle. Denn durch das systematische Ausprobieren aller 25 möglichen Verschiebungen (ein sogenannter Brute-Force-Angriff) lässt sich der verschlüsselte Text rasch entschlüsseln. Moderne Computer knacken die Cäsar-Verschlüsselung in Sekundenbruchteilen. Heute sind wir daher auf wesentlich komplexere Verschlüsselungsstrategien angewiesen.

Die mathematische Festung
Verschlüsselungen wandeln Informationen in eine Form um, die für Unbefugte möglichst unlesbar ist. Aber wie lässt sich garantieren, dass diese wirklich sicher sind? Der Schlüssel dazu liegt in der Mathematik. Wichtig dafür sind sogenannte „Einwegfunktionen". Das sind mathematische Operationen, die sich leicht ausführen, aber schwer rückgängig machen lassen. Ein Beispiel haben wir eben kennengelernt: die Multiplikation von großen Primzahlen. Während

es relativ einfach ist, diese Zahlen zu multiplizieren, ist es außerordentlich schwierig, die Primzahlen einer großen Zahl zu finden.

Ein berühmtes Verschlüsselungsverfahren, das auf diesem Prinzip beruht, heißt RSA (benannt nach seinen Erfindern Rivest, Shamir und Adleman) [10]. Das Grundprinzip ist schnell erklärt: Man wählt zwei große Primzahlen und multipliziert sie miteinander. Das Ergebnis dieser Rechnung ist Teil des sogenannten *öffentlichen Schlüssels*. Damit wird eine Nachricht vor ihrem Versand verschlüsselt. Der Name rührt daher, dass der öffentliche Schlüssel nicht geheim gehalten werden muss, sondern für alle zugänglich sein kann. Nur jemand, der die ursprünglichen Primzahlen kennt (den sogenannten *privaten Schlüssel*), kann die Nachricht wieder entschlüsseln. Mit dem öffentlichen Schlüssel lässt sich eine Nachricht zwar verschlüsseln, aber nicht entschlüsseln. Die Sicherheit des RSA-Verfahrens beruht darauf, dass es – mit unserem aktuellen Wissen und den aktuellen Computertechnologien – praktisch unmöglich ist, die Primfaktoren einer großen Zahl herauszufinden. Das würde einfach viel zu lange dauern.

Aber wie sicher ist dieses Verschlüsselungsverfahren wirklich? In der Kryptografie verwendet man oft das Konzept der *rechnerischen*, bzw. *praktischen Sicherheit*. Ein Algorithmus gilt dann als rechnerisch sicher, wenn jeder Versuch, ihn zu knacken, so viel Zeit in Anspruch nehmen würde, dass er mit aktueller Technologie unpraktikabel ist. Um zum Beispiel eine heute gängige RSA-Verschlüsselung zu knacken, würde reines Durchprobieren der verschiedenen Schlüssel etliche Trillionen Jahre dauern – das sind Milliarden an Milliarden Jahre. Auch wenn man theoretisch irgendwann erfolgreich wäre, ist so ein Vorgehen sinnlos.

Der physikalische Schlüsseldienst

Voll ausgereifte Quantencomputer könnten auch große Zahlen sehr schnell in ihre Primfaktoren zerlegen – viel schneller jedenfalls, als unsere heutigen Computer. Für die eben erwähnte RSA-Verschlüsselung wäre dies das Aus. Denn genau das ist der Dreh- und Angelpunkt von RSA: das Verschlüsselungsverfahren beruht auf der Annahme, dass es schier unmöglich (sehr, sehr zeitaufwendig – und damit unpraktikabel) ist, die Primfaktoren sehr großer Zahlen zu bestimmen. Quantencomputer stellen deshalb eine Bedrohung für diese Art der Verschlüsselung dar.

Zwar gibt es noch keinen voll ausgereiften Quantencomputer, doch beschäftigen sich schon heute Forscher mit der Frage: Was wäre, wenn…? Aus dieser Frage ist ein eigenes Forschungsfeld entstanden, die *Post-Quantenkryptografie*. Die Post-Quantenkryptografie konzentriert sich auf Verfahren, die auch gegen Angriffe von Quantencomputern sicher sind – auch von solchen, die es heute noch gar nicht gibt. Da künftige Quantencomputer in der Lage wären, viele der aktuellen Verschlüsselungsstandards wie RSA zu knacken, ist die Entwicklung von Post-Quantenalgorithmen dringend notwendig, um die Datensicherheit in einer Welt mit leistungsstarken Quantencomputern zu gewährleisten. Dazu werden mathematisch schwer lösbare Probleme untersucht, die nach heutigem Wissensstand auch von Quantencomputern nicht schnell geknackt werden könnten. Einige solcher Verfahren sind mittlerweile bereits im Einsatz. Der Technologiekonzern Apple hat beispielsweise im Februar 2024 angekündigt, iMessage-Nachrichten künftig mit seinem neuen Protokoll namens PQ3 verschlüsseln zu wollen, das speziell zu diesem Zweck entwickelt wurde [11].

Die Mathematik ist also noch immer die stille Heldin unserer digitalen Sicherheit. Von einfachen Passwörtern bis hin zu hochentwickelten Kommunikationssystemen von Staaten und Organisationen – es ist noch immer die Mathematik, die sicherstellt, dass unsere Geheimnisse sicher bleiben. Doch die Quantenphysik und Quantencomputer können nicht nur als Schlüsseldienst eingesetzt werden, um das Sicherheitsschloss von Verfahren wie RSA zu öffnen. Quantenphysik kann auch als Grundlage für abhörsichere Kommunikation dienen.

Der physikalische Safe
Quantenkommunikation nutzt die Eigenschaften der Quantenphysik, um Informationen sicher zu übertragen. Ein Anwendungsbeispiel ist der *Quantenschlüsselaustausch* (engl.: *Quantum Key Distribution*, kurz: QKD). Dabei wird eine zufällige Zahl erzeugt, auf die sowohl Sender als auch Empfänger einer Nachricht Zugriff haben. Diese Zahl wird als geheimer Schlüssel verwendet, um Nachrichten abhörsicher zu übertragen. Das Besondere daran ist, dass dieser Geheimschlüssel mithilfe von Quantenphysik erzeugt wird und ihn niemand unbemerkt ergattern kann. Wenn zwei Parteien den Geheimschlüssel per Quantenschlüsselaustausch erzeugen, ist garantiert, dass sie einen Abhörangriff mitbekommen würden. Falls jemand mitlauscht, werfen sie den Schlüssel einfach weg und erzeugen eine neue Zufallszahl. Die Quantenphysik bildet damit die Grundlage einer abhörsicheren Art der Kommunikation.

Die Quantenkommunikation hat neben der Erhöhung der Informationssicherheit noch andere wichtige Eigenschaften. Sie bietet etwa die Möglichkeit, die Informationsdichte einer Datenübertragung zu erhöhen und verschiedene Quantencomputer in Netzwerken miteinander zu verknüpfen.

> **Zusammenfassung**
>
> - In der modernen Kommunikation dient Kryptografie dazu, Nachrichten vertraulich zu übermitteln und ihre Authentizität sicherzustellen. Kryptografie ist die Kunst der Verschlüsselung von Informationen, um sie vor unbefugtem Zugriff zu schützen.
> - Die Sicherheit vieler kryptografischer Verfahren beruht auf mathematischen Problemen, die mit Computern schwer zu lösen sind. Zukünftige Quantencomputer könnten einige dieser Probleme effizient lösen, wodurch die Sicherheit von Verschlüsselungsverfahren wie RSA gefährdet wäre.
> - Die Post-Quantenkryptografie beschäftigt sich mit Verschlüsselungstechniken, die auch gegen Abhörangriffe durch Quantencomputer robust wären – und damit auch mit den Grenzen der Möglichkeiten von Quantencomputern.
> - Quantenkommunikation stellt eine breite Palette an Informationstechnologien bereit, die sich die Gesetze der Quantenphysik zunutze machen. Dazu gehört der Quantenschlüsselaustausch, mithilfe dessen sich Daten theoretisch abhörsicher übertragen lassen. Quantenverschlüsselung wurde bereits erfolgreich in der Praxis eingesetzt.

1.6 Metrologie – Wer misst, misst Mist?

Naturwissenschaften sind empirisch. Theorien müssen in Experimenten bestätigt werden können, damit sie etwas taugen. Würden wir zum Beispiel die Theorie aufstellen, dass alles um uns herum nach oben fliegt (statt nach unten fällt), immer wenn niemand hinschaut, wäre das eine schlechte Theorie. Allein schon deshalb, weil wir dies nie durch Hinschauen überprüfen könnten. Im Gegensatz zu den Naturwissenschaften im engeren Sinne ist zum Beispiel die Mathematik keine empirische Disziplin, denn mathematische Durchbrüche erfordern keine Experimente. Physikalische und technische Durchbrüche erfordern jedoch zahlreiche Laborversuche und Messungen. Da stellt sich zuallererst die Frage, wie man überhaupt physikalische Größen misst.

Das ruft die Metrologie auf den Plan. Achtung, Verwechslungsgefahr: Während sich *Meteorologie* mit Wetter und die *Meteoritik* mit Meteoriten beschäftigt, ist die *Metrologie* die Wissenschaft des Messens. Ein wichtiges Tätigkeitsfeld von Metrologen umfasst die Festlegung international akzeptierter Maßeinheiten. Dem liegt der Wunsch zugrunde, die physikalische Welt um uns herum möglichst genau zu vermessen und Vergleichbarkeit zu schaffen. Der Wunsch nach Vergleichbarkeit begegnet uns jeden Tag. Kaufen wir zum Beispiel Kuchenzutaten im Supermarkt ein, ist uns wichtig, dass die Mengenangaben auf den Verpackungen stimmen. Bei wertvollerer Mengenware ist die Genauigkeit der Angabe noch wichtiger. Ein Goldbarren als Wertanlage sollte so viel wiegen wie angepriesen, aus Sicht des Käufers gefälligst mindestens so viel, aus Sicht des Verkäufers höchstens so viel.

Für physikalische Größen gibt es international akzeptierte Einheiten, z. B. Sekunden für Zeit-, Kilogramm für Massen-, und Meter für Längenangaben. Das in Wissenschaft und Technik meistverwendete Einheitensystem der Welt hat insgesamt sieben Basiseinheiten (siehe Abb. 1.4). Sie werden als *SI-Einheiten* bezeichnet, da sie im Internationalen Einheitensystem (französisch: „Système international d'unités") festgelegt sind. Alle anderen Einheiten lassen sich mithilfe dieser Basiseinheiten ausdrücken. Eine Fläche kann zum Beispiel in Quadratmetern angegeben werden und ein Volumen in Kubikmetern. Beide Einheiten lassen sich über die Basiseinheit Meter ausdrücken. Doch Sekunde mal, wie sind die Basiseinheiten überhaupt entstanden?

Eine knappe Geschichte der Zeit
Ein Tag hat 24 h, eine Stunde 60 min, und eine Minute besteht aus 60 s. Also dauert ein Tag 60 mal 60 mal 24 s (= 86.400 s). Oder?

Ein Sonnentag ist in der Astronomie die Zeitspanne zwischen zwei aufeinanderfolgenden Meridiandurchgängen der Sonne. Das sind die Zeitpunkte, zu denen die Sonne auf der Nordhalbkugel genau im Süden und auf der Südhalbkugel genau im Norden steht. Doch zwei aufeinanderfolgende Sonnentage sind nicht gleich lang. Das hat damit zu tun, dass sich die Erde in einer elliptischen

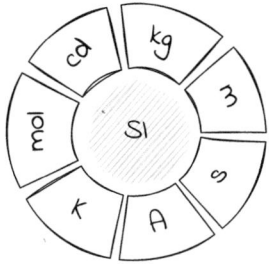

Abb. 1.4 Basiseinheiten des internationalen Einheitensystems SI („Système international d'unités"): Kilogramm (kg), Meter (m), Sekunde (s), Ampere (A), Kelvin (K), Mol (mol) und Candela (cd). Dies sind die Maßeinheiten für Masse (kg), Länge (m), Zeit (s), Stromstärke (A), Temperatur (K), Stoffmenge (mol) und Lichtstärke (cd)

Bahn um die Sonne bewegt. Die längsten Sonnentage fallen auf die Zeit um die sogenannten Sonnenwenden im Juni und Dezember, und die kürzesten Tage entsprechend auf den Zeitraum um die Tag-und Nachtgleichen im März und September.[1] Eine Sekunde als 1/86.400-ten Bruchteil eines Tages zu definieren wäre also unpraktisch. Denn mit dieser Definition würde sich die wahre Länge einer Sekunde jeden Tag ändern. Die Definition der grundlegenden Zeiteinheit wäre somit selbst von Zeit zu Zeit verschieden.

Warum definieren wir eine Sekunde dann nicht anhand eines durchschnittlichen Sonnentags, gemittelt über ein ganzes Jahr? Tatsächlich war die Sekunde bis in die 1960er-Jahre als Bruchteil eines Jahres definiert. Um einen klaren Bezugspunkt festzulegen, entschied man sich, eine Sekunde als bestimmten Bruchteil des Referenzjahres 1900 zu definieren. Mit dieser Definition änderte sich die Sekunde nicht mehr mit der Zeit. Das Referenzjahr lag in der Vergangenheit und somit war sichergestellt, dass sich die offiziell festgelegte Definition der Sekunde nicht von einem Tag auf den anderen ändern kann. Doch auch das ist keine besonders praktische Definition. Denn ohne Zeitmaschine stehen Zeitmessungen des Jahres 1900 in der Gegenwart nicht mehr zur Verfügung. Ein gewähltes Kalenderjahr in der Vergangenheit ist als Referenz problematisch, denn wir können die so definierte Sekunde nie mit verbesserten Methoden genauer nachmessen.

Diese Beobachtungen unterstreichen, dass die Definition einer Einheit wohl gewählt sein sollte. Sie sollte auch in der Zukunft noch gelten und möglichst keinen zeitlichen Schwankungen unterworfen sein. Außerdem sollte sie es ermöglichen, den Referenzwert z. B. einer Sekunde stets und überall reproduzieren zu können.

Seit über fünfzig Jahren hat die offizielle Definition der Sekunde diese Schwächen überwunden. Die Basis der bis heute aktuellen Definition bilden *Atomuhren*. Deren Funktionsweise baut auf den Grundlagen der Quantenphysik auf. Wenn Atome überschüssige Energie haben, können sie diese in Form von Licht aussenden. Dieses Licht hat je nach Atom eine ganz bestimmte Frequenz, die sehr präzise vermessen werden kann. Bei üblichen Atomuhren beträgt diese Frequenz mehr als neun Milliarden Schwingungen pro Sekunde. Misst man die Zeit, die während dieser gut neun Milliarden Schwingungen vergeht, lässt sich sehr genau die Dauer einer Sekunde bestimmen. Seit 1964 ist die Sekunde daher als die Zeitdauer definiert, die verstreicht, während sich in der Strahlung eines Cäsiumatoms 9.192.631.770 Schwingungen beobachten

---

[1] Die längsten Sonnentage fallen auf die Sonnenwenden. Häufig spricht man jedoch davon, dass die Wintersonnenwende (auf der Nordhalbkugel der Erde) um den 21. Dezember der kürzeste Tag des Jahres ist. Damit ist etwas anderes gemeint: Diese Aussage bezieht sich darauf, dass es nur sehr kurz hell ist. Der Sonnentag bezieht sich darauf, wie lange Tag und Nacht zusammen dauern.

lassen. Im Gegensatz zu den vorigen Methoden zur Zeitmessung ist hierdurch sichergestellt, dass die Sekunde stabil und jederzeit reproduzierbar ist: Denn Atome ändern sich nicht von heute auf morgen und jedes Cäsiumatom hat die gleichen Eigenschaften. Die Anzahl der Atomschwingungen definiert deshalb eine *Naturkonstante*. Das ist eine physikalische Größe, die in der theoretischen Beschreibung der Natur vorkommt und die sich in der Zeit nicht ändert. Das internationale Einheitensystem basiert auf solchen Naturkonstanten.

Die Geschichte der Zeitmessung ist damit aber noch nicht besiegelt. Denn äußere Störfaktoren begrenzen die Genauigkeit von Atomuhren. Ein Beispiel für einen solchen Störfaktor bildet die sogenannte *Schwarzkörperstrahlung*. Sie sorgt dafür, dass Atome aufgeheizt werden. Das hat zur Folge, dass sich die Atome nicht in Ruhe befinden, sondern hin- und herbewegen. Leider beeinträchtigt das die Messgenauigkeit. Hier schafft eine andere Errungenschaft der ersten Quantenrevolution Abhilfe: der *Laser*. Mithilfe von Lasern lassen sich Atome auf sehr niedrige Temperaturen herunterkühlen. Für die sogenannte *Laserkühlung* erhielten im Jahr 1997 die drei Physiker Steven Chu, Claude Cohen-Tannoudji und William D. Phillips den Nobelpreis [12]. Damit konnte die Präzision von Atomuhren erhöht werden. Bis heute bilden Atomuhren die Basis unserer Definition der Sekunde. Im gesamten SI-System ist die Zeitmessung mithilfe von Atomuhren die genaueste Messung, die wir überhaupt durchführen können: Sekunden lassen sich auf eine Genauigkeit von 16 Nachkommastellen messen [13].

Die sich im Laufe der Zeit veränderte Definition und Messung der Basiseinheit „Sekunde" zeigt, dass am Anfang nützlicher Technologien meist Grundlagenforschung steht. Anfangs ist schwer vorhersagbar, welche Anwendungen eine neue Theorie einmal haben wird. Obwohl die Quanten- bzw. Atomphysik erst vor 120 Jahren entstand, liegt sie heute der Art und Weise zugrunde, wie wir Zeit messen und die Sekunde definieren. Genauere Messinstrumente sind wichtig für Forschung und Entwicklung und eine präzise Zeitmessung ist essenziell für genaue Messungen vieler weiterer Messgrößen.

Eine kleine Geschichte der Länge
Haben Sie auch schon einmal ein improvisiertes Fußballfeld in den Sand gezeichnet und sind dafür Fuß für Fuß das Spielfeld abgelaufen? Falls ja, haben Sie sich einer uralten Idee bedient: des Naturmaßes. Für ein spontan entstandenes Fußballfeld im Sommerurlaub hat dieser Ansatz einige Vorteile: Man hat das Maß immer dabei und kommt schnell zu einem ungefähren Messergebnis. Ist eine präzisere Längenmessung nötig, hat dieser Ansatz natürlich einige Nachteile. Es fällt zum Beispiel direkt auf, dass nicht alle Füße gleich lang

sind. Damit geht eine der wichtigsten Eigenschaften einer guten Maßeinheit verloren: ihre Reproduzierbarkeit.

Schon im alten Ägypten fand man eine elegante Lösung für dieses Problem: Man nehme die Maße einer wichtigen Persönlichkeit und setze damit die Standardlängeneinheit fest. Die Ägypter entschieden sich dafür, die Unterarmlänge des Pharao als Standardmaß zu nutzen. Damit die *königliche Elle* als Einheit genutzt werden konnte, ließ der Herrscher einen aus Granit gefertigten Prototypen herstellen, dessen Länge der seines Unterarms entsprach. Damit hatten die Ägypter einen gut fünfzig Zentimeter langen Maßstab zur Hand, mit dem sie zum Beispiel den Wasserstand des Nils ablesen oder Pyramiden vermessen konnten. Damit erreichten sie eine (für damalige Verhältnisse) beeindruckende Präzision. Die Elle war auf der ganzen Welt als Längenmaß so beliebt, dass es sie in etlichen Erscheinungsformen gibt. Im Mittelalter hatten viele Städte ihre eigene Elle und brachten diese für alle sichtbar am Marktplatz an, siehe Abb. 1.5. So gibt es auch etliche Bezeichnungen für die Elle und verwandte historische Längenmaße, zum Beispiel *Covid* und *Cubit*.

Besondere Einheitensysteme, die sich von denen der restlichen Welt unterscheiden, gibt es noch heute. Im Indischen Ozean etwa gibt es ein Volk, das per Kanu zurückgelegte Distanzen in getrunkenen Kokosnussdrinks misst [14]. Der empirische Zusammenhang zwischen Flüssigkeitszunahme und Distanz basiert auf Erfahrungswerten, die typisches Strömungs- und Windverhalten berücksichtigen. Solche Informationen wären in einer standardisierten Längeneinheit, wie der Seemeile, nicht enthalten. Doch in den meisten Fällen ist eine Einheit erst dann wirklich praktisch, wenn sie immer und überall gleich ist. Denn obwohl die Braunschweiger Elle länger war als die Freiburger Elle und man damit vielleicht gut angeben konnte, ist die Idee von Einheiten ja eine *Vereinheitlichung* im Sinne einer besseren Vergleichbarkeit. Um diesem

 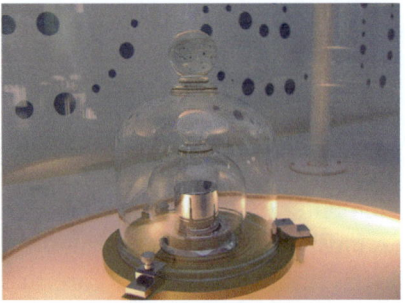

Abb. 1.5 *Links:* Rheinische Elle und Rheinischer Fuß, angebracht am alten Rathaus von Mannheim (1711). *Rechts:* Replika des Pariser Urkilogramms unter zwei Glasglocken. (Quelle: Wikipedia)

Gedanken Rechnung zu tragen, wurde ganz im Sinne des Gleichheitsideals während der französischen Revolution eine universelle Längeneinheit eingeführt. Diese hieß damals zwar noch nicht so, doch ist der Ursprung unseres heutigen Meters. Die ursprüngliche Definition dieser neuen Einheit lautete, dass sie der zehnmillionste Teil der Strecke zwischen Äquator und Nordpol sei. Um diese Länge zu bestimmen, wurde eine Expedition losgeschickt, um die Distanz zwischen Barcelona und Dünkirchen in Frankreich zu bestimmen (diese Städte liegen auf dem gleichen Längengrad). Das zog sich in den Revolutionswirren einige Jahre hin und es gab eine Überbrückungslösung, doch schließlich wurde auf Basis der Messergebnisse ein *Urmeter* angefertigt, der ab 1799 in einem Stahlschrank in Paris aufbewahrt wurde.

Der Urmeter stand ganz in der ägyptischen Tradition. Im alten Ägypten war es die „Königliche Elle" und beim Urmeter eben ein Prototyp auf Basis der Erdmaße. Doch wirklich praktisch ist auch diese Lösung auf Dauer nicht. Denn obwohl bei der Herstellung der Meterprototypen größter Wert auf Haltbarkeit und Unveränderlichkeit gelegt wurde, war nicht zu verhindern, dass sich diese mit der Zeit ändern würden. Die Anfertigung weiterer Kopien führte zu Abweichungen zwischen den Kopien und dem Original und es bestand das Risiko, dass bei jeder Vervielfältigung Beschädigungen am Urmeter auftreten konnten.

Eine weitaus bessere Lösung schlug zu Beginn des 20. Jahrhunderts der amerikanische Physiker Albert Michelson vor. Sein Vorschlag bestand darin, den Meter anhand der *Wellenlänge* von Licht zu definieren, die man mithilfe eines sogenannten *Interferometers* bereits damals sehr präzise vermessen konnte. Die Wellenlänge ist eine wichtige Eigenschaft von Lichtwellen und hängt mit der Farbe zusammen, in der wir Licht wahrnehmen. Die genaue Vermessung von Längen wurde daraufhin in der Praxis mithilfe solcher Interferometer durchgeführt, obwohl die offizielle Definition des Meters noch immer auf den Urmeter zurückging. Um das zu ändern, bediente man sich vor sechzig Jahren einer weiteren Naturkonstante.

Licht breitet sich mit Lichtgeschwindigkeit aus. In der Physik wird sie mit c abgekürzt (wie in Einsteins berühmter Formel, $E = mc^2$). Die Lichtgeschwindigkeit ist auch eine Naturkonstante und beträgt $c = 299.792.458$ m/s, nicht ungefähr, sondern exakt so viel. Warum wurde die Lichtgeschwindigkeit 1983 auf diesen Wert festgelegt?

Die Lichtgeschwindigkeit hängt mit der Wellenlänge λ und der Frequenz f des Lichtes über die Formel $\lambda = c/f$ zusammen. Nach der Erfindung des Lasers im Jahr 1960 wurde es plötzlich möglich, die Frequenz von Licht sehr genau zu vermessen. Doch wenn man mit einem Laser die Frequenz f sehr genau vermessen kann und die Lichtgeschwindigkeit auf einen konkreten

Wert festgelegt ist, dann lässt sich über diese Formel auch die Wellenlänge λ sehr genau vermessen. Mit anderen Worten: Gute Laser sind nicht nur gute Frequenzmesser, sondern auch gute Längenmesser. Durch die Festlegung der Lichtgeschwindigkeit auf einen bestimmten Wert hat man erreicht, dass künftige Längenmessungen immer besser werden, wenn bessere Laser entwickelt werden.

Der Meter ist seitdem durch die Länge definiert, die Licht (im Vakuum) in einem 1/299.792.458-ten Bruchteil einer Sekunde zurücklegt. Das Tolle daran: Diese Definition muss man nie wieder ändern! Wenn bessere Laser entwickelt werden, gilt diese Definition immer noch.

Eine leicht verdauliche Geschichte der Schwere

Von 1889 bis 2019 lag in Paris ein 1 kg schwerer Metallklotz unter einer Glasglocke. Er war in diesem Zeitraum ganz offiziell ein Kilogramm schwer. Ein Gegenstand aus dem 19. Jahrhundert bildete somit die Grundlage für unsere Definition des Kilogramms im 21. Jahrhundert. Wir kennen das schon von den Prototypen der alten Ägypter und vom Urmeter: So ein Gegenstand ist anfällig und nicht davor gefeit, mit der Zeit ab- oder zuzunehmen. In regelmäßigen Zeitabständen entnahm man das Urkilogramm daher seiner Glasbehausung und verglich sein Gewicht mit etlichen Kopien, die im Laufe der Zeit angefertigt wurden. Was dabei auffiel: Die meisten Kopien wurden im Vergleich zum Urkilogramm immer schwerer. Einige Zeit wurde vermutet, dass das Urkilogramm leichter wurde, weil es zu viel geputzt wurde! Diese These konnte nicht erhärtet werden und die Gewichtsabnahme des Urkilogramms ist bis heute nicht restlos geklärt.

Zentraler Bestandteil der Festlegung des Meters war die Festsetzung der Lichtgeschwindigkeit auf einen bestimmten Wert. Könnte man für das Kilogramm nicht das Gleiche machen? Dazu braucht man eine Naturkonstante, die etwas mit dem Kilogramm zu tun hat.

So eine Naturkonstante gibt es in der Quantenphysik. Sie heißt *Planck-Konstante* und hat das Formelzeichen h. In der Einheit von h kommen Meter, Sekunde und Kilogramm vor. Genauer gesagt, hat h die Einheit $m^2 \cdot kg/s$. Da die beiden Basiseinheiten m (Meter) und s (Sekunde) bereits festgelegt sind, lässt sich das Kilogramm über die Festlegung von h definieren. Die Idee ist die gleiche wie beim Meter und der Festsetzung der Lichtgeschwindigkeit.

Seit 2019 hat das Urkilogramm ausgedient. Die neue Definition des Kilogramms erhält man, indem man für die Planck-Konstante h in SI-Einheiten den Wert $6{,}62607015 \cdot 10^{-34}$ festlegt. Dabei ist 10^{-34} die Notation für „null Komma dreiunddreißig Nullen und dann eine eins" – eine unglaublich kleine Zahl. Dieser feste Wert für h wurde von der *Generalkonferenz für Maß und*

Gewicht beschlossen und ist seit dem 20. Mai 2019, dem *Weltmetrologietag* oder *Tag des Messens*, in Kraft. Damit ist die Quantenphysik allerspätestens seit 2019 ganz tief in unserem Einheitensystem verankert. Das Kilogramm wird inzwischen über eine Naturkonstante definiert, die ihren Ursprung in der Quantenphysik hat. Wenn Sie mehr darüber wissen möchten, wie man auch in einer echten Messung den Zusammenhang zwischen Planck-Konstante und dem Kilogramm herstellt, schlagen Sie gerne die Begriffe *Kibble-Waage* und *Avogadro-Experiment* nach.

Zusammenfassung

- Die Einheiten *Sekunde*, *Meter* und *Kilogramm* sind über quantenphysikalische Eigenschaften von Atomen und Naturkonstanten definiert.
- Quantentechnologien der ersten Generation, allen voran der Laser, ermöglichen hochpräzise Frequenz- und Längenmessungen.

1.7 Zum Aufbau dieses Buchs

Ob Rechnen, Simulieren, Kommunizieren oder Messen – in allen vier Kernbereichen aus Abb. 1.1 stellen sich Dank der Quantenphysik neue Forschungsfragen und zeichnen sich mögliche Anwendungen ab. In diesem Buch beleuchten wir viele der wissenschaftlichen und technischen Hintergründe, die zum Verständnis dieser vier Kernbereiche wichtig sind. Dafür stellen wir zunächst die Grundlagen der Quantenphysik vor. In Kap. 2 gehen wir Fragen wie „Was sind *Superpositionen*, was ist *Verschränkung*?" nach und werfen einen Blick auf die Experimente, die zur Entdeckung der Quantenphysik geführt haben. Wir begegnen dort auch den Qubits, aus denen Quantencomputer gemacht sind.

Wie solche Qubits im Labor entstehen und worauf man beim Bau eines Quantencomputers achten muss, klären wir in Kap. 3. Dadurch werden sowohl die eindrücklichen Fortschritte der letzten dreißig Jahre, aber auch die technischen Herausforderungen deutlich.

In den folgenden Kapiteln widmen wir uns den vier Bereichen Quantencomputing (Kap. 4), Quantensimulation (Kap. 5), Quantenkommunikation (Kap. 6) und Quantenmetrologie (Kap. 7) nochmals detaillierter. Was wir in diesem Prolog nur oberflächlich angesprochen haben, vertiefen wir in diesen ausführlichen Kapiteln. Nach der Lektüre sind Sie mit vielen physikalischen Grundkonzepten und aktuellen Forschungsfragen vertraut.

Im Laufe des Buchs greifen wir auf einige Fachbegriffe zurück, weil sich damit viele Konzepte leichter und griffiger beschreiben lassen. Wenn Fachwörter das erste Mal im Text erscheinen, sind sie *kursiv* gesetzt. Im Glossar ist eine Liste aller Fachbegriffe mit einer kurzen Erklärung enthalten. Weiterführende Quellen zum Nachlesen sind ebenfalls am Ende des Buchs zusammengetragen und im Text an passender Stelle vermerkt.

Am Ende längerer Textabschnitte resümieren Kurzzusammenfassungen die Kernpunkte der vorangegangenen Seiten. Sie enthalten keine weitreichenden Erklärungen, sondern fassen stichpunktartig die Hauptaussagen des Kapitels zusammen. Zudem sind hie und da Erklärungen zu technischen Konzepten in den Text eingeschoben. Diese befinden sich in grau hinterlegten Boxen, die mit „Kurz & knackig" beschriftet sind. Sie dienen der Ausführung zu Hintergründen, die zum Verständnis hilfreich sind, den Lesefluss aber nicht unterbrechen sollen.

2

Das kleine Einmaleins der Quantenphysik

Die Grundlage aller Quantentechnologien bildet die Quantenmechanik. Um die Wirkungsprinzipien dieser Technologien und auch ihre Anwendungsbereiche besser zu verstehen, ist ein wenig physikalisches Hintergrundwissen hilfreich. Deshalb gehen wir in diesem Kapitel solchen Fragen nach wie: Wie wurde die Quantenmechanik entdeckt? Was ist Quantenmechanik überhaupt? Und was ist eine *Superposition*, was ist *Verschränkung*? Statt uns hier in Formeln oder Merksätzen zu ergehen, legen wir Wert auf grundlegende Zusammenhänge. Wir sind der festen Überzeugung, dass man viel Physik mit wenig Formeln verstehen kann. Zur besseren Übersicht werden wir uns insbesondere vier Aspekte der Quantenmechanik genauer ansehen (siehe Abb. 2.1).

Der erste Aspekt betrifft die Eigenschaft der Quantenphysik, der sie ihren Namen verdankt. Zu Beginn des 20. Jahrhunderts ist Wissenschaftlern wie Max Planck und Albert Einstein aufgefallen, dass sich bestimmte Beobachtungen nur erklären lassen, wenn man annimmt, dass Energie und andere physikalische Größen manchmal in kleinen Paketen vorkommen, den sogenannten *Quanten*. Und zwar nur in ganzen Paketen – halbe Pakete, Viertelpakete oder dergleichen gibt es nicht. Das ist völlig anders als wir es aus unserer Alltagserfahrung kennen: Wenn Sie beim Kochen einen Topf mit Wasser erhitzen, dann wird das Wasser im Topf allmählich wärmer. Das Thermometer macht keine Sprünge, von einer Temperatur auf die andere. Bei einem alten Quecksil-

---

Die Originalversion des Kapitels wurde revidiert. Ein Erratum ist verfügbar unter https://doi.org/10.1007/978-3-662-70066-2_9

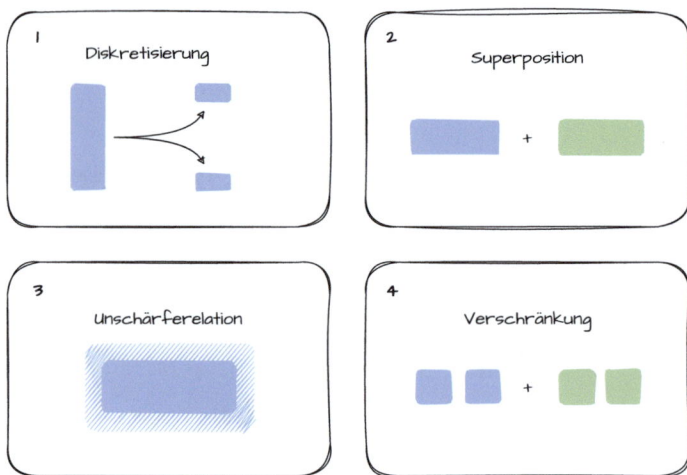

Abb. 2.1 Viele Effekte der Quantenmechanik lassen sich auf vier grundlegende Konzepte zurückführen. Im Gegensatz zur klassischen Physik sind in der Quantenmechanik viele Größen diskret (1); sie nehmen nur bestimmte Werte an. Die Effekte der Superposition (2), der Heisenberg'schen Unschärferelation (3) und der Verschränkung (4) werden nur in der Quantenmechanik und nicht in der klassischen Physik angetroffen

berthermometer bewegt sich die Quecksilbersäule allmählich nach oben. Sie springt nicht plötzlich von 10 °C auf 20 °C. In der Quantenmechanik gibt es hingegen Größen, die nur bestimmte, *diskrete* Werte annehmen können. Hier gibt es *Sprünge* von einem Wert auf den nächsten, ohne dass ein Wert dazwischen vorkommen kann. Daher kommt ursprünglich auch das Wort *Quantensprung*.

Doch damit nicht genug. Quantenmechanik erlaubt Überlagerungen (im Fachjargon *Superpositionen*): Ein Teilchen kann sich in der Quantenmechanik mit gewisser Wahrscheinlichkeit gleichzeitig an mehreren Orten aufhalten. Erst wenn man es beobachtet, findet man es an einem bestimmten Ort. Das gibt es so in unserer Alltagserfahrung nicht. Auch wenn das erst einmal nach Science Fiction klingt, bewegen wir uns hier auf dem Boden gut gesicherter physikalischer Theorien.

Als dritten Effekt gibt es die berühmte Heisenberg'sche Unschärferelation. Sie besagt, dass man bestimmte Größen wie Ort und Geschwindigkeit in der Quantenmechanik nicht gleichzeitig beliebig genau messen kann. Wäre das nicht eine tolle Ausrede für die nächste Geschwindigkeitskontrolle beim Autofahren? Leider kommen Sie in solchen Alltagssituationen mit „Weil sie wissen wo ich bin, können sie nicht wissen wie schnell ich gefahren bin!" nicht besonders weit.

Alle bisherigen Phänomene treten bei einzelnen Teilchen auf. So kann zum Beispiel ein einzelnes Atom in einer Superposition sein. Doch es gibt noch einen vierten Effekt, der die Quantenphysik so besonders macht. Dieser Effekt heißt *Verschränkung* und kann erst auftreten, wenn mindestens zwei Teilchen zusammenkommen. Wenn zwei Teilchen miteinander *verschränkt* sind, können wir sie nicht mehr unabhängig voneinander beschreiben und Veränderungen an einem Teilchen haben auch Auswirkungen auf das andere.

2.1 Echte Sprünge – Diskrete Natur der Quantenmechanik

Wir schreiben das Jahr 1894. Das Straßenbild ist geprägt von Pferdefuhrwerken und Böttcher ist noch eine übliche Berufsbezeichnung. Vor acht Jahren wurde das erste Auto erfunden und die ersten Exemplare fahren durch die Städte. Es ist eine wilde Zeit für die Physik: Viele der Bereiche, die heute als klassische Physik bekannt sind, wie Elektrodynamik und Thermodynamik, werden revolutioniert.

Zentral für die Wissenschaft des 19. Jahrhunderts ist vor allem die Thermodynamik, die physikalische Größen wie Temperatur und Arbeit beschreibt. Das Zusammenspiel von Wärme und Bewegung wird schon zu Beginn des 19. Jahrhunderts vom französischen Ingenieur Nicolas Léonard Sadi Carnot erforscht [15]. Nach ihm ist der Carnot-Prozess benannt – ein *Gedankenexperiment*, das die optimale Umwandlung von Wärme in Bewegung beschreibt und einen Grundpfeiler der Thermodynamik bildet. Diese beschäftigt sich mit *makroskopischen* Größen wie der Temperatur eines Heizkessels oder der Kondensation von Wasserdampf. Im Zeitalter der Dampfmaschine hat es ganz praktische Vorteile, solche Prozesse besser zu verstehen. Doch der Zusammenhang zwischen makroskopischen Effekten wie Wärme und der mikroskopischen Welt von Teilchen und ihrer Bewegung bleibt unklar bis Wissenschaftler wie Ludwig Boltzmann, James Clerk Maxwell und Josiah Gibbs [16, 17] in Erscheinung treten. Sie legen der Thermodynamik eine mikroskopische Theorie zugrunde. Eine *mikroskopische* Beschreibung erklärt den Gesamteffekt als Summe kleinerer Effekte. Dadurch ist es plötzlich möglich, das Konzept einer Temperatur auf die Bewegung von Teilchen wie Atomen oder Molekülen zurückzuführen. Heute heißt das dazu gehörige Forschungsfeld *statistische Physik*, da es sich Methoden der Wahrscheinlichkeitstheorie bedient. Damit können makroskopische Effekte wie ein Topf voll kochenden Wassers mithilfe der Bewegung von Wassermolekülen erklärt werden.

Doch nicht nur die Neubetrachtung der Thermodynamik verändert das Verständnis von Physik. Die Elektrodynamik beschreibt die Wechselwirkung von elektrischen Ladungen mit elektrischen und magnetischen Feldern. Auf der einen Seite verursachen bewegliche elektrische Ladungen elektrische und magnetische Felder. Auf der andere Seite beeinflussen Felder die Bewegung der elektrischen Ladungen. In den Jahren 1850 bis 1870 fasst der schottische Mathematiker James Clerk Maxwell die bis dato unabhängigen Theorien für Licht und *Elektromagnetismus* zu einer Theorie zusammen [18]. Heute benutzen wir ganz selbstverständlich Smartphones und Mikrowellen und denken nicht viel darüber nach. Zur damaligen Zeit ist es vollkommen revolutionär anzunehmen, dass elektromagnetische Strahlung und Licht etwas miteinander zu tun haben könnten. Die Glühbirne war erst vor ungefähr fünfzehn Jahren erfunden worden und ein Zusammenhang zwischen Licht und Strom lag nicht gerade auf der Hand. Maxwell aber stellt fest, dass sich elektromagnetische Felder und Licht sehr ähnlich verhalten, und sieht einen tieferen Zusammenhang. Wenn sich zwei zunächst verschiedene Effekte so ähnlich verhalten, dann könnte es sich auch um den gleichen Effekt handeln. Und er hatte recht: Die klassische Elektrodynamik in ihrer heutigen Form war geboren. Sie beschreibt viele Phänomene vom Mikrowellenherd bis zum Radio. Insbesondere ist auch Licht eine elektromagnetische Welle.

Die atemberaubende Geschwindigkeit der Entdeckungen lässt sich gut anhand der Elektrodynamik illustrieren. Maxwell ging 1865 noch davon aus, dass sich Lichtwellen in einem Medium, dem sogenannten Äther, ausbreiten [18]. Das ist anschaulich recht gut zu verstehen, wenn man eine Wasserwelle betrachtet. Wenn ein Stein ins Wasser fällt, dann breitet sich um ihn herum eine kreisförmige Welle auf dem Wasser aus. Die Welle schwingt nach oben und unten, während sie sich vom Stein weg ausbreitet. Wenn wir Wellen beobachten, dann blicken wir auf das Wasser, also das schwingende Medium. Ähnlich wie die Wasserwelle das Wasser als Medium braucht, ging Maxwell davon aus, dass sich Licht im Äther ausbreitet.

Doch schon 1887 zeigten Michelson und Morley experimentell, dass es einen solchen Äther nicht gibt [19]. Ihre Idee war so bestechend einfach wie genial: Wenn es einen Äther gibt, dann muss sich die Erde durch den Äther bewegen. Da sich die Erde aber um die Sonne dreht, wird sich die Erde in unterschiedlichen Winkeln zum Äther bewegen, sodass sich der „Fahrtwind" im Äther ändern müsste. Das müsste die Lichtgeschwindigkeit ändern. Durch ein geschicktes Experiment konnten sie nachweisen, dass die Lichtgeschwindigkeit immer gleich ist, unabhängig von der Jahreszeit, also unabhängig von der Bewegungsrichtung der Erde. Wenn sich die Lichtgeschwindigkeit nicht ändert, dann gibt es keinen Fahrtwind im Äther. Ihre Erkenntnis: Es gibt keinen

Äther. Licht kann sich also ohne Äther, im Vakuum, ausbreiten! Die Dimension dieser Entdeckung ist heute schwer nachzuvollziehen: Physiker fanden es plötzlich in Ordnung, dass sich eine Welle im Nichts ausbreitet!

Aus heutiger Sicht scheinen all diese Entdeckungen nicht besonders spektakulär. Doch wir bewegen uns in einer Zeit, in der viele Wissenschaftler der Physik keine weiteren Überraschungen mehr zutrauen. Zur damaligen Zeit wirkte es so, als ob sie eine vollständige Beschreibung der Natur liefern könnte. Michelson, einer der beiden Physiker, die die Äthertheorie widerlegten, formulierte es so:

> Auch wenn man nie mit Sicherheit sagen kann, dass die Zukunft der physikalischen Wissenschaft keine noch erstaunlicheren Wunder bereithält als die der Vergangenheit, so scheint es doch wahrscheinlich, dass die meisten der großen grundlegenden Prinzipien fest etabliert sind und dass weitere Fortschritte vor allem in der strengen Anwendung dieser Prinzipien auf alle Phänomene, die uns begegnen, zu suchen sind. Hier zeigt sich die Bedeutung der Messwissenschaft, wo quantitative Arbeit mehr erwünscht ist als qualitative Arbeit. Ein bedeutender Physiker bemerkte, dass die zukünftigen Wahrheiten der physikalischen Wissenschaft in der sechsten Stelle der Dezimale zu suchen sind.
> – Albert A. Michelson (1894) [20] [aus dem Englischen]

Es bestand der Eindruck, dass die Natur mit den bestehenden Naturgesetzen beschrieben werden kann und die Forschung sich nur noch um Details kümmern müsse. Doch dieses Bild bekam bald Risse. Insbesondere zwei Experimente wollten einfach nicht zu den damaligen Theorien passen: Weder die *Schwarzkörperstrahlung* noch der *photoelektrische Effekt* konnten mit bestehenden Theorien erklärt werden.

Die ersten Anzeichen, dass die Beschreibung von statistischer Physik noch nicht vollständig war, lieferte die mangelnde Erklärung der Wärmestrahlung. Wenn man einen Körper erhitzt, dann fängt er irgendwann an zu glühen. An der Farbe des glühenden Materials erkennen Schmiede seit Jahrtausenden ungefähr die Temperatur. Doch die präzise Beschreibung der Farbe in Abhängigkeit von der Temperatur stellte die Physik zu Beginn des 20. Jahrhunderts vor eine fast unlösbare Aufgabe. In der Physik firmiert das Problem unter dem Namen der Schwarzkörperstrahlung. Doch mehr dazu später.

Das zweite große Signal für die Unzulänglichkeit der bisherigen Modelle war der Widerspruch zwischen Experiment und Theorie beim photoelektrischen Effekt. Richtet man energiereiches Licht auf ein Metall, dann lösen sich Elektronen aus dem Material. Elektronen sind sogenannte Elementarteilchen. Sie machen ihrem Namen alle Ehre: Sie heißen *elementar*, weil sie die kleinsten Bestandteile der Materie und nicht weiter teilbar sind. Das Proton hingegen,

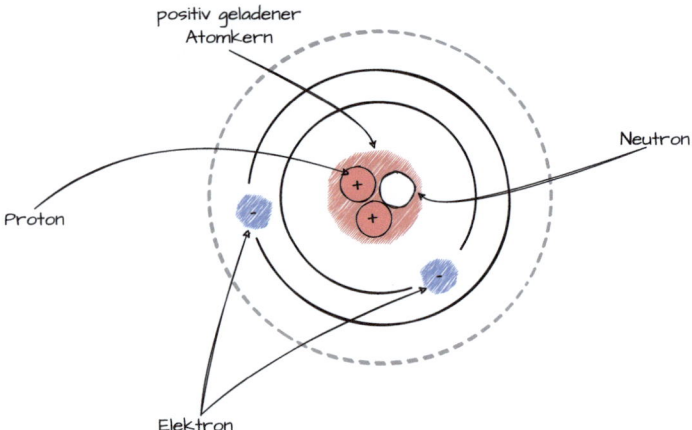

Abb. 2.2 Vereinfachte Darstellung eines Atoms im Bohr'schen Atommodell. Die Protonen und Neutronen bilden den Atomkern und Elektronen kreisen auf Bahnen um ihn herum

ein Baustein des Atomkerns, lässt sich in noch kleinere Bestandteile zerlegen. Sowohl Protonen als auch Elektronen sind Bausteine von Atomen (Abb. 2.2).

Im Experiment stellte der Physiker Philipp Lenard fest, dass er Licht von einer gewissen Mindestfrequenz benötigt, damit sich Elektronen aus dem Metall lösen. Wenn die Frequenz einen bestimmten Wert unterschreitet, dann lösen sich gar keine Elektronen aus dem Metall. Das passte aber gar nicht zur damaligen theoretischen Interpretation, dass Licht eine Welle ist.

> **Zusammenfassung**
>
> - In diesem Buch behandeln wir die Quantenmechanik anhand von vier wichtigen Effekten: diskrete Zustände, Heisenberg'sche Unschärferelation, Superposition und Verschränkung.
> - Insbesondere zwei Experimente haben Anfang des 20. Jahrhunderts für Verwirrung gesorgt: Schwarzkörperstrahlung und der photoelektrische Effekt.

Eher Wackeln als Surfen – Einführung in die Wellenmechanik

In beiden Experimenten – bei der Schwarzkörperstrahlung und beim photoelektrischen Effekt – spielen Licht und Wellen eine zentrale Rolle. Um die Experimente besser zu verstehen, erklären wir, was Wellen eigentlich sind.

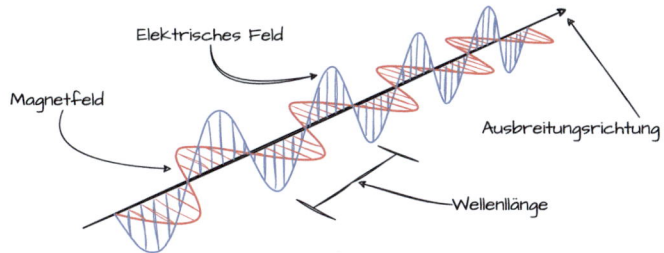

Abb. 2.3 Elektromagnetische Wellen sind Transversalwellen. Sowohl das elektrische als auch das magnetische Feld schwingen senkrecht zur Ausbreitungsrichtung

Stellen Sie sich vor, dass Sie an einem sonnigen Frühlingstag am Ufer eines kleinen Sees stehen. Es ist windstill und die Oberfläche des Sees ist spiegelglatt. Wenn Sie nun einen kleinen Stein ins Wasser werfen, dann ist es mit der Ruhe vorbei. Das Wasser bewegt sich um den Einschlagpunkt auf und ab und eine Welle breitet sich kreisförmig nach außen aus. Sie bewegt sich nach außen, während sie auf und ab schwingt. Die Ausbreitungsrichtung (nach außen) und die Schwingung (nach oben und unten) stehen senkrecht aufeinander. Eine solche Welle heißt *Transversalwelle*. Die obere Hälfte von Abb. 2.4 zeigt eine Transversalwelle auf einem Gummiband. Wenn die Hand sich auf und ab bewegt, schwingt das Band ebenfalls auf und ab. Die Ausbreitungsgeschwindigkeit ist durch die Bewegung von Wellenbergen und -tälern zu erkennen. Sie bewegen sich von der Hand weg. Ausbreitungsrichtung und Schwingungen stehen wieder senkrecht aufeinander.

Ein weiteres Beispiel für Transversalwellen sind Lichtwellen. Sie spielen die tragende Rolle in den Experimenten mit Schwarzen Körpern und dem Photoeffekt. Wenn sich Lichtwellen ausbreiten, ist es nicht Wasser, das schwingt, sondern elektrische und magnetische Felder. Man nennt Licht daher auch eine elektromagnetische Welle. Die elektromagnetischen Felder schwingen wie die Wasserwellen senkrecht zu ihrer Ausbreitungsrichtung und sind daher auch transversale Wellen (siehe Abb. 2.3).

Neben Transversalwellen gibt es auch *Longitudinalwellen* (untere Hälfte von Abb. 2.4). Im Gegensatz zu Transversalwellen schwingt eine longitudinale Welle in Ausbreitungsrichtung, statt senkrecht dazu. Diese Wellen entstehen beispielsweise in der Luft beim Sprechen. Schall breitet sich durch Druckunterschiede in der Luft aus; an einer Stelle sind die Luftmoleküle dichter gedrängt als an einer anderen. Etwas anschaulicher lässt sich eine Longitudinalwelle mit einer langen Feder darstellen. Sobald sich ein Ende der Feder vor und zurück bewegt, breitet sich auf der Feder eine Welle aus. Dabei gibt es Regionen, an denen die Windungen der Feder dichter sind und andere Bereiche,

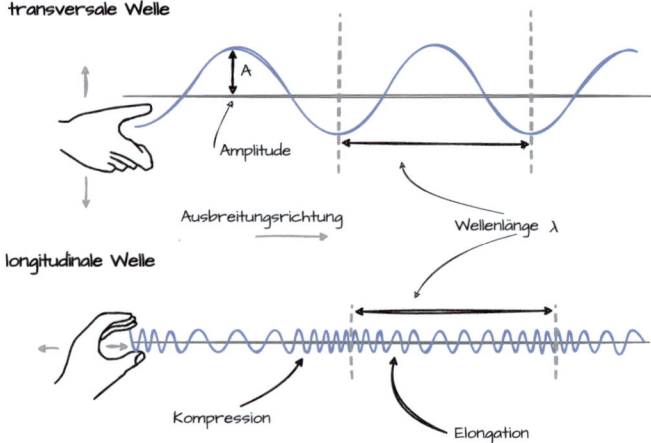

Abb. 2.4 Unterschied zwischen Transversal- und Longitudinalwellen. Transversalwellen schwingen senkrecht zur Bewegungsrichtung, Longitudinalwellen in Bewegungsrichtung. Die Wellenlänge beschreibt den Abstand von zwei Wellenbergen

an denen sie weniger dicht liegen. Wir erkennen die Bewegung der Welle daran, dass sich die dichter gedrängten Bereiche über die Feder bewegen. Für alle Experten für Kinderspielzeug, hier noch ein anschauliches Beispiel: Wenn ein *Slinky* (zu deutsch auch Treppenläufer) leicht gespannt ist und sich ein Ende vor und zurückbewegt, dann breitet sich eine Welle in Bewegungsrichtung aus. Diese Welle besteht aus Regionen, in denen das Slinky gestaucht oder gestreckt wird; es ist also eine Longitudinalwelle. Falls Sie nicht wissen was ein Slinky ist, dann können Sie es hier nachschauen [21].

Mit dieser Intuition ausgestattet, können wir eine präzisere Beschreibung für Wellen finden. Das hilft uns bei der Beschreibung der beiden Experimente, die der Quantenphysik den Weg bereitet haben. Denn auch wenn Longitudinal- und Transversalwellen auf den ersten Blick sehr verschieden aussehen, so können sie alle auf die gleiche Weise beschrieben werden. Eine Welle wird durch *Frequenz, Wellenlänge, Amplitude* und *Phase* beschrieben. Die Frequenz (in der Physik meist mit f benannt) gibt an, wie schnell eine Welle schwingt. Je höher die Frequenz, desto öfter hebt und senkt sich die Welle in einem gewissen Zeitraum. Bei Schallwellen führt das zu höheren Tönen, bei Lichtwellen zu einer anderen Farbe. Die Angabe „Schwingungen pro Sekunde" taucht in der Physik so häufig auf, dass sie eine eigene Einheit spendiert bekommen hat: das Hertz, abgekürzt Hz. Das macht es einfacher, über Frequenzen zu sprechen. Für den Mensch hörbare Schallfrequenzen liegen zum Beispiel zwischen 16 und 20.000 Hz.

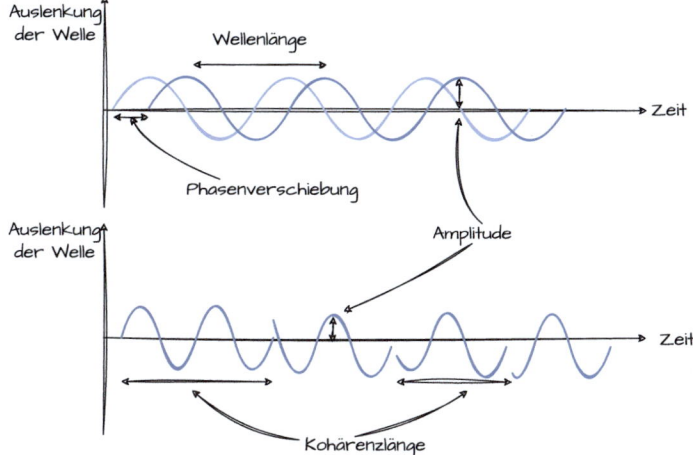

Abb. 2.5 Phase und Kohärenzlänge von Wellen. Wellen mit großer Kohärenzlänge eignen sich besonders gut für Interferenzexperimente

Das Maß, um das sich die Welle hebt und senkt, nennt sich Amplitude. Eine Welle mit größerer Amplitude hat eine höhere Auslenkung als eine Welle mit einer kleineren Amplitude. In unserem Bild mit der Feder (Abb. 2.4) gibt die Auslenkung der Hand die Amplitude der Welle vor. Bei Licht nehmen wir eine Welle mit hoher Amplitude als hell wahr, bei Schall als laut.

Natürlich schwingen nicht alle Wellen im gleichen Takt. Die relative Verschiebung von einer Welle zu einer anderen wird über die sogenannte Phase dargestellt. Die beiden Wellen im oberen Teil von Abb. 2.5 haben die gleiche Amplitude und Wellenlänge, sind aber gegeneinander verschoben. Genau diese Verschiebung ist die Phase. Eine Verschiebung zwischen zwei Wellen lässt sich natürlich nur feststellen, falls die Wellen auch über längere Strecken gleichmäßig schwingen. Die Entfernung, über die eine Welle eine regelmäßige Schwingung ausführt, wird *Kohärenzlänge* genannt. Die Welle in der oberen Hälfte von Abb. 2.5 hat eine große Kohärenzlänge, die Welle in der unteren Hälfte eine kürzere.

Bei jeder Schwingung bewegt sich die Welle vorwärts, sie breitet sich aus. Die Entfernung, die zwischen zwei Wellenbergen (zwei Maxima der Auslenkung) liegt, nennt sich Wellenlänge. Da Physikern irgendwann die Formelsymbole ausgegangen sind, haben sie sich auf der Suche nach neuen Symbolen ganz schamlos im griechischen Alphabet bedient. Die Wellenlänge wird üblicherweise mit λ (sprich „lambda") bezeichnet.

Sind die Frequenz und die Wellenlänge einer Welle bekannt, dann ist auch die Ausbreitungsgeschwindigkeit gegeben, denn beide hängen über eine sehr grundlegende Formel miteinander zusammen: Wellenlänge mal Frequenz gleich Ausbreitungsgeschwindigkeit, kurz $c = \lambda \cdot f$. Die Formel ist uns schon in ähnlicher Form in Kap. 1 bei der Definition des Meters begegnet. Solange die Ausbreitungsgeschwindigkeit der Welle konstant ist, können wir Frequenz und Wellenlänge ineinander umrechnen. Das ist insbesondere für Licht im Vakuum gegeben. Die Lichtgeschwindigkeit ist eine Naturkonstante und wird sogar genutzt um Einheiten zu definieren. Demnach können wir im Folgenden austauschbar über die Frequenz und die Wellenlänge von Licht sprechen.

Kehren wir nach diesem etwas technischen Abschnitt für einen Moment gedanklich an den Wasserteich zurück. Beim ersten Steinwurf breitet sich eine Welle kreisförmig vom Einschlagpunkt aus. Niemand hindert Sie daran, einen zweiten Stein ins Wasser zu werfen, bevor das Wellenbild des ersten Steins verschwunden ist. Sobald Sie den zweiten Stein hineinwerfen, entsteht auch um diesen Einschlagpunkt eine kreisförmige Welle. Interessant wird es, wenn sich die beiden Wellenmuster treffen. Es entsteht ein kompliziertes Muster aus Wellenbergen und Wellentälern. Dahinter verbirgt sich die besondere Eigenschaft von Wellen, dass sie sich überlagern können. Physiker sprechen dabei auch von *Interferenz*.

Technisch ausgedrückt ist Interferenz die Summe der Auslenkungen von verschiedenen Wellen. Da die Auslenkung sowohl positiv (Wellenberg) als auch negativ (Wellental) sein kann, kann Interferenz zu einer Vergrößerung und einer Verkleinerung der Welle führen. Wenn zwei Wellenberge oder zwei Wellentäler aufeinandertreffen, dann addiert sich die Auslenkung und die resultierende Auslenkung wird größer. Man spricht von *konstruktiver* Interferenz. Dieser Effekt ist in der oberen Hälfte von Abb. 2.6 dargestellt. Die grünen Wellenberge auf der rechten Seite sind so hoch wie die blauen Berge auf der linken Seite zusammen. Andererseits können sich Wellenberge und Wellentäler auch *destruktiv* überlagern. Auch hier addiert sich die Auslenkung, aber das Resultat ist eine kleinere Auslenkung als vorher, da sich die positiven und negativen Auslenkungen zum Teil kompensieren. Es kann sogar dazu kommen, dass sich die Wellen komplett auslöschen. Ein Fall von totaler destruktiver Interferenz ist in der unteren Hälfte von Abb. 2.6 gezeigt: Die Welle verschwindet. Bei destruktiver Interferenz verschwindet die Welle nicht immer vollständig. Sie kann auch einfach abgeschwächt anstatt komplett ausgelöscht werden. Zusammenfassend: Bei konstruktiver Interferenz vergrößert sich die Amplitude, bei destruktiver Interferenz wird sie kleiner.

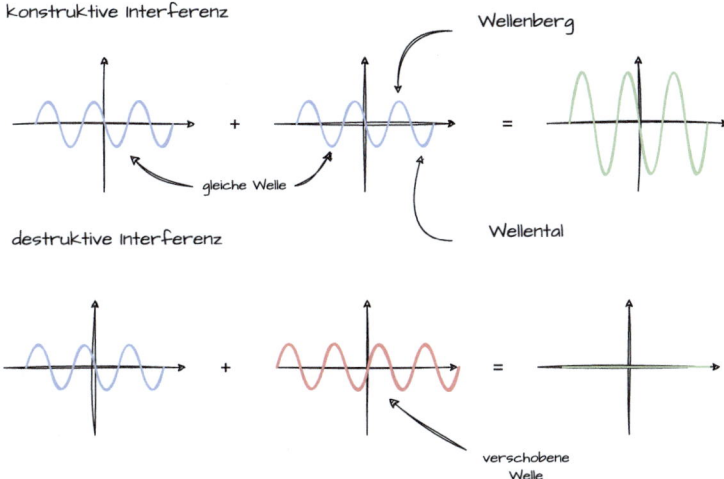

Abb. 2.6 Interferenz von zwei Wellen. Bei konstruktiver Interferenz wird die maximale Amplitude größer, bei destruktiver Interferenz löschen sich die beiden Wellen gegenseitig aus

Welle oder Teilchen – Der Doppelspalt

Interferenz ist natürlich nicht nur ein Effekt, den wir theoretisch beschreiben können. Über die Interferenz von Wasserwellen auf einem Teich haben wir schon nachgedacht. Es gibt Interferenz auch ganz praktisch im Alltag. Wenn Sie nach einem Regenschauer an einer Autowerkstatt vorbeigehen, dann sehen Sie eventuell einen dünnen Ölfilm auf dem Wasser. Das changierende, bunte Muster aus Öl auf dem Wasser ist ein Interferenzeffekt. Licht wird sowohl an der oberen Schicht des Ölfilms als auch an der unteren reflektiert. Der winzige Unterschied im Weg, den das Licht zurücklegt, führt zur Interferenz. So schön es auch anzusehen ist, so aufwendig ist es, mit Ölflecken auf Pfützen wissenschaftliche Messungen zu machen. In der Physik gibt es daher ein bekanntes Experiment, dass die Interferenz von Licht einfacher sichtbar macht: der Doppelspaltversuch. *Doppelspalt?* Was kurios klingen mag, ist nur der technische Ausdruck von Physikern für eine „Platte mit zwei schmalen Schlitzen". Im Doppelspaltversuch wird Licht auf einen Doppelspalt gerichtet und dann das Interferenzmuster auf einem Schirm auf der anderen Seite der Spalte betrachtet. Schon 1802 nutzte der Engländer Thomas Young [22] den Doppelspalt um die Wellennatur des Lichts zu erforschen. Der Doppelspaltversuch gilt heute als eines der Schlüsselexperimente der Physik.

Um ein Experiment zu verstehen, ist es gut, wenn es eine Erwartung, eine Hypothese, für das Ergebnis gibt. Nehmen wir für einen Augenblick an, dass wir das Doppelspaltexperiment mit einem Tennisball durchführen würden.

Wenn der Tennisball auf zwei beieinanderliegende Spalte trifft, dann kann der Ball entweder den einen oder den anderen Spalt passieren (oder gar keinen, wenn man schlecht gezielt hat). Für einen Beobachter am Schirm, d. h. hinter der Platte mit den beiden Spalten, kommt der Ball immer aus einem der beiden Spalte. Wenn die Spalte schmal sind und weit auseinander, dann gibt es einen Bereich zwischen den Spalten, in dem nie ein Ball landet. Auch in den Randbereichen, also oberhalb des oberen und unterhalb des unteren Spalts, können keine Bälle auftreffen. Das Verhalten ist in der linken Hälfte von Abb. 2.7 dargestellt. Die blauen Blöcke auf dem Schirm zeigen die Bereiche, in denen Bälle auftreffen.

Nun tauschen wir die Bälle durch Lichtwellen aus (rechte Hälfte von Abb. 2.7). Statt einzelner Bälle, trifft nun eine Welle auf die Spalte. Bildlich können wir uns wieder eine Wasserwelle vorstellen. Die beiden Spalte wirken jetzt wie die Steine, die in den ruhigen See gefallen sind: Von beiden Spalten gehen neue Wellen aus, die sich dann hinter den Spalten überlagern. Bei Wellen tritt schließlich Interferenz auf. Es entsteht ein kompliziertes Wellenmuster mit einem großen Unterschied zur Tennisballversion: Wir messen Licht auch zwischen den Spalten. Das ist ein eklatanter Unterschied zwischen dem Wellen- und dem Teilchenbild. Das Experiment kann also dazu dienen, eine Theorie von Teilchen von einer Wellentheorie zu unterscheiden.

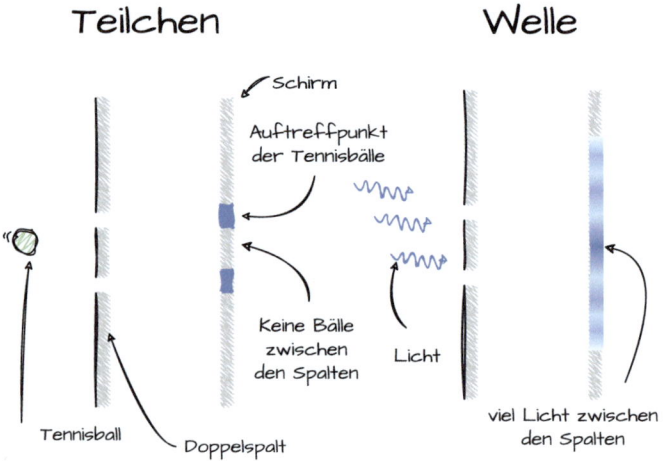

Abb. 2.7 Das Doppelspaltexperiment liefert unterschiedliche Ergebnisse für Wellen und Teilchen. Die Muster auf dem Schirm sind in den beiden Fällen grundlegend verschieden

Experimente können uns helfen, verschiedene Theorien voneinander zu unterscheiden! Diese scheinbar banale Tatsache bildet das Rückgrat der Physik. Eines der Ziele von Physik ist es, Natur so gut wie möglich zu beschreiben. Dazu nutzen Physikerinnen ein Zusammenspiel von Theorien und Experimenten. Aufgrund von Messdaten und Beobachtungen in der Natur wird eine Theorie aufgestellt. Ohne uns in den philosophischen Details zu verlieren, ist eine Theorie für uns hier ein Erklärungsmodell für einen Effekt in der Natur. Neben der Erklärung für Gesehenes, muss eine Theorie es erlauben, Vorhersagen für neue Experimente zu machen. Denken wir zum Beispiel an einen Apfel, der zu Boden fällt. Wir können uns eine einfache Theorie der Gravitation überlegen, die besagt, dass alle Dinge Richtung Boden fallen. Um das zu überprüfen, nehmen wir uns einen Ball und stellen fest, dass auch er zu Boden fällt. Wenn wir uns aber einen Heliumballon ansehen, dann steigt er auf. Unsere simple Theorie der Gravitation ist also nicht korrekt. Wir haben eine Theorie widerlegt und können nun versuchen eine neue, bessere Theorie aufzustellen. Im Falle des Heliumballons gibt es eine Kraft, die der Gravitation entgegenwirkt. Helium ist leichter als Luft und steigt daher auf. Die vereinfachte Formulierung, dass *alle* Objekte zu Boden fallen ist also so nicht ganz korrekt. Richtiger ist, dass die Gravitation auf alle Objekte wirkt. Ob das Objekt nach unten fällt, hängt von den restlichen wirkenden Kräften ab.

Besonders spannend ist, dass Theorien von diesem Standpunkt aus nicht verifiziert oder bewiesen werden können. Sie können nur *falsifiziert*, also widerlegt werden [23]. Wenn wir 1000 Experimente korrekt mit der Theorie vorhersagen können, dann ist das gut und bestätigt uns in der Nutzung der Theorie. Ein einzelnes, gültiges Experiment, das im Widerspruch zur Theorie steht, zwingt uns jedoch dazu, sie zu überarbeiten. Und selbst 1001 erfolgreiche Experimente sind kein Beweis für die Richtigkeit unserer Theorie.

Insbesondere können wir Experimente nutzen, um zwischen verschiedenen Theorien zu unterscheiden. Wenn zwei Theorien unterschiedliche Vorhersagen machen, dann können wir ein Experiment durchführen um herauszufinden, welche Theorie die Natur besser beschreibt. Genau diese Einsicht nutzte Thomas Young im frühen 19. Jahrhundert. Hinter dem Schirm konnte er, wie in Abb. 2.7, Licht in der Mitte zwischen den Spalten messen und kam zu dem Schluss: Licht muss eine Welle sein. Dass es in Wahrheit etwas komplizierter ist, werden wir gleich noch sehen.

Schwarze Körper und Energie auf dem Schneidebrett – Schwarzkörperstrahlung

Der Doppelspaltversuch zeigt, dass Licht sich wie eine Welle verhält. In diesem Abschnitt werden wir eines der beiden Experimente kennenlernen, das diese Theorie in arge Bedrängnis bringt. Im Rahmen der Thermodynamik beschreiben Physiker die thermischen Eigenschaften von Materialien. Seit dem Altertum können Schmiede anhand der Farbe von glühendem Metall seine Temperatur erkennen. Da es viel zu einfach wäre, die Frage zu stellen: „Welche Farbe hat das glühende Stück Metall?", fragen Physiker nach dem *Spektrum* der Schwarzkörperstrahlung. Das klingt zwar spektakulärer, ist aber eine sehr ähnliche Frage. Und genau bei der Beschreibung dieses Spektrums wartete eine große Überraschung auf die Physiker zu Beginn des 20. Jahrhunderts.

Wenn eine Physikerin von einem Schwarzen Körper spricht, meint sie damit einen Hohlraum, der mit maximal absorbierenden Wänden ausgekleidet ist. Der Schwarze Körper ist eine Idealisierung in der theoretischen Physik. Sie erlaubt uns viele Vereinfachungen, die so im Experiment nie ganz zutreffen werden, uns aber trotzdem eine Interpretation ermöglichen. Beispielsweise sorgen die maximal absorbierenden Wände dafür, dass sich der Hohlraum im Inneren auf der gleichen Temperatur wie die Wände befindet. Da schwarze Wände mehr Strahlung absorbieren als weiße, ist das Innere des Hohlraums typischerweise schwarz ausgekleidet. Eine Veranschaulichung eines Schwarzen Körpers ist in Abb. 2.8 zu sehen. Die Idee ist, dass die Strahlung im Inneren des Körpers durch ein winziges Loch beobachtet werden könnte, ohne das System zu beeinflussen. So können wir davon ausgehen, dass alles im Gleichgewicht ist und die Beschreibung des Systems wird viel, *viel* einfacher.

Wenn wir einen solchen Schwarzen Körper im Experiment erhitzen, dann können wir durch das Loch die Wärmestrahlung im Inneren vermessen. Dabei interessiert uns insbesondere, wie viel Strahlung bei einer bestimmten Frequenz ausgestrahlt wird. Weißes Licht, wie wir es von einer Glühlampe oder der Sonne

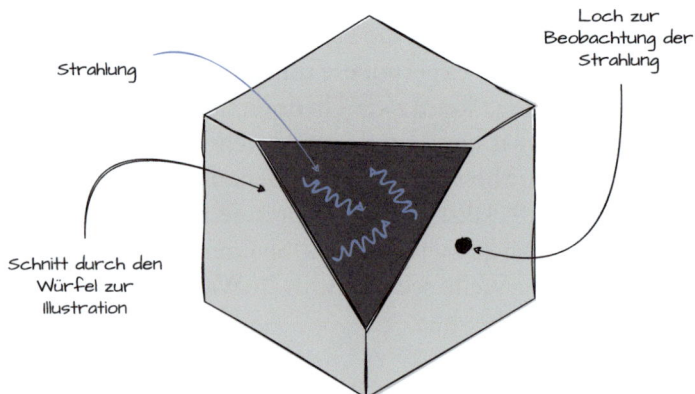

Abb. 2.8 Ein Schwarzer Körper ist ein Hohlraum, in dem Strahlung von einer Wand reflektiert und absorbiert wird. Die Strahlung und der Körper haben die gleiche Temperatur. Die fehlende Ecke im Würfel dient der Illustration. Das eigentliche Experiment findet mit einem geschlossenen Würfel statt

kennen, besteht nicht aus einer einzigen Frequenz. Es ist vielmehr eine Mischung aus sehr vielen verschiedenen Frequenzen bzw. Farben. Eine bestimmte Farbe von Licht ist genau das Licht einer bestimmten Frequenz. Um zu sehen, dass weißes Licht tatsächlich aus verschiedenen Farben besteht, können wir es mithilfe eines Prismas in einzelne Farben zerlegen. Ein berühmtes Beispiel dafür ist das Pink Floyd Cover des Albums „Dark Side of the Moon".

Wenn wir zu jeder Frequenz die Intensität messen, die das Licht hat, dann können wir einen Graphen zeichnen wie in 2.9. Dieser Graph ist die *Intensitätsverteilung* der verschiedenen Frequenzen. Oder anders gesagt, enthält die Grafik Antworten auf Fragen wie: „Wie viel Grün enthält die Wärmestrahlung im Hohlraum?". Grünes Licht hat eine bestimmte Frequenz. Demnach kennen wir die Position von grünem Licht auf der horizontalen Achse des linken Graphen von Abb. 2.9. Tatsächlich ist die Frequenz von sichtbarem Licht (zum Beispiel grünem Licht) deutlich höher als die von Wärmestrahlung. Der Punkt auf der Frequenzachse für grünes Licht ist in diesem Bild nicht sichtbar. Die Höhe der Kurve gibt an, wie viel von dieser Frequenz im Licht enthalten ist. Je höher die Kurve, desto intensiver ist diese Frequenz. Jede der Intensitätsverteilungen in Abb. 2.9 wird von einem Schwarzen Körper einer bestimmten Temperatur erzeugt. Mit zunehmender Temperatur verschiebt sich das Maximum in die Richtung von höheren Frequenzen. Dieser Trend hat in der Physik einen eigenen Namen: das *Wien'sche Verschiebungsgesetz*.

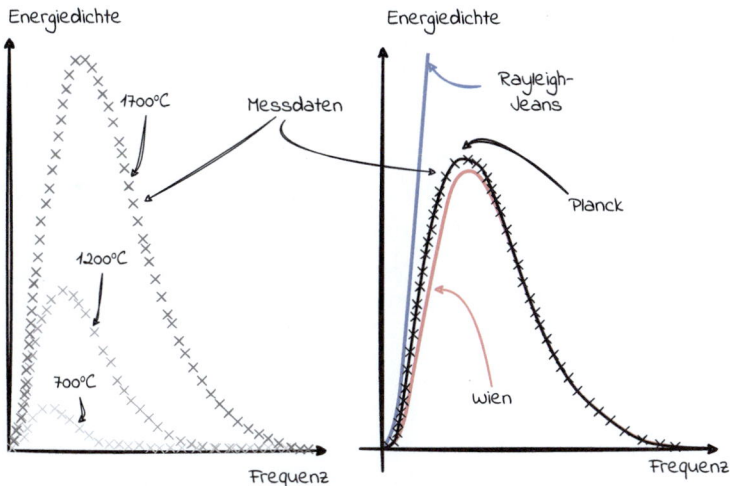

Abb. 2.9 *Links* Messdaten von Schwarzen Körpern verschiedener Temperatur. Je wärmer der Körper ist, desto mehr verschiebt sich das Maximum der Verteilung zu höheren Frequenzen. *Rechts* Daten der Schwarzkörperstrahlung mit möglichen Erklärungsversuchen. Lediglich das Planck'sche Strahlungsgesetz passt zu den Messdaten über den ganzen Frequenzbereich

Zwar benutzen wir in der Beschreibung die Farbe von Licht, doch ist der Großteil von Wärmestrahlung für das menschliche Auge unsichtbar. Technologisch wird sie mit einer Wärmebildkamera sichtbar gemacht, z. B. bei der Vermessung von Gebäuden. Unser Auge nimmt Licht nur in einem bestimmten Wellenlängenbereich wahr. Da sich die Wellenlänge und die Frequenz von Licht über die Lichtgeschwindigkeit ineinander umrechnen lassen (die Formel dafür war $c = \lambda \cdot f$), können wir statt über Frequenzen auch über Wellenlängen sprechen. Das Auge nimmt daher auch nur einen bestimmten Frequenzbereich wahr. Die für den Menschen sichtbaren Wellenlängen reichen von etwa 400 nm (blau) bis zu langen Wellenlängen bei ca. 800 nm (rot). Ein Nanometer (nm) ist der 50.000ste Teil eines menschlichen Haares. Die Box **Kurz & knackig: Längenskalen** bietet eine Übersicht über verschiedene Längenskalen, die uns im Laufe des Buchs begegnen werden. Bei kürzeren Wellenlängen schließt sich an blaues Licht das ultraviolette Spektrum an ($\lambda < 400$ nm). Bei längeren Wellenlängen als 800 nm beginnt die *infrarote* Strahlung, auch als Wärmestrahlung bekannt. Hier spielt sich der Großteil der Versuche zur Schwarzkörperstrahlung ab. Sie ist für das menschliche Auge unsichtbar, doch sie ist wie sichtbares Licht einfach eine elektromagnetische Welle, nur bei größerer Wellenlänge.

> **Kurz & Knackig: Längenskalen**
> Größen werden in der Physik mit Einheiten versehen. Dadurch ist direkt klar, ob es sich um eine Entfernung oder eine Zeitdauer handelt. Durch verschiedene Vorsilben wie „Milli" oder „Nano" kann sich die Größenskala, auf der sich die Effekte abspielen, dramatisch ändern. Viele Effekte in der Physik laufen nur auf bestimmten Größenskalen ab oder verlieren ihre Bedeutung auf anderen Skalen. Ein typisches Beispiel sind Effekte der Quantenmechanik. Während sie eine essenzielle Rolle auf der Skala von Nanometern (10^{-9} m = 0,000.000.001 m) spielen, sind sie auf unseren alltäglichen Längenskalen eher unwichtig.
>
>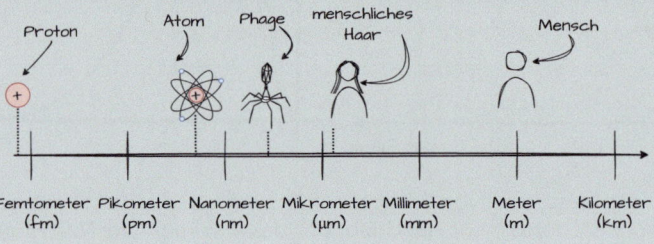

> Anschaulich verhält sich ein Nanometer zu einem Meter wie ein Meter zu einer Million Kilometer. Das ist ungefähr 2,5-mal die Entfernung zwischen Erde und Mond.

Für theoretische Physiker im ausgehenden 19. Jahrhundert stellte die Beschreibung der gemessenen Intensitätskurve von Schwarzen Körpern einer bestimmten Temperatur ein großes Problem dar. Ihre Aufgabe war es, eine Beschreibung für die gemessenen Daten und eine physikalische Erklärung zu finden. Auf der linken Seite von Abb. 2.9 sind diese Daten als kleine Kreuze dargestellt. Manchmal ist das einfach, da das Experiment dem Verlauf einer bekannten Theorie folgt. Im Fall der Schwarzkörperstrahlung wollten die bekannten Theorien aber einfach nicht zu den Daten passen!

Einige der Erklärungsversuche sehen wir auf der rechten Seite von Abb. 2.9. Die drei prominentesten sind dort mit dem Namen der jeweiligen Urheber versehen. Eine erste Idee kam vom deutschen Physiker Wilhelm Wien mit dem heute nach ihm benannten Strahlungsgesetz [24]. Mit diesem Gesetz war Wien leider weniger erfolgreich als mit seinem Verschiebungsgesetz. Die Theorie (in rot) passt gut für hohe Frequenzen mit den gemessenen Kurvenverläufen überein, hat aber Probleme bei niedrigen Frequenzen. Sie unterschätzt die gemessenen Werte. Hier stimmen die gemessenen Werte besser mit dem Strahlungsgesetz nach Rayleigh und Jeans (in blau) überein [25, 26]. Sobald es allerdings zu höheren Frequenzen geht, kommt es nach Rayleigh-Jeans zur sogenannten Ultraviolettkatastrophe. Dabei strebt die Intensität des Spektrums gegen unendlich. Das ergibt physikalisch nun wirklich nicht viel Sinn, da die Messdaten gegen null laufen.

Eine wirklich gute Übereinstimmung für den gesamten Frequenzbereich der Kurve bietet nur das Strahlungsgesetz von Max Planck [27]. Es ist als schwarze Linie in die rechte Grafik eingezeichnet. Um die Kurve zu finden, musste Planck allerdings auf eine Konstruktion zurückgreifen, die ihm selbst sehr missfiel: Er musste davon ausgehen, dass sich die Energie nicht kontinuierlich, sondern in ganzzahligen Vielfachen einer kleinsten Einheit h verändert: $1h, 2h, 3h, \ldots$ Die Variable h steht in der originalen Formulierung für „hilf", wie Hilfsvariable. Planck hatte ursprünglich vor, die Variable später wieder loszuwerden. Doch das war unmöglich. Die Konstante hielt Einzug in die Physik (siehe auch „Wer misst, misst Mist!" in Kap. 1). Heute versteht man h als eine Naturkonstante und nennt sie Planck'sches Wirkungsquantum. Die Idee, dass

Energie in kleinsten Teilen abgegeben und aufgenommen wird, war die Geburtsstunde der Quantenphysik: Energie ist quantisiert! Für diese fundamental neue Idee und als Anerkennung seiner Verdienste um die Quantentheorie erhielt Max Planck 1918 den Nobelpreis in Physik [28].

Damit haben wir die erste von vier fundamentalen Eigenschaften von Quantenmechanik kennengelernt: Bestimmte Beobachtungen finden nur in diskreten Schritten statt. In diesem Fall wird Energie in diskreten Paketen abgegeben.

Und wenn ich nun Licht auf meine Metallplatte leuchte? – Der Photoeffekt

Das Planck'sche Strahlungsgesetz liefert ein erstes Indiz für die Quantisierung von Energie. Einen weiteren Hinweis geben die Experimente von Philipp Lenard [29] zum photoelektrischen Effekt, kurz *Photoeffekt*, und deren spätere Erklärung Einsteins [30]. Auch beim Photoeffekt geht es um elektromagnetische Strahlung, also um Licht einer bestimmten Wellenlänge. Der Versuchsaufbau des Photoeffekts ist in der linken Hälfte von Abb. 2.10 skizziert. Der Aufbau ist denkbar einfach: Wir leuchten Licht auf eine Metallplatte und messen, ob sich aus dem Metall Elektronen lösen. Wenn Elektronen sich bewegen, dann fließt ein elektrischer Strom. Um zu messen, ob sich Elektronen lösen, messen wir den Stromfluss zwischen der Platte und einem positiv geladenen Stück Metall am oberen Ende des Versuchsaufbau. Wenn wir einen Strom messen, dann haben sich Elektronen aus der Platte gelöst – ansonsten nicht.

Wie auch bei der Schwarzkörperstrahlung entsteht eine neue Theorie, wenn die Erwartungen an das Experiment nicht mit den gemessenen Werten übereinstimmen. Wir müssen uns also erst kurz über die Erwartungen klar werden. Schon 1804 zeigte Young mit seinem berühmten Doppelspaltversuch, dass sich Licht wie eine Welle verhält. Die Energie einer Welle hängt unter anderem von ihrer Amplitude ab. Je höher die Welle ausschlägt und je schneller sie *oszilliert* (also je häufiger sie schwingt), desto mehr Energie kann sie übertragen. Das kann man sich anschaulich anhand einer Welle im Ozean und einer Teetasse vorstellen. Die große Welle im Ozean kann Schiffe zum Kentern bringen – schwappender Tee ist da deutlich weniger angsteinflößend.

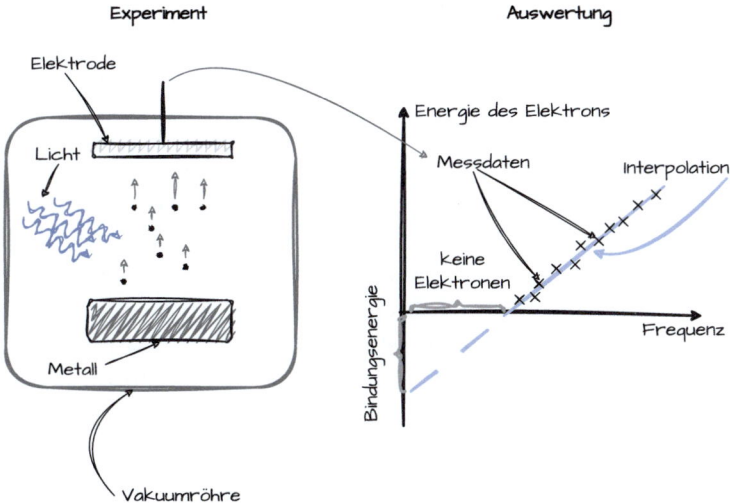

Abb. 2.10 *Links* Versuchsaufbau des Photoeffekts. Eine Metallplatte wird in einer Vakuumröhre platziert um Interaktionen der Elektronen mit der umgebenden Luft zu unterbinden. Das einfallende Licht löst Elektronen aus der Metallplatte. Die Menge der freigesetzten Elektronen wird mithilfe des Elektrode gemessen. *Rechts* Daten des Experiments. Unterhalb einer gewissen Frequenz lösen sich beim Photoeffekt keine Elektronen aus dem Metall. Oberhalb dieser Grenzfrequenz steigt die Energie der Elektronen linear mit der Frequenz

Wenn man bei diesem Wellenbild bleibt, dann überträgt Licht kontinuierlich Energie an die Metallplatte aus Abb. 2.10. Elektronen sind an positiv geladene Atomkerne gebunden (siehe Abb. 2.2). Um Elektronen aus der Platte zu lösen, muss genug Energie durch das Licht zugeführt werden um diese Bindung zu überwinden. Wenn die Menge der Energie ausreicht, dann lösen sich die Elektronen aus der Platte und wir messen einen Stromfluss. Wenn wir der Wellentheorie von Licht folgen, dann müssten wir mit ausreichend starkem Licht (hohe Amplitude) immer Elektronen aus der Platte lösen können. Anschaulich müssen sich Elektronen lösen, wenn wir einen Stadionscheinwerfer auf die Platte richten. Dabei ist es vollkommen egal ob der Stadionscheinwerfer rotes Licht oder blaues Licht aussendet. Wenn das Licht nur stark genug ist, dann sollte es mit jedem Licht funktionieren.

Auf der rechten Seite von Abb. 2.10 sind die tatsächlichen Ergebnisse des Versuchs zu sehen. Im Rahmen des Versuchs variieren wir die Frequenz des Lichts, das auf die Platte scheint. Das Ergebnis: Unterhalb einer bestimmten Frequenz f_L passiert nichts. Es lösen sich keine Elektronen aus dem Metall.

Ganz egal, wie intensiv das Licht ist. Selbst der erwähnte Stadionscheinwerfer würde keine Elektronen herauslösen, wenn die Frequenz des Lichts zu niedrig ist.

Das steht in starkem Kontrast zu unserer oben formulierten Erwartung, dass sich immer Elektronen lösen, wenn das Licht nur hell genug ist. Wenn die Vorhersage einer Theorie nicht mit den Experimenten übereinstimmt, dann gilt die Theorie als widerlegt. Wir müssen uns nach einer alternativen Erklärung umsehen. Vielleicht liefert die Schwarzkörperstrahlung ein wenig Inspiration? Was wäre, wenn Energie nur in diskreten Paketen abgegeben werden kann und nicht kontinuierlich? Wenn ein einzelnes Paket nicht genug Energie hat, dann passiert nichts. Erst wenn eine bestimmte Schwelle erreicht ist, dann löst sich ein Elektron. Die Menge der Elektronen hängt von der Intensität ab. Doch *ob* sich Elektronen aus der Platte lösen oder nicht, ist davon unabhängig. Damit sich Elektronen aus dem Material lösen, müssen sie die Bindungsenergie überwinden, die sie an die positiv geladenen Atomkerne bindet. In Abb. 2.10 ist die Bindungsenergie auf der rechten Seite auf der vertikalen Achse zu sehen. Erst wenn ein einzelnes Photon genug Energie mitbringt, kann sich ein Elektron lösen.

Beim Photoeffekt verhält sich Licht wie ein Teilchen – Energie wird in kleinen Paketen abgegeben. Die Energie jedes Pakets hängt von der Frequenz des Lichts ab: höhere Frequenz, mehr Energie. Diese Lichtteilchen nennt man üblicherweise *Photonen*. Ihre Energie kann über die Formel $E = h \cdot f$ bestimmt werden, wobei h das Planck'sche Wirkungsquantum und f die Frequenz meint. Die Quantelung der Energie beim Photoeffekt und der Schwarzkörperstrahlung gibt der Quantenmechanik ihren Namen und ist ein erstes Beispiel für die am Anfang des Kapitels erwähnte Diskretisierung, die in der Quantenmechanik stattfindet. Für die theoretische Erklärung des Photoeffekts [30] erhielt Albert Einstein 1921 den Nobelpreis [31], nicht für die allgemeine oder spezielle Relativitätstheorie.

Diese Erklärung steht im starken Kontrast zu den Lichtwellen und der Interferenz am Doppelspalt. Dort verhält sich Licht wie eine Welle. Dieser Widerspruch in den Experimenten wird historisch Dualität des Lichts oder Welle-Teilchen-Dualismus genannt. Im nächsten Abschnitt wird sich der Widerspruch lösen und wir werden eine einheitliche Beschreibung von Licht kennenlernen.

> **Zusammenfassung**
>
> - Die Schwarzkörperstrahlung und der Photoeffekt waren erste Anzeichen dafür, dass die physikalische Beschreibung der Natur nicht korrekt war.
> - Energieniveaus können in der Quantenmechanik diskrete Abstände haben.
> - Licht hat sowohl Wellencharakter (Doppelspalt) als auch Teilchencharakter (Photoeffekt). Dieses Wunschkonzert in der Erklärung heißt Welle-Teilchen-Dualismus.

2.2 Hier und/oder dort? – Superposition

Eine Erklärung wie der Welle-Teilchen-Dualismus ist nicht sonderlich zufriedenstellend. Anstatt das Phänomen zu erklären, sagt die physikalische Theorie kurz zusammengefasst: Welle oder Licht, kommt darauf an. Und genau hier setzt die Quantenmechanik an. Was wäre, wenn es etwas gibt, dass sich wie eine Welle verhält, aber tatsächlich etwas über ein Teilchen aussagt?

Die Wellenfunktion
In der Quantenmechanik gibt es genau ein solches Objekt: die sogenannte *Wellenfunktion*. Der Name ist nicht zufällig so gewählt. In Kürze werden wir über Interferenzen dieser Wellenfunktionen nachdenken und feststellen, dass solche Interferenzen der Wellenfunktion ein integraler Bestandteil von Quantenalgorithmen sind. Wellenfunktionen verhalten sich ähnlich wie die klassischen Wellen, die wir im Wasser beobachten können. Doch dazu später mehr.

Zuerst müssen wir verstehen, was eine Wellenfunktion aussagt. Bei Wellen im Wasser schwingt das Wasser selbst. Bei Wellenfunktionen in der Quantenmechanik ist das etwas komplizierter: Eine Wellenfunktion bestimmt die *Aufenthaltswahrscheinlichkeit* für ein Teilchen an einem bestimmten Ort. Je höher die Amplitude der Welle ist, desto höher ist die Wahrscheinlichkeit, ein Teilchen an diesem Ort zu messen. Wenn die Amplitude null ist, dann wird man das Teilchen dort nie finden.

Auch Wellenfunktionen können miteinander interferieren. Das funktioniert ganz analog wie bei anderen Wellen auch: Wenn sich zwei Wellenfunktionen überlagern, dann addieren sich ihre Auslenkungen. Wie auch bei anderen Wellen können sich Wellenfunktionen konstruktiv oder destruktiv überlagern (siehe Abb. 2.6). Es kann also passieren, dass sich zwei Wellenfunktionen auslöschen und ein Teilchen an einem bestimmten Ort nie gemessen werden kann. Diese Überlagerung von Wellenfunktionen wird Superposition genannt und bildet eine der Kerneigenschaften der Quantenmechanik.

Messung in der Quantenmechanik
Die Wellenfunktion ist allerdings keine messbare Größe. Und da kommen wir direkt zu einem der bekanntesten Probleme der Quantenmechanik: dem sogenannten *Messproblem*.

In der klassischen Welt, in der wir leben, kann ein System nur einen Zustand zu einer gegebenen Zeit einnehmen. Das mag abstrakt klingen, bedeutet aber konkret, dass ein Auto nur eine Farbe haben kann (entweder rot oder blau) oder ein Stuhl entweder rechts oder links von Ihnen steht. Die zentrale Formulierung hier ist „entweder …oder". In der Quantenwelt ist ein „und" erlaubt. Das bedeutet, dass mehrere Zustände gleichzeitig vorhanden sein können. Wenn wir nun ein Quantensystem ausmessen, dann erwarten wir, dass sich ein Zustand der vielen möglichen Zustände herausbildet. In anderen Worten: Das Teilchen wird in einem Zustand gemessen, nicht in mehreren. Die Superposition bricht zusammen und wir sind zurück bei der „entweder …oder"-Situation. Nach gängiger Interpretation sprechen Physiker bei der Messung auch vom *Kollaps der Wellenfunktion*. Welche Zustände das System annehmen kann, wird durch die Wellenfunktion bestimmt.

Während Quantenteilchen durch Wellenfunktionen beschrieben werden, ist das Messgerät ein klassisches Instrument. Wir können uns hier ruhig ein altes, analoges Messgerät mit einem Zeiger vorstellen. Der Zeiger ist ein klassisches Objekt und muss auf einen bestimmten Wert zeigen, er kann nicht auf zwei Werte gleichzeitig und somit auch keine Superpositionen zeigen. Im Fall der Photonen im Doppelspaltexperiment gibt es statt des Zeigers einen Schirm: Entweder ein Teilchen trifft auf oder nicht.

Da wir in der Quantenmechanik also nur die Wahrscheinlichkeit beschreiben, mit der sich ein Teilchen an einem bestimmten Ort aufhält, können wir (im Allgemeinen) bei einer Messung nicht voraussagen, ob das Teilchen dort ist oder nicht. Wenn die Wahrscheinlichkeit 10 % beträgt, dann wird das Teilchen im Durchschnitt in einem von zehn Fällen dort zu finden sein wird. Die Quantenmechanik sagt also nicht das Ergebnis eines bestimmten Experiments vorher, sondern nur den Mittelwert von vielen Experimenten. Nach der Messung sind wir uns aber sicher, dass es entweder an diesem Ort ist oder nicht.

Wenn wir das erste Mal von Quantenphysik hören, klingt das alles fantastisch, da es so gar nichts mit unserer Alltagserfahrung zu tun hat. Daher können wir uns nun gut vorstellen, wie irritiert die Physiker waren, die die Quantenmechanik gemeinsam entdeckt und entwickelt haben. Denn die klassische Physik ist deterministisch: Wenn man einen Apfel fallen lässt, kann man mit Sicherheit vorhersagen, wann er wo auf den Boden fallen wird und welchen Weg er dabei nimmt. In der Quantenphysik kann man nur sinnvolle Aussagen darüber machen, wo sich ein Teilchen *wahrscheinlich* aufhält. Erst wenn man das Teilchen misst, weiß man es mit Sicherheit.

Das Messproblem in der Quantenphysik ist tatsächlich eines der großen ungeklärten Probleme der Physik. Während die Vorhersagen der Quantenmechanik zu den am besten überprüften in der Physik gehören, ist ihre richtige Interpretation nach wie vor sehr umstritten. Was bedeutet es, wenn eine Wellenfunktion kollabiert? Ist eine Wellenfunktion ein natürliches Objekt selbst oder ist es nur unser Modell für etwas Tieferliegendes? Diese Diskussion geht leider deutlich über das hinaus, was wir in diesem Buch behandeln können. Für die Quantenmechanik gibt es verschiedene Interpretationen. Unter anderem gibt es die Kopenhagener Deutung, die Vielweltentheorie [32], Bohm'sche Mechanik [33, 34], Qbism [35, 36] und viele mehr [37–39]. Wir werden uns der Quantenmechanik hier mit einem praktischen Ansatz nähern: Sie sagt Ergebnisse korrekt vorher und erlaubt uns, viele Quanteneffekte zu verstehen – wie etwa den Photoeffekt, die Schwarzkörperstrahlung und vieles mehr. Was die Quantenmechanik über unser Weltbild verrät und welche Schlüsse man aus oder mit ihr ziehen kann, lassen wir hier außen vor.

Der Doppelspalt in der Quantenmechanik

Zurück zum Doppelspalt: Um Superpositionen in der Quantenmechanik besser zu verstehen, sehen wir uns noch einmal den Doppelspalt an. Als wir den Doppelspalt im letzten Abschnitt verlassen haben, blieb unser Modell von Licht unzufriedenstellend: Am Doppelspalt sieht es so aus, als ob Licht eine Welle ist, aber beim Photoeffekt verhält es sich wie ein Teilchen. Dieses Dilemma werden wir nun auflösen.

Wenn wir uns den Doppelspalt unter der Lupe der Quantenmechanik ansehen, dann müssen wir über die Wellenfunktion des Photons im Versuchsaufbau nachdenken. In der klassischen Mechanik (wir denken Tennisball), muss sich ein Teilchen für einen der beiden Spalte entscheiden. In der Quantenmechanik wird das einzelne Teilchen nun durch die Wellenfunktion beschrieben. Der Doppelspalt funktioniert für die Wellenfunktion wie der Doppelspalt bei

Licht. Die Wellenfunktion interferiert und bildet eine Art Muster, das wir sonst von Wasserwellen kennen. Da ein einzelnes Teilchen in der Quantenphysik durch eine Wellenfunktion beschrieben wird, kann es sozusagen „mit sich selbst interferieren" und „beide Spalte gleichzeitig passieren". Dadurch wird an einigen Stellen die Amplitude höher, an anderen Stellen niedriger. Die Wahrscheinlichkeit, das Teilchen an einer bestimmten Stelle anzutreffen, wird genau durch diese Amplitude beschrieben.

Jedes einzelne Photon, das den Doppelspalt passiert, erzeugt einen Punkt auf dem Schirm. Zu jedem Zeitpunkt befindet sich jedoch nur ein Photon im Versuchsaufbau. Es gibt also keine anderen Photonen, mit denen es im Messaufbau wechselwirkt. Es ist tatsächlich die Wellenfunktion des einzelnen Photons, die am Spalt interferiert. Das Streifenmuster ergibt sich nach und nach aus der Messung von einzelnen Photonen (siehe Abb. 2.7 links).

Von Elektronen und gelben Baubaggern – Die de-Broglie-Wellenlänge
Die Wellenfunktion liefert eine sinnvolle Erklärung für den Doppelspaltversuch. Auch der Photoeffekt und die Schwarzkörperstrahlung können auf ähnliche Weise mit Quantenmechanik erklärt werden. All diese Effekte beschäftigen sich mit Photonen, also Lichtteilchen. Photonen sind ziemlich besonders: Sie haben keine Masse und bewegen sich mit Lichtgeschwindigkeit. Was passiert, wenn wir uns Teilchen wie Elektronen ansehen? Elektronen haben eine Masse und bewegen sich langsamer als Licht. Können solche Teilchen auch durch Wellenfunktionen dargestellt werden?

Das Hauptproblem bei dieser Frage ist unsere Vorstellung eines Teilchens: Typischerweise denken wir bei Teilchen an kleine, kugelförmige Objekte, die durch die Gegend fliegen. Diese Vorstellung, so schön sie ist, ist in der Quantenmechanik leider nicht zutreffend. Während wir beim Licht gesehen haben, dass es sich in bestimmten Experimenten als Teilchen verhält, so verhalten sich Teilchen wie Elektronen auf der mikroskopischen Ebene eher wie Wellen. Diese spannende Parallele zog der französische Physiker Louis de Broglie 1924 in seiner Doktorarbeit und bekam dafür nur fünf Jahre später im Jahr 1929 den Nobelpreis [40]. De Broglie schlug vor, dass man jedem beweglichen Objekt eine Wellenlänge zuordnen kann. Dazu muss man nur den *Impuls* des Objekts kennen. Das ist eine wichtige Größe in der Physik, wird meist mit p abgekürzt und ergibt sich aus dem Produkt aus Masse und Geschwindigkeit, kurz $p = m \cdot v$. Entsprechend seinem Impuls ordnete Louis de Broglie jedem Teilchen eine Wellenlänge zu, mithilfe der Formel: $\lambda = \frac{h}{p}$. Dabei ist h wieder das Planck'sche Wirkungsquantum, das Max Planck zur Erklärung der Schwarzkörperstrahlung eingeführt hat. Es ist Platzhalter für eine sehr kleine Zahl (in SI-Einheiten), nämlich $h = 6{,}63 \cdot 10^{-34}$ J s. Zur Erinnerung: 10^{-34}

ist eine Kurzschreibweise für die Verschiebung des Dezimalpunkts. In diesem Fall ist es dasselbe wie „0,0 ... noch 32 Nullen und dann eine 1". Das ist eine wirklich kleine Zahl und sie wird uns in der Quantenmechanik immer wieder begegnen. Die Formel für die de-Broglie-Wellenlänge besagt: Je größer der Impuls, desto kleiner ist die Wellenlänge λ.

Die Wellen, die den Elektronen hier zugeordnet werden, sind genau die Wellenfunktionen, die wir im vorigen Abschnitt schon gesehen haben. Je höher die Amplitude, desto wahrscheinlicher ist es, das Elektron dort zu finden, wenn wir messen. Die Wellennatur von Elektronen kann man ganz praktisch im Labor sichtbar machen: Statt Photonen, können wir Elektronen am Spalt interferieren lassen. Und tatsächlich beobachten wir auch bei Elektronen ein Interferenzmuster, das auch bestehen bleibt, wenn wir sicherstellen, dass sich nur ein einziges Elektron im Versuchsaufbau befindet [41, 42].

Die Formel von de Broglie ist nicht auf Elektronen beschränkt und kann auch auf makroskopische Objekte erweitert werden. Sie weist allen Objekten mit einer Masse eine Wellenlänge zu. Auch gelbe Baubagger haben eine de-Broglie-Wellenlänge. Gelbe Baubagger sind jedoch viel schwerer als Elektronen, weshalb auch deren Impuls (Masse mal Geschwindigkeit) viel höher ist. Da sich die de-Broglie-Wellenlänge eines Baggers ergibt, indem man die winzige Größe h durch diesen großen Impuls teilt, ist das Ergebnis sehr klein – gelbe Baubagger haben eine enorm kurze de-Broglie-Wellenlänge. Sie ist so kurz, dass sogar Elektronen im Vergleich dazu sehr groß erscheinen. Das hat Auswirkungen auf die Interferenzfähigkeit von so großen und schweren Objekten: Wenn der Doppelspalt in Abb. 2.7 viel größer ist als die de-Broglie-Wellenlänge, kommt kein Interferenzmuster mehr zustande. Ein ausreichend kleiner Doppelspalt für gelbe Baubagger lässt sich gar nicht bauen. Deshalb lassen sich mit ihnen auch keine Interferenzexperimente durchführen ...

Auch wenn das Beispiel des gelben Baubaggers extrem erscheint, so gibt es tatsächlich Interferenzexperimente mit deutlich größeren Quantensystemen als Elektronen. Ein eindrückliches Beispiel sind Buckyballs – das sind große Moleküle, deren Struktur an einen Fußball erinnert [43]. Diese Systeme wiegen zwar nicht mehrere Tonnen, bestehen aber immerhin aus 60 Kohlenstoffatomen. Sie wurden in Laboren bereits in Superpositionszustände und am Doppelspalt zur Interferenz gebracht [44, 45]. Buckyballs bilden einen spannenden Übergang zwischen der mikroskopischen Welt einzelner Elektronen oder Atome und der Welt von makroskopischen Objekten und kommen deshalb zum Einsatz, um die Grenzen der Quantenphysik auszuloten. Allgemein sind makroskopische Quanteneffekte von so großem Interesse, dass sie in den letzten dreißig Jahren zu sechs Nobelpreisen geführt haben.[1]

Da Quantensysteme wie Elektronen und Buckyballs wellenartiges Verhalten zeigen, spricht man in diesem Zusammenhang auch von *Materiewellen*. Stellen wir uns die Teilchen jedoch als einfache Welle vor, gibt es ein Problem: Eine perfekte Welle breitet sich in alle Raumrichtungen aus. Und diese Welle soll etwas über den Aufenthaltsort des Teilchens aussagen – das Teilchen ist demnach also *überall*? Das klingt nicht wirklich wie ein Teilchen! Ein Elektron ist nicht überall gleichzeitig. Wenn wir einen Metallkasten um ein Experiment herum bauen, dann können wir uns sicher sein, dass das Elektron nicht plötzlich außerhalb des Metallkastens ist. In der Physik sagt man auch, dass das Elektron *lokalisiert* ist. Das bedeutet zwar nicht, dass ein Elektron *genau an einem Ort* zu finden ist, aber es ist eben auch nicht *überall* gleichzeitig. Demnach passt das Bild einer Welle, die sich überall im Raum befindet, nicht zur physikalischen Realität.

Wie bekommt das Elektron also seinen Aufenthaltsort zurück? Die Antwort lautet: durch Superposition (siehe Abb. 2.11). Wenn sich mehrere Wellen ähnlicher Frequenz überlagern, dann entsteht ein lokalisiertes Wellenpaket. Jede dieser Wellen entspricht einem Teilchen mit anderem Impuls. Statt einer unendlich ausgebreiteten Wellenfront (wie bei einem scharfen Impuls, siehe linke

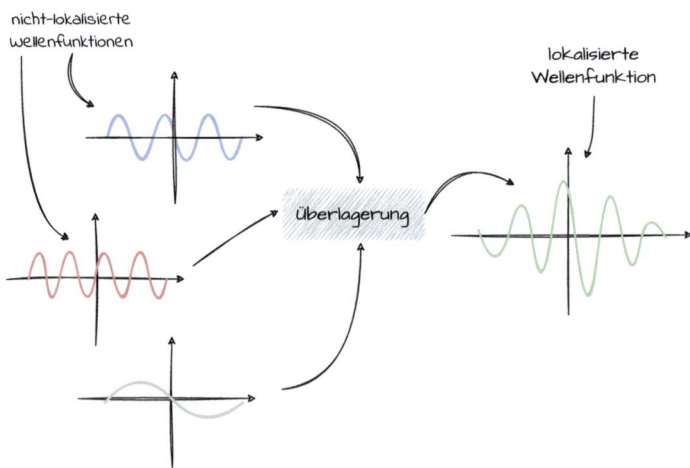

Abb. 2.11 Durch die Überlagerung von verschiedenen Wellenfunktionen erhalten wir eine lokalisierte Wellenfunktion. Ein Wellenpaket mit einer kleinen örtlichen Ausdehnung enthält viele verschiedene Impulse

---

[1] Zwei Forschungsrichtungen, die in diesem Zuge mit Nobelpreisen bedacht wurden, sind die *Supraleitung* [46–48] und die *Bose-Einstein-Kondensation* [49]. Beiden begegnen wir noch später im Buch.

Seite von Abb. 2.11), gibt es nur noch ein großes Maximum (rechte Seite der Abbildung). Je mehr Wellen unterschiedlicher Frequenz wir hinzufügen, desto kompakter wird das Wellenpaket. So bekommt das Elektron wieder einen Aufenthaltsort, die Position des Maximums.

> **Zusammenfassung**
>
> - Die Wellenfunktion beschreibt den Zustand eines Quantensystems. Sie geben indirekt Wahrscheinlichkeiten und keine tatsächlichen Positionen an.
> - Wie Wellen im Wasser kann auch die Wellenfunktion interferieren. Dadurch lässt sich das Bild am Doppelspalt aus Abb. 2.7 erklären.
> - Bei der Messung eines Quantensystems nimmt das Quantensystem mit einer bestimmten Wahrscheinlichkeit einen klassischen Zustand an. Die Statistik dieser Messung ist durch die Wellenfunktion bestimmt.

2.3 Wo bist du und wie schnell fliegst du? – Heisenberg'sche Unschärferelation

Eine Überlagerung verschiedener Impulse, also Frequenzen, sorgt dafür, dass die Wellenfunktion lokalisiert ist. Da drängt sich natürlich eine Frage auf: Wie weit können wir das Spiel treiben? Können wir ein beliebig lokalisiertes Wellenpaket erzeugen und was passiert dann? Die Antwort auf solche Fragen liefert die Heisenberg'sche Unschärferelation.

Sie besagt, dass Ort und Impuls (Masse mal Geschwindigkeit) eines Objekts nicht gleichzeitig beliebig genau gemessen werden können. Wenn wir von einem Teilchen mit konstanter Masse ausgehen, dann können wir die Unschärferelation auch einfacher formulieren: Die Geschwindigkeit und der Ort eines Objekts können nicht beliebig genau bestimmt werden. Das hat nichts mit dem verwendeten Messgerät zu tun, sondern die genaue Bestimmung dieser Größen ist prinzipiell unmöglich. Es gibt theoretische Grenzen für die Genauigkeit einer Messung.

Wir können zwar nicht gleichzeitig Ort und Geschwindigkeit mit hoher Genauigkeit messen. Doch wir können eine der beiden Größen sehr präzise bestimmen, auf Kosten der anderen Größe, z. B. eine genaue Ortsmessung auf Kosten der Geschwindigkeitsmessung, die dann sehr ungenau wird. Das ist genau das Verhalten von lokalisierten Wellenpaketen! Sobald mehr Wellen auf linken Seite von Abb. 2.11 an der Überlagerung beteiligt sind, nimmt die Ortsunschärfe ab; das Wellenpaket wird lokalisiert. Da nun mehr Wellen mit verschiedenen Impulsen beteiligt sind, ist die Impulsunschärfe natürlich größer. Dasselbe gilt umgekehrt: Wenn nur ein Impuls beteiligt ist, dann ist die Impulsunschärfe verschwindend gering. Dafür erstreckt sich das Wellenpaket jetzt quasi über den ganzen Raum. Die Ortsunschärfe ist gigantisch.

Es ist also möglich, sehr stark lokalisierte Wellenpakete zu erzeugen, aber wir müssen einen Preis dafür bezahlen: Die Impulsunschärfe nimmt zu. Wir können niemals gleichzeitig Ortsunschärfe und Impulsunschärfe minimieren. Das alles lässt sich mithilfe einer sogenannten *Ungleichung* zusammenfassen.

In der Physik kennt man manchmal nicht den genauen Wert einer Größe, sondern weiß nur, dass ihr Wert in einem bestimmten Bereich liegt. Dieser Bereich wird von Grenzen abgesteckt, so wie bei einem Tempolimit, wo die erlaubte Geschwindigkeit bei höchstens 50 km/h liegt. Diese Grenzen werden in Form von Ungleichungen formuliert. Statt der üblichen Gleichheitszeichen („="`) in Gleichungen werden die Symbole < (kleiner als), > (größer als), ≤ (kleiner gleich) und ≥ (größer gleich) genutzt, um Relationen zu definieren. Die Heisenberg'sche Unschärferelation ist ein berühmtes Beispiel für eine solche Ungleichung. Mathematisch lässt sie sich so ausdrücken:

$$\text{Unschärfe des Ortes} \cdot \text{Unschärfe des Impulses} \geq \text{sehr kleine Naturkonstante}$$

Diese Naturkonstante hängt hauptsächlich von der Hilfsvariable h ab, die Planck für die Schwarzkörperstrahlung einführte und die wir schon von der de-Broglie-Wellenlänge kennen. Wir können damit nicht genau sagen, wie groß das Produkt aus Impulsunschärfe und Ortsunschärfe ist, aber wir kennen eine untere Grenze. Diese Grenze ist jedoch äußerst klein, da h so winzig ist.

Wenn der Wert von h so klein ist, stört uns die Heisenberg'sche Unschärferelation dann überhaupt? Dann können Ortsunschärfe und Geschwindigkeitsunschärfe doch winzig sein? Die kurze Antwort: Es kommt ganz darauf an. Es wäre doch praktisch, wenn man mit der Heisenberg'schen Unschärferelation aus der nächsten Verkehrskontrolle herauskäme. Schließlich wissen wir üblicherweise recht genau, wo wir uns befinden. Bedeutet das, dass ein Polizist die Geschwindigkeit des Autos nicht besonders genau messen kann? Wenn wir annehmen, dass wir die Position des Autos mit einer Ungenauigkeit von 1 m bestimmen können und das Auto ungefähr 2000 kg wiegt, dann ist die Geschwindigkeitsunschärfe leider nur 0,000.000.000.000.000.000.000.000.000.000.0001 km/h. So viele Stellen nach dem Komma wird das Messgerät des Polizisten sicher nicht anzeigen.

Das wird als Ausrede leider nicht funktionieren. Im Alltag wird die Heisenberg'sche Unschärferelation also keinen großen Unterschied machen.

Schauen wir uns stattdessen Atome und Elektronen an. Wenn ein Elektron an ein bestimmtes Atom gebunden ist, dann hat es eine relativ geringe Ortsunschärfe. Die typische Größe eines Atoms ist ungefähr 0,1 nm. Daraus ergibt sich eine eine Ortsunschärfe von 0,05 nm, die halbe Größe eines Atoms. Wenn die Ortsunschärfe größer wäre, dann würde das Elektron schon zum nächsten Atom gehören. Wenn wir diese Ortsunschärfe in die Heisenberg'sche Unschärferelation einsetzen, bedeutet das, dass die Geschwindigkeit des Elektrons nur bis auf 4.168.000 km/h gemessen werden kann. Mit so einer hohen Unschärfe wissen wir nach der Messung fast genau so wenig über die Geschwindigkeit des Elektrons, wie davor. Die Heisenberg'sche Unschärferelation ist hier ganz klar eine Einschränkung! Während sie bei *makroskopischen* Objekten wie dem Auto nicht wichtig ist, ist sie in der *mikroskopischen* Welt entscheidend.

Die Heisenberg'sche Unschärferelation ist noch viel allgemeiner als bisher beschrieben. Sie gilt nicht nur für Impuls und Ort, sondern auch für andere Eigenschaften von Teilchen. So wie bei Ort und Impuls kommen die Größen, für die Heisenbergs Ungleichung gilt, immer in Paaren vor. In quantenmechanischen Rechnungen besagt sie, dass viele Eigenschaften nicht gleichzeitig beliebig genau gemessen werden können.

Zusammenfassung

- Die Heisenberg'sche Unschärferelation beschreibt die Grenze unserer möglichen Kenntnis über Ort und Impuls eines Teilchens. Beides lässt sich nicht gleichzeitig beliebig genau bestimmen – unabhängig davon, wie gut das Messgerät ist. Auch andere Paare von Größen unterliegen so einer Unschärfe, wie zum Beispiel Energie und Zeit.
- Während die Unschärferelation zentral auf atomaren Größenskalen ist, ist sie bei makroskopischen Objekten wie Autos nicht relevant.

2.4 Nimm zwei – Zwei-Niveau-Systeme

Wenn wir Wellenfunktionen im Raum beschreiben, dann müssen wir sie an allen Punkten im Raum definieren. Wir machen uns das Leben hier einfacher und betrachten einen etwas einfacheren Fall, der dennoch eine wichtige Rolle in der Quantenmechanik spielt. Was passiert, wenn wir uns vorstellen, dass ein Teilchen nur zwei Zustände annehmen kann; nennen wir sie ↑ (Pfeil zeigt hoch) und ↓ (Pfeil zeigt runter)? In der Physik heißen diese Systeme *Zwei-Niveau-Systeme*.

Es gibt ein sehr berühmtes klassisches Zwei-Niveau-System, das Sie jeden Tag benutzen, ohne darüber nachzudenken. Computer speichern Daten in Form von sogenannten Bits. Jedes Bit kann genau zwei Werte annehmen, 0 oder 1. Das bedeutet aber nicht, dass Computer eingeschränkt sind in der Darstellung von Informationen. Mit den Zahlen 0 und 1 können wir genauso zählen wie mit den Zahlen von 0 bis 9. Die Zahlen von 0 bis 9 bilden das Dezimalsystem, da es sich um 10 Ziffern handelt. Auf die gleiche Weise besteht das Binärsystem aus den Zahlen 0 und 1. Wenn wir im Dezimalsystem eine Zahl größer als 9 darstellen möchten, dann verwenden wir eine neue Stelle, z. B. 10. Im Binärsystem kommt es schon bei der Dezimalzahl 1 zum Schritt auf die neue Stelle: Eine dezimale 2 ist eine 10 (sprich 1„Pause" 0) in den Binärzahlen. Binärzahlen sind eine andere Darstellung für die Zahlen im Dezimalsystem, die uns geläufig sind. In beiden Zahlensystemen kann man problemlos mit den Zahlen rechnen, sie addieren oder multiplizieren etc. Lediglich die Rechenregeln sind leicht unterschiedlich.

Für Zahlen ist die Umwandlung von Dezimalzahlen ins computerverständliche Binärformat ganz einfach zu verstehen. Sie lassen sich in Dezimaldarstellung schreiben, wie wir es gewohnt sind, oder auch in Binärdarstellung. So stellen die Dezimalzahl 5 und die Binärzahl 101 die gleiche Zahl dar. Dieser Zusammenhang zwischen Dezimal- und Binärzahl lässt mit einer recht einfachen Formel beschreiben (siehe Infobox **Kurz & knackig:** Bits & ASCII-Codierung). Zeichen und Buchstaben hingegen lassen sich nicht ohne Weiteres in Binärdarstellung umrechnen. Dafür ist zuerst eine *Codierung* nötig.

Eine Codierung oder ein Code ist eine Liste an Regeln, mit der man einen Ausgangstext in ein Zielformat bringen kann. Ein bekanntes Beispiel für eine Codierung ist das Morsealphabet. Mit ihm lassen sich Textnachrichten als Abfolge von kurzen und langen Zeichen codieren, die als Ton- oder Funksignal übermittelt werden können. Morsezeichen werden heute noch teilweise in der Schiff- und Luftfahrt verwendet und wurden vor einigen Jahren sogar in das *Bundesweite Verzeichnis des Immateriellen Kulturerbes der UNESCO* aufgenommen. Doch seinen Zenit hat das Morsen hinter sich und andere Codes sind heute wichtiger.

Zur maschinellen Codierung von Text, Sonderzeichen und Ziffern spielt der *American Standard Code for Information Interchange* (kurz: ASCII) eine zentrale Rolle. Er wurde vor 60 Jahren als internationaler Standard etabliert und dient noch heute als Grundlage zur Darstellung von Text in Computern und anderen elektronischen Geräten. ASCII nutzt 7 Bits zur Codierung von 128 Zeichen – zum Großteil die Zeichen auf einer handelsüblichen Computertastatur. Dieser Code ordnet also den Zahlen 0 bis 127 eindeutig Buchstaben, Sonderzeichen etc. zu.[2] Die Dezimalzahlen von 65 bis 90 codieren zum Beispiel die Großbuchstaben von A bis Z, wohingegen Kleinbuchstaben durch die Dezimalzahlen von 97 bis 122 dargestellt werden. Diese Dezimalzahlen lassen sich einfach als Binärzahlen darstellen. Damit lassen sich dann Textpassagen als Binärzahlen ausdrücken (siehe Infobox **Kurz & knackig:** Bits & ASCII-Codierung). Somit liefert ASCII ein einfaches Rezept zur Darstellung der geistreichsten Textkompositionen – von Adorno bis Juli Zeh, von Faust bis Harry Potter – als Abfolge von Nullen und Einsen.

Kurz & Knackig: Bits & ASCII-Codierung

Zahlen und Buchstaben werden in Computern mithilfe von Bits codiert. Um besser zu verstehen, wie das funktioniert, schauen wir uns zunächst das Dezimalsystem an. Zahlen im Dezimalsystem (also die gewöhnlichen Zahlen) werden über Potenzen[3] von 10 dargestellt. Daher stammt auch der Name Dezimalsystem. Es ist das 10er-System, da es genau 10 Ziffern erlaubt: 0 bis 9. Wenn wir eine Zahl größer als 9 darstellen wollen, dann müssen wir eine neue Stelle anbrechen: Nach 9 kommt 10 (lies 1-„Pause"-0).

Die Zahl 137 können wir als Potenzen von 10 ausdrücken, indem wir sie schreiben als $137 = 1 \cdot 100 + 3 \cdot 10 + 7 \cdot 1$. Die Vorfaktoren sind die verschiedenen Ziffern der Zahl. Die Faktoren 1, 10 und 100 sind Potenzen von 10: $1 = 10^0$, $10 = 10^1$, $100 = 10^2$. Bei größeren Zahlen, benötigen wir größere Potenzen von 10. Etwas übersichtlicher wird die Darstellung als Tabelle.

Potenzschreibweise:	10^2	10^1	10^0
Dezimalschreibweise:	100	10	1
	1	3	7

---

[2] Üblicherweise beginnt man in der Informatik ab 0 zu zählen.
[3] Die Potenz ist eine Kurzschreibweise für Multiplikation: $x^3 = x \cdot x \cdot x$. Hier heißt x Basis und 3 ist der Exponent. Die Potenz mit Exponent 0 ist definiert als $x^0 = 1$.

Die erste Zeile stellt die 10er-Potenzen dar. Zur besseren Übersicht sind die Potenzen in der zweiten Zeile ausgerechnet. In der letzten Zeile steht die eigentliche Zahl, also die Vorfaktoren der einzelnen Potenzen.

Bits stellen Zahlen im Binärsystem dar. Das ist das 2er-System, also eine Darstellung zur Basis 2 mit zwei Ziffern: 0 und 1. Als Beispiel nutzen wir wieder die Zahl 137_{10}. Der Index 10 heißt hier, dass die Zahl im Dezimalsystem dargestellt ist. Die Tabelle für das Binärsystem nutzt die gleiche Darstellung wie oben. Statt 10er-Potenzen, nutzen wir nun 2er-Potenzen.

Potenzschreibweise:	2^7	2^6	2^5	2^4	2^3	2^2	2^1	2^0
Dezimalschreibweise:	128	64	32	16	8	4	2	1
	1	0	0	0	1	0	0	1

Als Formel bedeutet das $137 = 1 \cdot 128 + 1 \cdot 8 + 1 \cdot 1$. Zusammenfassend ist $10001001_2 = 137_{10}$.

In der ASCII-Kodierung werden Buchstaben durch Zahlen ersetzt. Wenn wir das Wort *Anna* schreiben möchten, dann benötigen wir die Zahlen für *A*, *n* und *a*. Laut ASCII-Tabelle entsprechen diese den Zahlen $A \to 65_{10}$, $n \to 110_{10}$ und $a \to 97_{10}$. Der umgewandelte Text lautet 65_{10} 110_{10} 110_{10} 97_{10}. Auf diese Weise müssen Computer nur mit Zahlen arbeiten. Dafür werden die zum Wort *Anna* gehörigen Zahlen natürlich wieder in Binärschreibweise dargestellt.

Auf einem Computer nutzen wir Binärzahlen, da diese leichter technologisch abzubilden sind. Der Computer muss nur zwischen zwei verschiedenen Zuständen unterscheiden können: 0 und 1. Dort könnten die beiden Zustände etwa den Situationen „Strom fließt" (1) und „Strom fließt nicht" (0) entsprechen. Doch Bits müssen nicht unbedingt durch Strom gespeichert werden. Wenn wir einen Computer herunterfahren, dann soll die Information auf der Festplatte erhalten bleiben. Daher werden Bits auf einer Festplatte über die Ausrichtung von kleinen magnetischen Bereichen dauerhaft gespeichert.

Computer nutzen Bits, doch auch in der Natur und im Alltag gibt es viele Systeme, die tatsächlich nur zwei Zustände annehmen können. Ein einfaches Beispiel ist eine Münze, die nur Kopf oder Zahl zeigen kann. Ein Beispiel aus der Quantenmechanik ist der sogenannte *Spin*, eine grundlegende Eigenschaft von Teilchen wie Elektronen und Atomen, der üblicherweise mit zwei Richtungen ($|\uparrow\rangle$ und $|\downarrow\rangle$) beschrieben wird. Die lustige Notation mit dem Strich und der spitzen Klammer nutzen Physikerinnen um deutlich zu machen, dass es sich hierbei um quantenmechanische Zustände handelt. Sie heißt „Braket"-Notation und ist in der Quantenphysik allgegenwärtig. Wir werden hier nicht weiter damit rechnen, sondern sie nur nutzen um zu zeigen, wann Quantenmechanik im Spiel ist.

Die Physiker Otto Stern und Walther Gerlach konnten experimentell nachweisen, dass sich Elektronen nur in genau zwei Spinzuständen befinden können [50]. Das ist äußerst unüblich im Gegensatz zu Messungen, die wir sonst kennen: Die Geschwindigkeit kann etliche Werte annehmen, die Temperatur auch…Nur die Photonen in der Schwarzkörperstrahlung und beim Photoeffekt haben sich diskret verhalten. Spin ist ein weiteres Beispiel für eine diskrete Eigenschaft in der Quantenmechanik. In der klassischen Physik gibt es den Begriff des Spins nicht. Doch was haben Stern und Gerlach in ihrem berühmten Versuch genau gemacht?

Ihr Experiment baut auf einer wichtigen Erkenntnis auf: Spins reagieren auf Magnetfelder. Wenn das Magnetfeld überall gleich stark ist, dann richten sich die Spins wie kleine Kompassnadeln lediglich in Richtung des Magnetfeldes aus. Falls das Magnetfeld aber in Abhängigkeit vom Ort stärker oder schwächer wird (in der Physik sprechen wir von einem Gradienten), dann wird der Spin abgelenkt. Und so wurde auch die diskrete Natur im Stern-Gerlach-Versuch nachgewiesen. Für den Versuch benötigt man Teilchen mit einem Spin. Dafür gibt es verschiedene Möglichkeiten. Für ihr Experiment haben sich Stern und Gerlach entschieden, mit Silberatomen zu arbeiten. Auch Silberatome haben einen Spin und richten sich in einem äußeren Magnetfeld aus. Silber hatte den praktischen Vorteil, dass sich sein Niederschlag auf einer Glasplatte mithilfe einer schwefelhaltigen Substanz gut sichtbar machen ließ, da eine schwarze Ablagerung entstand.

Spins, die nach oben zeigen, werden im Stern-Gerlach-Experiment vom Magnetfeld nach oben abgelenkt. Und Spins, die nach unten zeigen, werden nach unten abgelenkt. Statt einer kontinuierlichen Verteilung, wurden nur zwei Punkte auf dem Schirm nachgewiesen. Es gibt also nur zwei Möglichkeiten: Entweder zeigt der Spin in Richtung des Magnetfeldes, oder in die umgekehrte Richtung (Abb. 2.12).

Dank dieser Eigenschaft kann man noch etwas Neues über Superpositionen lernen: Wenn wir ein Teilchen im Zustand $|\uparrow\rangle$ durch den Versuchsaufbau schicken, dann wird es sicher nach oben abgelenkt. Ein Teilchen im Zustand $|\downarrow\rangle$ wird sicher nach unten abgelenkt …Aber was ist mit der Superposition $|\uparrow\rangle + |\downarrow\rangle$? Solche Superpositionen lassen sich im Labor ohne Weiteres herstellen. Doch wohin wird der Spin nun abgelenkt?

Die Antwort ist sehr ähnlich wie beim Doppelspaltexperiment. Für ein bestimmtes Teilchen, das durch den Spalt fliegt, wissen wir es nicht. Wir wissen

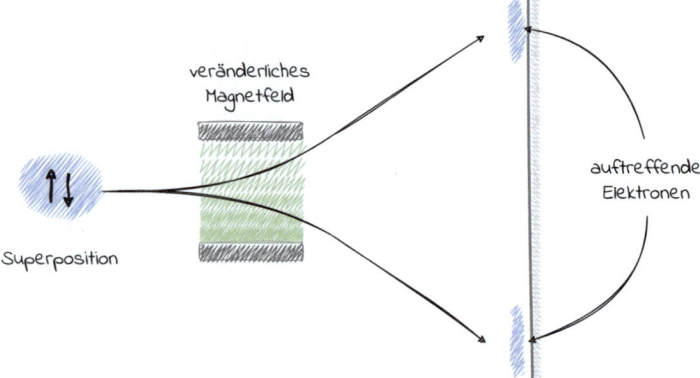

Abb. 2.12 Illustration des Stern-Gerlach-Versuchs. Spins wechselwirken mit Magnetfeldern. Ein veränderliches Magnetfeld kann Spins ablenken. Da der Spin nur zwei Richtungen annehmen kann, bilden sich nur zwei Punkte auf dem Schirm

nur, dass sich gleich viele Teilchen am oberen und unteren Punkt sammeln werden. Die Statistik der Ergebnisse ist durch die Wellenfunktion bestimmt. Der Ausgang eines einzelnen Experiments ist aber weiter zufällig.

Anschaulich kann der Messprozess des Spins wie ein Schattenwurf in einem zweidimensionalen Koordinatensystem verstanden werden (Abb. 2.13). Auf den beiden Achsen sind die Zustände $|\uparrow\rangle$ und $|\downarrow\rangle$ abgebildet. Alle Zustände von einem Zwei-Niveau-Systemen können durch Pfeile in diesem Diagramm dargestellt werden. Wenn ein Zustand genau auf den Achsen liegt, dann ist er

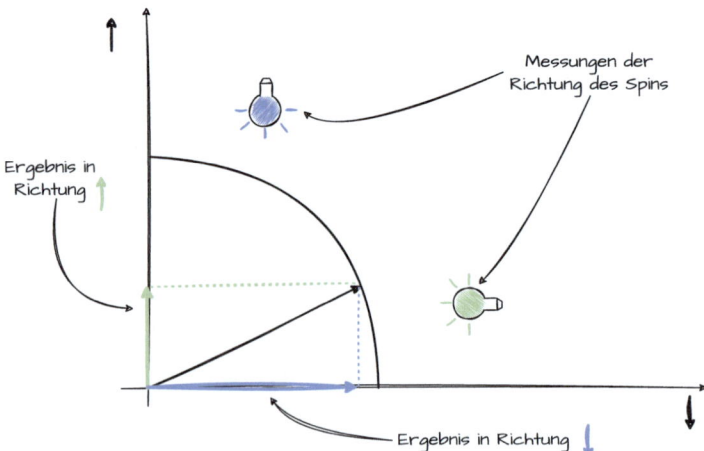

Abb. 2.13 Messung in der Quantenmechanik als Schattenwurf. Die Länge des Schattens auf die beiden Achsen bestimmt die Wahrscheinlichkeit der Messung

keine Superposition aus $|\uparrow\rangle$ und $|\downarrow\rangle$. Jede andere Richtung im Koordinatensystem, insbesondere der eingezeichnete, schwarze Pfeil, stellt eine Superposition der beiden Zustände dar. Der Pfeil hat Anteile, die in die horizontale und vertikale Richtung zeigen. Anschaulich können wir uns das als Schattenwürfe des Pfeils auf die Achsen vorstellen. In der Abbildung ist das durch eine blaue und eine grüne Lampe gekennzeichnet. Wenn der Pfeil nicht genau auf einer der beiden Achsen liegt, dann wirft er einen Schatten auf beide Achsen. Das bedeutet, dass er eine Superposition der Zustände $|\uparrow\rangle$ und $|\downarrow\rangle$ ist.

Der Schatten sagt nicht nur aus, ob es eine Superposition ist oder nicht, sondern auch, wie wahrscheinlich es ist, den einen oder anderen Zustand zu messen. Um festzustellen, wie wahrscheinlich es ist, $\uparrow$ oder $\downarrow$ zu messen, stellen wir uns vor, dass ein Licht von oben oder von der Seite auf den Pfeil scheint. Die Länge des Schattens bestimmt die Wahrscheinlichkeit, den Spin im jeweiligen Zustand $\uparrow$ oder $\downarrow$ zu messen. Die Schattenlänge auf der vertikalen Achse bestimmt beispielsweise die Wahrscheinlichkeit $\uparrow$ zu messen. Falls der Zustand genau auf der Achse $\downarrow$ liegt, dann wirft er keinen Schatten auf die $\uparrow$ Achse. Demnach werden wir wie erwartet immer $\downarrow$ messen. Schließlich befindet er sich nicht in einer Superposition aus $|\uparrow\rangle$ und $|\downarrow\rangle$.

Von Pfeilen zu Zahlen – Von Spins zu Qubits
Qubits sind Systeme mit zwei Basiszuständen. In Anlehnung an klassische Bits – die Nullen und Einsen, mit denen Computer rechnen – werden diese mit $|0\rangle$ und $|1\rangle$ bezeichnet. Es handelt sich dabei um zwei quantenmechanische Zustände, so wie bei den Spinzuständen $|\downarrow\rangle$ und $|\uparrow\rangle$ im Stern-Gerlach-Versuch. Es gibt eine Reihe an verschiedenen Möglichkeiten, zwei Basiszustände für ein Qubit auszuwählen und im Labor zu bauen, wie wir ausführlich im nächsten Kapitel besprechen werden. Bis jetzt handelt es sich nur um eine abstrakte Bezeichnung. Die Braket-Notation hilft uns hier, zwischen den Bits 0 und 1 und den Zuständen $|0\rangle$ und $|1\rangle$ der Qubits unterscheiden zu können.

Wenn wir unser Qubit nur in die Zustände $|0\rangle$ oder $|1\rangle$ versetzen, dann nutzen wir es als klassisches Bit. Im Gegensatz zum klassischen Bit können wir diese Zustände aber auch in eine Superposition bringen: $|0\rangle + |1\rangle$. Wenn wir das mit einem klassischen Bit machen, dann haben wir einen Wert $0 + 1 = 1$, das Bit 1. Es ist einfach die Addition von zwei klassischen Werten. In der Quantenmechanik ist die Addition nicht einfach auszurechnen. Das Pluszeichen zwischen $|0\rangle$ und $|1\rangle$ bedeutet, dass beide Zustände in Superposition vorliegen.

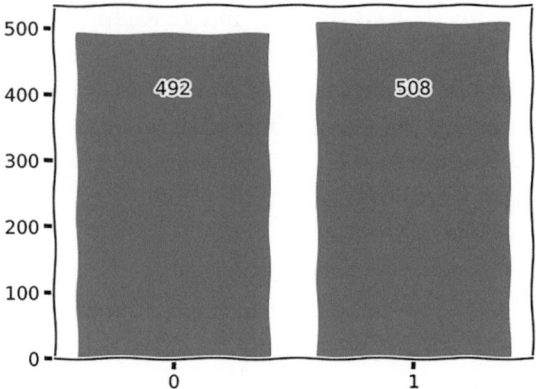

Abb. 2.14 Messung der Überlagerung $|0\rangle + |1\rangle$. Diese Daten stammen von einem echten Quantencomputer, bei dem wir die Überlagerung $|0\rangle + |1\rangle$ erzeugt haben. Wir erwarten eine Verteilung 50:50 und erhalten auch nahezu genau diese Verteilung

Wie auch bei den Spins, zerfällt der Zustand bei einer Messung in die Zustände $|0\rangle$ und $|1\rangle$ und wir messen wieder nur klassische Werte. Da beim Zustand $|0\rangle + |1\rangle$ die Vorfaktoren der beiden Zustände $|0\rangle$ und $|1\rangle$ gleich groß sind (beide 1), wird das Ergebnis in der Hälfte der Fälle 1 sein und in der anderen Hälfte 0. Wenn wir die Faktoren vor den Beiträgen $|0\rangle$ und $|1\rangle$ ändern, dann können wir auch die Wahrscheinlichkeiten ändern, mit denen die Ergebnisse 0 und 1 auftauchen. Doch genug der Worte, let's do this live: Wir leben in einer Zeit, in der erste Quantencomputer mit Hunderten Qubits existieren! In Abb. 2.14 haben wir 1000 Messungen vom Superpositionszustand $|0\rangle + |1\rangle$ ausgeführt und die Ergebnisse notiert: Wir sehen 508 Mal die Antwort 1 und 492 Mal die Antwort 0. Die leichte Abweichung von der perfekten 50:50-Verteilung liegt statistischen Schwankungen und an Ungenauigkeiten im Experiment.

Bei allen Experimenten, die wir hier beschrieben haben, befindet sich nur ein einzelnes Teilchen im Versuchsaufbau. Wichtig ist, dass es sich bei einer Superposition nicht um eine Unsicherheit über den Zustand handelt: Physikalisch ist es grundverschieden, ob uns jemand einen Superpositionszustand gibt ($|0\rangle + |1\rangle$), oder uns garantiert, dass er in der Hälfte der Fälle einen Zustand $|0\rangle$ und in der anderen Hälfte $|1\rangle$ präpariert. Die Superposition ist ebenso ein gültiger Zustand wie die Zustände $|0\rangle$ und $|1\rangle$. Es ist nicht unser Unwissen über das System, das die 50:50-Verteilung bei der Messung hervorruft, sondern die Messung des Zustands selbst.

> **Zusammenfassung**
>
> - Zwei-Niveau-Systeme sind in der Physik weitverbreitet. Qubits sind quantenmechanische Zwei-Niveau-Systeme und dienen als Grundbausteine von Quantencomputern.
> - Die einzelne Messung eines Superpositionszustandes kann nicht vorhergesagt werden. Lediglich das durchschnittliche Ergebnis kann berechnet werden.

Blochs Kugel

Um die gerade erwähnten möglichen Überlagerungszustände zu veranschaulichen, bedienen sich Physikerinnen häufig der sogenannten *Bloch-Kugel*. Stellen Sie sich die Bloch-Kugel wie in Abb. 2.15 als eine Art Globus vor. Jeder Punkt auf der Oberfläche stellt einen möglichen Zustand eines Qubits dar. Die beiden Zustände $|0\rangle$ und $|1\rangle$ entsprechen dem Nord- bzw. Südpol auf der Bloch-Kugel. Ein klassisches Bit hat genau zwei Zustände, 0 und 1. Die Pole allein würden zur Darstellung des Bits also ausreichen. Ein Qubit hingegen bedient sich der gesamten Kugeloberfläche, was die Vielzahl an möglichen Überlagerungen von $|0\rangle$ und $|1\rangle$ vor Augen führt. Je näher der Zustand eines Qubits am Nordpol liegt, desto näher ist er dem Zustand $|0\rangle$. Genauso gilt: Je näher er am Südpol liegt, desto näher befindet er sich beim Zustand $|1\rangle$. Auf dem Äquator der Kugel sind beide Pole gleich weit entfernt, so wie auch auf

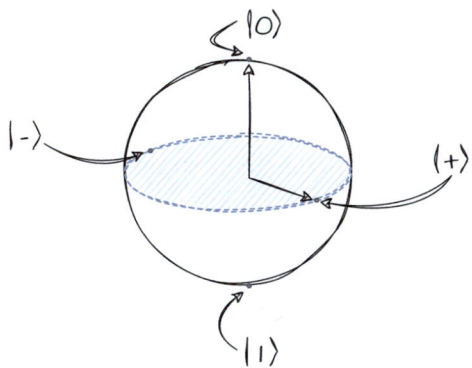

Abb. 2.15 Die Bloch-Kugel dient der Darstellung der Quantenzustände eines einzelnen Qubits. Die Pole entsprechen den Zuständen $|0\rangle$ und $|1\rangle$. Die Zustände $|+\rangle$ und $|-\rangle$ befinden sich auf dem Äquator der Bloch-Kugel, genau zwischen $|0\rangle$ und $|1\rangle$

dem Äquator unserer Erdoberfläche alle Punkte gleich weit vom Nord- wie vom Südpol entfernt liegen.

So wie es viele Orte auf der Erde gibt, die auf dem Äquator liegen, gibt es auch viele verschiedene Qubit-Zustände, die gleich weit von $|0\rangle$ und $|1\rangle$ entfernt sind. Wie in Abb. 2.15 gezeigt, werden zwei dieser Überlagerungen häufig $|+\rangle$ und $|-\rangle$ genannt: Sie zeichnet aus, dass sie sich auf der Bloch-Kugel genau gegenüber und – so wie die Pole $|0\rangle$ und $|1\rangle$ – maximal weit voneinander entfernt liegen. Geometrisch ist ihre Situation vergleichbar mit zwei Orten auf dem Erdäquator, die voneinander maximal weit entfernt sind, sogenannte Antipoden (z. B. Quito in Ecuador und Pekanbaru, eine Millionenstadt in Indonesien). Mit $|+\rangle$ ist der Zustand „$|0\rangle + |1\rangle$" gemeint und $|-\rangle$ bezieht sich auf den Zustand „$|0\rangle - |1\rangle$". Die Erklärung, welchen Unterschied das Minuszeichen in der Superposition genau macht, sparen wir uns für später auf. Wichtig ist für den Moment vor allem, dass beide Zustände eine *gleichgewichtete* Überlagerung aus $|0\rangle$ und $|1\rangle$ sind. Auch wenn in einem Zustand ein Plus steht und im anderen ein Minus, werden wir bei einer Messung an beiden jeweils in der Hälfte der Fälle $|0\rangle$ oder $|1\rangle$ messen. Doch obwohl das Vorzeichen diesbezüglich keinen Unterschied macht: Die Zustände $|+\rangle$ und $|-\rangle$ könnten unterschiedlicher nicht sein. Das wird klar, wenn wir das Konzept einer *Basis* ins Spiel bringen.

Die Referenz der Quantenmechanik – Die Basis
Um Messungen an einem Qubit zu visualisieren, haben wir uns in Abb. 2.13 vorgestellt, welche Schatten eine Überlagerung wie $|\uparrow\rangle + |\downarrow\rangle$ auf die Achsen des Koordinatensystems werfen würde, wenn man sie mit einer Lampe beleuchtet. Die Lampen haben wir dabei entlang der Richtungen $|\uparrow\rangle$ und $|\downarrow\rangle$ ausgerichtet. Das gleiche Bild können wir auch für Qubits mit ihren Basiszuständen $|0\rangle$ und $|1\rangle$ bemühen. Stellen wir uns vor, dass wir einen beliebigen Überlagerungszustand aus $|0\rangle$ und $|1\rangle$ messen, zum Beispiel $|+\rangle$ oder $|-\rangle$. Wenn die Lampen in die Richtungen von $|0\rangle$ und $|1\rangle$ zeigen, dann messen wir entweder den Zustand $|0\rangle$ oder $|1\rangle$ mit einer bestimmten Wahrscheinlichkeit (siehe rechte Seite von Abb. 2.16). Diese Wahrscheinlichkeiten sind abhängig von der Länge des Schattenwurfs auf die beiden Achsen, die jetzt mit $|0\rangle$ und $|1\rangle$ beschriftet sind anstatt mit $|\uparrow\rangle$ und $|\downarrow\rangle$. Je länger der Schatten ist, desto wahrscheinlicher ist es, den jeweiligen Zustand zu bekommen. Zusammen bilden die beiden Richtungen $|0\rangle$ und $|1\rangle$ eine *Basis*. Das bedeutet, dass wir jeden Qubit-Zustand mit $|0\rangle$ und $|1\rangle$ beschreiben können.

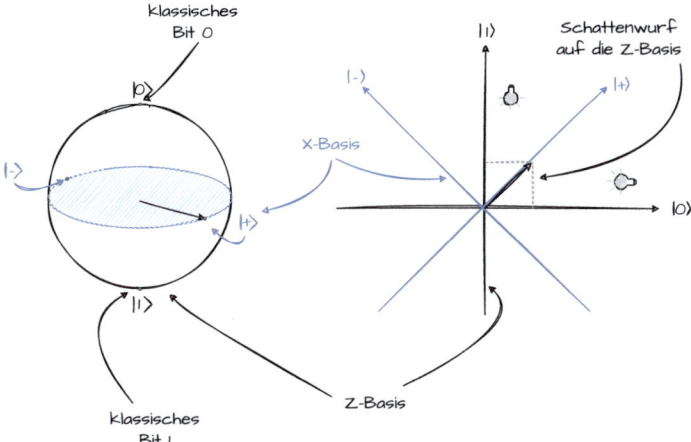

Abb. 2.16 Basen bilden eine Referenz für quantenmechanische Zustände. Häufig werden die Basen Z (in schwarz) und X (in blau) verwendet. Ob ein Zustand eine Superposition ist oder nicht, hängt von der Basis ab

Bisher haben wir alle Zustände als Superposition von $|0\rangle$ und $|1\rangle$ dargestellt. Damit wir uns einfacher auf diese Basis beziehen können, nennen Physiker sie die Z-Basis. Die Wahl der Z-Basis aus $|0\rangle$ und $|1\rangle$ ist aber eher eine Absprache unter Physikern als eine Eigenschaft der Natur. Schauen wir uns nochmal kurz die Bloch-Kugel auf der linken Seite von Abb. 2.16 an. Bei der Bloch-Kugel liegen Zustände, die eine Basis bilden, immer genau gegenüber. Auch die Zustände $|+\rangle$ und $|-\rangle$ auf dem Äquator der Kugel liegen sich gegenüber. Auch sie bilden eine Basis, die sogenannte X-Basis.

An dieser Stelle stoßen wir an die Grenzen der Visualisierung. Während Basen auf der Bloch-Kugel gegenüber liegen (linke Seite von Abb. 2.16), stehen die Pfeile beim Schattenwurf senkrecht aufeinander (rechte Seite in Abb. 2.16). Auch wenn die Abbildungen unterschiedlich aussehen, teilen sie doch die grundsätzliche Aussage: Je näher ein Quantenzustand einem Basiszustand ist, desto wahrscheinlicher ist es, diesen zu messen.

Woher wissen wir eigentlich, wo der Nord- und der Südpol der Bloch-Kugel sind? Bei einem handelsüblichen Fußball ist es verhältnismäßig einfach, eine Ausrichtung zu finden, denn er hat ein Ventil. Dieses könnte als Nordpol dienen, der gegenüberliegende Punkt als Südpol. Die Bloch-Kugel hingegen hat natürlich kein Ventil. Sie sieht überall gleich aus und wenn sie gedreht wird, dann sieht sie wieder so aus wie vorher. Ein solches System nennt sich in der Physik rotationssymmetrisch; es verhält sich genau wie vorher, wenn es gedreht wird. Da die Bloch-Kugel rotationssymmetrisch ist, *wählen* wir die ausgezeichneten Richtungen $|0\rangle$ und $|1\rangle$, um einfacher rechnen zu können. Das bedeutet auch, dass es unendlich viele gleichberechtigte Möglichkeiten gibt, andere Zustände zu wählen, die eine Basis bilden: Alle gegenüberliegenden Zustände auf der Bloch-Kugel bilden eine Basis. Und das sind unendlich viele mögliche Basen!

Wenn wir uns die Richtungen genauer anschauen, in die die Lampen aus Abb. 2.16 zeigen, dann stellen wir fest, dass nicht nur $|0\rangle$ und $|1\rangle$ senkrecht aufeinander stehen. Das gleiche gilt für die Richtungen $|+\rangle$ und $|-\rangle$ (in blau in Abb. 2.16). Es gilt etwas ähnliches wie für die Z-Basis mit $|0\rangle$ und $|1\rangle$: Ein Pfeil, der genau in Richtung $|+\rangle$ zeigt, kann nicht gleichzeitig in Richtung $|-\rangle$ zeigen. Das bedeutet, dass dieser Stock niemals einen Schatten auf $|-\rangle$ werfen kann. In der Sprache der Quantenmechanik übersetzt heißt das, dass der Zustand keine Superposition aus den Zuständen $|+\rangle$ und $|-\rangle$ ist. Es ist genau der Zustand $|+\rangle$. Auf der anderen Seite, sind die Schatten, die von $|+\rangle$ auf $|0\rangle$ und $|1\rangle$ geworfen werden genau gleich lang. Es ist also eine Superposition der Zustände $|0\rangle$ und $|1\rangle$ mit gleicher Amplitude. Da die beiden Schatten gleich lang sind, ist es gleich wahrscheinlich den Zustand in $|0\rangle$ und $|1\rangle$ zu messen. Der Zustand ist also gleichzeitig eine Superposition in der Z-Basis und keine Superposition in der X-Basis. Ob ein Zustand eine Superposition ist oder nicht, hängt von der Basis ab.

An dieser Stelle kehren wir kurz zum Experiment in Abb. 2.14 zurück. Die Superposition $|0\rangle + |1\rangle$ ergibt bei der Messung in der Z-Basis gleich oft den Zustand $|0\rangle$ und $|1\rangle$. Das ist anders in der X-Basis. Hier ist das Ergebnis immer der $|+\rangle$ Zustand, nie der $|-\rangle$ Zustand. Der Zustand ist also keine Superposition, sondern der Basiszustand $|+\rangle$. Die Ergebnisse einer Messung hängen von der gewählten Basis ab.

Basen in Action – Polarisation
Bisher klingt die Basis nach einem sehr abstrakten Konzept. Wir können sie jedoch mithilfe von Licht sichtbar machen. Licht und Photonen haben eine Eigenschaft, die uns dabei hilft: die *Polarisation*. Wir haben Licht als elektromagnetische Welle kennengelernt, die sich im Raum ausbreitet. Da es sich dabei um eine Transversalwelle handelt, schwingen die elektrischen und magnetischen Felder senkrecht zu ihrer Ausbreitungsrichtung (siehe Abb. 2.3). Vereinfacht können wir uns vorstellen, dass die Polarisation die genaue Schwingungsrichtung des elektrischen Feldes angibt. Es kann entweder vertikal $|\updownarrow\rangle$ oder horizontal $|\leftrightarrow\rangle$ schwingen. Alle anderen Schwingungsrichtungen werden über Superpositionen von diesen beiden Zuständen dargestellt. Wir können diese beiden Zustände als Entsprechungen für $|0\rangle$ und $|1\rangle$ bei Licht sehen. Eine Schwingung auf der Diagonalen würde als $|\nearrow\rangle = |\leftrightarrow\rangle + |\updownarrow\rangle$ geschrieben.

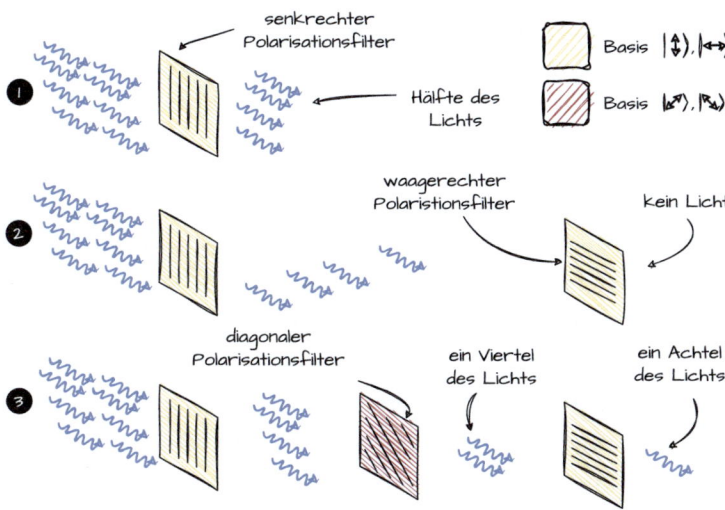

Abb. 2.17 Experimente mit Polfiltern. Wenn zufällig polarisiertes Licht auf einen vertikalen Polfilter trifft, dann wird die Hälfte des Lichts gefiltert (erste Zeile). Das Licht ist nach dem vertikalen Polfilter vertikal polarisiert, sodass es einen horizontalen Polfilter nicht passieren kann (zweite Zeile). Falls ein dritter, diagonaler Polfilter zwischen die beiden Filter aus der zweiten Reihe gestellt wird, dann passiert mehr Licht den Versuchsaufbau. Mehr Filter können zu mehr Licht führen

Das Tolle an Experimenten mit Licht ist, dass es Filter für verschiedene Polarisationen gibt, sogenannte Polarisationsfilter (kurz: Polfilter). Wir können also direkt mit Polarisationszuständen experimentieren. In Abb. 2.17 sind Beispiele solcher Experimente dargestellt. In der ersten Zeile der Abbildung stellen wir einen vertikalen Polfilter in den Strahlengang von zufällig polarisiertem Licht. Wie wir schon aus anderen quantenmechanischen Experimenten kennen, passiert die Hälfte des Lichts, weil es mit gleicher Wahrscheinlichkeit nach horizontal oder vertikal polarisiert ist. Da das Licht durch einen vertikalen Polfilter gegangen ist, ist alles Licht hinter dem Polfilter vertikal polarisiert.

In einem zweiten Schritt können wir uns davon überzeugen, dass die beiden Polarisationen eine Basis bilden. Rein vertikal polarisiertes Licht wird niemals als horizontal polarisiertes Licht gemessen. Genau das sehen wir in der zweiten Zeile von Abb. 2.17. Am Ende des Versuchsaufbaus kommt kein Licht an. Wenn es sich bei der Polarisation um eine klassische Größe handeln würde, dann dürfte es keinen Unterschied machen, ob wir noch einen dritten Filter in die Mitte stellen. Wir könnten uns die Polfilter als Ventile vorstellen: Wenn nach zwei Ventilen kein Wasser mehr fließt, dann macht es auch keinen Unterschied ob wir noch ein drittes Ventil zwischen den beiden einbauen.

Licht verhält sich anders. Wenn wir in der dritten Zeile der Abbildung einen weiteren, diagonalen Polfilter hinzufügen, dann kommt plötzlich wieder Licht am Ende der Apparatur an! Die Erklärung beruht auf der Messung in verschiedenen Basen. Nach dem ersten vertikalen Polfilter ist das Licht vertikal polarisiert. Die beiden Polfilter (vertikal und horizontal) bilden in der Sprache der Quantenmechanik eine Basis. Wenn wir mit diesen beiden Filtern direkt nacheinander messen, dann kommt nie Licht am Ende des Aufbaus an.

Dass die beiden Filter vertikal und horizontal stehen, ist dabei eine von verschiedenen Möglichkeiten. Genauso gut könnten wir die Filter auf die beiden Diagonalen $|\nearrow\rangle$ und $|\nwarrow\rangle$ legen. Auch diese beiden Filter bilden eine Basis. Der Zustand $|\updownarrow\rangle$ ist eine Superposition dieser diagonalen Basiszustände $|\updownarrow\rangle = |\nearrow\rangle + |\nwarrow\rangle$. In der vertikalen Basis ($|\updownarrow\rangle, |\leftrightarrow\rangle$) ist der Zustand keine Superposition, in der diagonalen Basis ($|\nearrow\rangle, |\nwarrow\rangle$) hingegen schon. Ob ein Zustand eine Superposition ist, hängt also von der Basis ab.

Zurück zum Versuchsaufbau. Den ersten Polfilter kennen wir schon aus den ersten beiden Experimenten. Die Hälfte des Lichtes passiert ihn und ist danach vertikal polarisiert. Wenn es auf den diagonalen Polfilter trifft, passiert wieder die Hälfte des Lichts den Filter, vertikal polarisiertes Licht ist in der diagonalen Basis eine gleichgewichtete Superposition von beiden diagonalen Basiszuständen. Insgesamt ein Viertel des ursprünglichen Lichts ist noch da. Im letzten Schritt trifft das diagonal polarisierte Licht auf einen horizontal Polfilter. In der vertikalen Basis ist der diagonale Zustand $|\nearrow\rangle = |\leftrightarrow\rangle + |\updownarrow\rangle$, , also wieder eine Superposition mit gleichen Gewichten der Basiszustände. Demnach bleibt wieder die Hälfte des Lichts im Filter und ein Achtel des Lichts passiert den gesamten Versuchsaufbau. Das ist mehr als in der zweiten Zeile der Abbildung!

Tot oder Lebendig? – Schrödingers Katze
Wenden wir uns zum Abschluss noch einem der berühmtesten Zwei-Niveau-Systeme zu: *Schrödingers Katze*. Schrödingers Katze [51] ist ein Gedankenexperiment über eine hypothetische Katze, die in einer Box eingesperrt ist. Neben der Katze befindet sich auch ein radioaktives Atom, ein Geigerzähler (ein Detektor für Radioaktivität) und eine Flasche mit Giftgas in der Box. Wenn das Atom zerfällt, dann sendet es Strahlung aus, der Geigerzähler schlägt an und ein Mechanismus zerstört den Giftbehälter und setzt das Gas frei. Das wäre das Ende der Katze. Wenn das Atom hingegen nicht zerfällt, dann lebt die Katze weiter. Der Zerfall von Atomen ist ein quantenmechanischer Prozess. Wenn wir das Leben der Katze vom Zerfall des Atoms abhängig machen und die Box so verschließen, dass die Katze nicht beobachtbar ist, dann befindet

sich das System in der Superposition |Katze lebt⟩ + |Katze tot⟩. Die Katze ist gleichzeitig tot und lebendig. Wir nutzen hier die gleiche Notation mit spitzen Klammern wie bei den physikalischen Erklärungen weiter oben.

Solange die Kiste geschlossen bleibt, ist die Katze sowohl tot als auch lebendig. Das ändert sich schlagartig, sobald wir die Kiste öffnen. Wenn wir eine Superposition beobachten (oder messen, im Physikjargon), dann zerfällt die Superposition und das System nimmt einen klassischen Wert an. Unser Messgerät kann keine Superpositionen anzeigen, demnach müssen wir einen Wert sehen.

Das Prinzip ist ähnlich zum Schirm beim Doppelspaltexperiment: Während die Photonen auf dem Weg zum Schirm interferieren, müssen sie am Schirm Farbe (oder eher Position) bekennen. Aus der Superposition wird ein Messpunkt am Schirm. Falls Sie also eine Kiste im Physiklabor sehen, lassen Sie sie lieber geschlossen. Sie möchten doch nicht Schuld am Tod einer Katze sein!

Zusammenfassung

- Auf der Bloch-Kugel können die Zustände eines Qubits visualisiert werden.
- Die Polarisation von Licht ist eine Möglichkeit, um Quanteninformation mit Photonen zu übertragen.
- Ob ein Zustand eine Superposition ist oder nicht, hängt von der Basis ab.
- Schrödingers Katze ist ein Gedankenexperiment des Physikers Erwin Schrödinger, das die Superposition in einem Zwei-Niveau-System veranschaulicht. Um das Experiment vollständig zu erklären, benötigen wir auch das Konzept der Verschränkung.

2.5 So weit und doch so nah – Verschränkung

Wenn wir bei Schrödingers Katze genauer hinschauen, dann ist an dem Prozess mehr als nur eine Partei beteiligt: Neben der Katze spielt das Atom eine Schlüsselrolle. Je nachdem, ob es zerfällt oder nicht, lebt oder stirbt die Katze. Es ist also nicht nur ein Effekt eines Teilchens, sondern ein Phänomen mit mehreren Parteien. In der Physik sagt man, dass die Katze und das Atom *verschränkt* sind. Verschränkung (engl.: *entanglement*) ist ein Phänomen, das die gegenseitige Beeinflussung von zwei oder mehreren Teilchen beschreibt, unabhängig von ihrer Entfernung. Albert Einstein hat in in diesem Zusammenhang von einer „spukhaften Fernwirkung" gesprochen und er war alles andere als glücklich mit den möglichen Konsequenzen für unser physikalisches Weltbild [52].

Verschränkung beschreibt in der Quantenphysik einen Zustand von zwei Teilchen, bei dem man die beiden Teilchen nicht mehr getrennt beschreiben kann. Im Fall von Schrödingers Gedankenexperiment kann die Katze nicht getrennt vom Atom beschrieben werden. Wenn man durch eine Messung Informationen über das eine Teilchen bekommt, dann wirkt sich das auch auf das andere Teilchen aus. Stellen wir uns vor, dass wir eine Superposition aus den Zuständen „Beide Teilchen in Zustand ↓" und „Beide Teilchen in Zustand ↑" vorliegen haben. Wenn wir eines der beiden Teilchen messen und das Ergebnis ↓ notieren, dann wissen wir, dass sich das zweite Teilchen auch in diesem Zustand befindet. Es hat keine andere Wahl, da es nur zwei Optionen gab: Beide Teilchen zeigen hoch oder beide Teilchen zeigen nach unten. Das Faszinierende: Diese Abhängigkeit gilt unabhängig von der Basis. Im Gegensatz zur Superposition ist Verschränkung nicht von der Basis abhängig!

Das Spezielle an verschränkten Teilchen ist, dass sie nicht am gleichen Ort sein müssen, damit die Beeinflussung eintritt. Wir haben nirgendwo gesagt, dass sich die Teilchen im gleichen Raum befinden müssen. Sie könnten an unterschiedlichen Enden der Galaxie sein.

Kurz & Knackig: Bell-Paare

Ein bekanntes Beispiel für verschränkte Zustände sind sogenannte Bell-Paare, benannt nach John Stuart Bell. Mit der Braket-Notation aus 0 und 1 in nicht zusammenpassenden Klammern können wir die Aussage von Bell-Zuständen ein wenig genauer fassen. Wir können einen verschränkten Bell-Zustand schreiben als $|00\rangle + |11\rangle$. In jeder der Klammern stehen nun zwei Zahlen, da wir es mit zwei Teilchen zu tun haben. Der Ausdruck sagt aus, dass sich beide Teilchen in einer Überlagerung folgender Zustände befinden: „Beide Teilchen sind im Zustand $|0\rangle$" überlagert mit „Beide Teilchen im Zustand $|11\rangle$".

Wenn wir nun also ein Teilchen messen und als Ergebnis 0 erhalten, dann wissen wir, dass das andere Teilchen im gleichen Zustand sein muss. Die Wahrscheinlichkeit, dass das andere Teilchen den Zustand $|1\rangle$ hat, ist durch unsere Messung 0 geworden. Wir haben damit automatisch Kenntnisse über das Ergebnis der anderen Messung und können dabei am anderen Ende der Galaxie sein!

> Besonders faszinierend ist, dass dieses Verhalten nicht nur in der Z-Basis ($|0\rangle$ und $|1\rangle$), sondern auch in der X-Basis ($|+\rangle$ und $|-\rangle$) funktioniert. Auch in der X-Basis messen wir ausschließlich $|++\rangle$ und $|--\rangle$.

Aber wohin soll ich eigentlich fallen? – Lokale und nichtlokale Theorien
Die Physiker des frühen 20. Jahrhunderts waren schockiert, dass sich Teilchen über so große Entfernungen beeinflussen können sollen. Um das zu verstehen, müssen wir uns mit einigen grundlegenden Eigenschaften von physikalischen Theorien auseinandersetzen. Dabei geht es weniger um die eigentliche Aussage der Theorie, z. B. „Stoßen sich Elektronen ab und wenn ja, wie stark?", sondern eher um die Frage „Woher weiß das Elektron eigentlich, dass es eine Kraft spüren soll?". Es geht um die Frage, wie Information übertragen wird. Die Frage lässt sich einfach beantworten, wenn die Theorie *lokal* ist. Ein tolles Beispiel für eine lokale Theorie ist die Mechanik: Zwei Körper wechselwirken durch direkten Kontakt. Dadurch wird Information zwischen ihnen übertragen. Aus dem Alltag kennen wir die Situation im Straßenverkehr: Wenn zwei Autos den gleichen Ort zur gleichen Zeit einnehmen wollen, dann sieht man die Interaktion in Form einer großen Menge verformten Bleches.

Schwieriger wird es, wenn wir uns Theorien wie Elektrodynamik oder Gravitation ansehen. Woher weiss Ihr Körper, wohin er im Schwerefeld der Erde fallen soll? Wenn Sie mit beiden Beinen auf der Erde stehen, dann könnte man vermuten, dass es eine sogenannte *Kontaktwechselwirkung* ist. Wir nehmen an, dass nur bei direktem Kontakt eine Wechselwirkung stattfindet – wie bei den aufeinanderprallenden Autos. Die Gravitation wirkt aber weiterhin, auch wenn sie die Erde nicht berühren. Woher „weiß" die Gravitation jetzt, wohin sie wirken soll? In der Elektrodynamik stellt sich ein ähnliches Problem: Woher weiß das Elektron, von wo und wohin es angezogen wird? Solche Fragen beantworten das Fallgesetz von Newton im Falle der Gravitation und das Coulomb'sche Gesetz, das die Anziehung von elektrischen Ladungen beschreibt.

Sehen wir uns das Coulomb'sche Gesetz etwas genauer an. Die Kraft zwischen zwei Ladungen steigt mit deren Ladung (je mehr Ladung, desto mehr Kraft). Gleichzeitig sinkt sie mit der Entfernung zwischen den Ladungen (je mehr Abstand, desto weniger Kraft). „Gleichzeitig" ist hier im doppelten Sinne zu verstehen: Im Coulomb'schen Gesetz ändert sich die Kraft zwischen den beiden Teilchen augenblicklich, wenn sich die Entfernung verändert. Es gibt keine Verzögerung zwischen Veränderung der Entfernung und Änderung der Kraft. Das verträgt sich eher nicht mit einem der Grundsätze der Relativitätstheorie: Information kann nur mit Lichtgeschwindigkeit übertragen werden. Selbst wenn unsere Ladungen sich sehr weit weg voneinander (also z. B. an unterschiedlichen Enden des Sonnensystems) befinden, dann verändert sich nach Coulomb die Kraft auf die beiden Ladungen ohne Zeitverzögerung. Den Widerspruch zur Relativitätstheorie kann man sich nun auf zwei Arten vorstellen: Zum einen könnte man über das Wackeln an einer Ladung (theoretisch) Information an eine andere Partei übertragen. Wenn die Kraft stärker wird, dann übertrage ich 1, wenn sie schwächer wird, dann eine 0. Auf der anderen Seite muss die Ladung auch „wissen", in welche Richtung und wie stark sie angezogen werden soll. Auch das ist eine Information und keine von beiden Informationen (Stärke oder 0/1) sollte sich so übertragen lassen.

Eine Wechselwirkung über weite Entfernungen ohne Zeitverzögerung widerspricht der Relativitätstheorie, da sie eine Ausbreitung von Information höchstens mit Lichtgeschwindigkeit erlaubt. Diese Beschreibung von Gravitation und Elektrodynamik kann demnach nicht vollständig sein. Glücklicherweise gibt es eine elegante Lösung für das Problem: Die Ladungen wechselwirken nicht direkt miteinander über beliebig weite Entfernungen, sondern interagieren lokal mit einem *Feld*. Wir sprechen hier zum Beispiel von elektrischen und magnetischen Feldern, die wir schon bei der Beschreibung von Lichtwellen gesehen haben. Die lokale Wechselwirkung mit dem Feld ist in Abb. 2.18 gezeigt. Ruhende, geladene Teilchen interagieren mit einem elektrischen Feld (Physiker sind nicht allzu kreativ bei der Namensvergabe). Jede Ladung erzeugt ein elektrisches Feld. Gleichzeitig übt das Feld Kräfte auf die Ladung aus. Das Wichtigste: Die Information über die Veränderung der Ladungsposition breitet sich „nur" mit Lichtgeschwindigkeit und nicht augenblicklich aus. In der Physik heißt dieser Effekt *Retardierung*, was nichts anderes als Verzögerung bedeutet. Damit breitet sich keine Information mehr mit Überlichtgeschwindigkeit aus und wir können die Ladungen nicht mehr für beliebig schnelle Kommunikation nutzen.

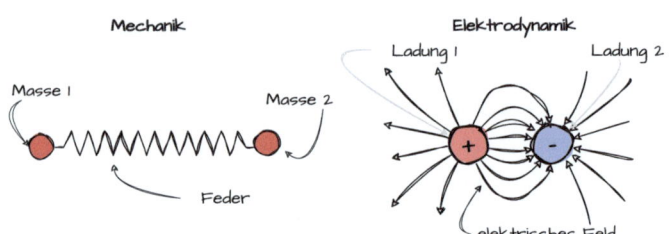

Abb. 2.18 In der Mechanik und der Elektrodynamik sind Wechselwirkungen zwischen Teilchen lokal. In der Mechanik wechselwirken die beiden Teilchen jeweils mit der Feder und beeinflussen sich dadurch gegenseitig. Im Fall von Elektrodynamik ist es eine Interaktion mit dem elektrischen Feld

Das Coulomb'sche Gesetz, bei dem sich Kräfte ohne Verzögerung ändern, ist also eine Näherung für kleine Entfernungen. Wenn die Ladungen nahe beieinander sitzen, dann spielt die Retardierung keine Rolle und wir können auch mit dem Coulomb'schen Gesetz arbeiten.

Neben der Elektrodynamik wurde auch die Gravitation im Rahmen der allgemeinen Relativitätstheorie zu Beginn des 20. Jahrhunderts als lokale Theorie formuliert. Es ist also wenig überraschend, dass Einstein sich nicht wirklich mit einer Quantentheorie anfreunden konnte, die so gar nicht in das neue lokale Weltbild passen wollte.

Das Paradoxon – Einstein war nicht glücklich
Und was hat das alles mit Verschränkung zu tun? Bei verschränkten Teilchen kann ein Teilchen vom anderen beeinflusst werden, auch über große Entfernungen. Diese gegenseitige Beeinflussung wurde das erste Mal von Einstein, Podolsky (nicht der Fußballer) und Rosen als sogenanntes EPR-Paradoxon formuliert [52]. Der Name EPR ergibt sich aus den Anfangsbuchstaben ihrer Namen. Für sie war die Wechselwirkung zwischen beliebig weit entfernten Systemen ein konzeptionelles Problem: Gerade war die Relativitätstheorie als lokale Theorie formuliert worden und jetzt können Quantensysteme plötzlich über beliebig weite Entfernungen Einfluss aufeinander nehmen. Damit ist die Theorie plötzlich nicht mehr lokal. In einer wissenschaftlichen Veröffentlichung beschreiben die Autoren die Verschränkung von Quantensystemen als „spukhafte Fernwirkung". Ihre Arbeit von 1935 ist ein Oldie, aber ein echter Klassiker unter den Physikveröffentlichungen.

Doch warum widerspricht das nicht direkt der Relativitätstheorie, die besagt, dass Information nur maximal mit Lichtgeschwindigkeit übertragen werden kann? Die Lösung liegt im Zufall, der uns schon bei Superpositionen begegnet ist. Um die ganze Situation anschaulicher zu gestalten, schicken wir die beiden verschränkten Teilchen zu zwei Personen: Alice und Bob. Die Namen werden in der Quanteninformation standardmäßig gewählt, da sie mit A und B beginnen. Wenn wir noch eine dritte Partei brauchen, dann würde die Charlie heißen. Die beiden werden uns für den Rest des Buches begleiten. Alice und Bob haben jeweils ein Qubit und die beiden Qubits sind miteinander verschränkt. Sie befinden sich in einer Superposition, sodass sie entweder beide nach oben (↑↑) oder beide nach unten (↓↓) zeigen.

Wenn Alice ihr Qubit misst, dann bekommt sie eins von zwei Ergebnissen (↑ oder ↓). Damit weiß sie auch sofort, in welche Richtung Bobs Qubit zeigen muss (in die gleiche wie ihr Qubit). Durch die Messung allein wurde noch keine Information übermittelt, da nur Alice weiß, in welche Richtung Bobs Qubit zeigt. Erst wenn Alice versucht Bob mitzuteilen, in welchem Zustand ihr Qubit ist („Dein Qubit ist in Zustand ↑."), wird Information übertragen. Und diese Information breitet sich nicht schneller als die Lichtgeschwindigkeit aus, da sie klassisch übermittelt wird. Alice könnte Bob zum Beispiel anrufen oder ihm eine E-Mail schreiben. Die Quantenmechanik hat mit diesem Prozess nichts mehr zu tun.

Als Einstein, Podolsky und Rosen das Paradoxon in den 1930er-Jahren formulierten, gab es noch keine technische Möglichkeit zu testen, ob Quantenmechanik wirklich einen nichtlokalen Einfluss haben kann. Der Widerspruch zur Theorie ist also auch ein theoretischer. Diese Art von Folgerung wird Gedankenexperiment genannt: Eine neue Theorie wird genutzt, um Folgerungen aus einem erdachten Versuchsaufbau zu gewinnen. Das Paradoxon ist aufgrund eines vorgestellten Experiments formuliert. Hier haben wir einen der seltenen Fälle, in dem der Widerspruch tatsächlich vor dem Experiment stattfindet. Doch eine wirkliche Anleitung für ein Experiment, um die Frage zu lösen, gab das EPR-Paper auch nicht. Bis eine solche formuliert wurde, vergingen noch drei Jahrzehnte.

Fragen wir die Natur – Bell-Tests
Der Auflösung der Frage, ob Quantenmechanik eine lokale Theorie ist oder nicht, kam erst 1964 John Stewart Bell einen Schritt näher. Er bewies mathematisch, dass Quantenmechanik keine lokal-realistische Theorie ist [53, 54]. Seine so einfache wie geniale Lösung: Fragen wir die Natur. Wenn wir ein Experiment bauen können, das helfen kann zu unterscheiden, ob die Natur lokal ist oder nichtlokal, dann könnten wir es durchführen und hätten die Antwort. Bells Vorschlag lässt sich am einfachsten als rundenbasiertes Spiel erklären: Zwei Spieler, nennen wir sie wieder Alice und Bob, müssen zusammen möglichst viele Punkte erhalten. Jeder der beiden kann aus zwei alternativen Antworten wählen: -1 und 1. Nennen wir die Antworten von Bob b und die Antworten von Alice a. Als Information bekommen die beiden eine Eingabe: 0 und 1. Es ist Tradition die Eingabe von Alice x zu nennen und die von Bob y.

Eine Runde könnte also folgendermaßen aussehen: Alice erhält $x = 0$ und antwortet $a = 1$. Bob antwortet $b = 1$ auf $y = 1$. Der Aufbau von Alice und Bob ist in Abb. 2.19 gezeigt.

Jetzt können beide Spieler antworten, aber wir wissen noch nicht, wie die Punkte ausgezählt werden. Zwar haben wir versprochen, dass das Buch sehr wenige Formeln enthalten wird, aber hier ist es einfacher mit als ohne Formel. Wir hoffen, dass hier eine Formel in Ordnung geht. Die Regeln mit Worten zu erklären wäre deutlich schlimmer als die Formel zu sehen. Die Punkte I werden über folgende Formel berechnet: $I = a_0 b_0 + a_0 b_1 + a_1 b_0 - a_1 b_1$. Der

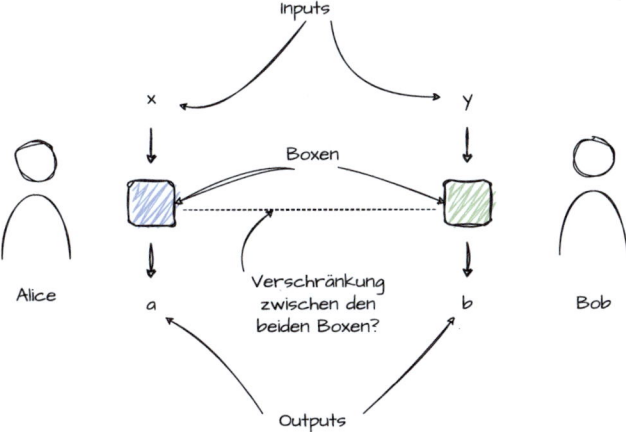

Abb. 2.19 Bell-Szenario. Alice und Bob haben jeweils eine Box, die entweder −1 oder 1 ausgibt, wenn sie die Eingaben 0 oder 1 erhält. Ziel von Alice und Bob ist eine möglichst hohe Punktzahl beim Bell-Spiel zu erreichen. Während des Spiels dürfen die beiden nicht miteinander kommunizieren

Reihe nach: Was bedeuten die Symbole? a_0 ist die Antwort von Alice, wenn sie eine 0 als Eingabe erhält (also $x = 0$). Genauso ist b_1 Bobs Antwort auf eine Eingabe $y = 1$.

Wenn beide Parteien sich nicht absprechen können, dann gibt es in jeder Runde nur genau 4 Strategien, denen Alice folgen kann:

Strategie 1 Das Ergebnis ist immer $a = -1$.
Strategie 2 Das Ergebnis ist immer $a = 1$.
Strategie 3 Wenn die Eingabe $x = 0$ ist, antworte $a = -1$, sonst $a = 1$.
Strategie 4 Wenn die Eingabe $x = 0$ ist, antworte $a = 1$, sonst $a = -1$.

Die Strategien gibt es so natürlich auch für Bob (nur mit b und y). Bei jeder Runde können die beiden ihre Strategien frei wählen. Demnach gibt es insgesamt 16 Strategien für Alice und Bob zusammen. Für jede der vier Strategien von Alice, kann Bob aus vier Strategien auswählen: $4 \cdot 4 = 16$.

Ein Physiker würde hier von lokalen Strategien sprechen. Lokal heißt hier, dass sich Alice und Bob nicht während einer Runde absprechen dürfen. In einem Experiment könnten wir die beiden Parteien so weit voneinander entfernen, dass eine Runde schneller abläuft als ein Teilchen mit Lichtgeschwindigkeit für den Weg zwischen den beiden Parteien benötigt. Wenn wir der Relativitätstheorie glauben, dann ist so jede Kommunikation zwischen den beiden Parteien ausgeschlossen.

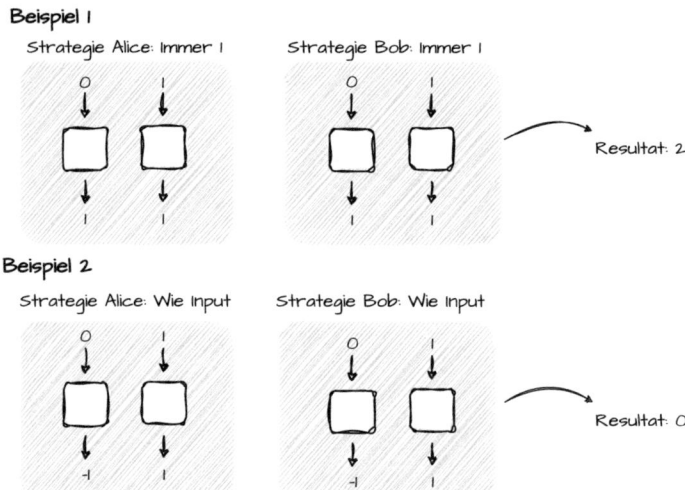

Abb. 2.20 Zwei beispielhafte Strategien von Alice und Bob. In der oberen Hälfte der Abbildung wählen sowohl Alice als auch Bob immer die Ausgabe 1 (Strategie 2). In der unteren Hälfte, wählen beide als Ausgabe immer den Wert, der zur Eingabe korrespondiert (Strategie 3)

Um die Idee der Strategien zu illustrieren, können wir uns zwei Strategien heraussuchen und schauen, was bei den einzelnen Eingaben passiert. Die beiden Beispielstrategien sind in Abb. 2.20 dargestellt. Im Prinzip können wir so die Punktzahlen aller 16 Strategien berechnen. Um hier ein wenig Platz zu sparen, haben wir die Rechnung auf einem Stück Papier gemacht und können hier das Ergebnis präsentieren: Die maximale Punktzahl, die wir mit lokalen Strategien erzielen können, ist 2. Das zweite Beispiel in Abb. 2.20 ist nicht vollkommen zufällig ausgewählt.

Und jetzt kommt Bells geniale Einsicht: Wenn wir ein Quantenexperiment mit zwei Teilchen (Alice und Bob) durchführen können, das mit den gleichen Spielregeln eine Punktzahl von mehr als 2 erreicht, dann kann die Quantenmechanik nicht durch eine lokale Theorie beschrieben werden. Denn die maximale Punktzahl aller lokalen Strategien ist 2.

Und tatsächlich, mit den Regeln der Quantenmechanik können wir das erwartete Ergebnis für das Spiel ausrechnen: Es ist $2\sqrt{2} \approx 2{,}828$. Und das ist auf jeden Fall größer als 2.

Rechnung hin oder her, das Wichtige ist, dass die Natur die gleiche Antwort gibt. Seit den ersten Experimenten von Freedman und Clauser [55] aus dem Jahr 1972 und Alain Aspects Experimenten [56, 57] von 1982 gab es zahlreiche Experimente [58–60], die gezeigt haben, dass die Natur tatsächlich eine höhere Punktzahl erzielen kann als eine lokale Strategie. Spätere Experimente haben sichergestellt, dass es keine *Schlupflöcher* (sogenannte loopholes) gibt, die doch für eine lokal-realistische Theorie sprechen.

Zwei bekannte Schlupflöcher haben mit Lokalität und der Messung des Quantenzustands zu tun. Eine zentrale Annahme des Bell-Tests ist, dass sich die Messungen nicht gegenseitig beeinflussen dürfen. Das kann zum Beispiel erreicht werden, indem Alice und Bob so weit voneinander entfernt sind, dass selbst ein Lichtsignal zu langsam für die Informationsübertragung wäre. Dann sorgt die Relativitätstheorie für die Unabhängigkeit. Das zweite Schlupfloch betrifft die Messung der Zustände. Bei optischen Experimenten werden häufig nicht alle Photonen gemessen. Das kann zu statistischen Problemen führen.

Für ihre Arbeiten an Nichtlokalität erhielten Alain Aspect, John Clauser and Anton Zeilinger 2022 den Nobelpreis für Physik [61]. John Stuart Bell war zu diesem Zeitpunkt leider schon verstorben und der Nobelpreis wird nicht posthum verliehen.

Das Ergebnis steht: Quantenmechanik kann nicht als lokale Theorie beschrieben werden. Ob Quantenmechanik selbst nichtlokal ist, ist noch immer in der Diskussion unter Physikern. Der Punkt ist eher subtil und geht über dieses Buch hinaus. Für uns reicht an dieser Stelle, dass sich in der Quantenmechanik weit entfernte Objekte beeinflussen können. Das kann allerdings nicht zur Kommunikation genutzt werden. Was das bedeutet, werden wir uns genauer im Rahmen der Quantenteleportation ansehen in Kap. 6.

Eine Frage der Socken – Klassische oder Quantenkorrelationen

Wenn wir einen Teil des verschränkten Quantensystems messen, dann erfahren wir etwas über den anderen Teil des Systems. Das könnte eine sehr kurze Zusammenfassung für Verschränkung an dieser Stelle sein. Das klingt verdächtig nach einer Beschreibung von Korrelationen: Wenn wir etwas über das Alter eines Kindes wissen, dann können wir auch eine Aussage über die Größe machen. Normalerweise wachsen Kinder mit zunehmenden Alter. Wenn also ein Kind älter ist als das andere, dann wird es vermutlich auch größer sein. In diesem Fall kann man sogar von Kausalität sprechen: Das zunehmende Alter verursacht das Wachstum des Kindes. Das muss allerdings nicht immer der Fall sein: Beispielsweise verhalten sich der Margarinekonsum in den USA und die Scheidungsrate im US-Bundesstaat Maine sehr ähnlich; sie sind sehr stark korreliert [62]. Hier ist es jedoch eher unwahrscheinlich, dass der Margarinekonsum die Ursache für die Scheidungen in Maine ist (oder umgekehrt). Sie hängen also nicht kausal zusammen.

Doch was unterscheidet den Effekt der Verschränkung, der auch Quantenkorrelation genannt wird, von klassischen Korrelationen? Um den Unterschied zu verdeutlichen hat John Bell die Socken seines Kollegen Bertlmann genutzt [63]. Bertlmann trug stets unterschiedlich farbige Socken. Nehmen wir an, dass eine Socke rot ist und eine grün. Wenn Herr Bertlmann um eine Ecke kommt und wir zu Beginn nur ein Bein sehen, so sehen wir nur eine Socke. In den Worten der Physik „messen" wir nur eine Socke. Wenn diese Socke rot ist, dann muss die andere Socke grün sein. Mit der Messung der einen Hälfte des Systems (von einer Socke), erfahren wir etwas über die andere Hälfte des Systems.

Was ist der Unterschied zu Quantenkorrelationen, denn Socken sind sicherlich keine Quantenobjekte? Socken können sich nicht in einer Superposition befinden, sodass verschiedene Messungen eine maximale Korrelation aufweisen. Das besondere an maximal verschränkten Zuständen wie Bell-Paaren ist, dass sie in verschiedenen Basen maximal korreliert sind. Die Socken sind klassische Objekte und ihre Farben sind von vornherein festgelegt. Unabhängig von der Messung der ersten Socke, wird sich die Farbe nicht verändern. Das ist anders bei Quantenobjekten. Zu Beginn des Abschnitts haben wir das System von zwei verschränkten Teilchen als eine Superposition von „Beide Teilchen im Zustand $|\uparrow\rangle$" und „Beide Teilchen im Zustand $|\downarrow\rangle$" beschrieben. Vor der Messung liegen sowohl der Zustand $|\downarrow\rangle$ als auch der Zustand $|\uparrow\rangle$ vor. Erst wenn wir ein (oder beide Teilchen) messen, zerfällt das System in eine von beiden Ausrichtungen. Das kann mit den Socken so nicht passieren, sie haben immer die gleichen Farben. Es gibt keine Superposition, die bei der Messung zusammenbricht.

Verschränkung ist ein Effekt, der in der klassischen Welt nicht auftreten kann (genau wie die Superposition). Durch Verschränkung können Quantenalgorithmen Operationen durchführen, die in klassischen Rechnern nicht möglich sind und wir können sogar den Zustand eines Qubits über große Entfernungen teleportieren. Das hat zwar nichts mit dem Beamen aus Star Trek zu tun, ist aber trotzdem ziemlich spektakulär. Mehr dazu später …

Zusammenfassung

- Einfache physikalische Theorien, die Wechselwirkungen über lange Distanzen beinhalten, können Probleme haben, da sie der Relativitätstheorie widersprechen. Einige dieser Probleme kann man mithilfe von physikalischen Feldern lösen.

- Verschränkung beschreibt die Beeinflussung von zwei Teilchen über beliebige Entfernungen.
- Quantenkorrelation durch Verschränkung und klassische Korrelation sind fundamental verschieden. Die Bell'sche Ungleichung und ihre experimentellen Überprüfungen zeigen, dass die Natur nichtlokale Interaktionen zulässt.

3

Qubits im Labor

Im vergangenen Kapitel haben wir die Grundlagen der Quantenphysik kennengelernt: Unschärfe, Superposition und Verschränkung sind uns nun ein Begriff. Doch was ist der Stoff, aus dem Qubits und Quantencomputer wirklich gemacht sind?

Für den Schritt vom abstrakten Konzept eines Qubits zu seiner praktischen Umsetzung gibt es viele Ansätze. In diesem Kapitel widmen wir uns einigen davon. Wir betreten damit Terrain, das immer noch Gegenstand aktueller Forschung ist. In modernen Forschungslaboren von Hochschulen und Firmen werden heute etwa eine Handvoll grundsätzlich verschiedener Herangehensweisen untersucht, Qubits und Quantencomputer zu bauen. Die verschiedenen Bauarten – auch *Architekturen, Implementierungen, Realisierungen* oder *Plattformen* genannt – bringen jeweils ihre eigenen Vor- und Nachteile mit sich. Daher ist es nicht verwunderlich, dass verschiedene Forschungslabore, Start-ups und Techfirmen jeweils ihre eigene Lieblingsbauart haben und in deren Erforschung investieren. Bei diesen Architekturen geht es um die Frage, wie ein Quantencomputer aufgebaut und *woraus er gemacht* ist.

3.1 Die Energieleiter erklimmen – Qubits und Quantensprünge

Welche Architektur die rosigste Zukunft hat, steht heute noch nicht fest. Bevor wir verschiedene Architekturen beschreiben und uns eine vorsichtige Prognose erlauben können, statten wir ein paar erprobten Zukunftsvisionären einen

Besuch ab: zuerst einigen bekannten Atomphysikern und dann einem Wetterfrosch.

Ein schwedischer Barcode – Spektralstudien
Anders Jonas Ångström schaute gern in die Sonne. Natürlich nicht mit bloßem Auge, sondern mithilfe der wissenschaftlichen Instrumente seiner Zeit. Der schwedische Physiker war fasziniert von der Natur des Lichts und besonders von dem, was es über die Stoffe und Substanzen verraten könnte, die es auf seiner Reise durchquert hatte.

In der Mitte des 19. Jahrhunderts widmete sich Ångström dem Studium des Sonnenspektrums [64]. Mit einem Spektroskop trennte er das Sonnenlicht in seine verschiedenen Farbkomponenten auf und erstellte eine detaillierte Karte der dunklen Linien, die er darin fand – also der Farben, die nicht im Sonnenlicht vorkamen. Diese Linien sind als Absorptionslinien bekannt. Sie treten bei den Wellenlängen des Lichts auf, die von den chemischen Elementen in der Sonnen- und Erdatmosphäre absorbiert werden und deshalb nicht mehr im Sonnenlicht zu sehen sind, wenn es uns erreicht. Schon über fünfzig Jahre vor Ångström analysierten erstmals der englische Chemiker William Hyde Wollaston [65] und danach der Münchener Optiker Joseph von Fraunhofer diese Linien [66]. Sie werden oft auch Fraunhoferlinien genannt.

Wie wir heute wissen, ist die Sonne ein gigantischer, natürlicher Kernfusionsreaktor und besteht zum größten Teil aus Wasserstoff. Kein Wunder also, dass Ångström bei seinen Untersuchungen Signaturen von Wasserstoff im Spektrum des Sonnenlichts fand. Doch was bedeutet das genau?

Schauen wir uns dazu Abb. 3.1 an. Was auf den ersten Blick aussieht wie ein Barcode, ist eine Reihe von Spektrallinien des Wasserstoffs – ebenjene Absorptionslinien, bei denen im Licht von der Sonne dunkle Streifen zu sehen sind. Aufgetragen sind die Linien in Abhängigkeit ihrer Wellenlänge entlang

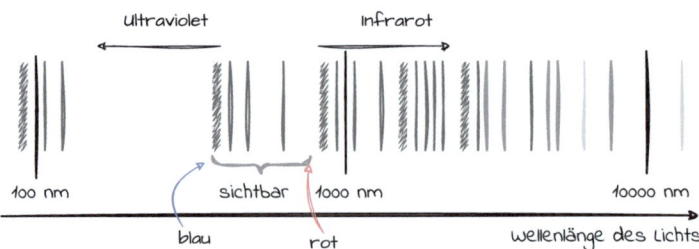

Abb. 3.1 Die Absorptionslinien im Sonnenlicht werden als Fraunhoferlinien bezeichnet, weil Joseph von Fraunhofer sie Anfang des 19. Jahrhunderts bei seinen Sonnenbeobachtungen vermaß und beschrieb

einer horizontalen Achse. Wie bei der Wärmestrahlung (Abb. 2.9) entsprechen verschiedene Wellenlängen dabei verschiedenen Farben. Nur ein Teil des Lichtspektrums ist für das menschliche Auge sichtbar – längere Wellenlängen bezeichnen wir als Infrarot-, kürzere als Ultraviolettstrahlung.

Diese Spektrallinienbarcodes sind wie die Fingerabdrücke der chemischen Elemente in der Sonnenatmosphäre: Jedes Element hat seinen eigenen, charakteristischen Wust an Spektrallinien. Das war eine sehr wichtige Beobachtung für die Astronomie und Physik. Völlig zu Recht ist nach Ångström daher eine der wichtigsten Einheiten der Atomphysik benannt: Ein Ångström entspricht mit 0,0000000001 m in etwa der Größe eines Atoms.

Während Ångströms Arbeit ein wichtiger Schritt war, um die Spektrallinien zu identifizieren und katalogisieren, war es ein anderer Schwede namens Johannes Rydberg, der den Barcode der Atomstruktur entschlüsselte. Rydberg suchte nach einer Methode, um Ordnung in den scheinbaren Datensalat zu bringen [67]. Er fand sie in einer einfachen, aber tiefgründigen mathematischen Beziehung, die heute als Rydberg-Formel bekannt ist. Diese Formel konnte die Positionen der spektralen Linien von Wasserstoff vorhersagen und somit dessen Fingerabdruck im Barcode aus Abb. 3.1 erklären. Sie zeigte, dass die Linien nicht zufällig angeordnet waren, sondern einer klaren Struktur folgten. Diese Struktur wird von den physikalischen Eigenschaften des Wasserstoffatoms hervorgerufen. Es war, als hätte Rydberg einen Barcodegenerator für Wasserstoffatome entdeckt. Er fand seine Formel 1888 empirisch und hatte keine Erklärung, warum sie stimmte. Zu diesem Zeitpunkt war der Physiker, der eine solche Erklärung finden sollte, gerade erst drei Jahre alt.

Not even so *Bohr*ing – Von Atomen und Bahnen
Niels Bohr erhielt vor gut 100 Jahren den Nobelpreis für Physik. Er wurde ihm *„für seine Verdienste um die Erforschung der Struktur der Atome und der von ihnen ausgehenden Strahlung"* verliehen [68]. Bohr fand eine Erklärung für Rydbergs Formel, indem er ein einfaches Modell für den inneren Aufbau von Atomen ersann. Das nach ihm benannte *Bohr'sche Atommodell* wurde zwar längst von akkurateren und besseren Modellen abgelöst, es wird jedoch aus einem guten Grund noch heute unterrichtet: Es ist einfach verständlich und liefert eine intuitive Erklärung für das Auftreten diskreter Energieniveaus bei Atomen.

In Kap. 2 haben wir Qubits als Zwei-Niveau-Systeme kennengelernt – also als Systeme, die nur zwei Zustände annehmen können, oder Überlagerungen (Superpositionen) dieser beiden Zustände. Im vorigen Kapitel waren das zum Beispiel die Spinzustände $|\uparrow\rangle$ und $|\downarrow\rangle$ oder die Qubit-Zustände $|0\rangle$ und $|1\rangle$. Doch Quantensysteme kommen in der Natur häufig als *Mehrniveausysteme*

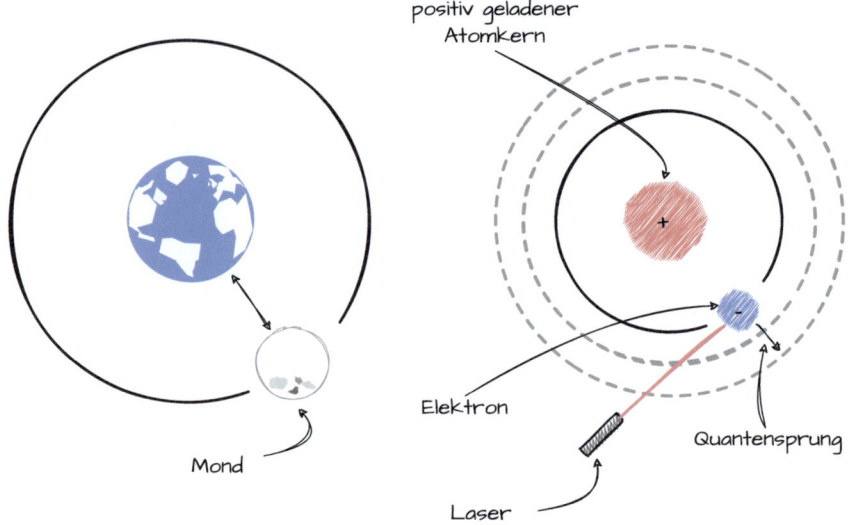

Abb. 3.2 Sie ziehen ihre Kreise – der Mond um die Erde *(links)*, sowie das Elektron um das Proton im Wasserstoffatom *(rechts)*, nach dem Bohr'schen Atommodell

mit vielen möglichen Zuständen daher. Sehen wir uns auf den nächsten Seiten ein Beispiel dafür an.

Die Elemente im Periodensystem verhalten sich chemisch unterschiedlich, weil sie alle anders aufgebaut sind. Den einfachsten Aufbau hat das Wasserstoffatom. Es besteht aus einem Proton und einem Elektron. Nach Bohrs Vorstellung kreist das Elektron in einer kreisförmigen Bahn um das elektrisch positiv geladene Proton – ähnlich, wie der Mond die Erde umkreist (siehe Abb. 3.2).

Der Mond zieht in Wahrheit nicht die immer gleichen Kreise. Er entfernt sich jedes Jahr um etwa 4 cm von der Erde. Bei einem mittleren Erde-Mond-Abstand von über 384 000 km wirkt das wie ein Klacks. Nur über sehr lange Zeit hinweg macht sich so eine Veränderung bemerkbar. Erst in einigen Milliarden von Jahren würde sich der Mond so weit von uns entfernen, dass die Anziehungskraft der Sonne stärker würde als die der Erde. Doch das zeigt, dass der Abstand zwischen Mond und Erde nicht in Stein gemeißelt ist. Er ändert sich ständig und vergrößert sich jeden Tag im Durchschnitt um einen Zehntel Millimeter.

Niels Bohr stellte sich das Wasserstoffatom vereinfacht wie das Erde-Mond-System vor – mit einem wichtigen Unterschied. In seinem Modell kreist das Elektron auf *festen* Bahnen um das Proton. Es entfernt sich nicht jeden Tag ein kleines bisschen, sondern behält den Abstand zum Proton auf seiner Bahn bei. Doch auch in Bohrs Modell hat es die Möglichkeit, die Bahn zu wechseln.

Dazu muss es allerdings auf eine andere Bahn springen. Zwischen den Bahnen kann es sich nicht aufhalten. Das heißt, die Bahnen sind *diskret*, wie in der rechten Hälfte der Abb. 3.2 veranschaulicht.

Der Photoeffekt aus Kap. 2 hat gezeigt, dass in der Quantenphysik Energie nur in bestimmten Portionen, sogenannten Quanten, ausgetauscht werden kann. Licht beispielsweise wird in diskreten Energieeinheiten, den Lichtquanten oder Photonen, ausgestrahlt und absorbiert. Bohrs Modell stellt einen Zusammenhang zwischen dieser quantisierten Natur des Lichts und den diskreten Bahnen der Elektronen her.

Kleine Sprünge, große Wirkung – Von Energieniveaus und Quantensprüngen
Jede Elektronenbahn in Abb. 3.2 beschreibt ein Atom mit einer bestimmten Energie. Die verschiedenen Energien heißen *Energieniveaus*. Elektronen können im Bohrmodell zwischen den verschiedenen Bahnen hin und her springen. Wenn ein Elektron von einer höheren Bahn zu einer niedrigeren wechselt, dann gibt es Energie in Form eines Photons ab – es sendet dabei also Licht aus. Umgekehrt kann ein Elektron auf eine höhere Bahn wechseln, indem es ein Photon der richtigen Energie aufnimmt. Das Elektron darf von seiner Umlaufbahn nur dann in eine andere springen, wenn das Photon ihm genau die dafür nötige Energie mitgibt, oder eben abzieht.

Anschaulich können wir die Energieniveaus wie in Abb. 3.3 mit den Sprossen einer schlecht gefertigten Leiter vergleichen, deren Sprossen

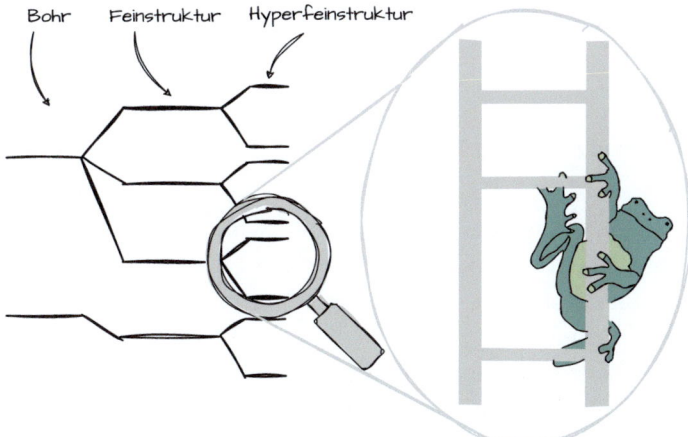

Abb. 3.3 Energielevelsalat im Wasserstoffatom, den man sich wie die Sprossen einer Leiter mit unregelmäßigen Abständen vorstellen kann. Je weiter man die Leiter erklimmt, desto höher ist die Energie des jeweiligen Zustands

unterschiedliche Abstände voneinander haben. Stellen wir uns einen Frosch vor, der auf einer Sprosse dieser Leiter sitzt und sie emporklimmt. Er kann nur auf eine höhere Sprosse springen, wenn er die richtige Sprunghöhe wählt: Springt er zu tief, kommt er nicht oben an und springt er zu hoch, landet er nicht auf der richtigen Sprosse. Bei Energieniveaus eines Atoms ist die Situation ähnlich. Sie haben feste, diskrete Abstände und um in ein höheres Niveau zu kommen, bedarf es zusätzlicher Energie. Ein Elektron kann in ein höheres Niveau springen, wenn ein Photon diese Energie zur Verfügung stellt. Wie beim Frosch muss das Photon dafür genau die richtige Energie haben. Wenn ein Elektron in ein anderes Energieniveau wechselt, spricht man von einem *Quantensprung*.

So wie eine Leiter mehrere Sprossen hat, haben Atome mehrere Energieniveaus. Das Bohrmodell beschreibt nur einige davon. Qubits können aus den verschiedenen Energieniveaus von Atomen entstehen. Dafür werden aber nur zwei benötigt, nicht mehrere. Um aus einem Mehrniveausystem ein Qubit mit zwei Zuständen zu isolieren, muss man dafür sorgen, dass die Elektronen im Atom nur zwei bestimmte Energieniveaus besetzen können. Das ist so, als würde der Frosch auf der Leiter nur zwischen zwei bestimmten Sprossen hin und her springen können. Das lässt sich mit Atomen und geeigneten Lasern erreichen, denn ein Laser kann Photonen mit einer festen Energie erzeugen. Diese Lichtteilchen können gezielt Sprünge zwischen zwei Energieniveaus hervorrufen.

Atome und Laserlicht bieten ein erstes Beispiel dafür, wie man Qubits im Labor erzeugen kann. In den kommenden Abschnitten werden wir uns noch andere Beispiele anschauen. Doch vorher klären wir, wonach wir überhaupt suchen. Was macht ein gutes Qubit aus?

Zusammenfassung

- Die Quantelung der Energie, die wir in Kap. 2 anhand des Planck'schen Strahlungsgesetzes und des Photoeffekts kennengelernt haben, macht sich bei Atomen auch durch die Spektrallinien im Sonnenlicht bemerkbar.
- Im Bohr'schen Atommodell können Elektronen auf fest definierten Bahnen um den positiv geladenen Atomkern kreisen.
- Durch geschickte Modifikation oder Auswahl von Energieniveaus können Mehrniveausysteme als Qubits genutzt werden.

3.2 Was eine gute Plattform ausmacht – Echte Qubits

Im Zusammenhang mit Computern ist manchmal von *Hardwareanforderungen* die Rede. Zum Beispiel braucht es einen möglichst leistungsstarken Rechner mit schnellem Prozessor und genügend Arbeitsspeicher, um die neuesten Spiele spielen oder 3D-Grafikprogramme nutzen zu können. Damit ein Quantencomputer überhaupt funktionieren kann, muss er auch einige Anforderungen erfüllen. Bevor wir konkrete Bauweisen unter die Lupe nehmen, werfen wir einen Blick auf diesen Anforderungskatalog. Das wird uns später dabei helfen, die Vor- und Nachteile der verschiedenen Bauarten zu beurteilen.

Bisher ging es nur um idealisierte Qubits und ihre geometrische Veranschaulichung. Baut man ein Qubit im Labor, ist es nicht ideal und wird unweigerlich von *Dekohärenz* betroffen sein, wodurch die gespeicherte Quanteninformation mit der Zeit verloren geht. Was das bedeutet, lässt sich gut anhand der Bloch-Kugel veranschaulichen, der wir schon in Kap. 2 begegnet sind.

Wenn Dekohärenz droht
Quantensysteme haben divenhafte Züge. Sie reagieren besonders empfindlich auf äußere Einflüsse: Durch die Wechselwirkung mit ihrer Umgebung werden Qubits gestört und „vergessen" mit der Zeit ihren ursprünglichen Zustand. Man spricht daher auch oft von einer begrenzten *Lebensdauer* von Qubits. Die Information, die Qubits mit sich tragen, geht so Stück für Stück verloren. Wie lange die mittlere Zeitspanne genau ist, während der die gespeicherte Information intakt bleibt, hängt stark von der jeweiligen Bauart der Qubits ab. Häufig ist die Lebensdauer der Qubits sehr kurz – oft nur ein kleiner Bruchteil einer Sekunde.

Der Zerfall eines einzelnen Qubits kann grundsätzlich auf zwei verschiedene Arten vonstatten gehen. Beide führen zum Verlust der Information, die das Qubit ursprünglich gespeichert hat. Diese Zerfallsprozesse werden oft mit dem Sammelbegriff Dekohärenz bezeichnet und finden unweigerlich statt, wenn Quantensysteme mit ihrer Umgebung in Kontakt treten. Eine zentrale Frage ist daher nicht, *ob* Dekohärenz stattfindet, sondern *wie schnell.*

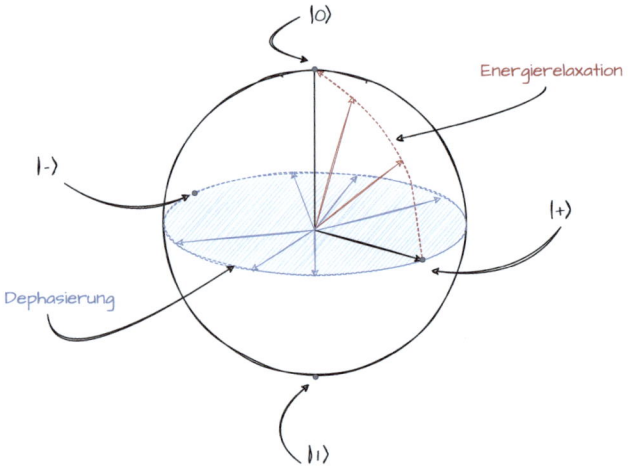

Abb. 3.4 Die Bloch-Kugel dient der Darstellung der Quantenzustände eines einzelnen Qubits. Dekohärenzeffekte wie Dephasierung (in blau) und Energierelaxation (in rot) können direkt auf der Bloch-Kugel dargestellt werden

Die erste Art von Zerfallsprozess bezeichnet man als *Energierelaxation* (engl.: *energy relaxation*). Überlässt man ein Qubit sich selbst, tauscht es Energie mit seiner Umgebung aus. Dadurch verändert sich der Qubit-Zustand, er *relaxiert*. Ein Qubit aus dem Zustand $|1\rangle$ springt so im Laufe der Zeit mit einer gewissen Wahrscheinlichkeit in den Zustand $|0\rangle$ und umgekehrt. Auf der Bloch-Kugel führt das zu einem Verlust der Information über den Breitengrad des ursprünglichen Qubit-Zustands, wie in Abb. 3.4 zu sehen ist. Diese Relaxation treibt das Qubit in Richtung eines *Gleichgewichtszustands* mit seiner Umgebung, in dem es sich nicht weiter verändert. Die Zeitdauer dieses Prozesses wird auch Relaxationszeit oder T_1-Zeit genannt. Nur wenn diese Relaxationszeit lang genug ist, sodass man in der Zwischenzeit mit dem Qubit eine Rechenoperation ausführen kann, ist das Qubit in einem Quantencomputer nützlich. Relaxation kennen wir übrigens auch aus anderen Bereichen der Naturwissenschaften. Wenn sich zum Beispiel die Temperatur eines Objektes durch Wärmeübertragung seiner Umgebungstemperatur anpasst, vergeht auch eine gewisse Zeit, die thermische Relaxationszeit heißt. Auch sie gibt Auskunft darüber, nach wie viel Zeit sich ein Gleichgewichtszustand einstellt.

Die zweite Art von Zerfall heißt *Dephasierung* (engl.: *dephasing*). Sie hat auch eine typische Zeitdauer. Physiker machen sich hier das Leben einfach und nennen sie T_2-Zeit. Mit Dephasierung wird der Verlust von Phaseninformation eines Qubits bezeichnet. Auf unserer Bloch-Kugel in Abb. 3.4 kann man gut sehen, was es damit auf sich hat. Starten wir z. B. in einem Zustand auf dem Äquator der Bloch-Kugel, wissen wir, dass der Zustand sich auf halbem Wege zwischen |0⟩ und |1⟩ befindet. Das heißt, dass sich der Zustand des Qubits zu gleich großen Anteilen aus |0⟩ und |1⟩ zusammen setzt. Doch davon gibt es auf dem Äquator etliche Zustände. Wir kennen den Quantenzustand nur genau, wenn wir wissen, wo auf dem Äquator der Zustand liegt. Dephasierung beschreibt die Tendenz von Qubits, diese Information mit der Zeit zu verlieren. Zurück zu unserer Globusanalogie von vorher: wissen wir anfangs noch genau, dass ein Pfeil nach Quito in Ecuador zeigt, geht diese Info verloren und irgendwann wissen wir nur noch, dass der Pfeil auf den Äquator zeigt – ob auf Quito oder Pekanbaru in Indonesien, können wir aber nicht sagen. Das entspricht dem Verlust der Information über den Längengrad des Qubits-Zustands.

Zur Dekohärenz von Qubits gehören beide Zerfallsarten, Energierelaxation und Dephasierung. Bringen wir in einem Experiment ein Qubit in einen festgelegten Überlagerungszustand aus |0⟩ und |1⟩, der auf der Oberfläche der Bloch-Kugel einem bestimmten Punkt entspricht, so sorgt Dekohärenz über diese beiden Wege zum Verlust des ursprünglichen Zustands. Wie schnell das geht, hängt von den charakteristischen T_1- und T_2-Zeiten der Qubits in unserem Experiment ab. Klar ist: Für nützliche Anwendungen sollten diese Zeiten möglichst lang sein. Wenn sich Quantenforscher für die Zukunft bessere Quantencomputer wünschen, ist das daher meistens auch mit dem Wunsch nach höheren Dekohärenzzeiten verbunden. Doch der Wunschzettel ist noch länger.

DiVincenzos Wunschzettel
Wenn die Wechselwirkung eines Qubits mit seiner Umgebung zu Zerfall und Verlust von Information führt, könnte man dann nicht einfach Qubits möglichst gut von der Umgebung abschirmen? Sie von äußeren Einflüssen isolieren? Genau darum sind Physiker in der Praxis bemüht – äußere Störeinflüsse wie ungewollte elektromagnetische Felder werden bewusst klein gehalten. Jedoch sollen Qubits für Rechenvorgänge gleichzeitig durch externe Kontrolle gesteuert werden, was äußere Einflussnahme erfordert, z. B. mithilfe elektrischer oder magnetischer Felder.

Das ist ein zentrales Dilemma: Qubits sollen einerseits von der Umgebung abgeschirmt werden, um Dekohärenzeffekte kleinzuhalten und müssen andererseits äußerer Kontrolle zugänglich sein, um Rechnungen ausführen zu können. Auch deshalb ist Dekohärenz und Informationsverlust unausweichlich.

Die zentrale Frage lautet daher nicht: „Wie kann man Dekohärenz gänzlich verhindern?", sondern vielmehr „Wie gering muss die Dekohärenz sein, damit man die Qubits für sinnvolle Rechenoperationen nutzen kann?".

Es ist also gar nicht sinnvoll, sich einfach nur die T_1- und T_2-Zeiten anzuschauen und damit zu begutachten, wie lang die in einem Qubit gespeicherte Information intakt bleibt. Vielmehr sollte man diese Dekohärenzzeiten mit der Zeitdauer von elementaren Rechenoperationen vergleichen. Wie wir im Abschn. 3.5 ausführlicher besprechen werden, tragen diese Operationen im Fachjargon den Namen Quantengatter (engl.: *quantum gates*) – oft auch einfach nur Gatter genannt. Eine Quantenrechnung setzt sich meist aus vielen Gattern zusammen. Wenn die von den Gattern beanspruchte Zeitdauer deutlich kürzer ist als die Dekohärenzzeiten, dann ist das Qubit trotz Dekohärenz während der Rechnung nützlich. Das lässt sich wieder gut mit einer Analogie verstehen. Stellen Sie sich dazu vor, eine Läuferin in einem Wettkampf hat eine begrenzte Menge an Energie, bevor Erschöpfung und Ermüdung einsetzen. Das Rennen erfordert, dass sie eine bestimmte Strecke in möglichst kurzer Zeit zurücklegt. Die entscheidende Frage ist dabei nicht, wie lange die Sportlerin laufen kann, bevor die Ermüdung einsetzt, sondern ob sie die Ziellinie erreichen kann, bevor ihre Energie aufgebraucht ist. Die Fähigkeit der Sprinterin, die Strecke schnell genug zu bewältigen, ist wichtiger als ihre gesamte Ausdauer. Ähnlich ist das bei Qubits: Gatter müssen deutlich schneller als die Dekohärenzzeit sein. Die Fähigkeit, ausreichend Operationen innerhalb der Dekohärenzzeit durchzuführen, ist entscheidender als die absolute Länge der Dekohärenzzeit. Aus diesem Zusammenspiel von Dekohärenz und Gattern sowie den dazugehörigen typischen Zeitdauern ergibt sich so eine erste Mindestanforderung an Quantencomputer.

Wenn man tatsächlich einen Quantencomputer bauen möchte, gibt es allerdings noch einige andere Anforderungen an die Hardware. Der amerikanische Physiker David DiVincenzo stellte im Jahr 2000 einen Kriterienkatalog für den Bau eines Quantencomputers auf [69]. Er fasste eine Handvoll Hardwareanforderungen zusammen, die seitdem als *DiVincenzo-Kriterien* bekannt sind. Man kann die DiVincenzo-Kriterien auch als Wunschzettel verstehen: Erst wenn wir es schaffen, alle Wünsche zu erfüllen, steht einem voll funktionstüchtigen Quantencomputer nichts mehr im Weg. Alle fünf Punkte auf DiVincenzos Wunschzettel aus Abb. 3.5 sind also für den Bau eines Quantencomputers wichtig. Fassen wir diese Kriterien kurz zusammen.

3 Qubits im Labor

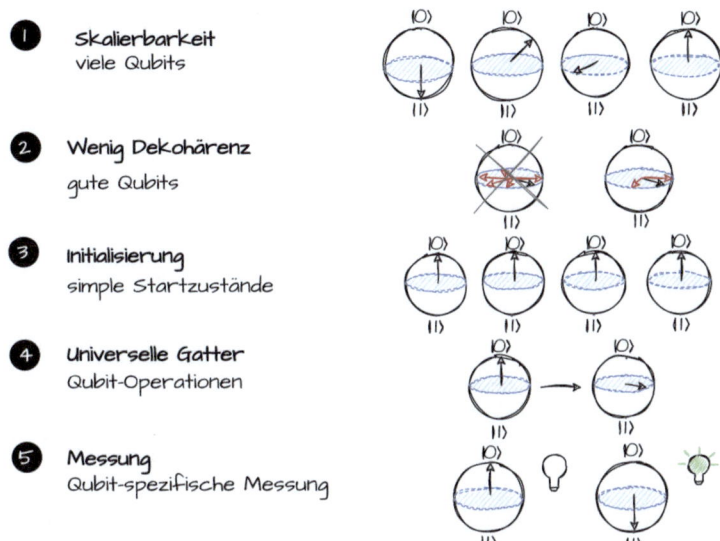

Abb. 3.5 DiVincenzos Wunschzettel enthält fünf grundlegende Kriterien für die Realisierung von Quantencomputern

1. Skalierbarkeit: Ein Qubit kann im Gegensatz zu einem Bit nicht nur zwei, sondern gleich unendlich viele Zustände annehmen – eben nicht nur $|0\rangle$ und $|1\rangle$, sondern alle Superpositionen aus $|0\rangle$ und $|1\rangle$ auf der Bloch-Kugel (wie zum Beispiel $|+\rangle$ und $|-\rangle$). Trotzdem lässt sich mit einem einzigen Qubit in einem Quantencomputer nicht viel anfangen. Denn Quantentechnologien machen sich Quantenphänomene zunutze, die erst im Zusammenspiel vieler Qubits und Quantenteilchen auftreten. Denken wir an Abb. 2.19 und das Konzept der Verschränkung zurück – definitionsgemäß kann Quantenverschränkung erst in einem System mit mindestens zwei Teilchen auftreten. Ein einziges Qubit ist nicht verschränkt, aber zwei Qubits können miteinander verschränkt sein. In einem System aus drei Teilchen können Teilchen 1 und 2, aber auch die Teilchen 2 und 3 oder 1 und 3 miteinander verschränkt sein oder alle drei Teilchen miteinander. Möchte man das Dreiteilchensystem beschreiben, müssen all diese Möglichkeiten berücksichtigt werden. Je mehr Teilchen hinzukommen, desto komplizierter und aufwendiger wird es, alle Möglichkeiten zu berücksichtigen.

Quantenvielteilchensysteme aus vielen Teilchen oder Qubits sind häufig also komplexer, weil sie sehr viele mögliche Zustände annehmen können. Einige Quanteneffekte lassen sich nur als *Vielteilcheneffekte* verstehen (z. B. der Magnetismus in ferromagnetischen Materialien wie Eisen) — also Phänomene, die aufgrund des Zusammenspiels vieler Teilchen auftreten. Obwohl

Quantenvielteilchensysteme eine zentrale Rolle in der Physik spielen, ist es in der Regel sehr schwierig, ihr Verhalten mithilfe von herkömmlichen Computern akkurat vorherzusagen und gut zu verstehen.

Gerade hier kommen Quantencomputer ins Spiel, die sich Verschränkung in großem Stil zunutze machen. Um ihr volles Potenzial zu entfalten, sind daher viele Qubits nötig und nicht nur eins oder ein paar wenige. Das ist DiVincenzos erstes Kriterium – um einen Quantencomputer zu bauen, braucht man ein physikalisches System, das sich *gut skalieren* lässt und das aus vielen Qubits besteht. Eine Schwierigkeit besteht darin, dass alle guten Eigenschaften von Qubits – wie etwa eine geringe Dekohärenz – gelten müssen und zwar möglichst unabhängig von der Anzahl der Qubits. Es genügt also nicht, anstatt einiger sehr guter Qubits viele schlechte zu bauen.

2. *Wenig Dekohärenz:* Die Qualität jedes einzelnen Qubits sollte also möglichst hoch sein, d. h., ein Qubit muss in der Lage sein, seinen Zustand für eine längere Zeit zu halten. Das entspricht der Forderung nach einer langen Dekohärenzzeit, verglichen mit der typischen Dauer von Rechenoperationen. Dies ist wichtig, um genügend Operationen durchführen zu können, bevor Informationen durch Dekohärenz verloren gehen.

3. *Initialisierung:* Das dritte Kriterium bezieht sich auf die Fähigkeit, Qubits zuverlässig in einen Startzustand wie $|0\rangle$ oder $|1\rangle$ zu versetzen, bevor man mit ihnen rechnet. Wüssten wir nicht, in welchem Anfangszustand ein Qubit startet, würden wir auch zum Schluss (z. B. nach einer Rechenoperation) den Zustand nicht kennen. Den Startzustand zu erzeugen, nennt man Initialisierung. Eine präzise Initialisierung ist die Grundlage für reproduzierbare und vorhersagbare Quantenberechnungen. Der Anfangszustand sollte möglichst leicht herzustellen sein. Eine einfache Initialisierung kann zum Beispiel darin bestehen, alle Qubits vor der Quantenrechnung in den Zustand $|0\rangle$ zu versetzen.

4. *Universelle Gatter:* Mit *Gattern* werden Quantenzustände bearbeitet. Eine Drehung auf der Bloch-Kugel ist ein Beispiel für ein Gatter. Um einen Quantencomputer zu bauen, braucht es noch weitere. Man kann sie sich vorstellen wie Werkzeuge. Für jeden Arbeitsschritt kommt ein anderes Werkzeug zum Einsatz. Wenn man ein Möbelstück zusammenbauen möchte, sucht man sich vorher alle nötigen Werkzeuge zusammen. Ähnlich muss man sich auch die passenden Quantengatter heraussuchen, die man für eine Quantenrechnung benötigt.

Zum Zweck der einfachen Realisierbarkeit ist es wünschenswert, sich auf eine Handvoll elementarer Gatter zu beschränken. Eine wichtige Bedingung ist, dass sich mit diesen Basisgattern alle möglichen Quantenberechnungen durchführen lassen. So wie es in einem gut sortierten Werkzeugkasten Werkzeuge für alle erdenklichen Einsatzbereiche gibt, können mit einem vollständigen Satz an Basisgattern alle Qubit-Operationen bewerkstelligt werden. Diese Basisgatter sollten dabei möglichst einfach und gut zu realisieren sein. So einen vollständigen Satz an Gattern nennt man auch *universell*. Das vierte Kriterium lautet daher: Man braucht irgendeine universelle Menge an Gattern, um einen Quantencomputer zu bauen.

5. Messung: Das letzte DiVincenzo-Kriterium fordert von einem Quantencomputer die Möglichkeit, den Zustand eines Qubits zu messen. Nur so lassen sich Rechenergebnisse auslesen. Die Genauigkeit der Messung hat einen direkten Einfluss auf die Zuverlässigkeit und Nützlichkeit des Quantencomputers.

Drei Bausteine

Die DiVincenzo-Kriterien klingen abstrakt. Sie sind keine Bauanleitung, eher eine Wunschliste. Es fielen eben schon Fachbegriffe wie *Skalierbarkeit*, *Dekohärenz* und *Initialisierung*. Doch diese theoretischen Konzepte haben bisher noch keinen Realitätsbezug – woraus ist denn jetzt ein Quantencomputer *wirklich gemacht*? Für die Umsetzung sind drei Bausteine wichtig: Erstens müssen günstige Bedingungen geschaffen werden, um Qubits vor ungewünschten Störeinflüssen und Dekohärenz zu schützen. Dazu gehört oft das Abkühlen der Quantenteilchen auf sehr tiefe Temperaturen und das Festhalten von Qubits an einem Ort. Zweitens bedarf es externer Kontrollmöglichkeiten, um Qubits in geeignete Anfangszustände zu bringen und mit ihnen zu rechnen. Und drittens müssen Qubits gemessen werden können, um das Ergebnis eines Experiments oder einer Rechnung auszulesen. Diese Bausteine sind in Abb. 3.6 illustriert. Wir widmen uns ihnen ausführlich in den kommenden Abschnitten.

> **Zusammenfassung**
>
> - Viele interessante Quanteneffekte treten erst beim Zusammenspiel von vielen Quantenteilchen auf, in sogenannten Quantenvielteilchensystemen.
> - Die fünf DiVincenzo-Kriterien (Skalierbarkeit, wenig Dekohärenz, Initialisierung, universelle Gatter und Messung) sind eine Zusammenfassung der Minimalanforderungen an einen Quantencomputer.

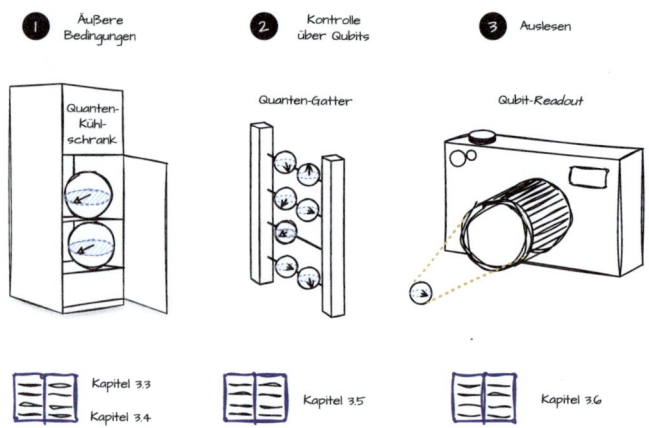

Abb. 3.6 Wichtige Bausteine beim Bau von Quantencomputern. Um einen Quantencomputer bauen zu können, müssen Qubits ausreichend gut von ihrer Umgebung abgeschirmt (1) und gut zu kontrollieren sein (2), sowie ausgelesen werden können (3)

3.3 Wie Atome *cool* werden – Quantenkühlschränke

Um einen Quantencomputer aus Atomen zu bauen, müssen zuerst einzelne Atome gefangen und kontrolliert werden. *Fangen* heißt hier, Atome, die sich sonst mit hoher Geschwindigkeit bewegen, mithilfe einer *Falle* (engl.: *trap*) an Ort und Stelle festzuhalten. Dafür müssen günstige äußere Bedingungen geschaffen werden. Zu diesen günstigen Bedingungen gehören tiefe Temperaturen. Um sie zu schaffen, müssen Atome *gekühlt* werden.

Temperaturskalen
Für einen Campingausflug macht es einen gewaltigen Unterschied, ob die Umgebungstemperatur bei -10 oder bei $+30\,°C$ liegt. Eine der beiden Temperaturen empfinden wir als sehr kalt, die andere bereits als sehr warm. Bei Atomen und Molekülen ist das anders.

Die Statistische Physik hilft bei der Beschreibung großer Systeme. Das ist wichtig, weil man oft nur Vorhersagen über das *mittlere* Verhalten von Systemen aus vielen Teilchen treffen möchte, anstatt jedes Teilchen einzeln zu beschreiben. Ein großes System bilden zum Beispiel die Luftmoleküle in einem Zimmer, da sich in einem Milliliter Luft bereits mehr als 25.000.000.000.000.000.000 Moleküle befinden. Mithilfe der statistischen Physik lässt sich eine Verbindung zwischen Temperatur und der Geschwindigkeit der Moleküle herstellen: Bei niedriger Temperatur bewegen sich die Teilchen langsam, bei hoher Temperatur bewegen sie sich schnell.

Entscheidend ist dabei die *Absolute Temperatur*. Das ist die Temperatur, bezogen auf den absoluten Nullpunkt bei −273 °C. Alle Temperaturen, die uns im Alltag oder selbst bei einem Ausflug in die Berge begegnen, sind deutlich höher. Entsprechend sind auch die typischen Teilchengeschwindigkeiten in beiden Fällen eher hoch. Beim Campen bei −10 °C haben Sauerstoffmoleküle eine mittlere Geschwindigkeit von etwa 1500 km/h. Bei +30 °C Außentemperatur sind sie im Mittel 1600 km/h schnell. Um Teilchen als Qubits zu nutzen, möchte man sie jedoch möglichst unter Kontrolle bringen. Um Atome oder Moleküle für Quantenanwendungen nutzbar zu machen, müssen sie daher meist heruntergekühlt und abgebremst werden. Dafür gibt es eine Art Geschwindigkeitspolizei, die auf Laser zurückgreift.

Kurz & Knackig: Temperaturskalen
Einheiten geben Zahlen in der Physik ihre Bedeutung. Die Festlegung der Einheiten ist in vielen Fällen historisch, also willkürlich gewählt. Die Länge eines Meters ist nicht naturgegeben, sie wurde festgelegt. Eine Einheit wird durch zwei Dinge festgelegt: Eine Referenz (also einen Nullpunkt) und eine Skala (den Abstand zwischen zwei Strichen). Im Falle von Temperaturskalen sind auch heute noch mehrere Skalen gebräuchlich. Während in den USA die Temperatur häufig in Fahrenheit angegeben wird, wird in großen Teilen der restlichen Welt hauptsächlich mit Celsius gearbeitet. Im Fall von Fahrenheit wird der Nullpunkt (0 °F) bei der kältesten Temperatur, die Fahrenheit mit einer Salz-Eiswasser-Mischung erzeugen konnte, festgelegt (ca. −18 °C). Den zweiten Referenzpunkt bildet bei 96 °F die Durchschnittstemperatur des menschlichen Körpers (ca. 36 °C). Durch diese beiden Referenzpunkte ist die Einheit festgelegt und mit einer Skala versehen. Die in Europa übliche Celsius-Skala ist ursprünglich über den Gefrier- und Siedepunkt von Wasser bei Umgebungsdruck bei 0 °C und 100 °C definiert.

Kelvin	Celsius	Fahrenheit
373,15 K	100 °C	212 °F
273,15 K	0 °C	32 °F
0 K	−273,15 °C	−459,67 °F

In der Wissenschaft wird die Einheit *Kelvin* für Temperaturen genutzt. Sie ist in Bezug auf die tiefstmögliche Temperatur festgelegt. Diese Temperatur beträgt auf der Celsius-Skala $-273{,}15\,°C$ und auf der sogenannten Kelvin-Skala genau $0\,K$: Die Kelvin-Skala startet also bei null und, in Kelvin ausgedrückt, gibt es nur positive Temperaturen. Die Skala ist die gleiche wie auf der Celsius-Skala. Damit ist eine Erwärmung um $1\,°C$ das gleiche wie eine Erwärmung um $1\,K$.

Auch ohne Lichtschwert beeindruckend – Laser und ihr Licht
Laser spielen für viele Anwendungen moderner Quantentechnologien eine Schlüsselrolle. Sie sind selbst eine frühes Produkt der *ersten Quantenrevolution*. Geprägt wurde der Begriff (engl.: *light amplification by stimulated emission of radiation*) in den 1950er-Jahren und der erste Laser wurde 1960 entwickelt. Anwendung finden Laser heute in vielen Bereichen von Wissenschaft und Technik. Sie haben einige besondere Eigenschaften, die sie von anderen Lichtquellen unterscheiden. Dazu gehört, dass sie monochromatisch sind, d. h., ihr Licht hat eine ganz bestimmte Wellenlänge – also eine ganz bestimmte *Farbe*. Im Gegensatz dazu strahlen herkömmliche Glühbirnen Licht ab, das sich aus vielen verschiedenen Wellenlängen zusammensetzt.

Kurz & Knackig: Laser
Laser (kurz für *Light Amplification by Stimulated Emission of Radiation*) sind einer der Grundbausteine von modernen Quantentechnologien. Weder Experimente mit *kalten Atomen* noch Versuche mit *gefangenen Ionen* wären ohne sie möglich. Laser selbst basieren auf einem Quanteneffekt, der *stimulierten Emission*. Dabei werden Photonen ausgesendet, die mit anderen Photonen im Takt schwingen. Das führt zu sehr hohen Kohärenzlängen von bis zu hunderten Kilometern [70]. Das steht im starken Gegensatz zu Lichtquellen wie Glühbirnen, die nur wenige Millimeter an Kohärenzlänge zustande bringen. Daher eignen sich Laser so gut für Interferenzexperimente: Nur wenn die Strahlung kohärent ist, kann sie ein zuverlässiges Interferenzmuster erzeugen.

Laserlicht hat eine weitere wichtige Eigenschaft: Es ist *monochromatisch*.

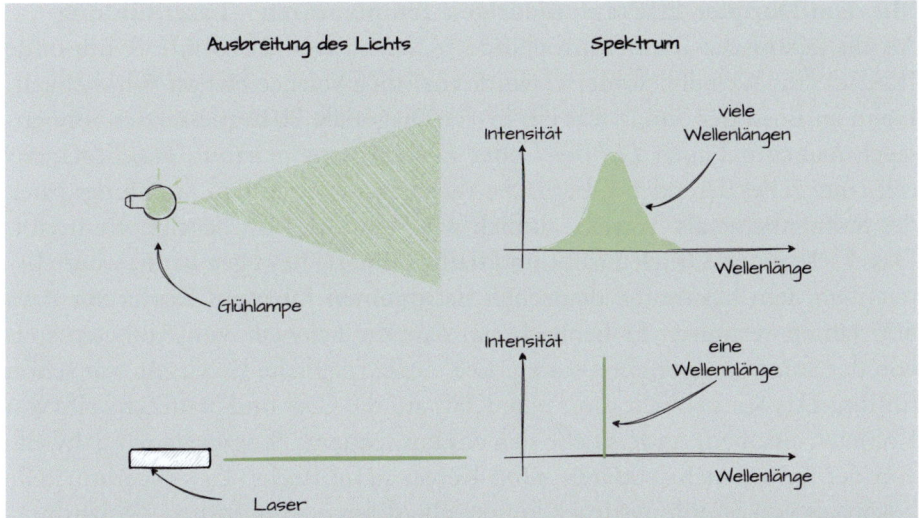

Während das Licht einer Glühlampe viele verschiedene Frequenzen aufweist (oben), besteht Laserlicht nur aus einem sehr schmalen Frequenzbereich. Daher auch der Name: Monochromatisch bedeutet einfarbig und eine Frequenz entspricht bei Licht einer bestimmten Farbe sowie einer bestimmten Wellenlänge. Im monochromatischen Laserlicht hat jedes Photon die gleiche Energie. Diese Eigenschaft macht Laser so wertvoll für Experimente in der Quanteninformationsverarbeitung und der Quantenoptik. Sie sind die perfekten Steuerungselemente für Zwei-Niveau-Systeme, da sie genau auf den Abstand der Energieniveaus eingestellt werden können.

Mit *Laserkühlung* bezeichnet man eine Reihe ausgeklügelter Methoden, um Atome mittels Laserlicht auf extrem niedrige Temperaturen nahe dem absoluten Nullpunkt abzukühlen. Die Temperaturen, die dabei erreicht werden, sind noch geringer als die Temperatur im Weltall. Steven Chu, William Phillips und Claude Cohen-Tannoudji erhielten für deren Entwicklung im Jahr 1997 den Physiknobelpreis [12]. Wenn von Laserkühlung die Rede ist, ist damit häufig die sogenannte *Dopplerkühlung* gemeint, obwohl der Begriff mehr umfasst. Um das Funktionsprinzip von Dopplerkühlung zu verstehen, sind zwei Schlüsselkonzepte wichtig: einerseits der Strahlungsdruck und andererseits der Doppler-Effekt.

Mit dem Doppler-Effekt zu niedrigen Temperaturen – Laserkühlung
Als die japanische Raumfahrtbehörde JAXA im Mai 2010 ihre Raumsonde IKAROS ins Weltall beförderte, wurde ein Stück Science Fiction Wirklichkeit. Denn an Bord der Sonde war ein in der Diagonale 20 m messendes Sonnensegel, manchmal auch *Lichtsegel* oder *Photonensegel* genannt. Das Segel, das mit einer reflektierenden Oberfläche versehen ist, nutzt den Strahlungsdruck des Sonnenlichts als Antrieb, ähnlich wie Wind, der ein Segelboot antreibt. Dass Licht einen Druck ausübt und damit Materie bewegen kann, wurde bereits von dem bekannten deutschen Astronomen Johannes Kepler vor etwa 400 Jahren vermutet. Er beobachtete, dass die Schweife von Kometen stets von der Sonne weggerichtet waren. Die einzig mögliche Erklärung war schon für ihn: Das Sonnenlicht muss eine Kraft auf die Gas- und Staubschweife von Kometen ausüben. Anders ließe sich das konsequente Wegzeigen der Schweife von der Sonne nicht erklären. Und Kepler hatte Recht. Der experimentelle Nachweis von Strahlungsdruck konnte allerdings erst im frühen 20. Jahrhundert durch den russischen Physiker Pjotr Lebedew [72] sowie kurze Zeit später unabhängig von den US-amerikanischen Physikern Ernest Nichols und Gordon Hull erbracht werden [73]. Viele Jahrzehnte danach bestrahlte der spätere Nobelpreisträger Arthur Ashkin kleine Plastikkügelchen mit Laserlicht und konnte unter dem Mikroskop beobachten, wie sich dadurch ihre Bewegung änderte [74, 75]. Die Idee der *optischen Pinzette* war geboren – sie trägt heute in verschiedenen Quantenanwendungen Früchte, weshalb wir ihr in Kap. 5 wieder begegnen werden.

Strahlungsdruck entsteht dadurch, dass Licht (oder allgemein elektromagnetische Strahlung) seinen Impuls auf andere Objekte überträgt. Jedes Mal, wenn ein Lichtteilchen – oder Photon – auf ein Atom trifft und absorbiert wird, gibt es dem Atom einen kleinen Schubs. Dieser Effekt ist zwar vergleichsweise schwach und deshalb als Raketenantrieb nicht die Wahl Nummer eins, aber in bestimmten Situationen dennoch groß genug, um einen merklichen Effekt zu erzeugen – wie bei Kometenschweifen oder der JAXA-Sonde. In der Laserkühlung wird dieser Strahlungsdruck genutzt, um Atome abzubremsen.

Um Dopplerkühlung zu verstehen, ist noch ein zweiter Aspekt wichtig: der Doppler-Effekt. Der Doppler-Effekt tritt auf, wenn sich eine Licht- oder Geräuschquelle relativ zu einem Beobachter bewegt. Ein alltägliches Beispiel dafür ist der Klang eines vorbeifahrenden Krankenwagens. Wenn sich ein Krankenwagen mit eingeschaltetem Martinshorn nähert, nehmen Sie die Sirene zunächst in einer höheren Frequenz wahr. Das liegt daran, dass sich die Schallwellen *zusammendrücken*, während sich der Krankenwagen nähert. Denn während der Ton ausgesandt wird, bewegt sich der Krankenwagen weiter auf Sie zu. Die Wellenlängen werden dann kürzer, was zu einem höheren Ton führt. Sobald der Krankenwagen an Ihnen vorbeigefahren ist und sich entfernt, nehmen Sie die Sirene in einer tieferen Frequenz wahr. Jetzt werden die Schallwellen *in die Länge gezogen*, weil sich die Quelle von Ihnen weg bewegt. Die Wellenlängen werden länger, was einen tieferen Ton erzeugt.

Dieses Prinzip lässt sich auf die Laserkühlung übertragen, bei der sowohl der Doppler-Effekt als auch der Strahlungsdruck genutzt werden, um Atome abzukühlen. Um den Doppler-Effekt im Rahmen der Laserkühlung zu verstehen, stellen wir uns ein Zwei-Niveau-System vor, ein quantenmechanisches System mit zwei Energiezuständen. Es hilft dabei, wieder an zwei Sprossen einer Leiter zu denken, die jeweils für ein bestimmtes Energieniveau stehen. Die beiden Niveaus haben unterschiedliche Energien und daher einen gewissen Energieunterschied. So ein Zwei-Niveau-System kann zwischen Energieniveaus hin- und herwechseln, indem *genau* diese Energiedifferenz zur Verfügung gestellt wird. Oder in der Leiteranalogie: Der Frosch in Abb. 3.3 kann von einer Sprosse der Leiter auf die nächsthöhere springen, wenn seine Sprunghöhe genau dem Abstand zwischen den Sprossen entspricht. Das Analogon zum Frosch kann im Beispiel eines Atoms – wie wir in diesem Kapitel schon gesehen haben – der Zustand eines Elektrons sein. Ein Elektron kann zwischen zwei verschiedenen Energieniveaus hin- und herwechseln, wenn genau die nötige Energiemenge von außen zugeführt wird.

Das geht am besten mit Lasern. Laser senden Licht aus, das (fast) nur eine Wellenlänge hat. Es hat dadurch nur einen Farbanteil – es gibt zum Beispiel rote, grüne oder auch blaue Laser. Die Lichtteilchen haben eine ganz bestimmte Energie, denn die Wellenlänge von Licht und die Energie der Photonen hängen direkt miteinander zusammen. Mit Lasern haben wir daher die Möglichkeit, ganz bestimmte Energiemengen zur Verfügung zu stellen. Wenn die Energiemenge stimmt, können Elektronen damit in ein anderes Energieniveau befördert werden.

Ein Zwei-Niveau-System kann durch Laser mit der passenden Wellenlänge *angeregt* werden. Man spricht auch davon, dass ein Übergang von einem Energieniveau ins andere stattfindet. Ein Zwei-Niveau-System, das sich zuerst im niedrigeren Zustand befindet, *absorbiert* das Licht und befindet sich danach im höheren Energiezustand, den man auch den *angeregten* Zustand nennt. Auch der umgekehrte Prozess kann stattfinden: Durch *Emission*, also Aussenden von Licht, kann ein System vom höheren in den niedrigeren Energiezustand wechseln.

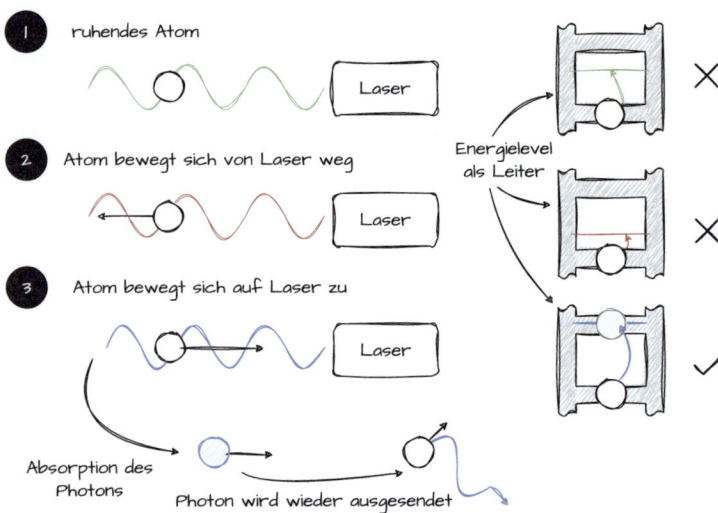

Abb. 3.7 Dopplerkühlung von Atomen und Ionen. Atome können aufgrund ihrer Energieniveaus nur bestimmte Energiemengen auf einmal aufnehmen. Durch geschickt gewähltes Laserlicht nehmen Atome nur dann Energie auf, wenn sie sich auf den Laser zubewegen. Das absorbierte Photon überträgt seinen Impuls an das Atom und verlangsamt es

Bei der Dopplerkühlung werden Laser eingesetzt, deren Photonen etwas weniger Energie haben, als für die Absorption nötig ist. Die höhere Leitersprosse in Abb. 3.7 wird knapp nicht erreicht. Die Laser haben also eine zu hohe Wellenlänge (entspricht niedrigerer Energie). In der Abbildung absorbiert das Zwei-Niveau-System nur blaues Licht, doch der Laser ist grün. Damit kann das System nicht angeregt werden. Doch hier kommt endlich wieder der Doppler-Effekt ins Spiel: Wenn die Atome sich bewegen, nehmen sie das Laserlicht anders wahr, als wenn sie in Ruhe wären. Bewegt sich ein Atom vom Laser weg, so zieht sich die wahrgenommene Lichtwelle in die Länge und das Laserlicht scheint rötlicher. Wenn sich das Atom jedoch auf den Laser zu bewegt, wie in Abb. 3.7, dann nimmt es das Licht blau wahr und absorbiert es. Dann überträgt sich – wie beim Strahlungsdruck auf Kometenschweife – ein Impuls vom Lichtteilchen auf das Atom, entgegen dessen Ausbreitungsrichtung. Das Atom wird also abgebremst.

Irgendwann fällt das abgebremste Atom wieder in den niedrigeren Energiezustand und sendet dabei ein Photon aus. Dadurch entsteht ein Rückstoß — das Atom beschleunigt in die dem ausgesandten Photon entgegengesetzte Richtung. Dieses Photon wird allerdings in *irgendeine* Richtung weggeschickt. Das passiert zufällig. Deshalb wird auch das Atom in *irgendeine* Richtung beschleunigt.

Bei der Dopplerkühlung passieren diese beiden Prozesse ganz häufig hintereinander: Ein Atom absorbiert ein Photon und wird dabei in eine *bestimmte* Richtung abgebremst – die Richtung ist durch den Laser vorgegeben. Irgendwann beschleunigt es wieder, aber in *irgendeine Richtung*. Nachdem beides sehr häufig stattgefunden hat, gibt es einen Nettoeffekt: das Atom wird abgebremst. Die zufällige Beschleunigung in alle Raumrichtungen „mittelt sich nämlich weg". Auf lange Sicht wird das Atom deshalb langsamer. So können Laser eingesetzt werden, um Atome auf die sehr niedrigen Temperaturen herunterzukühlen, die für einige Quantenphänomene notwendig sind.

Zusammenfassung

- Für Atome ist unsere Zimmertemperatur eine hohe Temperatur. Bei solchen Temperaturen bewegen sie sich sehr schnell.
- Quantenrechnungen sind nur mit langsamen Atomen möglich, da sie sonst nicht gesteuert werden können. Eine Möglichkeit zur Kühlung von Atomen besteht in der Dopplerkühlung mit Lasern.
- Dopplerkühlung nutzt den Rückstoß von Photonen auf Atome aus, um die Atome zu verlangsamen.

3.4 An Ort und Stelle – Teilchen im Quantenkäfig

Um einen Quantencomputer zu bauen, müssen Qubits kontrolliert werden. Dafür sollten sie sich möglichst wenig bewegen. Gerade haben wir anhand der Dopplerkühlung gesehen, wie sich Atome abkühlen lassen. Doch das reicht noch nicht aus. Am besten bringen wir sie unter Kontrolle, wenn wir auch ihren Aufenthaltsort festlegen können, um sie zu bearbeiten. Dafür wollen wir sie zuerst *einfangen*.

Je nachdem, woraus ein Qubit besteht, bieten sich verschiedene Fangmethoden an. Basieren die Qubits auf Energieniveaus von Atomen, kommen dafür häufig Laser zum Einsatz. Das unterstreicht einmal mehr, wie wichtig Laser für Quantenexperimente sind. Andere Qubits greifen hingegen auf andere Mittel zurück. Um noch mehr Arten von Qubits kennenzulernen, werfen wir auf den nächsten Seiten einen Blick auf eine weitere Implementierung für

Quantencomputer und Quantensimulatoren. Sie basiert auf *gefangenen Ionen* und wird in vielen Laboren weltweit untersucht. Die Forschungsgeschichte von Quantencomputern ist seit dreißig Jahren eng mit ihnen verknüpft [76]. Bereits im Namen deutet sich an, dass das *Einfangen* der Ionen eine zentrale Rolle spielt.

Ein geladenes Thema – Von Atomen zu Ionen
In einem Atom bilden elektrisch positiv geladene Protonen und ungeladene Neutronen den Kern, während sich die viel leichteren und elektrisch negativ geladenen Elektronen außerhalb des Kerns befinden. Der Außenbereich wird manchmal auch als Hülle bezeichnet. Dieses Atommodell ist uns schon in Kap. 2 und in Abb. 3.2 begegnet. Atome in ihrer elektrisch neutralen Grundform haben eine wichtige Eigenschaft – sie besitzen genau so viele Protonen im Kern wie Elektronen in der Hülle. Jedes Elektron und jedes Proton hat eine feste Ladung, die angibt, wie stark elektrisch geladen ein Teilchen ist. Elektronen haben eine Ladung von $-e$, und Protonen haben eine Ladung von $+e$. Hierbei bezeichnet e die sogenannte Elementarladung, eine physikalische Naturkonstante. Zählt man die Ladungen aller Atombestandteile zusammen ($+e$ für jedes Proton, $-e$ für jedes Elektron, und 0 für jedes Neutron), so kommt man damit auf eine Gesamtladung von null. Oder anders ausgedrückt: Atome sind elektrisch neutral.

Sobald man ein Elektron aus der Hülle entfernt, geht diese Rechnung nicht mehr auf. Wenn wir beispielsweise dem Wasserstoffatom aus Abb. 3.2 das Elektron entziehen, bleibt nur der positiv geladene Kern übrig. Das verbleibende Teilchen ist nicht mehr neutral, sondern hat eine Gesamtladung von $+e$.

Das gleiche Spiel können wir auch mit komplizierter aufgebauten Atomen spielen, die aus vielen Elektronen, Protonen und Neutronen bestehen. Neutrale Atome haben selbst dann gleich viele Protonen im Kern wie Elektronen in der Hülle, wenn sie aus deutlich mehr Elementarteilchen zusammengesetzt sind als das Wasserstoffatom. Nehmen wir zum Beispiel das wichtigste Element für alles Leben auf unserer Erde – Kohlenstoff. Ein Kohlenstoffatom hat im Kern neben einer guten Handvoll Neutronen (die elektrisch neutral sind und zur Gesamtladung somit nichts beitragen) noch sechs Protonen, also fünf mehr als das Wasserstoffatom. Um das zu kompensieren und ein elektrisch neutrales Atom zu erhalten, besitzt ein Kohlenstoffatom auch sechs Elektronen – eins für jedes Proton. So sind alle Neutralatome aufgebaut: für jedes Proton im Kern ein Elektron im Außenbereich und im Kern zusätzlich noch einige Neutronen.

Übrigens: Neutronen haben zwar keinen Einfluss auf die Gesamtladung, doch ob ein Atom ein Neutron mehr oder weniger hat, spielt trotzdem eine wichtige Rolle. Denn Varianten des gleichen Atoms, die sich nur in der Anzahl ihrer Neutronen unterscheiden und Isotope genannt werden, können grundlegend verschiedene physikalische Eigenschaften haben. So hat das am häufigsten vorkommende Kohlenstoffisotop neben den jeweils sechs Protonen und Elektronen noch sechs Neutronen. Dieses Isotop ist für das Leben auf der Erde essenziell. Fügt man zwei Neutronen hinzu, erhält man ein Kohlenstoffisotop mit acht Neutronen. Dieses Isotop ist radioaktiv und Basis der Radiocarbondatierung, einem Verfahren zur Altersbestimmung z. B. von archäologischen Funden [77].

Raubt man dem Kohlenstoffatom eines seiner Elektronen, bleibt wieder ein Teilchen übrig, das einen *Überschuss* positiver Ladungen hat – im Kern befinden sich nach wie vor sechs Protonen, doch in der Hülle gibt es nur noch fünf der ursprünglichen sechs Elektronen. Zählen wir die Teilladungen zusammen, kommen wir so wieder auf eine Gesamtladung von $+e$. Da sich diese elektrisch geladenen Teilchen in vielerlei Hinsicht anders verhalten als ihre Verwandten, die Neutralatome, haben sie seit fast 200 Jahren in der Wissenschaft einen eigenen Namen: Ionen.

Ionen sind geladene Atome oder Moleküle. Ihre elektrische Ladung hat wichtige Konsequenzen für ihr physikalisches Verhalten. Sie spielen seit der Mitte des 20. Jahrhunderts in der Spektroskopie eine bedeutende Rolle, d. h. für die Vermessung von Atomen und ihren Eigenschaften, wie zum Beispiel ihrer Masse. In den 1990er-Jahren kamen sie als mögliche Grundbausteine von Quantencomputern ins Gespräch. Weitere Details zur Entdeckung von Ionen gibt es in der Box **Kurz & knackig: Die Entdeckung der Ionen**.

> **Kurz & Knackig: Die Entdeckung der Ionen**
> Um die Besonderheiten geladener Ionen zu verstehen, begeben wir uns zurück ins Jahr ihrer Namenstaufe, 1834. Der englische Wissenschaftler Michael Faraday stellte damals Versuche zur *Elektrolyse* an [78]. Damit werden die chemischen Prozesse bezeichnet, die er damals in seinem Labor untersuchte. Bei diesen Laborexperimenten stelle Faraday fest, dass es Flüssigkeiten gibt, die besonders gut elektrischen Strom leiten können. Er fand heraus, dass sich in diesen Flüssigkeiten elektrisch geladene Teilchen bewegten – denn das ist es, was elektrischen Strom ausmacht. Doch welche Teilchen sollten das sein, und wie entstanden diese? Das wusste Faraday auch noch nicht. Es sollte noch ein halbes Jahrhundert dauern, bis der schwedische Wissenschaftler Svante Arrhenius herausfand, dass sich *Salze* beim Auflösen in Wasser in frei bewegliche Ionenpaare auflösten, die in Faradays Elektrolyseexperimenten auf Wanderschaft gegangen

waren. Arrhenius erhielt dafür 1903 den zum dritten Mal vergebenen Nobelpreis für Chemie [79].

Der Begriff „Ion" stammt aus dem Griechischen und bedeutet so viel wie „das Gehende". Namensverbreiter dieses und zahlreicher weiterer Fachbegriffe war Faraday selbst, doch Namensgeber war der heute weitaus weniger bekannte britische Gelehrte William Whewell. Er führte etliche Begriffe in die Physik und Chemie ein, die noch heute gebräuchlich sind. Mangels Alternativen im damaligen Wortschatz erfand er munter Fachwörter, die sich schnell durchsetzten. Sie halfen der Wissenschaft und insbesondere Michael Faraday dabei, die Ergebnisse seiner Experimente zur Elektrizität zu beschreiben. Denn um neue Konzepte zu entwickeln und zu etablieren, sind knackige Fachwörter enorm hilfreich. Sie erleichtern die Verständigung über komplizierte Sachverhalte. Für den Einstieg in ein Thema wirken sie zwar oft abschreckend, aber später zahlt sich ein präzises Fachvokabular aus. Anstatt jedes Mal vom *elektrisch geladenen Atom* zu sprechen, genügt das Wort *Ion*. Zu Whewells Wortkreationen gehört auch „scientist", das englische Wort für Wissenschaftler und Wissenschaftlerin.

Elektrische Felder und die treibende Kraft

Ionen sind wörtlich übersetzt die „Gehenden", weil sie dazu neigen, sich fortzubewegen. Doch wodurch geraten sie in Bewegung? Dafür ist ein weiteres Konzept aus der Physik wichtig: elektromagnetische Felder. Diese Felder spielten schon für die Unterscheidung zwischen lokalen und nichtlokalen Theorien in Kap. 2 eine zentrale Rolle. Elektrizität und Magnetismus sind eng miteinander verknüpft. Der Elektromagnetismus beschreibt diese physikalischen Phänomene daher als zwei Seiten einer Medaille. Geladene Teilchen, wie Ionen, werden sowohl von elektrischen als auch von magnetischen Feldern beeinflusst. Wir konzentrieren uns für den Moment auf elektrische Felder. Sie beschreiben, wie geladene Teilchen andere geladene Teilchen beeinflussen, selbst wenn diese sich nicht direkt berühren.

Stellen Sie sich eine Kugel vor, die ruhig auf einer flachen Ebene liegt. Ohne Neigung oder Stoß bleibt sie still liegen. Kippen wir die Ebene, sodass sie schräg wird, beginnt die Kugel zu rollen. Ein elektrisches Feld bewirkt das Gleiche bei einem geladenen Teilchen und setzt es in Bewegung. Die Schräge der Ebene ist vergleichbar mit der Stärke des elektrischen Feldes: je stärker das Feld, desto schneller bewegt sich das geladene Teilchen.

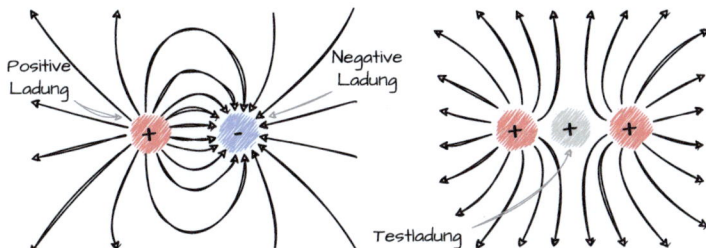

Abb. 3.8 Feldlinien veranschaulichen, in welche Richtung elektrische Kräfte wirken. Eine Ladung bewegt sich entlang dieser Feldlinien. Auf der linken Seite der Abbildung sind die Feldlinien von einer positiven und einer negativen Ladung zu sehen. Rechts ist das elektrische Feld von zwei positiven Ladungen mit einer Testladung in der Mitte zu sehen

Als didaktisches Beiwerk zu seinen physikalische Entdeckungen führte Michael Faraday ein praktisches Konzept zur Veranschaulichung ein: elektrische Feldlinien. Ein Beispiel ist in Abb. 3.8 zu sehen. Diese Feldlinien liefern eine Anschauung der Kräfte, die von geladenen Teilchen und elektrischen Feldern ausgehen.

Betrachten wir zunächst eine einzelne positive Ladung. Von ihr ausgehend stellen wir uns vor, dass Strahlen in den Raum zeigen, ähnlich wie Lichtstrahlen von einer Glühbirne ausgehen. Diese Strahlen bzw. Feldlinien dehnen sich in alle Richtungen aus und veranschaulichen den Weg, den eine andere positive Ladung nehmen würde, wenn wir sie in die Nähe der ersten Ladung brächten. Eine solche hypothetische Ladung wird häufig auch *Testladung* genannt. Diese Testladung würde von der ersten entlang der Feldlinien abgestoßen. So wie die Kugel auf der schiefen Ebene ins Rollen kommt, bewegt sich die zweite Ladung, da eine Kraft auf sie wirkt.

In Abb. 3.8 ist zu sehen, wie die Feldlinien von einer positiven Ladung weg und auf eine negative zu laufen. Das spiegelt die Anziehung wider, die zwischen entgegengesetzten Ladungen besteht – ein dritte, positive Ladung würde in dieser Abbildung entlang der Feldlinien in Richtung der negativen Ladung hin gezogen. Die Dichte der Feldlinien gibt Aufschluss über die Stärke des elektrischen Feldes: Wo die Linien dichter sind, dort ist das Feld stärker, ähnlich einer steileren Neigung auf der Ebene, die die Kugel schneller rollen lässt. Die Feldlinien ermöglichen es uns, die Richtung und Stärke der elektrischen Kräfte zu visualisieren, die auf Ladungen wirken.

Earnshaws Dilemma

Hinter dem Elektromagnetismus steckt eine mathematische Theorie aus dem 19. Jahrhundert. Sie hilft, das Verhalten von Ladungen in elektrischen Feldern und den wirkenden Kräften zu berechnen. Die Grundgleichungen dieser Theorie heißen Maxwell-Gleichungen, benannt nach dem schottischen Physiker James Clerk Maxwell. Sie gehören zu den wenigen Formeln, die viele Physikerinnen auswendig kennen.

Mit den Maxwell-Gleichungen lassen sich physikalische Phänomene des Elektromagnetismus auch mathematisch verstehen. Kann man ein Phänomen nicht nur im Labor beobachten, sondern auch noch theoretisch verstehen und dessen Allgemeingültigkeit mit mathematischen Hilfsmitteln sogar beweisen, spricht man auch von einem Lehrsatz oder Theorem. Ein 1842 vom englischen Mathematiker Samuel Earnshaw bewiesener Lehrsatz spielt für Ionen eine besonders wichtige Rolle.

Earnshaws Theorem besagt, dass man geladene Teilchen nicht mit statischen elektrischen oder magnetischen Feldern fangen kann [80]. Statisch heißen Felder, die sich mit der Zeit nicht ändern. Das Theorem beruht auf der Annahme, dass elektrische Felder, die durch ruhende Ladungen erzeugt werden, stets divergent sind – sie breiten sich aus und kommen nicht von selbst wieder zusammen. Das bedeutet, dass die Feldlinien immer strahlenförmig auf eine einzelne Ladung hin oder von ihr weg verlaufen müssen (Abb. 3.8). Würde man nun versuchen, ein geladenes Teilchen an einem Punkt im Raum zwischen anderen Ladungen zu positionieren, so würden die Feldkräfte es entweder anziehen oder abstoßen – eine stabile Konfiguration, wo das Teilchen einfach *steht*, ist nicht möglich.

Im rechten Teil der Abb. 3.8 gibt es zwei rot gekennzeichnete positive Ladungen. Bringt man eine dritte Ladung (in der Grafik *Testladung* genannt) genau in die Mitte zwischen den ersten beiden Ladungen, könnte man meinen, dass sie sich dort stabil halten ließe. Doch tatsächlich gibt es dort keine stabile Ruheposition. Wird das Teilchen auch nur leicht verschoben, so verstärken sich die Kräfte, die es wieder weiter weg treiben, wie anhand der Feldlinien zu sehen ist. Es gibt also keine Möglichkeit, das dritte Teilchen in der Mitte in einem statischen elektrischen Feld einzufangen – es würde stets weggedrängt. Earnshaws Theorem verallgemeinert diese Beobachtung zu einem Lehrsatz.

Pauls Rettung – Ein Spektroskopistentraum wird wahr
Das von Samuel Earnshaw formulierte Theorem stellt eine Hürde für das Fangen von Ionen dar. Es zeigt, dass statische elektrische oder magnetische Felder allein nicht in der Lage sind, geladene Teilchen stabil zu halten. Es ist ein gutes Beispiel für eine der zahlreichen Hürden beim Fangen und Kontrollieren von Teilchen wie Atomen, Molekülen oder Ionen. Doch die Physik bietet auch Lösungswege und ein brillanter Ausweg aus dieser Bredouille wurde vom deutschen Physiker Wolfgang Paul gefunden [81].

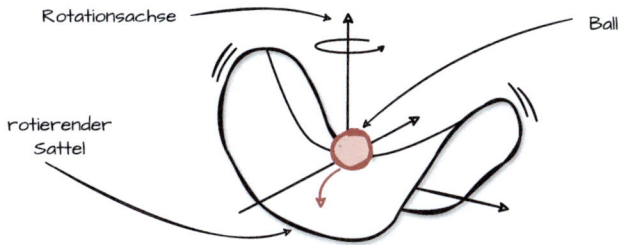

Abb. 3.9 Legt man einen Ball in die Mulde eines Sattels, kann er bei einer leichten Störung herunter rollen. Die Ruheposition des Balls lässt sich stabilisieren, indem der Sattel in Rotation versetzt wird. Dieses Prinzip steckt hinter der Paul-Falle, einer Art von Ionenfalle, die für ionenbasierte Qubits zum Einsatz kommt

Ein Schlüssel für die Lösung des Problems, das durch Earnshaws Theorem entsteht, sind zeitlich veränderliche Felder. Statt sich auf statische Felder zu verlassen, die keine stabile Ruhelage bieten können, schlug Paul vor, elektrische Felder zu verwenden, die sich im Laufe der Zeit ändern. Wenn sich eine Größe im Laufe der Zeit ändert, wird sie in der Physik auch *zeitabhängig* genannt. Zeitabhängige elektrische Felder können eine Falle schaffen, die ein geladenes Teilchen durch ständig wechselnde Bedingungen festhält. Am einfachsten lässt sich die Wirkungsweise der sogenannten Paul-Falle anhand eines mechanischen Systems veranschaulichen.

Stellen Sie sich dafür einen Sattel vor, der sich wie in Abb. 3.9 angedeutet um seine eigene Achse dreht. Auf diesem Sattel platzieren wir in der Mulde einen Ball. Unter normalen Umständen würde dieser Ball vom Sattel rollen, da die höchste Stelle der Sattelmulde einem instabilen Gleichgewichtspunkt entspricht – bei der kleinsten Störung seiner Ruheposition würde der Ball seine Ruhelage verlassen.

Wenn jedoch der Sattel zu rotieren beginnt, entsteht ein interessantes Phänomen. Während der Ball die Mulde herunter zu rollen beginnt, dreht sich der Sattel. Aus der Sicht des Balls ist nun an der Stelle, wo zuvor noch ein Abhang war, der Teil des Sattels, der den Ball wieder zurückrollen lässt. Wenn die Drehgeschwindigkeit des Sattels genau richtig abgestimmt ist, kann sich dadurch ein *dynamisches Gleichgewicht* einstellen. Der Ball wird in der Sattelmitte „eingefangen" und trotz der anfänglich instabilen Position stabilisiert. Diese Stabilisierung ist nicht statisch, sondern dynamisch; sie hängt von der fortwährenden Bewegung – der Rotation – des Sattels ab.

Die Paul-Falle funktioniert nach einem ähnlichen Prinzip. In einer Paul-Falle werden Ionen durch ein sich schnell veränderndes elektrisches Feld eingeschlossen. Analog zum rotierenden Sattel, bei dem die Rotation für ein dynamisches Gleichgewicht sorgt, sorgt das schwingende elektrische Feld der

Paul-Falle dafür, dass die Ionen nicht entwischen. Die Ionen erfahren eine Kombination aus abstoßenden und anziehenden Kräften, die sich im Laufe der Zeit so verändern, dass die Ionen im Zentrum der Falle eingeschlossen bleiben. Ähnlich wie der Ball, der durch die Rotation auf dem Sattel in der Mitte balanciert wird, werden die Ionen durch die zeitlich wechselnden elektrischen Felder in der Paul-Falle stabilisiert. Auf diese Art und Weise können Ionen an festgelegten Orten im Raum festgehalten werden.

Wolfgang Paul und sein Team entwickelten die Paul-Falle ursprünglich für Experimente in der Massenspektrometrie. Mit ihrer Hilfe konnten Ionen für längere Zeiten isoliert und untersucht werden, wodurch sich die Eigenschaften einzelner Teilchen mit höherer Genauigkeit bestimmen ließen als zuvor.[1] Für diese bahnbrechende Arbeit erhielt Paul 1989 den Nobelpreis für Physik [83]. Heute kommt die Paul-Falle neben anderen Fangmethoden in Quantencomputerprototypen und Quantensimulatoren zum Einsatz. Dort wird sie als Mittel zur Speicherung und Manipulation von Qubits verwendet. Das Fangen von Ionen ist dabei nur einer von vielen wichtigen Schritten. Sie müssen zudem mithilfe von Kühlmethoden auf tiefere Temperaturen gebracht werden. Sobald sie gefangen und gekühlt sind, können ihre Energieniveaus mit Lasern angesteuert werden. Aus zwei Energieniveaus kann dabei unter den richtigen Bedingungen ein Qubit entstehen, das dann vor Störungen durch externe Felder, thermische Fluktuationen und Quantendekohärenz geschützt werden muss. Wenn das alles gelingt, kann man sich daran machen, Qubits zu steuern und für Rechnungen einzusetzen.

> **Zusammenfassung**
>
> - Ionen sind geladene Atome. Im Zusammenhang mit Quantencomputing werden hauptsächlich positiv geladene Ionen verwendet – also Atome, denen Elektronen in der Atomhülle fehlen.
> - Um Ionen in einem Quantencomputer zu nutzen, müssen sie örtlich fixiert werden.
> - Die Paul-Falle nutzt zeitabhängige elektrische Felder, um Ionen zu fangen und macht diese so in Quantencomputern nutzbar.

---

[1] Mithilfe von Paul-Fallen lässt sich das Verhältnis zwischen Ladung und Masse eines Ions ziemlich genau bestimmen. Anwendungsbereiche dafür gibt es verschiedene, etwa beim Nachweis von Spuren unerlaubter Chemikalien bei Dopingkontrollen oder im Umweltschutz. Wolfgang Paul soll einmal selbst dazu gesagt haben: „Ich habe dazu beigetragen, dass sich heute jeder Dreck nachweisen lässt [82]."

3.5 Kunst der Quantenmanipulation – Qubits steuern

Die Laserkühlung hat gezeigt, dass Atome von Licht beeinflusst werden können. Laserlicht wird dabei gezielt eingesetzt, um Atome abzubremsen. Das ist jedoch nur ein Beispiel dafür, wie Materie (z. B. Atome, Ionen, Moleküle) mit Licht *gesteuert* oder *bearbeitet* werden kann. Das Forschungsfeld innerhalb der Quantenphysik, das sich mit der Wechselwirkung zwischen Licht und Materie beschäftigt, heißt Quantenoptik. Im Unterschied zur herkömmlichen Optik beschäftigt sich die Quantenoptik mit einzelnen Photonen und wie diese mit Materie wechselwirken.

Was haben wir bisher über Atome und Ionen gelernt? Einerseits, dass sie interne Energieniveaus haben, wie in Abb. 3.3 dargestellt. Diese Energieniveaus können mit elektrischen Feldern angesteuert werden, z. B. mithilfe von Lasern. Unter den richtigen Umständen bildet das Atom dann ein Zwei-Niveau-System. Bevor so ein Zwei-Niveau-System als Qubit genutzt werden kann, muss das Atom oder Ion erstmal *gefangen* werden. Bei Ionen gelingt das etwa mit der Paul-Falle. Wie geht es danach weiter, wie bearbeitet man ein Qubit?

Einzelne Qubits können mithilfe der Bloch-Kugel veranschaulicht werden. Die Veränderung des Qubit-Zustands kann man sich als Drehung auf der Kugeloberfläche vorstellen. Wenn ein Qubit bearbeitet und zum Beispiel vom Zustand |0⟩ in den Zustand |1⟩ gedreht wird, entspricht das einer Rotation auf der Bloch-Kugel vom Südpol hin zum Nordpol. Das ist eine halbe Rotation (entlang eines Längengrades der Kugel), wobei eine ganze Rotation 360° entspricht. In Zahlen ausgedrückt entspricht die Änderung von |0⟩ hin zu |1⟩ daher einer Rotation von 180°. Das ist ein Beispiel für ein Ein-Qubit-Gatter, also die kontrollierte Veränderung eines einzelnen Qubits.

Einmal Ein-Qubit-Gatter, bitte!
Rabi-Oszillationen sind ein Schlüsselkonzept in der Quantenoptik. Sie entstehen, wenn ein Zwei-Niveau-System einem zeitlich schwingenden elektromagnetischen Feld ausgesetzt wird, zum Beispiel in Form eines Lasers. Wir haben anhand der Leiteranalogie (siehe Abb. 3.3 und 3.7) illustriert, dass Lichtteilchen die passende Energiemenge bereitstellen müssen, um Übergänge zwischen verschiedenen Zuständen des Systems hervorzurufen. Doch auch wenn ein passend gewähltes oszillierendes Feld mit einem Zwei-Niveau-System wechselwirkt, springt dieses nicht schlagartig vom niedrigen in das höhere Energieniveau. Stattdessen dreht sich der Zustand langsam auf der Bloch-Kugel. Mit der Zeit führt das zu den nach dem amerikanischen Physiknobelpreisträger Isidor Isaac Rabi benannten Oszillationen.[84]

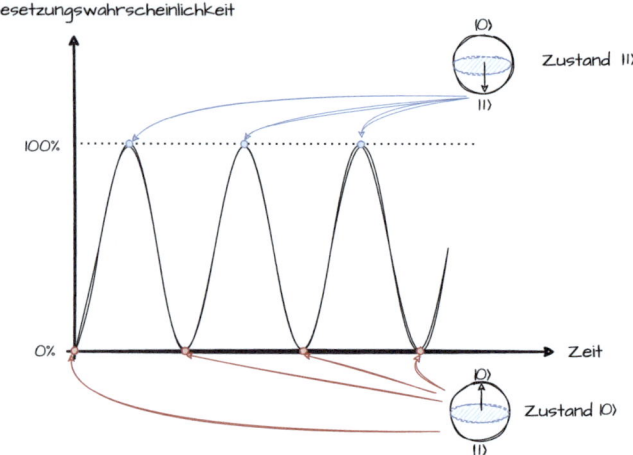

Abb. 3.10 Rabi-Oszillationen. Ein Laserpuls verändert den Zustand eines Qubits nicht augenblicklich, sondern allmählich. Je länger der Puls dauert, desto mehr rotiert das Qubit auf der Bloch-Kugel

Im einfachsten Fall schwingt während einer Rabi-Oszillation die *Besetzungswahrscheinlichkeit* wie in Abb. 3.10 zwischen null und hundert Prozent hin und her. Das ist die Wahrscheinlichkeit dafür, das Zwei-Niveau-System bei einer Messung im angeregten Zustand $|1\rangle$ vorzufinden. Wenn diese hundert Prozent beträgt, ist das System gerade im Zustand $|1\rangle$. Liegt sie bei null Prozent, ist das System im Zustand $|0\rangle$. In allen anderen Fällen ist das System in einer Superposition aus $|0\rangle$ und $|1\rangle$. Anhand dieser Grafik sehen wir, dass ein Qubit, das sich ursprünglich im Grundzustand $|0\rangle$ befindet, nach einer bestimmten Zeit im Zustand $|1\rangle$ ankommt. Wenn wir also die Möglichkeit hätten, die Zeitdauer der Wechselwirkung zu kontrollieren, könnten wir die Oszillation an einer bestimmten Stelle *stoppen* und somit eine gewünschte Qubit-Rotation erreichen.

Bei Atomen können die Rotationen zum Beispiel durch Laserpulse erzeugt werden. Ein Laserpuls ist eine zeitlich begrenzte Ausstrahlung von Laserlicht. Im Gegensatz zu einem kontinuierlichen Laserstrahl, der ein ununterbrochenes Lichtsignal aussendet, besteht ein Laserpuls aus einem oder mehreren Lichtsignalen von kurzer Dauer, oft nur wenige Femtosekunden bis Nanosekunden lang. Zum Vergleich: Während eines Wimpernschlags vergehen hunderte Millionen Nanosekunden bzw. hunderte Billionen Femtosekunden. Die genaue Dauer des Pulses, oft als Pulslänge bezeichnet, spielt für Qubit-Operationen eine wichtige Rolle. Bei einem 180°-Puls, der eine halbe Rotation auf der Bloch-Kugel bewirkt, wechselt das Qubit von einem Basiszustand zum anderen, zum Beispiel von $|0\rangle$ zu $|1\rangle$. Ein 90°-Puls, der eine Viertelrotation bewirkt, erzeugt ausgehend von $|0\rangle$ oder $|1\rangle$ eine Überlagerung der beiden Basiszustände. So ein Puls kann zum Beispiel den Zustand $|0\rangle$ auf den Zustand $|+\rangle$ am Äquator rotieren. Je länger der Puls andauert, desto weiter bewegt sich das Qubit auf der Bloch-Kugel. Bei dieser anschaulichen Erklärung gehen wir davon aus, dass die Stärke oder Intensität des Lichtes gleich bleibt – denn diese hat ebenfalls eine Auswirkung auf die Geschwindigkeit, mit der sich der Zustand auf der Bloch-Kugel ändert. Durch die präzise Steuerung der Frequenz und Dauer des Laserpulses kann ein Qubit also auf der Bloch-Kugel bewegt werden. Mit Rabi-Oszillationen wie in Abb. 3.10 ist die Steuerung von Qubits entlang von Längengraden möglich. Um Qubit-Zustände auf der Bloch-Kugel auch entlang von Breitengraden bewegen zu können, kommen zudem noch sogenannte *Phasengatter* zum Einsatz, die sich ebenfalls mithilfe von Lasern realisieren lassen.

Für die vollständigen Rabi-Oszillationen aus der Abbildung sollte die elektromagnetische Strahlung *resonant* mit dem Qubit-Übergang sein. Das ist der physikalische Begriff für das, was wir in Abb. 3.3 mit der Leiter angedeutet haben. Die einfallende Strahlung bringt das Qubit nur zum Schwingen, wenn die Energie ungefähr mit dem Energieunterschied der Energieniveaus übereinstimmt. Die Energie E von Photonen hängt mit der Wellenlänge λ der elektromagnetischen Strahlung zusammen ($E = h \cdot c/\lambda$). Je kleiner die Wellenlänge, desto größer die Energie und anders herum. Die Wellenlänge der elektromagnetischen Strahlung muss also passend gewählt werden, um Qubits zu steuern. Welche Wellenlängen passen, hängt vom Qubit und dessen Energieniveaus ab.

Bisher wissen wir, dass sich Atome und Ionen gut als Qubits eignen können. Diese werden häufig mit Laserlicht gesteuert, doch das ist nicht die einzige Möglichkeit zur gezielten Veränderung von Quantenzuständen. Es gibt zum Beispiel andere Qubit-Systeme, die vorrangig mit elektromagnetischen Feldern adressiert werden, deren Frequenzen deutlich niedriger (bzw. Wellenlängen höher) sind als die optischen Frequenzen von Laserlicht. Auf den folgenden Seiten sehen wir uns ein Beispiel für ein solches Qubit-System an. Es ist eines der erfolgreichsten Qubit-Systeme, die es zurzeit gibt – gemessen an seinem Einsatz in zahlreichen Experimenten und Quantencomputerprototypen. Dieses Qubit-System basiert auf *elektrischen Schaltkreisen*.

Exkurs in die Elektrotechnik – Klassischer Schwingkreis
Eine elektrische Schaltung ist ein Zusammenschluss verschiedener elektrischer Elemente. Veranschaulicht wird so eine Schaltung typischerweise mit einem Schaltplan, in dem die einzelnen Komponenten aufgetragen sind. Um uns an die Qubits aus elektrischen Schaltkreisen heranzutasten, versuchen wir den Schaltkreis in Abb. 3.11 zu verstehen. Dieser spielt in der Physik eine so

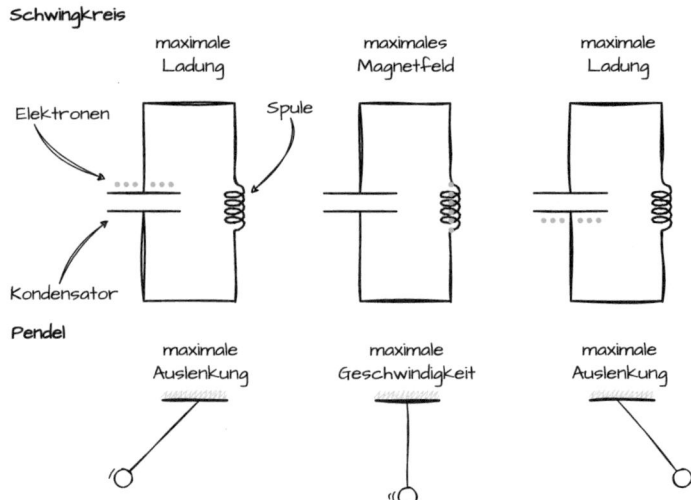

Abb. 3.11 Schematische Darstellung des Schwingkreises. Die beiden Platten sind ein Kondensator und die verdrillte Linie stellt die Spule dar. Wenn die beiden zusammengeschaltet sind, dann funktionieren sie wie ein Pendel für Elektronen

wichtige Rolle, dass er einen eigenen Namen bekommen hat: *Schwingkreis*. Um das Funktionsprinzip des Schwingkreises nachvollziehen zu können, bedarf es zweier Bauteile: Kondensator und Spule.

Mithilfe eines Kondensators können Ladungen gespeichert werden – er funktioniert wie eine Batterie. Ein Kondensator besteht aus zwei Platten mit einem Luftspalt dazwischen. Wenn auf der oberen Platte positive Ladungen liegen und auf der unteren Platte negative Ladungen, dann können sie sich nicht einfach aufeinander zu bewegen, weil der Spalt dazwischen ist. Erst wenn wir die obere und die untere Platte verbinden, fließt ein Strom.

Eine Spule ist ein aufgewickeltes Stück Draht. In der Industrie werden Spulen in Form von Elektromagneten beispielsweise in Elektromotoren eingesetzt. Wenn Strom durch die Wicklungen einer Spule fließt, entsteht ein Magnetfeld. Dieses Magnetfeld wirkt auf die Elektronen im Draht und versucht den Strom daran zu hindern, dass er fließt. Wenn der Strom nachlässt, dann tritt genau der umgekehrte Effekt ein: Die Spule drückt die Elektronen weiter, obwohl sie ansonsten schon stehen bleiben würden. Diese Verzögerung sorgt am Ende dafür, dass eine Schwingung entsteht.

Nachdem wir nun beide Bauteile, den Kondensator und die Spule, in ihren Grundzügen verstanden haben, können wir sie zusammenschalten. Das ist in Abb. 3.11 gezeigt. Die beiden Platten des Kondensators sind über die Spule miteinander verbunden. Damit wir eine Schwingung sehen können, starten wir mit positiven Ladungen auf der oberen Platte des Kondensators und negativen auf der unteren. Um die Schwingung anschaulich zu machen, können wir ein mechanisches Pendel als Analogie nutzen: Ein Stein an einem Seil schwingt auf die gleiche Weise wie die Elektronen im Schwingkreis. Wenn kein Strom fließt, entspricht das einem ausgelenkten Pendel. Nichts bewegt sich, aber das ändert sich, sobald wir den Stein loslassen oder den Stromkreis schließen. Sobald der Kreis geschlossen wird, fließt ein Strom von der oberen zur unteren Platte. Im Bild des mechanischen Pendels: Der Stein beginnt zu fallen. Durch die Änderung des Stroms entsteht ein Magnetfeld in der Spule. Dieses wirkt zunächst dem Strom entgegen. Er baut sich also langsamer auf, als er es sonst täte. Allerdings wirkt der Effekt auch dem Abflauen des Stroms entgegen. Dadurch werden mehr Ladungen auf die andere Platte des Kondensators transportiert als nur zum Ladungsausgleich. Jetzt gibt es mehr positive Ladungen auf der unteren Platte und einen Überschuss an negativen Ladungen auf der oberen. Diese Trägheit, die die Spule zum Schwingkreis hinzufügt, entspricht der Massenträgheit des Steins. Der Stein stoppt nicht am tiefsten Punkt, sondern wird weiter getrieben und steigt auf der anderen Seite wieder auf. Von dort beginnt der Prozess von vorne, allerdings in umgekehrter Richtung. Der Strom fließt bzw. der Stein pendelt zurück: Es entsteht eine Schwingung. Deshalb bilden Spule und Kondensator gemeinsam einen Schwingkreis.

Künstliche Atome
Elektronische Bauteile bieten die Möglichkeit, eine klassische Schwingung mit elektronischen Bauteilen zu erzeugen. Das ist praktisch, um z. B. Töne in Synthesizern zu erzeugen oder eine Armbanduhr zu betreiben, aber es bringt uns noch nicht dem Ziel näher, ein Qubit zu bauen.

Pendel und Schwingkreise sind Beispiele für *harmonische Oszillatoren*. Im Physikjargon ist bei einem harmonischen Oszillator „die Rückstellkraft proportional zur Auslenkung". Das klingt sehr technisch, ist aber einfach anhand eines Pendels zu verstehen, bei dem ein Stein an einem Seil hängt. Wenn das Pendel nur eine kleine Auslenkung hat, ist die Rückstellkraft (also die Kraft, die das Pendel wieder in Richtung seiner Ruheposition treibt) näherungsweise proportional zur Auslenkung. Wenn wir den Stein doppelt so weit auslenken, wächst die Kraft, die den Stein wieder in die Mitte treibt, auf das Doppelte an. Einen ähnlichen Zusammenhang gibt es bei Strom und Spannung im Schwingkreis.

In der Quantenmechanik hat ein harmonischer Oszillator diskrete Energieniveaus, so wie Atome und Ionen. Das Besondere an den Energieniveaus des harmonischen Oszillators ist, dass benachbarte Niveaus immer den gleichen Abstand voneinander haben. Bei Atomen ist das anders, wie in Abb. 3.3

zu sehen war. Um aus einem Mehrniveausystem ein Qubit zu machen, ist es unpraktisch, wenn alle Energieniveaus den gleichen Abstand haben. Denn wenn in so einem Fall die elektromagnetische Strahlung resonant mit *einem* Übergang ist, so ist sie auch mit *vielen anderen* Übergängen resonant. Dadurch werden nicht nur zwei Energieniveaus adressiert, sondern gleich mehrere. Für ein Qubit wollen wir aber nur zwei ansteuern. Wir benötigen deshalb einen Weg, die Energieniveaus des Schwingkreises so zu verschieben, dass sie verschiedene Abstände bekommen.

Im Fall des Schwingkreises wird das Problem gelöst, indem die Spule durch einen sogenannten Josephson-Kontakt ersetzt wird (mehr dazu in **Kurz & knackig: Supraleitung und Josephson-Kontakt**). Dadurch verschieben sich die Energieniveaus des harmonischen Oszillators unterschiedlich stark nach oben. Das Ergebnis ist ein Mehrniveausystem mit ungleichen Energieabständen. Da das stark an ein Atom erinnert (siehe Abb. 3.3), werden solche Systeme auch als *künstliche Atome* bezeichnet. Aus diesen lassen sich Qubits bauen, denn man kann mit den gleichen Tricks wie vorher gezielt zwei Zustände ansteuern und Rabi-Oszillationen antreiben. Dazu muss man es nur schaffen, geeignete elektromagnetische Strahlung mit den künstlichen Atomen in Kontakt zu bringen.

Kurz & Knackig: Supraleitung und Josephson-Kontakt
Spule und Kondensator sind wohlbekannte Bauelemente, die in keiner Einführung in das Thema elektrischer Schaltkreise fehlen dürfen. Ein Josephson-Kontakt hingegen zählt zu den ausgefalleneren Bauteilen in der Elektrotechnik. Er besteht aus einem Sandwich von zwei supraleitenden Materialien und einem nichtsupraleitenden Material in der Mitte:

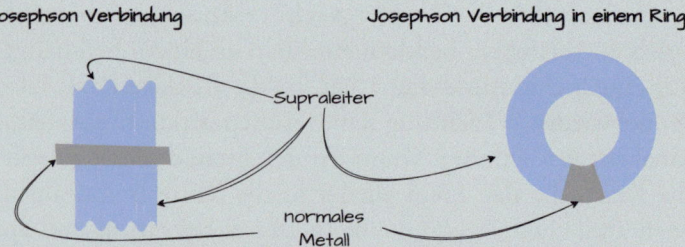

Supraleiter sind Materialien, in denen Strom unterhalb einer Temperatur ohne Widerstand fließen kann. Diese Temperatur nennt sich Sprungtemperatur: Der Widerstand springt ruckartig auf null. Widerstand ist ein

Maß dafür, wie schwer es für Strom ist, in einem Kabel zu fließen. Wenn der Widerstand auf null sinkt, fließt der Strom ohne Hindernis.

Den Effekt der Supraleitung entdeckte Heike Kamerlingh Onnes, ein niederländischer Physiker, 1911 in Leiden. Kamerlingh Onnes war zu diesem Zeitpunkt schon für die erste Verflüssigung von Helium berühmt. Helium wird erst bei −273 °C flüssig und es ist eine Menge Aufwand nötig, um ein Material so weit abzukühlen. Als er dann Quecksilber mithilfe des Heliums kühlte und den Widerstand maß, stellte er fest, dass der Widerstand ruckartig verschwand. Das erste supraleitende Material war entdeckt. Für diese Entdeckung erhielt er, Sie ahnen es, 1913 den Nobelpreis für Physik [46].

Technisch gesehen ist Quecksilber als Supraleiter nicht besonders interessant. Aktuell werden eher Supraleiter auf Aluminium- oder Niobiumbasis eingesetzt. Daraus werden supraleitende Spulen gebaut. Diese haben normalen Leitern gegenüber immense Vorteile, da sie aufgrund des fehlenden elektrischen Widerstands deutlich höhere Stromstärken erlauben. Dadurch können sehr starke Magnetfelder erzeugt werden. Das macht man sich heute zum Beispiel in der Medizin zunutze, wo man mit Magnetresonanztomografen Gewebe und Organe im menschlichen Körper sichtbar machen kann.

Quantencomputer nutzen Supraleiter nicht aufgrund ihres Vermögens, Strom besonders effizient zu leiten. Wenn wir zwei Supraleiter durch einen Isolator trennen, dann entsteht ein Josephson-Kontakt. Dieser Kontakt kann ähnlich zu einer Spule wirken, hat aber eine besondere Eigenschaft. Er modifiziert den Abstand der Energielevel des harmonischen Oszillators. Der harmonische Oszillator wird *anharmonisch*. Damit ist ein wichtiges Ziel erreicht, da es viel leichter fällt, aus ungleich verteilten Energieniveaus zwei davon gezielt anzusteuern und als Qubit zu nutzen.

Wie bekommt man das Licht in den Chip? – Mikrowellen
Nochmal als Erinnerung: Elektromagnetische Strahlung bezeichnet elektrische und magnetische Wellen. Sichtbares Licht ist eine Form der elektromagnetischen Strahlung, aber auch Röntgenstrahlung, Ultraviolettstrahlung, Infrarotstrahlung, Mikrowellen oder Rundfunk gehören dazu. Sichtbares Licht ist nur ein kleiner Ausschnitt aus dem *Spektrum* elektromagnetischer Strahlung (siehe Abb. 3.1). Der für Menschen wahrnehmbare Bereich beginnt bei etwa 380 nm mit Blau und endet bei Rot mit etwa 780 nm.

Laserlicht mit Wellenlängen im sichtbaren Bereich kann zur Steuerung optisch ansprechbarer Qubits genutzt werden. Solche optisch aktiven Qubits können zum Beispiel aus zwei Energieniveaus von Atomen bestehen, die eine relativ hohe Energiedifferenz haben. In Abb. 3.3 sind das zwei weit voneinander entfernte Leitersprossen. Der Energieunterschied zwischen diesen Niveaus entspricht der Energie von Photonen des sichtbaren Lichts. Doch Qubits aus Atomen können auch zwei Energieniveaus mit einem viel kleineren Energieunterschied nutzen – im Leiterbild zwei nahe beieinanderliegende Sprossen. Um sie zu steuern, muss andere elektromagnetische Strahlung eingesetzt werden als bei optischen Qubits. Da der Energieunterschied kleiner ist, muss die Wellenlänge der Strahlung größer sein. Typischerweise handelt es sich bei dieser Strahlung um *Mikrowellenstrahlung*, die ihre Wellenlängen im Millimeter- oder Zentimeterbereich hat, anstatt wie sichtbares Laserlicht im Bereich Hunderter Nanometer (siehe auch Kap. 2). Qubits mit so geringen Energieunterschieden können durch sogenannte Hyperfeinzustände von Atomen zustande kommen (siehe Abb. 3.3), aber auch durch künstliche Atome.

Qubits aus künstlichen Atomen, wie wir sie eben kennengelernt haben, heißen supraleitende Qubits. Deren Energieunterschiede entsprechen zwar der Energie von Mikrowellenstrahlung, doch um ein supraleitendes Qubit zu steuern, reicht kein gewöhnlicher Mikrowellenherd aus der Küche. Die Mikrowellen müssen eine hohe Frequenzgenauigkeit und Stabilität haben, doch in einem Mikrowellenherd treten Mikrowellen vieler verschiedener Frequenzen auf. Das ist so ähnlich wie bei Glühbirnen und Lasern: Während erstere Licht mit vielen verschiedenen Frequenzanteilen aussenden, können Laser elektromagnetische Wellen mit präziser Wellenlänge und Frequenz erzeugen und sind deshalb so gut zur Steuerung von optisch ansprechbaren Qubits geeignet. Ähnlich kommen zur Steuerung von supraleitenden Qubits Mikrowellen einer bestimmten Frequenz bzw. Wellenlänge zum Einsatz. Der Hauptunterschied zwischen Lasern (zur Steuerung von optischen Qubits) und Mikrowellen (zur Steuerung von supraleitenden Qubits) ist ihre unterschiedliche Wellenlänge.

Bisher haben wir zwei verschiedene Implementierungen kennengelernt: ionenbasierte und supraleitende Qubits. Diese beiden Technologien gehören aktuell zu den am meisten erforschten, wenn es um künftige Bauweisen von Quantencomputern geht. Beide unterscheiden sich in vielerlei Hinsicht. Sie sind zum Beispiel aus ganz verschiedenen physikalischen Grundbausteinen gemacht. Denken wir an die Bloch-Kugel und die Steuerung von Qubits zurück, so ist das Ziel in beiden Fällen jedoch gleich: Die externe Kontrolle der Qubits mithilfe entweder von Lasern oder von Mikrowellen ermöglicht alle Rotationen auf der Kugel. Und das ist alles, was wir zur Bearbeitung von Qubits benötigen. Oder …?

Mit Zwei-Qubit-Gattern zur Verschränkung
Zu den DiVincenzo-Kriterien, einer Zusammenstellung von Mindestanforderungen an Quantencomputer, gehört der Bedarf nach universellen Quantengattern – *universell,* weil man mehr Gatter nicht braucht. Drehungen auf der Bloch-Kugel sind eine Art von Gatter, aber es gibt noch viele andere. Dazu gehören auch solche, die nicht nur den Zustand eines einzelnen Qubits betreffen, sondern die Zustände mehrerer Qubits gleichzeitig. Schon früh fanden Forscher heraus: Alle nur vorstellbaren Qubit-Operationen eines Quantencomputers lassen sich auf Ein- und Zwei-Qubit-Gatter zurückführen – also auf Gatter, die höchstens auf zwei Qubits wirken [86, 87]. Ein-Qubit-Gatter haben wir schon kennengelernt, fehlen also nur noch Zwei-Qubit-Gatter.

Warum reichen Ein-Qubit-Gatter alleine nicht aus, um einen Quantencomputer zu bauen? Wenn wir an Kap. 2 und Abb. 2.1 zurückdenken, haben wir vier verschiedene Konzepte kennengelernt, auf die sich die meisten Effekte der Quantenphysik zurückführen lassen. Die Quantenverschränkung war eines davon. Sie kann nur in Systemen auftreten, die aus mehreren Teilsystemen bestehen, z. B. aus mehreren Atomen, Elektronen oder auch supraleitenden Qubits. Ein Qubit alleine kann zum Beispiel nicht verschränkt sein, aber zwei Qubits können miteinander verschränkt sein. Um Verschränkung zwischen zwei Qubits herzustellen, reicht es nicht, den Zustand eines einzelnen Qubits zu verändern. Dafür sind auch Zwei-Qubit-Gatter nötig. Dass Ein-Qubit-Gatter nicht ausreichen, um alle möglichen Operationen darzustellen, ist allerdings nicht überraschend und auch nicht allein auf Verschränkung zurückzuführen. Selbst bei klassischen Bit-Operationen sind Zwei-Bit-Gatter erforderlich, um alle Rechenoperationen zu ermöglichen (mehr dazu im folgenden Kap. 4).

Wir haben schon gesehen, dass Ein-Qubit-Gatter – je nach Bauweise eines Qubits – zum Beispiel mithilfe von Lasern oder Mikrowellenpulsen zustande kommen können. Damit lassen sich die Qubits beliebig auf der Bloch-Kugel rotieren. Doch um die so wichtigen Zwei-Qubit-Gatter zu konstruieren, die man für Verschränkungseffekte braucht, sind kompliziertere Methoden nötig. Im Jahr 1995 schlug das spanisch-österreichische Physiker-Duo Ignacio Cirac und Peter Zoller eine konkrete Möglichkeit vor, um ein grundlegendes Zwei-Qubit-Gatter mit ionenbasierten Qubits zu realisieren [76]. Ihr Vorschlag machte sich neben gezielt eingesetzten Laserpulsen zunutze, dass sich Ionen mit gleicher Ladung abstoßen und ein Ion so die Bewegung eines anderen beeinflusst. Ihr Zwei-Qubit-Gatter für gefangene Ionen war zwar damals noch eine rein theoretische Idee. Wenige Jahre später wurde sie jedoch in Laboren experimentell umgesetzt [88]. Andere Vorschläge zur Umsetzung von Zwei-Qubit-Gattern folgten in den kommenden Jahren auch für andere Architekturen. Mit supraleitenden Qubits und auch mit anderen Architekturen lassen sich mittlerweile Quantenmaschinen bauen, die aus Hunderten von Qubits bestehen und die es erlauben, mithilfe von Ein- und Zwei-Qubit-Gattern Rechnungen auszuführen.

Wenn wir uns jetzt noch einmal Abb. 3.6 vergegenwärtigen, haben wir mittlerweile gesehen, wie Quantensysteme gekühlt und mithilfe von Gattern kontrolliert werden können. Doch selbst wenn damit ein Quantencomputer gesteuert werden kann und dazu gebracht wird, eine Rechnung auszuführen – wie liest man das Ergebnis aus? Ein herkömmlicher Computer ist in der Regel an einen Bildschirm angeschlossen und wir können somit sehen, was der Computer gerade ausgibt. Doch welche Schnittstelle zum Auslesen der Rechenergebnisse hat ein Quantensystem?

Zusammenfassung

- Mit resonanter Strahlung kann man Qubits zum Schwingen bringen und sie dadurch steuern. Diese Schwingungen heißen Rabi-Oszillationen.
- Supraleitende Qubits werden auf Basis von supraleitenden Materialien wie Aluminium gebaut und bestehen aus einem Kondensator und einem Josephson-Kontakt. Sie gehören aktuell zu den erfolgreichsten Architekturen.
- Supraleitende Qubits werden mithilfe von Mikrowellen gesteuert.
- Ein- und Zwei-Qubit-Gatter reichen aus, um alle Rechnungen auf Quantencomputern auszuführen. Die Realisierung von Zwei-Qubit-Gattern stellt dabei eine größere Herausforderung dar. Seit knapp dreißig Jahren kennt man Möglichkeiten, sie in Experimenten umzusetzen.

3.6 Readout-Roulette – Qubits auslesen

Beim Auslesen von Qubits geht es darum zu prüfen, in welchem Zustand sich ein Qubit befindet. Ein klassisches Bit kann entweder im Zustand 0 oder im Zustand 1 sein. Doch ein Qubit kann sich in einem Superpositionszustand befinden. Wenn es zum Beispiel in einer 50 : 50-Überlagerung aus $|0\rangle$ und $|1\rangle$ ist, befindet es sich auf dem Äquator der Bloch-Kugel aus Abb. 3.4. Bei einer Messung würden wir es in 50 % der Fälle im Zustand $|0\rangle$ vorfinden und in den anderen 50 % der Fälle im Zustand $|1\rangle$). Um mehr Informationen über den Zustand des Qubits zu erhalten, kann man ein neues Qubit im gleichen Zustand präparieren und erneut messen. Wiederholt man diesen Vorgang mit geschickt gewählten Messungen, lässt sich der Zustand *rekonstruieren*. Das bedeutet, dass man nach ausreichend vielen Wiederholungen den Quantenzustand vollständig vermessen hat. Eine derartige Rekonstruktion eines Zustandes nennt sich *Quantentomografie* (engl.: *quantum state tomography*), in Anlehnung an die bildgebenden Verfahren zur schichtweisen Darstellung von Objekten, wie sie etwa in der Medizin zum Einsatz kommen. Bei einem einzelnen Qubit hat das zur Folge, dass wir danach seine genaue Position auf der Bloch-Kugel kennen.

Doch wie misst man ein Qubit *überhaupt*? Was, wenn wir zum Beispiel ein Ion in einer Paul-Falle gefangen, nach allen Regeln der Kunst heruntergekühlt und damit irgendeine Operation gemacht haben – was geschieht dann? Oder wenn wir etwas über den Zustand eines supraleitenden Qubits erfahren möchten? Es gibt einige verschiedene Verfahren zum Auslesen von Qubits und diese sind ihnen sozusagen auf den Leib geschneidert, hängen also von der Architektur ab. Sehen wir uns zwei Beispiele an.

Um die Ecke gedacht – Dispersive Messung
In den Naturwissenschaften geht es meistens darum, die Natur zu beobachten und aus den Messergebnissen Schlüsse zu ziehen. Doch oft ist es nicht leicht, die Forschungsgegenstände zu beobachten; zum Beispiel, wenn sie sehr weit weg sind. Das ist in der Astronomie der Fall. Wenn Forscherinnen nach neuen Planeten Ausschau halten, die sehr weit weg und schwer zu beobachten sind, bedienen sie sich deshalb eines Tricks. Dieser Trick ist auch als *Transitmethode* bekannt und so erfolgreich, dass ein Großteil der bekannten Planeten mithilfe dieses Verfahrens entdeckt wurden [89]. Die Idee ist so einfach wie genial: Anstatt nach einem dunklen Planeten zu suchen, beobachtet man über längere Zeiten hinweg den Stern, um den der vermeintliche Planet kreist. Und sobald der Planet aus unserer Sicht vor dem Stern vorbei zieht, erscheint der Stern ein kleines bisschen dunkler – denn der Planet verdeckt einen Teil seiner Sonne. Misst man also den Helligkeitsverlauf über längere Zeiten hinweg, sieht man regelmäßig solche *dunkleren Phasen*. Wenn der Planet in regelmäßigen Bahnen um seinen Stern kreist – so wie die Erde um die Sonne – geschieht diese Verdunklung regelmäßig. Damit lässt sich gleichzeitig auch noch die Umlaufzeit des Planeten bestimmen.

Das Transitverfahren ist eine indirekte Detektionsmethode. Statt den Planeten direkt zu beobachten, beobachten Forscher seine Sonne. Die Forschung ist häufig auf solche indirekten Messmethoden angewiesen, wenn das Objekt der Begierde schwer zugänglich ist. Auch in der Quantenoptik gibt es indirekte Messverfahren. Dazu gehören *dispersive* Qubit-Messungen.

Das dispersive Qubit-Messverfahren nutzt die Wechselwirkung zwischen einem Qubit und einem sogenannten Resonator, um den Zustand des Qubits zu bestimmen, ohne es direkt zu messen. Ein Resonator ist eine Art Echokammer für elektromagnetische Wellen. Resonatoren sind so gebaut, dass sie bei einer spezifischen Frequenz schwingen, ähnlich wie eine Gitarrensaite, die bei einer bestimmten Tonhöhe vibriert. Diese Frequenz wird *Resonanzfrequenz* genannt. Bei einer dispersiven Messung wird das Qubit so in einem Resonator platziert, dass es „schwach an ihn koppelt". Das heißt, Qubit und Resonator beeinflussen sich gegenseitig, aber nicht besonders stark. Diese schwache Kopplung ist entscheidend, da sie es dem Qubit erlaubt, den Resonator zu beeinflussen, ohne dass ein starker Energieaustausch stattfindet, der den Zustand des Qubits zerstören könnte. Die bloße Anwesenheit des Qubits kann die natürliche Schwingungsfrequenz des Resonators verschieben und diese Verschiebung hängt vom Zustand des Qubits ab: Wenn sich das Qubit im Zustand $|0\rangle$ befindet, ist die Verschiebung eine andere, als wenn sich das Qubit im Zustand $|1\rangle$ befindet. Diese Verschiebung ist typischerweise sehr klein, aber dennoch messbar.

Um den Zustand des Qubits zu bestimmen, kann man elektromagnetische Wellen auf den Resonator richten und sie wieder messen, wenn der Resonator sie reflektiert hat. Die Eigenschaften der reflektierten Strahlung, wie Phase und Amplitude der Wellen, geben dann Aufschluss über die verschobene Resonanzfrequenz des Resonators und damit letztlich auch über den Zustand des Qubits. Das Tolle an der dispersiven Messung ist, dass man Informationen über den Qubit-Zustand erhalten kann, ohne das Qubit vollständig zu zerstören. Die dispersive Messung ist nur ein Beispiel dafür, wie supraleitende und andere Qubits im Labor gemessen werden können. Werfen wir einen Blick auf ein weiteres.

Qubits beim Leuchten zuschauen – Fluoreszenzmessung

Wir wissen bereits: Ein Ion kann in verschiedenen Energiezuständen existieren. Wenn es von einem niedrigeren in einen höheren Energiezustand versetzt wird (zum Beispiel durch Absorption eines Photons), befindet es sich in einem angeregten Zustand. Startet ein optisches Qubit etwa im Zustand $|0\rangle$, so könnte es sich nach der Wechselwirkung mit einem Laser und einer entsprechenden Rotation auf der Bloch-Kugel im Zustand $|1\rangle$ befinden. Vorausgesetzt natürlich, Wellenlänge des Lasers und Zeitdauer des Laserpulses sind richtig gewählt. Nach einer gewissen Zeit fällt das Qubit wieder in einen niedrigen

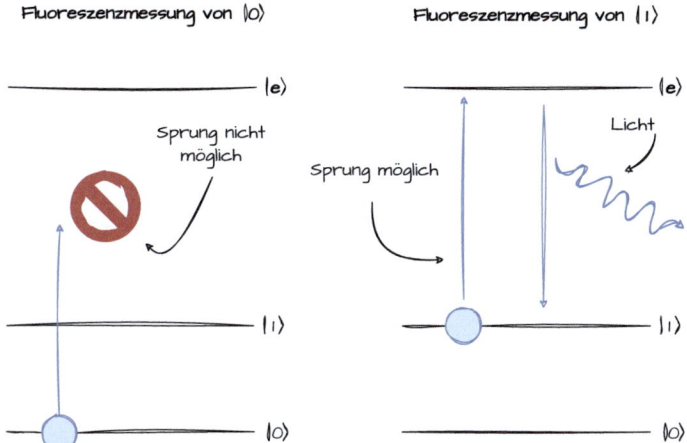

Abb. 3.12 Die abgebildete Fluoreszenzmessung macht sich zunutze, dass nur einer der beiden Qubit-Zustände ($|0\rangle$ und $|1\rangle$) durch einen externen Laserpuls in einen höheren Zustand ($|e\rangle$) überführt wird. Wenn der angeregte Zustand $|e\rangle$ danach wieder in den Zustand $|1\rangle$ zerfällt, sendet er Licht aus – ein untrügliches Zeichen dafür, dass der ursprüngliche Zustand $|1\rangle$ war. Diese Methode kommt etwa bei der Untersuchung von gefangenen Ionen zum Einsatz

Energiezustand zurück. Doch bevor das Qubit zerfällt, würden wir es gerne messen. Eine Möglichkeit dafür bietet die Fluoreszenzmessung.

Eine Fluoreszenzmessung beginnt mit der Anregung der Ionen, typischerweise durch das Einstrahlen von Licht einer bestimmten Wellenlänge. Dadurch wird ein Übergang in ein höheres Energieniveau verursacht. Das Licht ist so gewählt, dass es nur einen der Qubit-Zustände anregen und in den höher gelegenen dritten Zustand $|e\rangle$[2] befördern kann, zum Beispiel den Zustand $|1\rangle$. Das ist in Abb. 3.12 dargestellt. Anschließend kann das System wieder in den Ursprungszustand zurückfallen. Dabei wird ein Photon ausgesandt – diesen Vorgang nennt man *spontane Emission*. Wenn der höher gelegene Zustand $|e\rangle$ nur in den Startzustand $|1\rangle$ fallen kann, aber nicht direkt in den Zustand $|0\rangle$, sprechen Physiker auf Englisch auch von einer „cycling transition". Dabei findet also zuerst eine Anregung von $|1\rangle$ nach $|e\rangle$ statt und danach der gegenläufige Übergang von $|e\rangle$ nach $|1\rangle$. Der Clou ist hier: Befindet sich das System ursprünglich im Zustand $|0\rangle$, erfolgt keine Absorption und somit auch keine Fluoreszenzemission. Ob Fluoreszenzlicht zu sehen ist oder nicht, verrät uns deshalb den ursprünglichen Zustand des Qubits. Wird Fluoreszenz beobachtet,

---

[2] Physikerinnen greifen hier gern auf englische Abkürzungen zurück – „e" steht hier für „excited", also „angeregt". Damit ist ein energetisch höher gelegener Zustand gemeint, wie es sie zum Beispiel in Atomen oder Ionen viele gibt (siehe Abb. 3.3).

weiß man, dass das Qubit im Zustand $|1\rangle$ war. Wird keine Fluoreszenz beobachtet, war das Qubit im Zustand $|0\rangle$. Über die gemessene Fluoreszenz lassen sich auch Rückschlüsse auf Superpositionen aus $|0\rangle$ und $|1\rangle$ ziehen.

> **Zusammenfassung**
>
> - Die dispersive Messung findet häufigen Einsatz in Quantenexperimenten, etwa bei der Untersuchung von supraleitenden Qubits. Man misst dabei nicht den Zustand des Qubits direkt, sondern seinen Einfluss auf die Resonanzfrequenz eines Resonators.
> - Bei der Fluoreszenzmessung absorbiert ein Atom elektromagnetische Strahlung, falls es sich in einem bestimmten Zustand befindet. Nach kurzer Zeit zerfällt der angeregte Zustand wieder unter Aussendung von Licht. Dieses Licht gibt Aufschluss über den ursprünglichen Zustand.

3.7 Plattformen im Überblick

Bisher haben wir nur einige Quantenplattformen kennengelernt und auch eher beiläufig, wie etwa gefangene Ionen und supraleitende Qubits. Da es für alle Quantentechnologien, um die es in diesem Buch geht, noch viele weitere Hardwareansätze gibt, können wir nicht auf alle im Detail eingehen. Bevor es in den Folgekapiteln jedoch ans Eingemachte geht, schließen wir diese Plattformübersicht mit einer kurzen Rundumschau ab. Dabei soll es um die Unterschiede und Gemeinsamkeiten der bereits erwähnten Plattformen und einige weitere Hardwaresysteme gehen, für deren ausführlichere Beschreibung uns in diesem Buch der Platz fehlt.

Das A und O bei AMO und Co. – Plattformübersicht
In Abb. 3.13 sind sechs verschiedene Architekturen dargestellt, die heute eine größere Rolle für Bereiche wie Quantencomputing und Quantensimulation spielen. Es gibt noch einige mehr und unsere Auswahl erhebt keinen Anspruch auf Vollständigkeit. Wir haben uns dennoch Mühe gegeben, die meist untersuchten und vielversprechendsten Hardwarearchitekturen abzudecken. Beim Blick in die schematische Darstellung fällt zunächst auf, dass sie aus einem oberen und einem unteren Teil besteht. Dadurch soll vor allem kenntlich

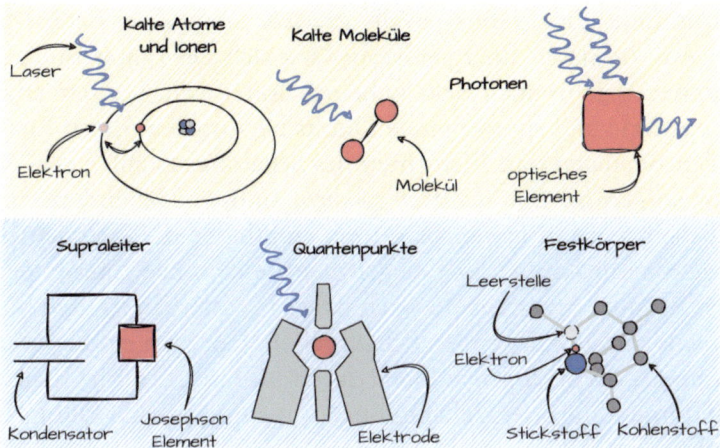

Abb. 3.13 Übersicht über die verschiedenen Architekturen. In der Grafik sind die Plattformen nach AMO (atomic-molecular-optical, dt.: *atomar, molekular, optisch*) in gelb und Festkörperplattformen in blau unterteilt

werden, dass Quantenhardware heute sehr divers ist. Während unsere herkömmlichen, klassischen Computer auf Halbleitertechnologie basieren, hat sich bei Quantentechnologien *die eine* Plattform noch nicht durchgesetzt – und das wird vermutlich noch einige Zeit so bleiben, da die verschiedenen Architekturen ihre individuellen Vor- und Nachteile mit sich bringen. Der obere, gelb hinterlegte Teil der Grafik zeigt Skizzen sogenannter AMO-Systeme. Hinter diesem Akronym verbergen sich die Worte *Atomar, Molekular und Optisch* (engl.: *atomic, molecular, and optical*). Zu solchen AMO-Systemen gehören kalte Atome und Moleküle, gefangene Ionen und Photonen. Der untere Teil der Grafik hingegen stellt Systeme dar, die der Festkörperphysik zugerechnet werden können. Dazu zählen neben einigen anderen Systemen supraleitende Qubits, sogenannte Quantenpunkte in Halbleitern und Farbzentren. Wir gehen gleich noch in paar Sätzen einzeln auf die jeweiligen Systeme ein.

Doch zuerst ein Wort zur Zweiteilung in der Grafik. Diese Kategorisierung mutet willkürlich an, zum Beispiel weil nicht nur bei AMO-Systemen (wohinter sich unter anderem der Begriff „optisch" verbirgt) optisches Laserlicht zum Einsatz kommt, sondern auch zur Steuerung von Festkörpersystemen. Wie sich in diesem Buch immer wieder zeigt, werden Laser ohnehin für sehr viele Anwendungen und Bereiche der Quantenforschung benötigt. Gleichzeitig bestehen die experimentellen Aufbauten zum Fangen von Atomen, Ionen oder Molekülen zum Teil auch aus Festkörperkomponenten. Die Trennung in „AMO-Systeme" und „Festkörpersysteme" ist in dieser Hinsicht also nicht besonders scharf. Die Zweiteilung bezieht sich viel mehr darauf, *woraus* die Quantenzustände und Qubits jeweils *gemacht* sind. Zwei bereits bekannte Beispiele: Aus atomaren Energieniveaus lässt sich ein Qubit isolieren, allerdings bieten sich dafür auch elektrische Schaltkreise an. Letztere erlauben es, künstliche Atome und supraleitende Qubits herzustellen, deren Energieniveaus von den Bauteilen und Elementen des Schaltkreises abhängen. Während erstere also *aus echten Einzelatomen gemacht* sind, entstehen letztere in elektrischen Schaltungen in Festkörpern (und empfinden die Energieniveaus von Atomen gewissermaßen nach). Die genauen Bestandteile eines Experimentes mit kalten Atomen unterscheiden sich daher in vielerlei Hinsicht von denen eines Aufbaus mit supraleitenden Schaltkreisen. Um etwa ein Experiment mit kalten Atomen oder gefangenen Ionen durchzuführen, benötigt man zum Beispiel Rubidiumatome oder Calciumionen, für supraleitende Qubits hingegen kommen Josephson-Kontakte zum Einsatz, die auf Materialien wie Niobnitrid zurückgreifen.

Dennoch gibt es viele Gemeinsamkeiten und diese betreffen vor allem das Ziel, der Idee eines idealen Qubits nahe zu kommen. Das bedeutet, dass in Quantencomputern jeglicher Art Dekohärenz und Gatterfehler möglichst klein gehalten werden sollen. In der Praxis funktioniert das in verschiedenen Architekturen unterschiedlich gut. Schauen wir uns das konkret am Beispiel von gefangenen Ionen und supraleitenden Qubits an. Dieses Beispiel ist bewusst gewählt, weil die beiden Plattformen aktuell zu den erfolgreichsten überhaupt gehören.

Äpfel und Birnen? – Vergleiche zwischen Architekturen
Die Lebensdauer supraleitender Qubits beläuft sich derzeit auf einige Dutzend oder gar Hunderte Mikrosekunden. Nach Ablauf dieser kurzen Zeitspanne ist die Quanteninformation, die solch ein Qubit speichert, unwiederbringlich verloren. Zum Vergleich: Ein Wimpernschlag dauert rund tausendmal länger [90]. Qubits aus gefangenen Ionen schlagen sich auf den ersten Blick viel besser: Ihre Lebensdauer liegt aktuell bei bis zu mehreren Minuten [91]. Doch damit vergleichen wir gewissermaßen Äpfel und Birnen. Erinnern wir uns zurück an das Beispiel der Stadionläuferin: Wichtiger als die gesamte verfügbare Kraft oder Ausdauer ist es, mit den Kräften hauszuhalten, sie sich während eines Rennens gut einzuteilen und auf die Dauer des Rennens zuzuschneiden. Übertragen auf Qubits bedeutet das, dass ihre Lebensdauer allein nicht besonders aussagekräftig ist, muss man sie doch mit anderen Zeitskalen vergleichen, die für eine Rechnung wichtig sind. Dazu zählt unter anderem die durchschnittliche Dauer einer Gatteroperation. Üblicherweise beträgt sie bei gefangenen Ionen einige Mikrosekunden und mehr. Das ist deutlich kürzer als

die Lebensdauer der Qubits – prima, es lassen sich also etliche Operationen ausführen, bevor Dekohärenz voll zuschlägt. Doch auch mit supraleitenden Qubits können viele Gatter ausgeführt werden, denn eine typische Gatterzeitdauer liegt hier im Bereich von etwa zehn Nanosekunden. Die Gatter in dieser Plattform sind also deutlich *schneller*. Doch hier ist die Lebensdauer der Qubits auch kürzer. Wichtig ist in diesem Zusammenhang aber vor allem, dass in beiden Plattformen das Verhältnis zwischen Lebensdauer und Zeitdauer von Gattern hoch ist.

Dieses Beispiel mahnt zur Vorsicht, wenn es darum geht, Architekturen aufgrund einfacher Metriken und Kennzahlen miteinander zu vergleichen und zu entscheiden, welche „die bessere" sei. Quantencomputer hinsichtlich ihrer Qualität miteinander zu vergleichen, ist dafür zu diffizil, und ein allgemeiner Vergleich lässt sich nicht auf eine Zahl herunterbrechen. Schon bei klassischen Computern ist das meist keine gute Idee. Nicht allein der Prozessortakt ist ausschlaggebend für die Leistung eines Computers. Erinnern wir uns zurück an die Di-Vincenzo-Kriterien: Eine der Hauptanforderungen an eine geeignete Quantencomputing-Plattform ist die Möglichkeit, viele gute Qubits zu bauen (Stichwort: Skalierung). Man könnte also auch auf die Idee kommen, einfach die Anzahl der Qubits miteinander zu vergleichen, die in verschiedenen Plattformen realisiert werden können. Chips mit supraleitenden Schaltkreisen können mittlerweile schon über tausend Qubits bereitstellen [92, 93]. Gefangene Ionen hingegen kommen, Stand heute, auf Systemgrößen im Bereich von Dutzenden bis gut Hundert Qubits [94–96]. Doch auch hier wäre es unvorsichtig, voreilige Schlüsse zu ziehen, denn es gibt noch viel Verbesserungspotenzial hinsichtlich der Systemgrößen. Einen Systemvergleich nur auf Basis der aktuellen Rekordgrößen anzustellen, ist daher nur bedingt sinnvoll.

Dennoch versuchen gerade Firmen, die Quantencomputer bauen, für ihre Erfolge messbaren Fortschritt und dafür möglichst einfache Kennzahlen ins Spiel zu bringen. Das hatte in den letzten Jahren zur Folge, dass sich einige solcher Metriken durchgesetzt haben. Ein Beispiel dafür ist das sogenannte *Quantenvolumen* (engl.: *quantum volume*). Es ist eine einfache Kenngröße, die die Anzahl der verfügbaren Qubits und die Anzahl der Gatter, die sich ohne allzu große Akkumulierung von Fehlern ausführen lässt, miteinander kombiniert. Laboren und Firmen steht damit ein Maß zur Verfügung, ihre beeindruckenden Fortschritte öffentlichkeitswirksam bekanntzugeben. Doch auch hier ist zumindest Vorsicht geboten, denn viele Details fallen bei einem schieren Vergleich des Quantenvolumens unter den Tisch [97, 98]. Würde man die Entscheidung, Forschungsgelder künftig nur noch in eine Plattform zu stecken, nur darauf basieren, würde man den individuellen Stärken verschiedener Plattformen nicht gerecht und zudem nicht berücksichtigen, welches

Potenzial in noch nicht so stark erforschten Architekturen stecken kann. Werfen wir also abschließend wenigstens noch einen kurzen Blick auf einige weitere Plattformen, die bisher unerwähnt geblieben sind. Dafür orientieren wir uns an Abb. 3.13 und übergehen die supraleitenden Qubits und gefangenen Ionen, da wir diese bereits in ihren Grundzügen kennengelernt haben.

Hoch oben – Rydbergatome
Wie in Abb. 3.8 veranschaulicht ist, spüren sich geladene Teilchen wie Ionen gegenseitig, selbst wenn sie voneinander entfernt sind. Für Quantencomputing und Quantensimulation kann das sehr vorteilhaft sein, etwa um Gatter zwischen entfernten Teilchen zu realisieren. Neutrale Atome haben diese Eigenschaft nicht: Sie beeinflussen sich nur gegenseitig, wenn sie ganz nah beieinander sind. Sind Neutralatome für Quantencomputer und Quantensimulatoren deshalb nicht zu gebrauchen?

Es gibt zwei klare Gründe, warum das nicht so ist und neutrale Atome durchaus eine wichtige Rolle für Quantentechnologien spielen. Erstens haben auch Systeme, die nur über kurze Distanzen wechselwirken, einige interessante Anwendungen. Ein Beispiel dafür lernen wir in Kap. 5 kennen, wenn wir Quantenphasenübergänge und das Hubbard-Modell ins Visier nehmen. Zweitens gibt es mithilfe eines physikalischen Tricks die Möglichkeit, auch elektrisch neutrale Atome dazu zu bringen, stark und über längere Distanzen miteinander zu interagieren. Der Schlüssel dazu liegt in der Nutzung sogenannter Rydberg-Atome.

Johannes Rydberg ist uns bereits begegnet, als es um den Barcode der atomaren Energieniveaus ging. Heute ist der Schwede vor allem für die nach ihm benannten Rydberg-Atome bekannt. Mithilfe von Abb. 3.3 können wir leicht nachvollziehen, was es damit auf sich hat. Die Energieniveaus fächern sich in dieser Grafik von links nach rechts in zahlreiche Niveaus auf, die dort mit „Feinstruktur" und „Hyperfeinstruktur" bezeichnet sind. Diese Aufspaltungen gehen auf den Spin der Elektronen und der Kerne eines Atoms zurück. Wie man anhand der Grafik sehen kann, hat jede der Sprossen auf der „Hyperfeinstruktur"-Ebene ihren Ursprung in einem Energieniveau, das mit „Bohr" beschriftet ist und sich auf das Bohr'sche Atommodell bezieht. Je weiter man in der Grafik von links nach rechts geht, desto komplizierter wird die Beschreibung des Atoms, aber auch desto genauer. Auf der „Bohr"-Ebene ist die Beschreibung des Atoms vergleichsweise einfach: Der quantenmechanische Spin wird hierbei erst einmal vernachlässigt und es geht schlicht darum, auf welcher Bahn sich das Elektron befindet. Die beiden „Bohr"-Energieniveaus in Abb. 3.2 entsprechen den beiden innersten Bahnen des Elektrons um den Atomkern.

Damit Physikerinnen wissen, von welchen Energieniveaus gerade die Rede ist, geben sie ihnen jeweils Namen. Das funktioniert mithilfe von *Quantenzahlen*. Für uns ist an dieser Stelle nur eine dieser Quantenzahlen wichtig – und zwar die sogenannte *Hauptquantenzahl*. Sie wird mit n abgekürzt und nummeriert die verschiedenen „Bohr"-Niveaus. Die beiden Niveaus aus der Abbildung entsprechen den beiden Niveaus mit der niedrigsten Energie und sie werden mit $n = 1$ (das Energieniveau ganz unten) und $n = 2$ (das nächsthöhere Niveau) bezeichnet. Die Grafik unterschlägt jedoch zahlreiche weitere – theoretisch sogar unendlich viele – solcher Niveaus, die jeweils die Hauptquantenzahl $n = 3, 4, 5$ usw. haben. Von einem Rydberg-Zustand spricht man, wenn die Hauptquantenzahl n sehr groß ist. In der Praxis nutzt man Zustände mit beispielsweise $n = 70$ [99]. Bei Rydberg-Atomen befinden sich die Elektronen in diesen Rydberg-Zuständen, sind also weit oben auf der Energieleiter. Je höher das entsprechende Energieniveau liegt, desto weiter ist das Elektron vom Atomkern entfernt.

Das hat zur Folge, dass der positiv geladene Kern des Atoms und das negativ geladene Elektron weiter voneinander weg sind, als bei Zuständen mit kleiner Hauptquantenzahl n üblich. Das macht einen entscheidenden Unterschied, denn wenn eine positive und eine negative Ladung nah beieinander sind, wirken sie von weitem zusammen genommen elektrisch neutral. Sie neutralisieren sich dann gegenseitig. Doch sobald sie weiter auseinander gebracht werden, kann man die Ladungen auch in einigem Abstand besser auseinanderhalten. Vor allem aber führt ein größerer Abstand dazu, dass das System aus positiver und negativer Ladung mit einem zweiten System, ebenfalls aus einer positiven und negativen Ladung, stärker wechselwirkt. Mit anderen Worten: Zwei Rydberg-Atome können viel stärker und auch über längere Entfernungen hinweg miteinander wechselwirken als andere Atome. Das macht sie für zahlreiche Anwendungen in Bereichen wie Quantencomputing und Quantensimulation interessant. Seit einigen Jahren kommen Rydberg-Atome daher in zahlreichen Laboren weltweit zum Einsatz, um kleine Quantenprozessoren aus bis zu Hunderten von Qubits bauen [100].

Sie sehen mich einfach nicht – Photonen
Einige Qubit-Arten haben wir bereits kennengelernt. Sowohl Rydberg-Atome, gefangene Ionen und supraleitende Schaltkreise haben viele Energieniveaus, von denen man zwei gezielt ansteuern und als Qubit-Zustände $|0\rangle$ und $|1\rangle$ nutzen kann. Um diese Qubits mit Gattern zu steuern, kommen etwa Mikrowellen und Laser zum Einsatz. Eine Alternative zu diesen Architekturen bieten Quantencomputer auf Basis von Licht, denn auch Photonen können

als Qubits verwendet werden. Doch was ist ein *photonisches Qubit* genau, und wie steuert man es?

Eine Möglichkeit zur Fertigung eines Qubits aus Lichtteilchen greift auf die Polarisation von Licht zurück. Kurze Erinnerung: Damit ist die Schwingungsrichtung von Licht relativ zu dessen Ausbreitungsrichtung gemeint. Mithilfe von optischen Elementen wie Lasern und Polarisationsfiltern kann die Polarisation eines Photons gezielt eingestellt werden. Es können etwa Photonen mit horizontaler oder vertikaler Polarisation erzeugt werden (siehe Kap. 2). Diese beiden Polarisationsrichtungen können die Qubit-Zustände $|0\rangle$ und $|1\rangle$ kodieren. Auch Superpositionszustände aus horizontal und vertikal polarisiertem Licht sind möglich, wodurch sich alle Zustände auf der Bloch-Kugel darstellen lassen. Das Tolle an photonischen Qubits ist, dass sie per Glasfaser oder durch die Luft über große Distanzen hinweg übertragen werden können. Die wenigsten Plattformen und Qubits können das von sich behaupten. Diese Mobilität wird uns in Kap. 6 wieder begegnen und erlaubt es, Quanteninformation in Netzwerken zu verteilen.

Anhand von photonischen Qubits lässt sich gut nachvollziehen, dass es, wie Wissenschaftler gerne sagen, kein *free lunch* gibt. Damit wollen sie zum Ausdruck bringen, dass nichts umsonst ist, bzw. dass man sich bestimmte Vorteile in der Regel mit anderweitigen Nachteilen erkaufen muss. Für Quantentechnologien heißt das, dass jede Architektur ihren Bereich hat, in dem sie brilliert, auf Kosten eines anderen Aspekts. Viele der DiVincenzo-Kriterien können mit photonischen Quantencomputern zum Beispiel relativ einfach erfüllt werden. So können photonische Systeme mit langen Dekohärenzzeiten aufwarten. Was bei Photonen jedoch eine echte Herausforderung darstellt, ist die Umsetzung von geeigneten Zwei-Qubit-Gattern. Das liegt daran, dass man für Zwei-Qubit-Gatter Teilchen benötigt, die auf irgendeine Art miteinander wechselwirken. Doch obwohl sich Lichtwellen überlagern und Interferenzmuster erzeugen, spüren einzelne Photonen einander (fast) nicht. Hier muss tief in die Trickkiste der Optik gegriffen werden, um nachzuhelfen und die Photonen dazu zu bewegen, miteinander zu wechselwirken. Forschende stellen sich jedoch dieser Herausforderung und wie im Fall von Rydberg-Atomen gibt es mittlerweile auch Firmen, die sich auf die Entwicklung photonischer Quantencomputer spezialisieren [101].

Kein Entkommen – Quantenpunkte

Im Gegensatz zu Atomen, Molekülen und Photonen bestehen supraleitende Qubits aus elektrischen Schaltkreisen in einem speziell angefertigten Material. Dafür kommen die namensgebenden Supraleiter zum Einsatz. Quantentechnologien können jedoch auch noch auf vielen anderen Arten von Materialien als Supraleitern basieren. So greifen einige Architekturen auf Halbleiter zurück. Halbleiter bilden eine so große und wichtige Klasse von Materialien, vor allem auch für unsere heutigen Computerchips, dass die *Halbleiterindustrie* einen unverzichtbaren Wirtschaftszweig darstellt.

In Halbleitern lassen sich sogenannte *Quantenpunkte* herstellen. Das sind kleine Bereiche eines Halbleitermaterials, in denen Ladungsträger wie Elektronen auf engem Raum eingesperrt werden können. Teilchen auf kleinem Raum einzusperren kann für verschiedene Quantenanwendungen von Vorteil sein, wie wir schon am Beispiel der gefangenen Ionen gesehen haben. Die Ausdehnung von Quantenpunkten kann im Bereich von nur wenigen Nanometern liegen [102]. Zum Vergleich: Zellen, die Grundbausteine des Lebens, sind einige Mikrometer groß – etwa tausendmal oder noch größer als ein Quantenpunkt. Das ist selbst für ein so kleines Teilchen wie das Elektron läppisch. Wenn man Teilchen in einer Raumregion einsperrt, deren Ausdehnung im Bereich ihrer de-Broglie-Wellenlänge oder darunter liegt, prägen sie diskrete Energieniveaus aus. Das bedeutet, dass das Teilchen nicht beliebige Energien annehmen kann, sondern nur bestimmte, diskrete Werte. Das führt zu Energieniveaus, die sehr an das Spektrum von Atomen erinnern (siehe Abb. 3.2). Die genauen Energien hängen von verschiedenen Details ab, etwa der genauen Größe der Quantenpunkte. Aufgrund dieser diskreten Energieniveaus werden Quantenpunkte – wie schon zuvor die supraleitenden Schaltkreise – manchmal als *künstliche Atome* bezeichnet.

Diese auf kleinste Raumregionen eingesperrten Elektronen können für verschiedene Quantentechnologien eingesetzt werden. Mit ihnen können Laser gebaut, LEDs hergestellt oder einzelne Photonen erzeugt werden. Es gibt auch Solarzellen, die auf Quantenpunkten basieren [103]. Aber auch Quantentechnologien wie Quantensimulatoren und Quantencomputer können von Quantenpunkten profitieren. Quantencomputer aus Quantenpunkten und darin gespeicherten Elektronen aufzubauen, wurde erstmals Ende der 1990er-Jahre von den Physikern Daniel Loss und David DiVincenzo vorgeschlagen [104, 105]. Eine entscheidende Rolle spielt dabei der Spin von Elektronen. Während es heute verschiedene Prototypen gibt und diese Architektur auf zahlreiche Fertigungsmethoden der Halbleiterindustrie zurückgreifen kann, besteht eine der offenen Herausforderungen darin, gleichmäßige Halbleitersysteme aus vielen Quantenpunkten zu bauen, die viele gute Qubits liefern. Auch hier gibt es kein *free lunch*: Im Gegensatz zu photonischen und atomaren Qubits gleicht ein Quantenpunkt nicht vollständig dem anderen, da sie nicht wie Atome natürlich vorkommen, sondern im Labor produziert werden. Doch aufgrund viel versprechender Eigenschaften und Möglichkeiten von Spin-Qubits in Halbleitern gibt es verschiedene Forschungsgruppen, die deren Entwicklung seit Jahren erfolgreich vorantreiben [106, 107].

Diamonds Are a Quantum Physicist's Best Friend – Farbzentren
Diamanten haben viele besondere Eigenschaften. So ist Diamant der härteste natürlich vorkommende Stoff. Außerdem sind perfekte Diamanten durchsichtig. Doch durch kleine Verunreinigungen kann sich das ändern, wodurch Diamanten zum Beispiel grün, gelb oder braun erscheinen. Diese Verunreinigungen auf Ebene einzelner Atome werden deshalb auch als Farbzentren (engl.: *color centers*) bezeichnet. Da die Farbe bei Diamanten ein entscheidendes Qualitätsmerkmal ist, hat sich die Diamantenindustrie schon vor langer Zeit für diese Farbzentren interessiert. Doch interessanterweise kommen sie heute sogar in Quantentechnologien zum Einsatz.

Diamanten sind aus Kohlenstoffatomen aufgebaut. Ersetzt man eines dieser Atome durch ein Stickstoffatom und entfernt eines der benachbarten Kohlenstoffatome, entsteht ein sogenanntes *Stickstofffehlstellenzentrum* (engl.: *nitrogen-vacancy center*, kurz *NV center*). Dieses Farbzentrum kommt in Quantentechnologien zum Beispiel als Magnetfeldsensor zum Einsatz, da es günstige Spineigenschaften besitzt [108, 109]. Wie das Stern-Gerlach-Experiment aus Kap. 2 gezeigt hat, reagieren Spins empfindlich auf Magnetfelder. Dank dieser Eigenschaft können mit Stickstofffehlstellenzentren kleine Magnetfelder nachgewiesen werden. Qubits aus diesen Farbzentren können lange Dekohärenzzeiten haben und bei hohen Temperaturen operieren, verglichen mit vielen anderen Qubit-Architekturen – sogar bei Zimmertemperatur. Heute werden verschiedene Typen von Farbzentren für Quantentechnologieanwendungen untersucht. Sie werden auch in Quantennetzwerken eingesetzt, um Quanteninformation über weite Distanzen hinweg zu übertragen [110].

Ein Blick ins Labor
Nachdem wir uns in diesem Kapitel ausführlich mit den Grundlagen von Quantenarchitekturen und der Fertigung von verschiedenen Qubits beschäftigt haben, möchten wir Ihnen einen Blick in ein echtes Labor nicht vorenthalten. In Abb. 3.14 sind Aufnahmen aus zwei Laboren in Zürich und München zu sehen, die Experimente mit supraleitenden Qubits bzw. mit kalten Atomen zeigen. Wie Sie daran erahnen können, sehen Quantencomputer ganz anders aus als unsere Desktop-PCs oder Laptops zu Hause. Es handelt sich meistens noch um vergleichsweise große Aufbauten, die benötigt werden, um all die Qualitätskriterien von Qubits zu gewährleisten, über die wir in diesem Kapitel gesprochen haben. Außerdem zeigt die Abbildung eindrücklich,

Abb. 3.14 Links ist eine Aufnahme eines Mischungskryostats zu sehen, also eines Kühlgeräts, das besonders tiefe Temperaturen erreicht und den eigentlichen Chip mit Qubits enthält; in der Mitte eine Aufnahme eines Chips mit supraleitenden Qubits. (Quelle: ETH Zürich/Quantum Device Lab/Daniel Winkler). Rechts ist ein sogenannter *optischer Tisch* abgebildet, auf dem optische Bauelemente wie Laser, Linsen und Strahlteiler stehen. Die grün leuchtende Glaszelle beinhaltet die in einer magneto-optischen Falle gefangenen Ytterbium-Atome (Quelle: Ludwig-Maximilians-Universität München und Max-Planck-Institut für Quantenoptik/Arbeitsgruppe Monika Aidelsburger/Tim Oliver Höhn)

wie unterschiedlich verschiedene Architekturen und Quantenexperimente in Wirklichkeit aussehen.

Nachdem wir nun eine Vorstellung davon haben, was Quantenexperimente ausmacht, welche Anforderungen es an Qubits gibt und welche Möglichkeiten wir heute haben, sie im Labor umzusetzen, werfen wir in den kommenden Kapiteln jeweils einen Blick auf die vier verschiedenen Quantentechnologien *Quantencomputing*, *Quantensimulation*, *Quantenkommunikation* und *Quantenmetrologie*.

4

Rechnen mit Quanten

Eine berechtigte Frage, die man jedem Forscher und jeder Forscherin stellen sollte, ist: „Warum arbeitest Du an dieser Forschung?" oder auch „Was ist das Problem, das Du lösen willst?". Im Fall von Quantencomputing ist die Frage schnell beantwortet. Quantencomputer sollen bestimmte Probleme schneller lösen als klassische Computer. Sie basieren auf den Bausteinen, die im vergangenen Kapitel eingeführt wurden: Qubits.

Probleme schneller zu lösen klingt sinnvoll, aber warum sind dafür Quantencomputer nötig? Klassische Computer (inklusive Laptops, Tablets, Handys usw.) werden schließlich auch von Jahr zu Jahr schneller. Jedes heutige Smartphone hat mehr Rechenleistung als die Computer auf den Mondmissionen des Apollo-Programms in den 1960er-Jahren [111, 112]. Doch wie lange können wir Rechner noch schneller machen?

Computer bestehen aus elektronischen Recheneinheiten, den Transistoren. Wenn ein Computer den gleichen Algorithmus schneller ausführen soll, dann gibt es grundsätzlich zwei Möglichkeiten, die Rechnung zu beschleunigen: Entweder jeder Transistor rechnet schneller oder es rechnen mehr Transistoren. Ganz praktisch gesagt: Wenn mehr Arbeit geschafft werden soll, dann muss entweder jeder Arbeiter schneller arbeiten oder die Arbeit muss auf mehr Schultern verteilt werden.

Schauen wir uns zunächst die Möglichkeit an, die Rechengeschwindigkeit der elektronischen Bauteile zu verbessern. Jede Rechnung ist in einzelne Operationen unterteilt, die mit einer maximalen Geschwindigkeit ausgeführt werden. Es wäre toll, wenn wir einfach diese Geschwindigkeit (den Takt) erhöhen und so mehr Rechnungen in der gleichen Zeit ausführen könnten. Leider nimmt nicht nur die Anzahl der Rechnungen mit dem Takt des Prozessors zu, sondern auch die benötigte Leistung (Energie pro Zeit). Wenn sich der Takt vergrößert, dann erhöht sich auch die Leistungsaufnahme. Die zusätzliche Leistungsaufnahme führt insbesondere zu einem unliebsamen Nebeneffekt: Der Prozessor wird heiß. Diese Wärme muss wieder abgeführt werden (sonst schmilzt der Prozessor) und macht in Rechenzentren ein ausgeklügeltes Kühlsystem notwendig. Man bezahlt beim Rechnen mit Computern also zwei Mal seinen Strom: einmal für den Prozessor und nochmal für die Kühlsysteme. Das macht einen immer höheren Prozessortakt sowohl technisch schwierig als auch unwirtschaftlich. Daher stößt die bis in die 2000er-Jahre übliche Technik zur Erhöhung der Rechenleistung – nämlich per Erhöhung der Taktfrequenz – inzwischen an ihre Grenzen.

Die zweite Option zur Beschleunigung von Rechnungen ist die gleichzeitige Nutzung von mehr Transistoren. Dafür benötigen wir mehr Transistoren auf dem Chip. Um keine übermäßig großen Chips bauen zu müssen, sind daher kleinere Transistoren nötig. Ein heuristisches Gesetz von Gordon Moore (Mitgründer des Chipherstellers Intel) besagt, dass sich die Anzahl der Transistoren auf einem Chip ungefähr alle zwei Jahre verdoppelt (Abb. 4.1) [113]. Bisher stimmt dieses Gesetz erstaunlich gut, doch ist ein Ende absehbar. Moderne Transistoren sind nur noch wenige Nanometer groß. Ein Nanometer ist der millionste Teil eines Millimeters. Zum Vergleich: Ein menschliches Haar ist 0,05 mm dick. Das sind 50.000 nm. Sobald wir auf die Skala von 0,1 nm vordringen, befinden wir uns auf der Größenskala einzelner Atome. Spätestens dann werden herkömmliche Transistoren nicht mehr problemlos funktionie-

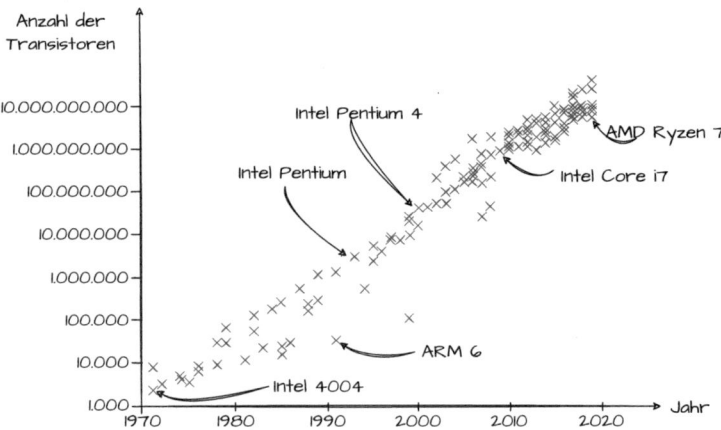

Abb. 4.1 Illustration des Moore'schen Gesetzes. Die Anzahl der Transistoren pro Chip verdoppelt sich ungefähr alle zwei Jahre

ren. In so kleinen Transistoren spielen Quanteneffekte eine wichtige Rolle. Dadurch wird die Funktionsweise heutiger Transistoren beeinträchtigt. Mit zunehmender Verkleinerung der Transistoren wird die Wahrscheinlichkeit größer, dass Elektronen ungewollt durch einen geschlossenen Transistor *tunneln*. Sie befinden sich plötzlich mit einer gewissen Wahrscheinlichkeit auf der anderen Seite des geschlossenen Schalters und die Rechnung ist fehlerhaft. Der *Tunneleffekt* ist ein Quanteneffekt, der entsteht, da die Wellenfunktion am Transistor nicht direkt auf null abfällt, sondern abklingt. Dieser Effekt ist keinesfalls gewollt und sollte vermieden werden. Wenn wir Moores Gesetz also weiter folgen wollen, müssten wir daher anfangen, Computerchips deutlich zu vergrößern. Das widerspricht jedoch unserem Wunsch nach einigermaßen handlichen Geräten. Was also tun?

Eine Strategie besteht darin, eine neue *Art* von Computer zu bauen, anstatt weiter die Hardware und Software von herkömmlichen Computern zu optimieren. Hier kommen Quantencomputer ins Spiel: Eine der großen Hoffnungen von Quantencomputern ist es, dass sich mit ihnen bestimmte Probleme effizienter lösen lassen als mit bisherigen Computern. In diesem Kapitel werden wir uns einige dieser Probleme anschauen.

4.1 Rezepte für Quanten – Quantenalgorithmen

Bevor wir uns Quantenalgorithmen widmen, schauen wir uns zunächst an, was ein Algorithmus bei klassischen Computern ist. Glücklicherweise lassen sich viele Ideen auf Quantenalgorithmen übertragen.

Backe, backe Kuchen – Was ist ein Algorithmus?
Einer der elementaren Begriffe in der Informatik ist der des Algorithmus. Kurz gesagt ist ein Algorithmus ein Kochrezept für ein Computerproblem. Spielen wir den Ablauf von einem Algorithmus einmal am Beispiel eines Rezeptes durch.

Ein Algorithmus beginnt mit wohldefinierten Eingaben und errechnet daraus bestimmte Größen. Ähnlich wie bei einem Rezept: Wir bekommen Zutaten wie Mehl, Milch, Zucker und Eier (Eingaben) und möchten daraus einen Apfelkuchen (Ausgabe) backen. Der eigentliche Prozess des Backens ist unterteilt in verschiedene Teilschritte: Wiegen, Rühren, Form Einfetten und Backen im Ofen. Jeder dieser Schritte ist definiert und mit einer genauen Handlungsanweisung versehen wie „Schlagen Sie 4 Eier mit 200 g Zucker schaumig". Ebenso sind bei einem Algorithmus alle Schritte wohldefiniert. Im Fall eines

Computerprogramms könnten diese Befehle aussehen wie: „Addiere 3 zur Eingabe" oder „Tausche das dritte und das sechste Element einer Liste". In beiden Fällen erwarten wir ein bestimmtes Ergebnis: Beim Rezept ist es ein Apfelkuchen, beim Computeralgorithmus beispielsweise eine alphabetisch sortierte Liste. In Abb. 4.2 ist die Ähnlichkeit zwischen den beiden Konzepten bildlich gegenübergestellt. Im oberen Teil des Bildes befolgen wir ein Rezept, um aus den Zutaten einen Kuchen zu backen. Im unteren Teil bekommen wir als Eingabe eine unsortierte Liste mit vier Elementen, befolgen einen Algorithmus und erhalten eine sortierte Liste. In beiden Fällen sind die Arbeitsschritte klar definiert und können einzeln ausgeführt werden. Das Sortieren einer Liste wird uns für den Rest des Abschnitts als Beispiel begleiten. Sortierung ist eine wichtige Grundoperation, die viele andere Operationen erleichtert: zum Beispiel das Finden von bestimmten Einträgen. Man stelle sich nur vor, man müsste in einem durcheinander geratenen Telefonbuch nach einer Person suchen – ein Riesenaufwand!

Nach dieser intuitiven Einführung können wir uns einer technischeren Definition von Donald E. Knuth, einem der Pioniere der Informatik, zuwenden [114]. Ein Algorithmus muss folgende fünf Kriterien erfüllen:

1. *Endlichkeit:* Ein Algorithmus muss nach einer endlichen Anzahl von Schritten beendet sein, bestenfalls schon nach wenigen Schritten.
2. *Definiertheit:* Jeder Schritt eines Algorithmus muss präzise definiert sein; die Aktionen müssen streng befolgt werden und müssen in jedem einzelnen Fall klar definiert sein.

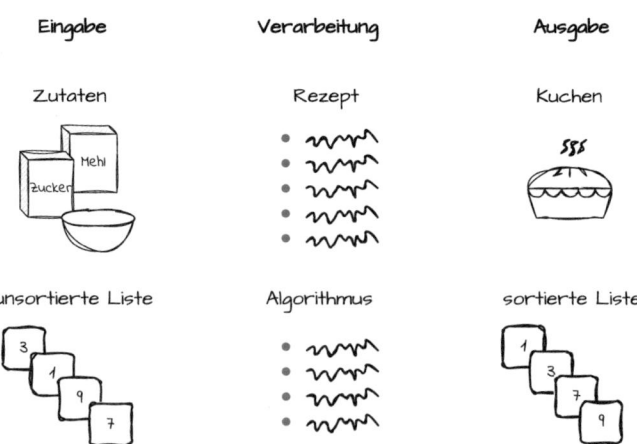

Abb. 4.2 Ein Algorithmus funktioniert wie ein Kuchenrezept: Bestimmte Zutaten (Eingaben) werden anhand von festen Schritten im Rezept (Verarbeitung) zu einem Kuchen (Ausgabe) verarbeitet

3. *Eingaben* sind Daten, die vor dem Beginn des Algorithmus bereitgestellt werden. Die Art der Eingabe (z. B. Kommazahlen, Bits, eine Namensliste) ist vorher bekannt.
4. *Ausgaben* sind Objekte, die eine klare Beziehung zu den Eingaben haben. Ausgaben werden aus Eingaben über einen festen Zusammenhang erzeugt.
5. *Effektivität:* Alle Operationen, die im Algorithmus vorkommen, müssen grundlegend genug sein, damit sie im Prinzip auch von einem geduldigen Menschen mit Stift und Papier ausgeführt werden können.

Die Kriterien haben eine direkte Entsprechung in der Sprache von Rezepten. Das Backen eines Kuchens dauert eine endliche Zeit *(Endlichkeit)*, d. h., der Kuchen wird in absehbarer Zeit fertig. Dabei sind alle Aktionen wie das Verrühren von Zutaten klar bestimmt *(Definiertheit)*. Die Zutaten für den Kuchen müssen vorher eingekauft werden *(Eingaben)* und führen bei Befolgen des Rezepts zu einem Apfelkuchen und nicht zu einem Kirschkuchen *(Ausgaben)*. Schließlich sind alle Anweisungen kleinteilig, sodass sie nachvollzogen werden können. Das Rezept besteht aus einzelnen Schritten wie „Heizen Sie den Backofen auf 180 °C vor" und nicht „Backen Sie einen Apfelkuchen" *(Effektivität)*.

> **Zusammenfassung**
>
> - Algorithmen sind wie Rezepte für einen Computer: Aus einer Eingabe wird über festgelegte Schritte in endlicher Zeit ein Ergebnis erzeugt.

Wie schwer kann es sein? – Komplexität von Algorithmen
Einen Namen in einer alphabetisch sortierten Liste zu finden ist deutlich einfacher als in einer wild durcheinander gewürfelten Namensliste. Das Sortieren von Daten kann den Aufwand der Suche also erheblich vereinfachen. Doch wie *schwierig* ist das Sortieren einer Liste eigentlich? Wie *schnell* lässt sich eine Liste sortieren?

Denken wir an eine Liste mit Namen, die durcheinander geraten ist. Es gibt zahlreiche Möglichkeiten, die Namen neu anzuordnen und nur eine davon ist die *alphabetisch* richtige. Die Anzahl der möglichen Anordnungen nimmt mit der Länge der Liste zu. Fügt man zu einer bestehenden Liste einen weiteren Namen hinzu, kann dieser an jeder Stelle der Liste platziert werden – das führt automatisch zu vielen neuen Anordnungsmöglichkeiten.

Um einen besseren Überblick über die Menge der möglichen Anordnungen zu bekommen, schauen wir uns eine Liste mit N Elementen an. N steht dabei für irgendeine natürliche Zahl (also eins, zwei, drei usw.) und beschreibt die Länge der Liste. Wir nehmen an, dass alle N Elemente der Liste unterschiedlich sind. Wie viele verschiedene Möglichkeiten gibt es, sie in eine bestimmte Reihenfolge zu bringen? An erster Stelle könnten alle N Elemente stehen. Wenn wir uns ein Element für den ersten Listenplatz ausgesucht haben, dann gibt es für den zweiten Platz in der Liste nur noch $N - 1$ mögliche Elemente. Eines ist ja bereits auf dem ersten Platz der Liste gesetzt. Im nächsten Schritt bleiben nur noch $N - 2$ Elemente übrig. Wenn wir so weiter verfahren, so gibt es $N \cdot (N - 1) \cdots 2 \cdot 1 = N!$ verschiedene Kombinationsmöglichkeiten, um die Listenelemente in eine feste Reihenfolge zu bringen. $N!$ ist die sogenannte *Fakultät* und ist nur eine einfachere Schreibweise für die Multiplikation auf der linken Seite des Gleichheitszeichens. Die Fakultät von 4 ist zum Beispiel $4! = 4 \cdot 3 \cdot 2 \cdot 1 = 24$, doch eine Fakultät steigt extrem schnell an! Während es bei zwei Elementen nur zwei mögliche Sortierungen ($2! = 2$) gibt („AB" oder „BA"), nimmt die Anzahl der möglichen Anordnungen schnell mit der Länge der Liste zu. Bei 10 Elementen sind es schon über 3,5 Mio. und bei 14 Elementen sind es schon über 87 Mrd., das sind über zehnmal so viele Anordnungen wie es Menschen auf der Erde gibt.

Wie lassen sich lange Listen mit so unfassbar vielen Anordnungsmöglichkeiten schnell in die vorgesehene Reihenfolge bringen? Computer machen das ständig und nutzen dafür *Sortieralgorithmen*. Ein einfacher (doch nicht sehr guter) Sortieralgorithmus ist der folgende: Wir wählen eine zufällige Anordnung aller Elemente der Liste und kontrollieren anschließend, ob sie in der korrekten Reihenfolge sind. Wenn nicht, dann mischen wir erneut und wiederholen den Vorgang so oft, bis die Liste sortiert ist. Das ist zugegebenermaßen eine ziemlich umständliche Art eine Liste zu sortieren. Daher hat sich der Algorithmus den Namen „Bogo-Sortierung" (von engl.: *bogus*) eingehandelt. Zwar erfüllt dieser Algorithmus alle fünf Kriterien eines gültigen Algorithmus, doch ist er wirklich aufwendig und nur mit hoher Wahrscheinlichkeit endlich. Denn man muss sehr häufig durchprobieren, bis man die richtige Lösung gefunden hat. Es ist nämlich sehr unwahrscheinlich, dass sich die Liste zufällig in der richtigen Reihenfolge befindet. Das ist so, als würde man ein Puzzle in die Luft werfen und erwarten, dass es korrekt zusammengesetzt auf den Boden fällt.

Eine geschicktere Methode nutzt den sogenannten *Bubble-Sort*-Algorithmus. Als Beispiel schauen wir uns eine unsortierte Liste von Zahlen an. Anstatt die Liste immer wieder zu mischen und dann zu kontrollieren, ob sie sortiert ist, können wir strukturierter vorgehen. Kleine Elemente gehören an den Anfang der Liste und große Elemente sollen am Ende stehen, wenn der Algorithmus fertig ist. Die Idee des sogenannten *Bubble-Sort*-Algorithmus ist es, große Elemente wie Blasen (engl.: *bubbles*) ans Ende der Liste steigen zu lassen.

Wie funktioniert der Algorithmus im Detail? Unser Ziel ist es, dass große Zahlen ans Ende der Liste wandern. Wenn also zwei Zahlen nebeneinander stehen und die linke Zahl größer ist als die rechte, dann sollten wir sie tauschen. Das ist schon die Grundidee des Algorithmus.

Schauen wir uns das erste Paar der Liste in Abb. 4.3 an (4 und 9). Der Vergleich der beiden Zahlen ist mit einem blau schraffierten Bereich markiert. Hier müssen wir nichts tun, da 4 kleiner als 9 ist. Der blaue Bereich in der Abbildung wandert einen Schritt nach rechts. Beim Vergleich von 9 und 7 stellen wir fest, dass die Positionen getauscht werden müssen. Nun ist der blaue Bereich schon fast am Ende der kurzen Liste angekommen. Nachdem wir im nächsten Schritt 2 und 9 getauscht haben, steht die 9 am Ende der Liste. Da sie das größte Element in der Liste ist, gehört sie auch ans Ende. In allen Schritten haben wir die Zahl, die wie eine Blase durch die Liste aufsteigt, in Grün markiert.

Jetzt startet der blaue Bereich für seinen zweiten Durchlauf wieder von der ersten Position der Liste und vergleicht die ersten beiden Zahlen. Dieses Mal steigt die Zahl 7 als Blase zum Ende der Liste auf. Wir können den Vorgang nun

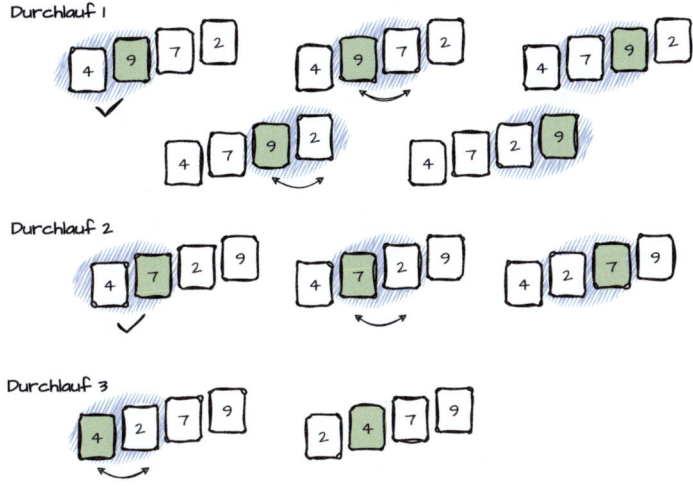

Abb. 4.3 Illustration des Bubble-Sort-Algorithmus. Die Zahlen werden paarweise in den blauen Bereichen verglichen. Falls die linke Zahl größer ist als die rechte ist, dann werden die beiden Zahlen getauscht. Die Zahl, die als Blase aufsteigt, ist in den jeweiligen Durchläufen in Grün markiert. Insgesamt laufen die blauen Bereiche drei Mal vom Beginn los. Das ist in den drei Abschnitten dargestellt

solange wiederholen, bis alle Zahlen sortiert sind. Der Algorithmus lässt sich sogar noch verbessern. Das heißt: Die Anzahl an nötigen Schritten lässt sich noch weiter verringern. Da wir wissen, dass bei jedem Durchlauf die größte Zahl nach oben steigt, können wir alle weiteren Durchläufe immer früher beenden. Die letzten Zahlen der Liste sind schon sortiert.

Jetzt kennen wir schon zwei verschiedene Algorithmen zum Sortieren von Listen, den zufallsbasierten Bogo-Sortieralgorithmus und den strukturierten Bubble-Algorithmus. Doch welcher Algorithmus ist der *bessere*? Eine mögliche Antwort darauf liefert der Vergleich ihrer *Komplexität*. Die Komplexität eines Algorithmus ist eine Angabe über die Anzahl an Operationen, die seine Ausführung benötigt, in Abhängigkeit von der Länge der Eingabe. Bei einer Liste ist das die Länge der Liste, z. B. die Zahlen in Abb. 4.3 oder die Anzahl an Namen in einer Namensliste. Wenn wir die Komplexität eines Algorithmus beschreiben, dann ermitteln wir, wie schnell der Aufwand (die Anzahl der Schritte) des Algorithmus mit der Eingabelänge, d. h. der Anzahl der Namen, anwächst. Damit verbunden ist Frage nach der *Laufzeit* eines Algorithmus, d. h. die Zeitdauer, die für die Berechnung benötigt wird.

Ein guter Algorithmus benötigt möglichst wenig Schritte für die Lösung eines bestimmten Problems. Um verschiedene Algorithmen zu vergleichen, können wir die Anzahl der Schritte in Abhängigkeit der Eingabelänge auftragen. In Abb. 4.4 ist das für drei verschiedene Algorithmen dargestellt. In allen Fällen steigt die Anzahl der Schritte mit der Größe des Problems. Intuitiv: Wenn das Problem größer wird, dann dauert es auch länger, es zu lösen. Beim Algorithmus, der zur grünen Kurve gehört, hängt die Anzahl der Schritte linear von der Eingabelänge ab. Wenn sich die Länge der Eingabe verdoppelt, dann braucht der Algorithmus doppelt so lang. Der blaue und der schwarze Algorithmus hängen quadratisch von der Eingabelänge ab: Doppelte Listenlänge, vierfache Anzahl an Schritten. Wenn wir die Wahl haben, dann sollte der grüne Algorithmus immer den anderen beiden vorgezogen werden. Ab einer gewissen Eingabelänge, die durch die Schnittpunkte gegeben ist, wird der grüne Algorithmus immer weniger Schritte als die beiden anderen Algorithmen benötigen: Er wird schneller fertig.

Die Komplexität eines Algorithmus kann auch von der spezifischen Eingabe abhängen. Manche Eingaben sind für einen Algorithmus schwieriger als andere. Wenn bei einer Sortierung beispielsweise die Liste genau umgekehrt sortiert ist, dann braucht er unter Umständen länger als bei einer zufällig sortierten Liste. Man unterscheidet daher zwischen einer „Worst-Case"-Komplexität und einer „Average-Case"-Komplexität.

Unabhängig vom genauen Zusammenhang zwischen Eingabelänge und Schrittanzahl, gibt es einen Schnittpunkt zwischen den quadratischen und linearen Algorithmen. Diese Erkenntnis ist die Basis der Komplexitätstheorie. Wir können alle Details unter den Tisch fallen lassen und uns auf die wichtigste Abhängigkeit von Laufzeit und Eingabelänge beschränken. Dafür kommen in der Informatik sogenannte Landau-Symbole zum Einsatz. Das wohl bekannteste ist ein geschwungenes O: O. Diese Symbole sind bei Mathematikerinnen und Informatikerinnen gerade deshalb so beliebt, weil sie sich damit auf das Wesentliche konzentrieren und alle zweitrangigen Abhängigkeiten elegant unter den Teppich kehren können. Ein linearer Algorithmus wird mit $O(N)$ bezeichnet, wobei N die Länge der Eingabe ist. Im Vergleich zu einem quadratischen Algorithmus mit einer Komplexität von $O(N^2)$ ist der lineare Algorithmus ab einer gewissen Eingabelänge N immer im Vorteil, da sich die Linien wie in Abb. 4.4 immer schneiden werden.

Zurück zu den beiden Sortieralgorithmen: Die Komplexität des Bubble-Sort ist $O(N^2)$, also quadratisch. Der Bubble-Sort tauscht benachbarte Zahlen in jedem Durchlauf. In N Schritten läuft damit die größte Zahl bis ans Ende der Liste. Da die Liste N Zahlen hat, benötigen wir nochmal N Durchläufe, bis die ganze Liste sicher sortiert ist. Demnach sind es $O(N^2)$ Schritte.

Der Bogo-Sort-Algorithmus hat Komplexität $O(N \times N!)$. Dabei ist das Ausrufezeichen hier keine Betonung, sondern wieder das Fakultätssymbol ($4! = 4 \cdot 3 \cdot 2 \cdot 1 = 24$). Das entspricht genau dem Ausprobieren aller möglichen Sortierungen ($N!$ Schritte) und jeweils einem Kontrolllauf (N Schritte), ob die Liste auch sortiert ist. Der Bubble-Sort-Algorithmus ist in der Praxis daher viel besser, da eine quadratische Funktion (N^2) deutlich langsamer steigt als die Fakultät ($N!$). Das zeigt uns, dass es bessere und schlechtere Algorithmen gibt, wenn man sie hinsichtlich ihrer Komplexität vergleicht. Der Vergleich von Bogo-Sort und Bubble-Sort ist ein wenig künstlich, da niemand wirklich auf die Idee kommt, eine Liste durch Mischen zu sortieren. Wir wollen lediglich zeigen, dass es Algorithmen gibt, die so schlecht skalieren und deren Ausführung so lange braucht, dass man sie nicht praktisch umsetzen kann.

Der Vollständigkeit halber noch eine kurze Notiz: Auch der Bubble-Sort-Algorithmus ist nicht optimal, d. h., er verwendet nicht die minimale Anzahl an Schritten. In der Praxis werden Sortieralgorithmen mit einer noch besseren Komplexität eingesetzt, wie z. B. Quicksort, Mergesort oder Heapsort. Für diese Algorithmen kann man theoretisch zeigen, dass sie optimal sind, d. h., sie benutzen die minimale Anzahl an Schritten.

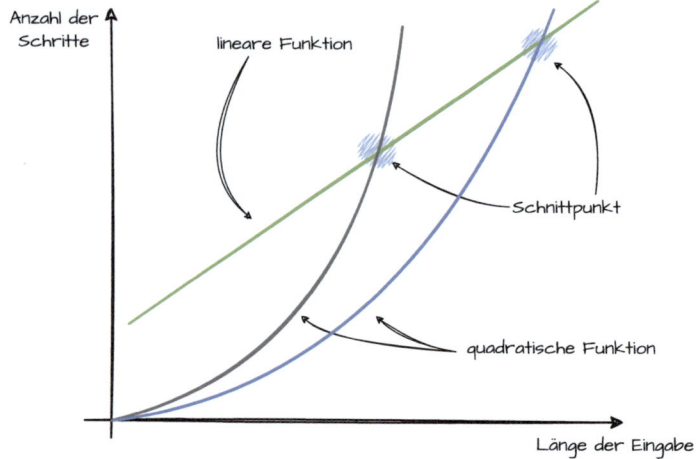

Abb. 4.4 Komplexität verschiedener Algorithmen. Bei der Betrachtung der Komplexität betrachten wir nur den Teil einer Funktion, der am schnellsten steigt. Der Graph zeigt den Zusammenhang zwischen Eingabelänge und der Anzahl der Schritte dreier Algorithmen (grün, blau, schwarz). Die Anzahl der Schritte des grünen Algorithmus steigt immer langsamer als die der beiden anderen (schwarz und blau). Sobald die Länge der Eingabe die Schnittpunkte (blau schraffiert) überschreitet, ist der grüne Algorithmus immer schneller fertig

> **Zusammenfassung**
>
> - Die Komplexität von Algorithmen bietet eine Möglichkeit, um verschiedene Algorithmen miteinander zu vergleichen.
> - Beim Sortieren einer Liste hat beispielsweise der Bubble-Sort-Algorithmus eine bessere Komplexität als Bogo-Sort.
> - Auch der Bubble-Sort-Algorithmus ist nicht optimal. Optimale Sortieralgorithmen skalieren mit $O(N \cdot \log(N))$

Seid ihr wirklich gleich? – Ein erster Quantenalgorithmus
Überträgt sich die Idee von Eingabe, Rechenvorschriften und Ausgabe auch auf Quantencomputer? Glücklicherweise ja! Auch ein Quantenalgorithmus funktioniert wie ein Kochrezept. Die Eingabe (Zutaten) liegt typischerweise in Form eines Quantenzustands vor. Im Gegensatz zu klassischen Bits, die entweder 0 oder 1 sind, kann dieser Zustand auch in einer Superposition sein. Wie auch im klassischen Fall besteht der Algorithmus aus einer festen Abfolge

von Schritten (Rezept). Zum Schluss wird der Quantenzustand gemessen und man erhält ein Ergebnis (Kuchen). Dieser Messprozess ist der gleiche Prozess, den wir bei Superpositionen beschrieben haben. Die Superposition kollabiert und wir messen ein klassisches Ergebnis (siehe zum Beispiel Abb. 2.14).

Um ein Gefühl für Quantenalgorithmen zu bekommen, starten wir mit einem einfachen Algorithmus. Wir möchten vergleichen, ob zwei Zustände, nennen wir sie $|A\rangle$ und $|B\rangle$, gleich sind. Lassen Sie uns kurz einen Schritt zurück treten und zunächst der Frage nachgehen, wie klassische Computer zwei Zahlen A und B miteinander vergleichen. Jede Programmiersprache, die etwas auf sich hält, hat nun einen Operator, der die beiden Zahlen miteinander vergleicht. Das Ergebnis dieses Vergleichs ist entweder „wahr", wenn die Zahlen gleich sind oder „falsch", wenn sie es nicht sind.

Der zugrunde liegende Algorithmus besteht aus drei Schritten: Zahlen einlesen, Zahlen vergleichen, Ergebnis ausgeben. Dabei ist der mittlere Schritt, der Vergleich der Zahlen, eine einzelne Operation, die von der Programmiersprache erledigt wird. Doch was passiert dabei hinter den Kulissen?

Alle Daten auf einem klassischen Computer werden in der Form von Bits dargestellt. So auch die beiden Zahlen A und B. Wenn die beiden Zahlen gleich sind, dann müssen auch alle ihre Bits gleich sein. Wenn es um Bits geht, sind meist auch Boole'sche Operatoren nicht weit. Benannt nach dem englischen Mathematiker George Boole, dienen Boole'sche Operatoren zur Manipulation und zum Vergleich von Bits.

Boole'sche Operatoren entstammen der mathematischen Logik. Im Alltag ist ein logischer Schluss eine Argumentation, die Sinn ergibt. In der Mathematik geht es formaler zu, aber die Idee ist die gleiche. Dabei geht es um Fragen wie: „Wie kann man mehrere Aussagen miteinander verknüpfen und prüfen, ob die *Gesamtaussage* wahr ist?" In der *Boole'schen Aussagenlogik* kann eine Aussage entweder „Wahr" oder „Falsch" sein. Das Praktische für uns: Wenn „Wahr" und „Falsch" den Bits 1 und 0 entspricht, dann können wir Schlüsse aus der Logik direkt für Bits verwenden. Die Verknüpfung von Aussagen geschieht mit sogenannten logischen *Gattern*.

Ein wichtiges logisches Gatter ist das AND-Gatter. Da sich Logik mit Aussagen beschäftigt, lässt sie sich gut mit Worten erklären. Der Satz „John ist 12 Jahre alt AND spielt Basketball." ist nur wahr wenn beide Aussagen, Alter und Sport, wahr sind. Solche Boole'schen Operatoren nehmen üblicherweise zwei Eingaben und geben eine Ausgabe zurück. Hier ist die Eingabe der Wahrheitsgehalt der Aussagen über Alter und Sport und die Ausgabe ist die Wahrheit der Gesamtaussage. Der genaue Ablauf des Vergleichs zwischen Bits ist in **Kurz & knackig: Logische Gatter zum Vergleich von Zahlen** erklärt.

Kurz & Knackig: Logische Gatter zum Vergleich von Zahlen

Logische Gatter bilden die Grundlage für die Rechnung mit Bits. Neben dem AND gibt es zwei weitere Operatoren, die wir für den Vergleich von Zahlen benötigen. Ein OR (dt.: *ODER*) verknüpft zwei Aussagen, sodass die Gesamtaussage wahr ist, falls mindestens eine der Aussagen stimmt. Der Satz „Alice ist größer als 140 cm OR Alice spielt gerne Fußball." ist wahr, falls Alice groß gewachsen ist, Fußball spielt oder beides stimmt. Wenn nur genau ein korrekter Teilsatz zu einem korrekten Ergebnis führen soll, dann ist ein *exklusives oder* (engl.: *exclusive or*, kurz *XOR*) nötig. Die Aussage „Jeremy spielt entweder Trompete oder Posaune." ist nur wahr, wenn er genau eines der Instrumente spielt. Den Wahrheitsgehalt der beiden Teilsätze (Trompete, Posaune) lässt sich mit 0 und 1 kodieren. Die Wirkung der Operatoren XOR und OR ist auf der linken Seite der Abbildung in Form von *Wahrheitstabellen* dargestellt. Sie listen die Ausgabe der Operatoren für alle möglichen Eingabekombinationen auf. Im Falle von OR führen alle Eingaben außer zwei falschen Aussagen zu einer korrekten Gesamtaussage.

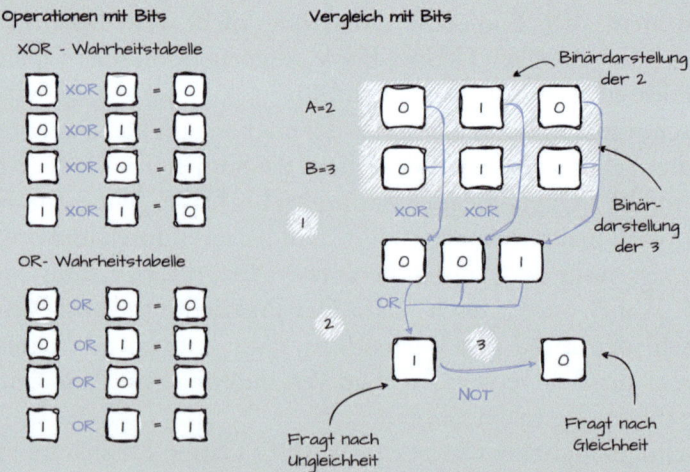

Auf der rechten Seite der Abbildung ist ein möglicher Algorithmus zum Vergleich von zwei Zahlen in drei Schritten aufgezeichnet. Ein XOR zwischen jedem Bit der beiden Zahlen A und B vergleicht die einzelnen Bits. Wenn die beiden Bits unterschiedlich sind, dann ergibt das XOR eine 1, sonst eine 0. Um festzustellen ob die beiden Zahlen gleich sind, müssen wir herausfinden, ob eine einzige 1 im Ergebnis vorkommt. Das kann die OR-Operation. Normalerweise ist der OR-Operator nur für zwei Bits definiert, doch wir können einfach auf eine beliebige Anzahl von Bits erweitern. Sobald ein einzelnes Bit 1 ist, wird das ganze Ergebnis 1. Durch ein OR auf alle Bits im zweiten Schritt, stellen wir fest, ob die Zahlen unterschiedlich sind. Mit einem finalen NOT (Umkehrung des Bits, d. h., aus einer 0 wird eine 1 und umgekehrt), das das Ergebnis umkehrt, können wir zwei Zahlen auf Gleichheit überprüfen.

Moderne klassische Algorithmen werden nicht mehr auf dem Level von einzelnen Gattern oder Bits formuliert. Die Nutzung von Programmiersprachen ermöglicht es, Befehle an einen Computer in einer verständlicheren Sprache zu formulieren. Da Quantencomputer sich aber noch in den Kinderschuhen befinden, werden viele Quantenalgorithmen in Form von *Quantengattern* geschrieben. Quantengatter sind das Quantenanalogon zu logischen Gattern auf klassischen Computern. Sowohl logische Gatter als auch Quantengatter werden häufig bildlich als Schaltkreise dargestellt, um die Beschreibung von Algorithmen zu vereinfachen (siehe Abb. 4.5).

Die beiden Schaltkreise in der Grafik stellen einen sehr ähnlichen Algorithmus für klassische und Quantencomputer dar: den Vergleich von zwei Bits bzw. Qubits. Beide Diagramme werden von links nach rechts gelesen. Sowohl im oberen, klassischen als auch im unteren Teil der Grafik sind die drei wesentlichen Teile eines Algorithmus zu sehen. Die blau hinterlegten Felder am linken Rand zeigen die Eingabe (Zutaten des Kochrezepts). Dann folgt der eigentliche Algorithmus (Schritte des Rezepts), der für den Vergleich der Eingaben zuständig ist (grau hinterlegt). Zum Schluss folgt die Ausgabe des Algorithmus (Kuchen). In diesem Fall ist das eine Information über die Gleichheit der Eingaben (grün hinterlegt).

Information „fließt" vom linken Rand der Grafik zum rechten. Die schwarzen Linien funktionieren dabei wie Leitungen für Information. Im oberen Teil des Bildes bekommt das sogenannte XOR-Gatter als Eingabe die Bits *A* und *B*. Das XOR-Gatter prüft die beiden Bits auf Ungleichheit. Es ist nur wahr, wenn genau eine der Eingaben wahr ist. Sprachlich wird es häufig als „entweder … oder …" formuliert. Auf der rechten Seite des Gatters verlässt immer ein einzelnes Bit das Gatter. Das Ausgangsbit des XOR-Gatters ist die Eingabe für das folgende NOT-Gatter. Da das XOR-Gatter auf Ungleichheit prüft und seine Ausgabe dann in ein NOT-Gatter leitet, das den Wert des eingehenden Bits umkehrt, prüft der gesamte Schaltkreis die beiden Bits *A* und *B* auf Gleichheit.

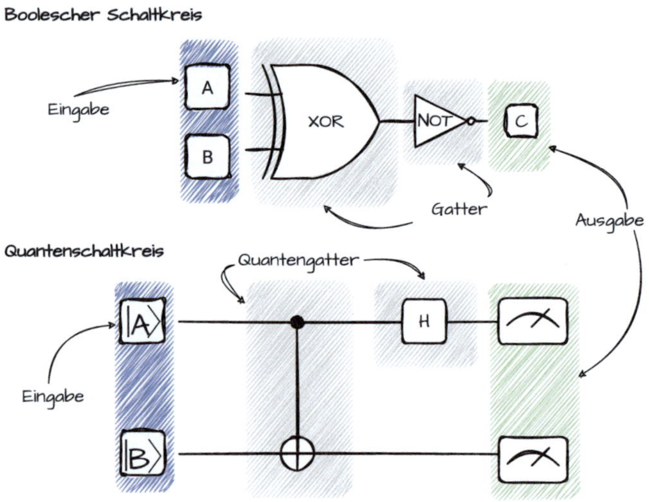

Abb. 4.5 Vergleich von Bits und Qubits. *Oben:* Logischer Schaltkreis für den Vergleich von klassischen Bits. *Unten:* Quantenschaltkreis zum Vergleich von Quantenbits

Wenden wir unseren Blick auf den unteren Teil der Grafik, den Quantenalgorithmus. Die Eingabe im Quantenalgorithmus sind nun zwei Quantenzustände in Form von Qubits. Beide Zustände können möglicherweise in Superpositionen von $|0\rangle$ und $|1\rangle$ sein. Leider ist es nicht möglich, die beiden Zustände durch einfaches Messen zu vergleichen. Bei der Messung nimmt ein Zustand zufällig einen der klassischen Werte 0 oder 1 an, je nachdem wie die Gewichte in der Superposition verteilt sind (Abb. 2.13). Nachdem beide Zustände gemessen sind, ist nicht klar, ob die Messergebnisse nur zufällig gleich sind oder ob die Zustände tatsächlich gleich sind. Daher benötigen wir einen Quantenalgorithmus, der die beiden Qubits auf Gleichheit überprüft. Dafür kommt der eingezeichnete Quantenschaltkreis zum Einsatz. Die Operationen des Quantenschaltkreises sind mit grau schraffierten Bereichen hinterlegt.

Bevor wir die Operationen genauer ansehen, schauen wir uns den ganz rechten Teil des Schaltkreises an. Die stilisierten Anzeigen von Messgeräten sind ein Symbol für die Messung am Ende des Quantenalgorithmus. Am Ende der Quantenrechnung hilft es wenig, wenn wir einen Quantenzustand haben, da wir am Ende ein klassisches Ergebnis benötigen: Entweder die Zustände sind gleich oder nicht. Das ist eine klassische, binäre Information mit zwei möglichen Werten. Demnach muss am Ende der Rechnung eine Messung stehen, um die Quanteninformation wieder in klassische Information zu verwandeln. Das gilt nicht nur für diesen Quantenalgorithmus. Wenn ein Quantenalgorithmus mit einem klassischen Computer interagieren oder auf eine Frage aus dem alltäglichen Leben antworten soll, dann muss am Ende der Rechnung eine Messung stehen.

Um den grau schraffierten Mittelteil des Quantenalgorithmus zu verstehen, müssen wir uns die Frage nach der Gleichheit von Quantenzuständen noch einmal genauer ansehen. Bei klassischen Bits ist die Frage nach Gleichheit schnell beantwortet: Entweder beide sind 0 oder beide sind 1. Im Fall von Quantenzuständen ist es ein wenig komplizierter. Das lässt sich gut am Beispiel der Bloch-Kugel aus Kap. 2 veranschaulichen (siehe Abb. 2.15). Der Nord- und der Südpol der Bloch-Kugel entsprechen den klassischen Bits 0 und 1. Alle anderen Positionen auf der Kugel sind Quantenzustände. Die Wahrscheinlichkeit, dass zwei zufällige Quantenzustände gleich sind, ist also verschwindend gering. Es ist ein wenig so als ob man fragen würde, ob zwei Metallstäbe exakt gleich lang sind. Vielleicht sind sie auf den ersten Blick gleich lang, doch mit einem Maßband gibt es doch einen kleinen Unterschied im Millimeterbereich. Der exakte Vergleich von kontinuierlichen Größen (Quantenzustände, Länge von Objekten) ist schwierig. Entweder stellt man die Frage mit einem gewissen erlaubten Fehler: „Sind die beiden Metallstäbe, innerhalb eines Toleranzbereichs von 0,5 mm, gleich lang?" oder man fragt nach der Ähnlichkeit „Wie gleich ist die Richtung, in die die beiden Quantenzustände auf der Bloch-Kugel zeigen?". Bei Quantenzuständen nennt sich diese Ähnlichkeit *Fidelität*. Wenn die Fidelität zweier Zustände 1 ist, dann zeigen sie genau in die gleiche Richtung. Wenn sie auf der Bloch-Kugel in gegenüberliegende Richtungen zeigen, dann ist die Fidelität 0. In allen anderen Fällen nimmt die Fidelität einen Wert zwischen null und eins an. Sie lässt sich daher wie eine Prozentangabe lesen: Fidelität null bedeutet null Prozent Übereinstimmung der beiden Quantenzustände, Fidelität eins ist gleichzusetzen mit hundertprozentiger Übereinstimmung und alles dazwischen entsprechend dem genauen Wert zu interpretieren.

Der Quantenschaltkreis im unteren Teil von Abb. 4.5 berechnet die Fidelität der beiden Quantenzustände $|A\rangle$ und $|B\rangle$. Um zwei Objekte miteinander zu vergleichen, müssen die Informationen über die beiden in Kontakt kommen. Im klassischen Fall übernimmt das XOR-Gatter diese Aufgabe. Im Quantenfall heißt das Gatter CNOT (engl.: *controlled-NOT*). Es verändert den Quantenzustand $|B\rangle$ in Abhängigkeit von Zustand $|A\rangle$. Mithilfe des sogenannten Hadamard-Gatters (H) und der anschließenden Messung reicht diese Veränderung, um festzustellen, wie ähnlich sich die beiden Zustände sind. Das Hadamard-Gatter verändert den Zustand eines einzelnen Qubits und überführt beispielsweise $|0\rangle$ in den Zustand $|+\rangle$ sowie $|1\rangle$ in $|-\rangle$.

Nach der Messung der Quantenzustände kommt schließlich noch ein wichtiger Schritt zum Einsatz, der nicht mehr wirklich Teil des Quantenalgorithmus ist, jedoch bei vielen Algorithmen eine wichtige Rolle spielt. Die gemessenen

Daten aus Nullen und Einsen werden *postprozessiert* (engl.: *post-processing*). Das bedeutet, dass sie noch weiterverarbeitet werden müssen, um die Fidelität der beiden Quantenzustände $|A\rangle$ und $|B\rangle$ zu bestimmen. So eine Weiterbearbeitung der klassischen Messdaten ist essenziell für Quantenalgorithmen, um aus ihnen das gewünschte Ergebnis zu erhalten. Im Fall des in Abb. 4.5 gezeigten Algorithmus zur Bestimmung der Fidelität läuft die Postprozessierung so ab, dass man bei jeder Durchführung der Rechnung darüber Protokoll führt, ob beide Zustände in 1 gemessen wurden oder nicht. Nach mehrmaligem Wiederholen des Experiments wird dann festgestellt, in wie viel Prozent der Fälle beide gemessenen Bits 1 waren. Diese Wahrscheinlichkeit hängt dann direkt mit der Fidelität zusammen, die die Gleichheit von $|A\rangle$ und $|B\rangle$ in Zahlen ausdrückt.

An dieser Stelle fällt der Quantenschaltkreis für die Berechnung der Fidelität vom Himmel. Tatsächlich ist die Entwicklung neuer Quantenalgorithmen ein aktives Forschungsfeld. Die grundlegende Idee aller Quantenalgorithmen ist, dass bestimmte Probleme schneller gelöst werden können, wenn man Effekte wie Superposition und Verschränkung nutzt, so wie das auch im Schaltkreis aus Abb. 4.5 durch geschickte Nutzung der Quantengatter der Fall ist. Am Ende des Quantenalgorithmus soll das Ergebnis jedoch eindeutig sein. Es soll also nicht mehr aus Superpositionen bestehen. Das ist die Kunst bei der Entwicklung eines Quantenalgorithmus.

Zusammenfassung

- Operationen auf Bits werden mit logischen Gattern wie AND oder OR dargestellt. Sie werden grafisch in Schaltkreisen zusammengefasst.
- Quantenalgorithmen werden häufig in Quantenschaltkreisen zusammengefasst. Einzelne Gatter werden dabei ähnlich wie logische Operatoren als Quantengatter dargestellt.
- Am Ende eines Quantenalgorithmus steht üblicherweise eine Messung, um die Quanteninformation wieder in klassische Information zu verwandeln. In vielen Quantenalgorithmen wird diese klassische Information weiterverarbeitet (postprozessiert), um das finale Ergebnis zu erhalten.

4.2 Suchen, aber möglichst schnell – Grovers Algorithmus

Der Vergleich von zwei Qubits ist zugegebenermaßen ein hausgemachtes Problem. Ohne Quantencomputer benötigt auch niemand einen Quantenalgorithmus, der Zustände von Qubits vergleicht. Die wichtige Frage an dieser Stelle: Bringen uns Superposition und Verschränkung überhaupt etwas, wenn wir praktische Probleme lösen möchten? Ein Beispiel für ein solches Problem wäre das Sortieren einer Liste, wie wir es zu Anfang dieses Kapitels kennengelernt haben.

Zunächst können wir uns anschauen, ob Quantencomputer wirklich mehr berechnen können als klassische Computer. Sobald Quantencomputer keine Superpositionen oder verschränkte Qubits mehr zur Verfügung haben, dann sind die Zustände $|0\rangle$ und $|1\rangle$ äquivalent zu den klassischen Bits 0 und 1. Alle Operationen, die ein klassischer Computer durchführen kann, kann auch ein Quantencomputer durchführen. Wir können also auf einem Quantencomputer alles berechnen, was auch ein klassischer Computer berechnen kann. Das bedeutet nicht, dass es genauso schnell passieren würde. Aktuelle Quantencomputer führen Operationen deutlich langsamer aus als moderne klassische Computer. Demnach ist es sicherlich keine gute Idee, einen klassischen Algorithmus auf einem Quantencomputer auszuführen. Die folgenden Abschnitte werden zeigen, dass Verschränkung und Superpositionen tatsächlich nützlich sind, um bestimmte Probleme effizienter zu lösen.

Noch eine Notiz am Rande: Im Prinzip kann ein klassischer Computer alle Probleme lösen, die ein Quantencomputer auch lösen kann. Der wichtige Unterschied besteht darin, wie lange die beiden für die Lösung brauchen. Bei manchen Problemen würde ein klassischer Computer so unglaublich lange für die Lösung brauchen, dass wir es alle nicht mehr erleben würden. Es gibt Fälle, in denen der Quantencomputer die Anzahl der nötigen Rechenschritte verringert. Schauen wir uns ein Beispiel für einen Algorithmus an, mit dem ein Quantencomputer eine niedrige Schrittzahl und damit eine bessere Komplexität als ein klassischer Computer erzielen kann.

Die Nadel im Heuhaufen – Ablauf des Grover-Algorithmus
Haben Sie schon mal Ihren Schlüssel verloren? Um des Schlüssels wieder habhaft zu werden, muss man oft einen quälenden Suchvorgang überstehen. Es gibt viele Hosentaschen, Rucksäcke und Schalen, in denen sich der Schlüssel befinden kann. Wird man fündig und entdeckt einen Schlüssel in der Tasche, muss man nur noch überprüfen, ob es sich dabei um den richtigen handelt. Es gibt also einen Unterschied zwischen „Suchen" und „Finden". Der wichtige

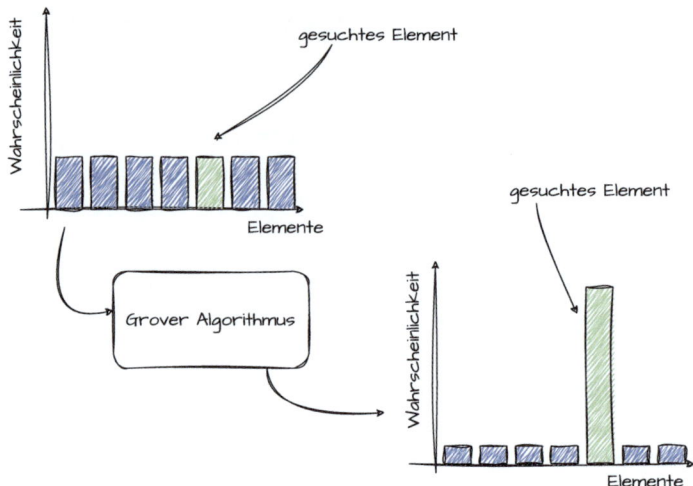

Abb. 4.6 Nach dem Grover-Algorithmus soll der gesuchte Zustand die höchste Wahrscheinlichkeit haben. Zu Beginn des Algorithmus (links) sind alle Zustände gleich wahrscheinlich. Nach Ablauf des Algorithmus hat der gesuchte Zustand eine stark erhöhte Wahrscheinlichkeit gemessen zu werden

Punkt ist: Es ist einfacher eine Lösung zu erkennen als eine Lösung zu suchen. Der Unterschied zwischen dem Lösen des Problems und dem Kontrollieren einer Lösung spielt eine zentrale Rolle in einem jeder Physikstudentin bekannten Quantenalgorithmus, dem Grover-Algorithmus.

Die Hauptaufgabe des *Grover-Algorithmus* ist das „Finden" von Objekten. Das könnte etwa die Suche nach einem bestimmten Eintrag in einer unsortierten Liste sein. Das klingt schon nach einem viel praxisnäheren Beispiel als der Vergleich von Quantenzuständen.

Nehmen wir uns als erstes Beispiel die Suche nach einem bestimmten Element in einer unsortierten Liste vor. Die grundlegende Idee des Grover-Algorithmus ist es, Quanteneffekte zu nutzen, um eine schnellere Suche möglich zu machen. *Schnell* heißt hier: in weniger *Schritten* als ohne Quantenphysik möglich[1]. Die wichtigste Zutat ist dabei die Idee der Superposition. Am Anfang des Algorithmus haben wir keinen genauen Anhaltspunkt dafür, welcher Zustand der gesuchte ist. Daher bringen wir alle möglichen Zustände in eine gleichgewichtete Superposition (siehe Abb. 4.6). Das Ziel des Grover-Algorithmus ist es, die Gewichte in der Superposition so zu verschieben, dass

---

[1] Streng genommen ist an dieser Stelle nicht die konkrete Anzahl an Rechenschritten, sondern die Anzahl an Anfragen an das sogenannte Orakel gemeint. Das Orakel ist ein Bestandteil des Grover-Algorithmus, den wir in wenigen Zeilen kennenlernen werden. In der Informatik fällt diese Zählweise von Schritten im Englischen unter den Begriff der *Query Complexity*.

der gesuchte Zustand am wahrscheinlichsten wird. Dann können wir am Ende des Algorithmus messen und würden mit hoher Wahrscheinlichkeit den richtigen Listeneintrag finden. Bei einer Messung wird dieser Zustand mit der höchsten Wahrscheinlichkeit ausgegeben werden (siehe Abb. 4.6, rechts unten).

Das Prinzip des Algorithmus ist hier grundverschieden von der klassischen Suche. Während eine klassischen Suche Element für Element vorgeht und etwa Listeneintrag für Listeneintrag vergleicht, geht der Grover-Algorithmus in gewisser Weise global vor. Wenn wir die Analogie zwischen Interferenz von Wellen und Quantenamplituden aus der Einleitung bemühen, dann versuchen wir eine Interferenz zwischen den einzelnen Quantenzuständen der Listenelemente herzustellen, sodass am Ende das richtige Element übrig bleibt. Alle anderen Einträge interferieren destruktiv.

Häufig wird diese Strategie der Interferenz beschrieben mit: „Ein Quantencomputer berechnet alle Möglichkeiten in parallel." So gut diese Beschreibung auch klingt, leider ist sie nicht ganz zutreffend. Viele Quantenalgorithmen nutzen Interferenz, um Rechnungen zu beschleunigen. Im Gegensatz zu einer klassischen, parallelen Rechnung liegen die Informationen in der Quantenrechnung nicht gleichzeitig in klassischen Bits vor. Im Quantencomputer haben wir keinen Zugriff auf die einzelnen Zustände der Superposition. Nur wenn wir messen, sehen wir einzelne klassische Realisierungen von einem Teil der Superposition! Im Gegensatz zum klassischen Computer sind also nicht alle Teile der parallelen Rechnung zugänglich. Einen Quantenalgorithmus zusammenzustellen bedarf wesentlich mehr Fingerspitzengefühl als einen klassischen Algorithmus auf einem Quantenrechner auszuführen. Doch genug der geschliffenen Worte, schauen wir uns die Details des Grover-Algorithmus genauer an.

Der Grover-Algorithmus besteht hauptsächlich aus der wiederholten Anwendung des sogenannten Grover-Operators. Er besteht aus zwei Bestandteilen, dem Orakel und einer Spiegelung. Schauen wir uns zunächst das Orakel an. Das Orakel markiert für den Algorithmus das Element, das wir suchen. Wenn wir das gesuchte Element schon kennen, warum führen wir dann einen Suchalgorithmus aus? Hier kommt der anfänglich beschriebene Unterschied zwischen „Suchen" und „Finden" ins Spiel. Das Orakel kennt nicht den Ort oder das Objekt selbst, es erkennt nur eine Beschreibung des Objekts. Bei einem Listeneintrag ist das vielleicht ein wenig Haarspalterei, aber in einigen mathematischen Problemen macht das einen riesigen Unterschied. Ein solches Problem, das Erfüllbarkeitsproblem, finden wir im nächsten Kapitel. Tatsächlich ist das Orakel der einzige Teil des Grover-Algorithmus, der problemspezifisch ist. Alle anderen Komponenten laufen gleich ab, egal für welches

Suchproblem der Grover-Algorithmus genutzt wird. Der Name ist daher auch nicht ganz unpassend gewählt. Für den Rest des Algorithmus ist es wie beim Orakel von Delphi: Niemand wusste, wie es zu seinen Schlüssen kam, aber sie wurden letztlich immer wahr.

Der zweite wichtige Operator ist eine Spiegelung. Nachdem das Orakel das gesuchte Element markiert hat, verschiebt diese Spiegelung die Gewichte in der Superposition ein kleines Stück in die Richtung des markierten Zustands. Der Name „Spiegelung" bezieht sich dabei auf die zugrunde liegende mathematische Operation, die sich geometrisch als Spiegelung verstehen lässt. Natürlich wäre es toll, wenn die Spiegelung direkt das ganze Gewicht auf den richtigen Zustand verschieben könnte. Leider funktioniert das nicht, aber dennoch kann der Grover-Algorithmus das Verschieben der Gewichte relativ schnell bewerkstelligen.

Zum Glück können wir die Operationen von Orakel und Spiegelung immer wieder hintereinander ausführen und so mehr und mehr Gewicht auf den gesuchten Zustand verschieben. Der gesamte Algorithmus ist in Abb. 4.7 zu sehen. Nachdem jetzt der volle Algorithmus erklärt ist, bleibt eine wichtige Frage: Ist er wirklich schneller als der klassische Algorithmus? Diese Frage beantwortet die Komplexitätstheorie. Ein klassischer Computer sucht ein Element in einer ungeordneten Liste, indem er jedes Element der Liste mit dem gesuchten Element vergleicht. Dieser Algorithmus skaliert mit der Länge N der Liste: Wenn die Liste doppelt so lang wird, dann braucht der klassische Computer doppelt so lange. In Landau-Notation ist die Komplexität $O(N)$. Im Grover-Algorithmus wiederholen wir das Orakel $\sqrt{N}$ mal, wobei N wieder die Länge der Liste ist. Wenn sich im Grover-Algorithmus also die Länge der Liste verhundertfacht, dann benötigt Grover nicht hundertmal, sondern nur zehnmal so lange.

Der Grover-Algorithmus funktioniert grundlegend anders als ein klassischer Suchalgorithmus. Statt alle Elemente einzeln aufzurufen und mit dem gesuchten Element zu vergleichen, wird die Wahrscheinlichkeitsamplitude des gesuchten Zustands verstärkt und dann gemessen. Genau dieser konzeptionelle Unterschied zwischen dem Quantenalgorithmus und dem klassischen Algorithmus macht die Entwicklung von neuen Quantenalgorithmen so schwierig (aber auch spannend). Quantencomputer sind keine bessere Hardware (wie ein schnellerer Computer), sondern bieten eine ganz neue Art zu rechnen.

Ein schnellerer Algorithmus für ein bekanntes Problem ist ein toller Fortschritt, doch beim Grover-Algorithmus gibt es auch Kleingedrucktes. Qubits sind nicht perfekt. Durch Dekohärenz, Interaktion mit der Umwelt oder ungenaue Operationen durch Gatter schleichen sich Fehler in eine Quantenrechnung. In der Beschreibung des Grover-Algorithmus tauchten diese Fehler

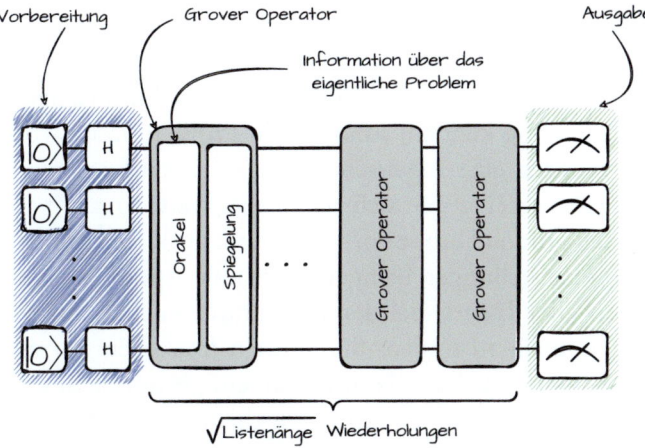

Abb. 4.7 Stilisierter Quantenschaltkreis des Grover-Algorithmus. Das Orakel markiert den gesuchten Eintrag und der Diffusionsoperator verschiebt die Gewichte der Superposition zu Gunsten des gesuchten Eintrags

überhaupt nicht auf. Hier schlägt wieder der Unterschied zwischen Theorie und Praxis zu. Echte Qubits sind fehlerbehaftet, aber der Grover-Algorithmus lebt im schönen Land der Quanteninformationstheorie, wo es solche Fehler nicht zwangsläufig gibt. Diese Kluft zwischen Theorie und Praxis ist auch unter Informatikern und Physikern bekannt. Bevor wir uns damit näher beschäftigen, schauen wir uns den zweiten wesentlichen Teil des Kleingedruckten an: das Orakel.

> **Zusammenfassung**
>
> - Der Grover-Algorithmus bietet eine schnellere Möglichkeit als klassische Algorithmen, um ein Element in ungeordneten Daten zu finden.
> - Der Grover-Algorithmus nutzt die Möglichkeit von Interferenz zwischen Quantenzuständen, um die Suche zu beschleunigen.

Grover auf einer Geburtstagsparty
Die Grundidee des Grover-Algorithmus ist eine schnellere Suche in ungeordneten Daten. Doch ein Orakel für die Suche nach einem Listeneintrag klingt seltsam: Es markiert den Listeneintrag, sodass wir für die Konstruktion des

Orakels den Listeneintrag schon kennen müssen. Das klingt nach einem Zirkelschluss. Das Problem am Beispiel mit der Suche in einer unsortierten Liste ist, dass die Aufgabe zu einfach ist. Der Grover-Algorithmus glänzt, wenn wir nicht den Listeneintrag kennen, sondern ein Problem lösen wollen, bei dem wir die Lösung durch eine Eigenschaft identifizieren können. Ein Problem könnte so aussehen: Stellen Sie sich dafür eine Maschine mit vielen Hebeln und einer kleinen grünen Lampe vor (siehe Abb. 4.8). Sie können jeden Hebel in eine von zwei Einstellungen bringen: hoch oder runter. Es gibt nur wenige Hebelstellungen aller Hebel, bei der die Lampe leuchtet und Ihre Aufgabe ist es, diese Stellungen zu finden. Sie können feststellen, ob sie die richtige Hebelstellung gefunden haben, da nur dann ein grünes Licht erscheint.

Ähnliche Probleme gibt es sowohl in der theoretischen Informatik als auch in der Praxis. Ein bekanntes Beispiel aus der Informatik ist das *Erfüllbarkeitsproblem* der Aussagenlogik. Es ist recht ähnlich zu der Maschine mit den Hebeln. Statt das Erfüllbarkeitsproblem in seiner vollen mathematischen Schönheit einzuführen, schauen wir uns ein Beispiel an, das äquivalent zum Erfüllbarkeitsproblem ist. Stellen Sie sich dazu vor, dass Sie zu einer Geburtstagsfeier einladen, doch leider verstehen sich einige Ihrer Freunde untereinander nicht besonders gut. Aus Erfahrung kennen Sie ein paar der Probleme, die auf Sie zukommen könnten:

1. Alice und Bob streiten sich ständig, Sie sollten also auf keinen Fall beide einladen.

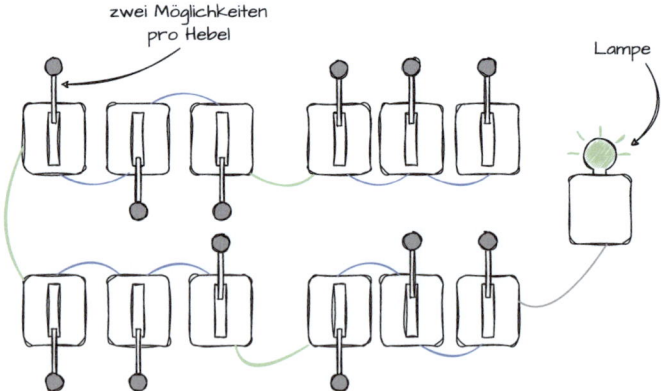

Abb. 4.8 Maschine mit vielen Hebeln, aber nur eine Hebelstellung bringt das Licht zum Leuchten. Ein solches Problem heißt in der Mathematik *Erfüllbarkeitsproblem*

2. Alice und Charlie sind verheiratet. Wenn Sie also eine von ihnen einlädst, müssen Sie auch die andere einladen.
3. Um die Atmosphäre aufzulockern, sollten Sie mindestens einen Ihrer unterhaltsameren Freunde, Dave oder Eve, einladen.
4. Wenn Eve eingeladen wird, dann fragt sie höchstwahrscheinlich Alice nach Ideen für ein Geburtstagsgeschenk. Wenn Sie also Eve einladen, sollten Sie auch Alice einladen (aber umgekehrt ist das nicht unbedingt notwendig).

Auf den ersten Blick sieht dieses Problem aus wie aus einem Rätselbuch, doch es hat tatsächlich auch in der Mathematik einen Platz. Für jede Person auf der Liste (Alice bis Eve) stellt sich die Frage, ob sie eingeladen werden soll (kodiert als 1) oder nicht eingeladen werden soll (kodiert als 0). Diese Kodierung bringt uns direkt zurück zur Aussagenlogik, die beim Vergleich von Bits eine Rolle spielte. Das mathematische Feld der Aussagenlogik beschäftigt sich mit Fragestellungen, die über logische Operatoren und Variablen ausgedrückt werden können. Eine wichtige Frage bezieht sich auf die Erfüllbarkeit von Formeln: Gibt es eine Wahl der Variablen (hier Alice bis Eve), sodass sich keine Widersprüche ergeben? Konkret wäre das die Frage nach einer Kombination von Gästen, sodass die Party ein Erfolg würde. Weitere Details über Erfüllbarkeitsprobleme sind in der Box **Kurz & knackig: Erfüllbarkeitsprobleme** zusammengestellt.

Im Allgemeinen ist es bei Erfüllbarkeitsproblemen nicht einfach, eine Lösung zu finden. Für jede Variable gibt es zwei Möglichkeiten: 1 oder 0. Mit jeder Variable, die wir zum Problem hinzufügen, verdoppelt sich die Anzahl der möglichen Zuweisungen. Dieses exponentielle Wachstum kennen wir noch aus der Coronapandemie und schon da war es kein gutes Zeichen.

Wie in der Box **Kurz & knackig: Erfüllbarkeitsprobleme** erklärt ist, lassen sich die SAT-Probleme (von engl. satisfiability) in Formeln ausdrücken. Durch Einsetzen einer möglichen Lösung in so eine Formel lässt sich leicht überprüfen, ob es sich dabei tatsächlich um eine korrekte Lösung handelt. Hier sind das Lösen des Problems und das Kontrollieren der Lösung also unterschiedlich schwer. Das erinnert an das erste Beispiel des Schlüssels: Das Finden ist deutlich einfacher als der Suchvorgang. Dieser Unterschied in der Schwierigkeit macht das Erfüllbarkeitsproblem zu einem idealen Fall für den Grover-Algorithmus: Wir können ein Orakel bauen, das lediglich die Lösung kontrolliert, indem es sie in die Formel einsetzt. Dafür müssen wir nicht die Lösung, sondern nur die Formel kennen.

Kurz & Knackig: Erfüllbarkeitsprobleme
Erfüllbarkeitsprobleme werden üblicherweise in der Sprache der Aussagenlogik formuliert. Dabei werden Aussagen aufgrund von logischen Schlüssen auf ihre Korrektheit überprüft. Um die Richtigkeit überprüfen zu können, werden Aussagen mithilfe von Formelzeichen und Variablen formalisiert. Jede Unbekannte kann dabei zwei Werte annehmen, 0 oder 1.

Ein Beispiel für eine Verbindung zwischen zwei Variablen ist eine „AND"-Verknüpfung (dt.: *UND*-Verknüpfung). Zur besseren Unterscheidung vom sprachlichen „und" und dem logischen AND, schreiben wir alle logischen Operatoren ausschließlich in Großbuchstaben und auf Englisch. Die Gesamtaussage bei einem AND ist nur wahr, wenn beide Teilaussagen wahr sind. Ein Beispiel für eine solche Aussage ist „Das Auto hat vier Räder AND ist rot lackiert." Die Gesamtaussage ist nur wahr, falls das Auto vier Räder hat (erste Aussage) AND rot ist (zweite Aussage). Sobald eine der Aussagen falsch ist, ist auch die Gesamtaussage falsch. In Formelzeichen kann man die obige Aussage als

$$G = (\text{Vier Räder}) \text{ AND } (\text{Ist Rot})$$

schreiben. Die Gesamtaussage G ist wahr, falls beide Variablen die Werte wahr annehmen, sonst ist sie falsch.

Neben einem AND gibt es noch zwei andere wichtige Operatoren: OR und NOT. Die Namen der logischen Operatoren (AND, OR, NOT) erinnert Sie vermutlich an die logischen Gatter, die wir beim Vergleich der Bits am Anfang dieses Kapitels kennengelernt haben. Tatsächlich beziehen sich die logischen Gatter auf die gleichen Objekte wie die logischen Verknüpfungen. Es ist lediglich eine andere Darstellung.

Zurück zu den Operatoren: Der NOT-Operator verkehrt eine wahre Aussage in eine falsche Aussage: NOT „Der Himmel ist blau." ist „Der Himmel ist nicht blau.". In der Aussagenlogik gibt es nur zwei Zustände: wahr und falsch, in Binärschreibweise mit 1 und 0 ausgedrückt. Aus „Der Himmel ist nicht blau." lässt sich daher nichts Weiteres über die genaue Farbe des Himmels ableiten. Wir wissen nur, dass er *NICHT* blau ist.

Der letzte Operator, den wir für unser Geburtstagsparty-Beispiel benötigen, ist OR: Die Gesamtaussage ist wahr, wenn mindestens eine der beiden Aussagen wahr ist. Das ist anders als das „oder", das im normalen Sprachgebrauch typischerweise als „entweder…oder" verwendet wird. In der Logik schließen sich die beiden Optionen nicht aus. Die Aussage „Er geht einkaufen oder zum Friseur." ist wahr, wenn Bob zum Friseur geht, einkaufen geht oder beides macht. Nun können wir komplexe logische Zusammenhänge in Formeln aufschreiben und sie so einem Computer einfacher verständlich machen.

Um mehr Ordnung in lange Formeln zu bringen, gibt es sogenannte Normalformen. Eine Normalform gibt einer Formel eine bestimmte Struktur, damit sie algorithmisch besser zu verarbeiten ist. Eine mögliche Form ist eine konjunktive Normalform. Der Name stammt von den AND-Operatoren (auch Konjunktion genannt) zwischen den einzelnen Ausdrücken:

$$G = (A \text{ OR } B \text{ OR } C) \text{ AND } (D \text{ OR } B \text{ OR } E) \text{ AND} \ldots$$

Die einzelnen Klammern dürfen dabei nur die Operatoren OR und NOT enthalten und die Länge der Klauseln (der Ausdrücke in Klammern) ist begrenzt auf eine maximale Länge. In unserem Beispiel ist die maximale Länge auf drei beschränkt. Diese Art von mathematischem Problem heißt in der Logik 3-SAT (engl.: *satisfiability*) – eine Variante des Erfüllbarkeitsproblems mit bis zu drei Ausdrücken pro Klausel. Die Aufgabe des Computerprogramms ist es, eine Zuordnung der Variablen $A, B, \ldots$ zu finden, sodass die Gesamtaussage wahr ist.

Das klingt auf den ersten Blick sehr abstrakt, aber wir können es direkt mit dem Geburtstagsbeispiel im Text verbinden. Für alle Gäste nutzen wir eine Variable mit Werten wahr (1) oder falsch (0). Jede der Variablen gibt an, ob die Person zur Party eingeladen wird. Als Beispiel nehmen wir den dritten Punkt: Für eine bessere Atmosphäre sollten wir entweder Bob oder Dave einladen. In Formeln wäre das $B \text{ OR } D$. Alle anderen Aussagen können in ähnlicher Form umformuliert werden. Die resultierende Gesamtformel ist der Input für das Grover-Orakel. Es ist schwierig, eine korrekte Zuordnung von wahr und falsch für die Variablen zu finden, sodass alle Bedingungen in der Formel erfüllt sind. Eine Zuordnung auf ihre Korrektheit zu überprüfen, ist jedoch einfach. Wir können sie einsetzen und bekommen als Ergebnis entweder wahr oder falsch.

Obwohl der Grover-Algorithmus laut Komplexitätstheorie schneller ist als die klassische Suche, wird er trotzdem nicht als eine der Hauptanwendungen von Quantencomputing gesehen, sondern eher als ein Baustein, der häufig in anderen Algorithmen eingesetzt wird. Er bringt nämlich zwei praktische Probleme mit sich, das Orakel und den geringen Speed-Up. Das erste Problem des Algorithmus ist das Orakel. Die Berechnung der Komplexität verlässt sich darauf, dass das Orakel existiert, aber die genaue Funktionsweise des Orakels wird im Algorithmus nicht erörtert, da es für jedes Problem unterschiedlich ist. Sobald man Zugang zum Orakel hat, ist es eventuell möglich, weitere Optimierungen beim klassischen Algorithmus vorzunehmen, sodass man den Quantenalgorithmus mit klassischen Computern imitieren kann [115]. Der tatsächliche Unterschied zwischen klassischen und Quantenalgorithmen ist also bei einer praktischen Implementierung möglicherweise anders als in der Theorie. Ob der von der Komplexitätstheorie vorhergesagte Vorteil von Quantencomputern im Labor überlebt, hängt deshalb stark von der experimentellen Umsetzung ab.

Das zweite Problem ist der begrenzte Speed-Up. Obwohl der Grover-Algorithmus schneller ist als die klassische Suche, ist er „nur" um $O(\sqrt{N})$ schneller. Dabei benötigt Grover einen fehlertoleranten Quantencomputer. Der zusätzliche Aufwand für die *Fehlerkorrektur*, mit der wir uns gleich beschäftigen werden, wird wahrscheinlich die Einsparungen des Quantenalgorithmus auffressen. Daher suchen Wissenschaftler hauptsächlich nach Algorithmen, die deutlich schneller sind als klassische Alternativen. Das Wort *deutlich* lässt sich hierbei mathematisch präzisieren. Quanteninformatiker sprechen im Fall vom Grover-Algorithmus von einem *polynomiellen* Speed-Up, wohingegen andere Algorithmen einen *superpolynomiellen* Speed-Up liefern. Ein bekanntes Beispiel ist der *Shor-Algorithmus*, der einen exponentiellen Speed-Up erreicht.

Zum Abschluss des Kapitels sind wir noch die Auflösung des Geburtstagsproblems schuldig. Sie können entweder Alice, Charlie, Dave und Eve einladen oder Alice, Charlie und Eve. Beide Konstellationen erfüllen die Bedingungen. Es ist also Ihnen überlassen, wie groß die Party werden soll.

4.3 Eine kleine Safari durch den Quantencomputing-Dschungel – NISQ und Fehlertoleranz

Fehler und Dekohärenz spielen eine wesentliche Rolle bei den Plattformen aus Kap. 3. Bei der theoretischen Beschreibung der beiden Quantenalgorithmen, die wir gerade kennengelernt haben (Test auf Gleichheit und Grover-Algorithmus), spielten Fehler allerdings keine Rolle. Es ist jedoch wichtig, die Brücke zwischen der theoretischen Beschreibung ideal ausgeführter Quantenalgorithmen und ihrer fehlerhaften Realisierung in heutigen Laboren zu schlagen. Im Gegensatz zur klassischen Mechanik, die bereits in der Antike erforscht wurde, ist Quantencomputing mit ca. 50 Jahren noch recht jung und erst in den letzten ca. 20 Jahren können wirklich Experimente an Quantencomputern durchgeführt werden. Viele der Unterscheidungen, die im Quantencomputing gemacht werden, sind dadurch motiviert, dass es noch keine „richtigen" Quantencomputer gibt. Im Laufe des Kapitels wird klar, was wir mit „richtig" meinen.

Forscher unterscheiden zwischen zwei großen Entwicklungsstufen für Quantencomputer: NISQ [116] (**N**oisy **I**ntermediate-**S**cale **Q**uantum Devices – auf deutsch: Fehlerbehaftete, mittelgroße Quantengeräte) und fehlertolerante Quantencomputer (engl.: *fault tolerant quantum computers*). *Quantenfehlerkorrektur* ist ein aktives Forschungsfeld und es gibt bisher keine funktionsfähigen fehlertoleranten Quantencomputer. Quantencomputer, die in den Medien vorgestellt werden, gehören ausschließlich zur NISQ-Kategorie. Die beiden Ideen sind jedoch verknüpft: In NISQ-Computern treten auf den physikalischen Qubits Fehler mit bestimmten Häufigkeiten auf. Sobald die Fehler selten genug passieren, können die Fehler der logischen Qubits mithilfe von Quantenfehlerkorrektur unterdrückt werden – dieses zentrale Resultat, das auf Englisch „threshold theorem" genannt wird, macht aus einem fehlerbehafteten Quantencomputern einen fehlertoleranten Quantencomputer [117–119].

Um ein Bild für die Erwartungen an einen fehlertoleranten Quantencomputer zu bekommen, stellen wir eine Wunschliste für dessen Eigenschaften zusammen. Dabei orientieren wir uns an klassischen Computern. Sie bilden eine gute Grundlage, um die Unterschiede zwischen den beiden Modellen zu verstehen. Wenn wir einen klassischen Computer benutzen, dann gehen wir typischerweise davon aus, dass der Computer sich nicht verrechnet. Die Rechnung $3 + 8 = 11$ sollte immer 11 ergeben und nicht manchmal 10 oder 12. Das gilt natürlich nicht nur für die Addition von Zahlen, sondern für alle Operationen, die ein Computer durchführen kann. Ein Computer sollte also *verlässlich* sein und bei gleicher Eingabe die gleiche Ausgabe liefern. In den 1990er-Jahren gab es tatsächlich eine Reihe von Intel-Prozessoren, die sich beim Dividieren verrechneten, weil es einen Fehler in der Hardware gab [120]. Glücklicherweise trat dieser Fehler nur extrem selten auf und konnte nachträglich durch ein Software-Update behoben werden.

Neben der Richtigkeit der Rechnungen sollten sich Daten über die Zeit hinweg nicht verändern. Ein Bild, das wir heute speichern, sollte auch in zehn Jahren noch gleich aussehen. Das ist insbesondere dann nicht ganz einfach, wenn wir das Bild auch noch verschicken wollen. Bei Signalübertragungen über Telefon oder das Internet erwarten wir, dass die Informationen auf der anderen Seite genauso ankommen, wie sie versendet wurden. Leider werden Signale auf dem Weg zum Empfänger gewöhnlich durch die Übertragung selbst gestört

(Signale werden schwächer mit zunehmender Distanz) oder durch Interferenz mit anderen Signalen. Solche Interferenzen kennen Sie ganz praktisch aus dem Alltag, wenn Sie Ihr Mobiltelefon neben einen Lautsprecher legen. Die knarzenden Geräusche sind Störungen, die durch die Mobilfunksignale ausgelöst werden. Um eine Veränderung der Information zu verhindern, werden sogenannte Fehlerkorrekturcodes eingesetzt. Die Idee dieser Codes ist es, dass mehr Information übertragen wird als nur die Rohdaten selbst. Dabei wird zusätzliche, redundante Information übertragen, um festzustellen, ob sich die Daten verändert haben oder entstandene Fehler sogar direkt zu korrigieren. Ein sehr einfacher Fehlerkorrekturalgorithmus ist in der Box **Kurz & knackig: Wiederholungscode** dargestellt.

Zudem spielt die Trennung von Software und Hardware eine wichtige Rolle für die Entwicklung von Computerarchitekturen. Software, die für Computer entwickelt wird, läuft typischerweise auf vielen verschiedenen Computern und nicht nur auf exakt einem Modell. Das liegt daran, dass die Anweisungen, die ein Computer ausführen soll (die Software), zu einem gewissen Maß von der konkreten Computerarchitektur unabhängig sind. Beispielsweise ist es praktisch eine App nur einmal zu entwickeln, aber dann sowohl auf Android als auch auf Apple-Telefonen zu vermarkten.

Kurz & Knackig: Wiederholungscode
Bei klassischen Bits gibt es eine intuitive, wenn auch nicht besonders effiziente Methode, um Informationen vor der Veränderung zu schützen. Anstatt ein Bit einmal zu übertragen, verschicken wir einfach jedes Bit mehrfach. Schauen wir uns als Beispiel die Nachricht 1 1 0 1 an. Statt die vier Bits direkt zu verschicken, verschickt Alice jedes einzelne Bit drei Mal. Das sieht dann beispielsweise so aus

Versendet von Alice   111 111 000 111

Falls sich während der Übertragung Fehler einschleichen, dann könnte die Nachricht eventuell so bei Bob ankommen

Empfangen von Bob   101 110 110 111.

Konkret, wurden während der Übertragung 4 Bits verdreht: Das zweite, sechste sowie Nummer sieben und acht. Bob weiß, dass Alice jedes Bit dreifach verschickt hat. Er kann also per Mehrheitsentscheidung die

Nachricht korrigieren und erhält nach der Korrektur die Nachricht

Bobs Nachricht nach Korrektur   111 111 111 111.
Bobs dekodierte Nachricht   1 1 1 1.

Bei den ersten beiden Blöcken und beim vierten Block hat die Korrektur ohne Probleme geklappt, da weniger als die Hälfte Bits verändert wurden. Im dritten Block wurden während der Übertragung jedoch zwei und nicht nur ein Bit verändert. Die Mehrheitsentscheidung bei der Fehlerkorrektur ist verkehrt und unser korrigiertes Ergebnis ist nicht mehr korrekt. Fehlerkorrektur kann uns dabei helfen, Nachrichten mit weniger Fehlern ans Ziel zu übermitteln, aber sie hat auch ihre Grenzen. Man kann nicht beliebig viele Fehler korrigieren. Um mehr Fehler zu korrigieren, müssen die Bits häufiger versendet werden; statt drei Mal, zum Beispiel fünf Mal wiederholt werden.

Es lässt sich also zusammenfassend sagen, dass wir von fehlertoleranten Quantencomputern ein geringes Maß an Fehlern erwarten, damit einhergehend langlebige Datenspeicher und außerdem eine geeignete Trennung zwischen Hard- und Software. Ausgestattet mit dieser Wunschliste, können wir uns anschauen, welche Anforderungen NISQ und fehlertoleranten Quantencomputer erfüllen. NISQ-Computer [116] sind bereits heute verfügbar und werden aktiv für die Forschung genutzt. Sie bestehen aus etwa 100 Qubits und besitzen keine Fehlerkorrektur. Das bedeutet, dass Quanteninformation durch die Dekohärenz der Qubits beschädigt wird und nur eine bestimmte Anzahl an Operationen durchgeführt werden kann, bis die Information verloren geht. In Abb. 4.9 ist die Idee von Quantenfehlerkorrektur illustriert. NISQ Maschinen rechnen direkt auf den fehlerhaften, physikalischen Qubits (links in der Abbildung). Wegen der Dekohärenz der Qubits können keine langen Rechnungen ausgeführt werden. Das ist im starken Kontrast zu den klassischen Computern, die wir aus dem Alltag gewohnt sind. Information ist normalerweise nicht flüchtig und ein Computerprogramm kann ohne Probleme ein paar Stunden laufen ohne zu „vergessen", was es berechnet.

Näher an unserer Vorstellung voll funktionstüchtiger Allzweckcomputer sind fehlertolerante (engl.: *fault tolerant*) Quantencomputer: Information ist nicht flüchtig und Rechnungen sind nicht durch Dekohärenz begrenzt. Das Problem: Es gibt sie leider noch nicht. Erste Experimente zeigen, dass sich durch Fehlerkorrektur tatsächlich Quanteninformation über längere Zeit spei-

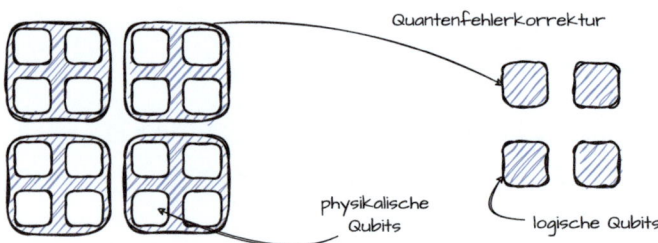

Abb. 4.9 Prinzip von Quantenfehlerkorrektur. Viele physikalische Qubits bilden zusammen mit einem Quantenfehlerkorrekturalgorithmus ein stabileres logisches Qubit

chern lässt [100, 122]. Leider reicht das aber noch nicht für einen fehlertoleranten Quantencomputer. Wie bei einem Fehlerkorrekturcode aus der Telekommunikationstechnik wird Information bei fehlertoleranten Quantencomputern in vielen Qubits gleichzeitig codiert (siehe Abb. 4.9 rechts). Mehrere physikalische Qubits bilden ein *logisches Qubit*. Obwohl schon aus zehn physikalischen Qubits ein logisches Qubit entstehen kann, werden für realistische Szenarien eher Tausend physikalische Qubits dafür benötigt. Das zeigt, wie viel größer der technische Aufwand beim Bau eines fehlertoleranten Quantencomputers ist.

Zusammen mit einem Quantenfehlerkorrekturalgorithmus sind logische Qubits gegen Dekohärenz geschützt und können Quanteninformation über lange Zeiten speichern. Was einfach klingt, ist tatsächlich hochgradig komplex, da im Gegensatz zu klassischen Bits nicht einfach alle Qubits gemessen werden können, um sie zu korrigieren. Bei der Messung bricht die Superposition zusammen und die Quanteninformation geht verloren. Fehlerkorrekturalgorithmen für Quantencomputer müssen also um einiges geschickter vorgehen als ihre klassischen Verwandten.

Aus den Unterschieden zwischen heute verfügbaren Maschinen und fehlertoleranten Quantencomputern ergeben sich verschiedene Forschungsrichtungen. Diese haben jeweils andere Zielsetzungen und unterscheiden sich vor allem in Hinblick auf die Entwicklung geeigneter Algorithmen. Auf NISQ-Maschinen wird ein Algorithmus sehr eng an einer bestimmten Hardware entwickelt und es müssen Fragen beantwortet werden wie: „Sind die Zustände noch kohärent am Ende der Rechnung?" oder „Wie kann möglichst viel Information in den wenigen verfügbaren Qubits gespeichert werden?". Da mit jedem Gatter die Ausführungszeit und damit die Dekohärenz steigt, sind NISQ-Algorithmen so optimiert, dass sie möglichst wenige Gatter und Qubits verwenden. Hier muss darauf geachtet werden, dass der Algorithmus die richtige Struktur aufweist, um schneller zu sein als ein klassischer Algorithmus.

Der Grover-Algorithmus ist ein Algorithmus für fehlertolerante Quantencomputer. Der Algorithmus wird aktuell nicht auf fehlerbehafteten Quantencomputern ausgeführt, weil er auf diesen gegenüber klassischen Suchalgorithmen in der Praxis vermutlich keinen Vorteil bietet. Solche Algorithmen sind jedoch von akademischem Interesse, um zu zeigen, dass Quantencomputer perspektivisch einen Vorteil gegenüber klassischen Computern haben können. Auch der Shor-Algorithmus im nächsten Abschnitt ist ein Algorithmus, der für fehlertolerante Quantencomputer gedacht ist.

Zusammenfassung

- Neben den verschiedenen Plattformen gibt es auch verschiedene Modelle, um über Quantencomputer nachzudenken: NISQ (engl.: *noisy intermediate-scale quantum*) und fehlertolerante Quantencomputer.
- Es gibt aktuell noch keine fehlertoleranten Quantencomputer, aber es werden schon Algorithmen für sie entwickelt.
- NISQ-Maschinen sind schon heute verfügbar und werden aktiv eingesetzt, um speziell entwickelte Quantenalgorithmen auf ihnen zu testen.

4.4 Faktorisieren leicht gemacht – Shors Algorithmus

Quantencomputer versprechen Probleme schneller zu lösen als klassische Computer. Beim Grover-Algorithmus wird ein gesuchtes Element statt in N Schritten in $\sqrt{N}$ Schritten gefunden. Das ist zweifelsohne schneller in der Theorie.

Der Grover-Algorithmus nimmt allerdings an, dass er auf logischen Qubits ausgeführt wird. Die Fehlerkorrektur benötigt, wie der Algorithmus selbst, einiges an Rechenaufwand, sodass es nicht klar ist, wie groß der Vorteil für den Grover-Algorithmus praktisch wirklich ist. Forscher suchen daher nach Algorithmen, die ein Problem deutlich (und nicht nur ein wenig) beschleunigen. Ein Beispiel für einen solchen Algorithmus ist der Shor-Algorithmus [5]. Durch ihn können Zahlen erheblich schneller faktorisiert werden als mit allen bisher bekannten klassischen Algorithmen. Dadurch sind perspektivisch einige unserer digitalen Verschlüsselungen in Gefahr. Um zu verstehen, was genau beim Brechen von Verschlüsselungen geschieht, schauen wir uns vor dem Shor-Algorithmus zunächst an, was Verschlüsselungen ausmacht.

Klassische Verschlüsselung

Eines der Hauptanliegen der Kryptografie ist das Überführen eines *Klartextes* in einen verschlüsselten Text, den sogenannten *Geheimtext* (auch *Ciphertext*). Dieser Vorgang heißt Verschlüsselung. Um einen verschlüsselten Text wieder lesbar zu machen, muss man ihn zuerst entschlüsseln, also wieder in einen Klartext verwandeln.

Sowohl beim Verschlüsseln als auch beim Entschlüsseln benötigt man den sogenannten *Schlüssel.* Wie der Name sagt, erlaubt einem nur der Schlüssel Zugang zum ursprünglichen Text. Technisch ausgedrückt handelt es sich um einen *Parameter,* der die Funktionsweise des eingesetzten Algorithmus beeinflusst. Ein einfaches Beispiel für so einen Algorithmus liefert die Cäsar-Verschlüsselung. Dabei wird jeder Buchstabe um eine feste Anzahl an Zeichen im Alphabet verschoben. Wenn Alice eine Nachricht verschlüsseln möchte, dann ersetzt sie bei einer Verschiebung um drei Buchstaben ein „A" durch ein „D", ein „B" durch ein „E", und so weiter. Hier wäre 3 der verwendete Schlüssel. Den verschlüsselten Text kann Alice nun öffentlich übermitteln, schließlich ist er verschlüsselt. Wenn Bob den Text empfängt, dann muss er aus dem Ciphertext wieder einen Klartext erstellen. Dazu muss er die Buchstaben wieder zurückverschieben; aus einem „D" wird nach der Verschiebung wieder ein „A", und so weiter. Damit das funktioniert, muss er die Länge der Verschiebung kennen, die Alice verwendet hat. Mit anderen Worten: Bob muss den Schlüssel kennen. Kennt er den Schlüssel nicht, bleibt die Nachricht unlesbar. Weitere Details zur Cäsar-Verschlüsselung gibt es im Kasten **Kurz & knackig: Cäsar-Verschlüsselung.**

Kurz & Knackig: Cäsar-Verschlüsselung

Die Cäsar-Verschlüsselung wurde, wie der Name schon vermuten lässt, von Gaius Julius Cäsar [124] für militärische Nachrichten verwendet. Der Algorithmus basiert auf einer Verschiebung der Zeichen vom Klartext zum Ciphertext. Wenn im Klartext beispielsweise ein „A" vorkommt, dann schreiben wir stattdessen ein „D". Dieses Beispiel entspricht einer Verschiebung um 3 Zeichen.

Das gesamte Alphabet sieht dann so aus:

Klartext	A	B	C	D	E	F	G	H	I	J	K	L	M
Ciphertext	D	E	F	G	H	I	J	K	L	M	N	O	P
Klartext	N	O	P	Q	R	S	T	U	V	W	X	Y	Z
Ciphertext	Q	R	S	T	U	V	W	X	Y	Z	A	B	C

Als Beispiel verschlüsseln wir das Wort „QUANTENTECHNOLOGIEN". Wie oben beschrieben und in der Tabelle gezeigt, verschieben wir jeden Buchstaben um 3 Zeichen. Das „Q" wird zum „T", das „U" zum „X", und so weiter. Das verschlüsselte Word lautet „TXDQWH-QWHFKQRORJLHQ". Um aus dem Ciphertext wieder den Klartext zu bekommen, müssen wir die Länge der Verschiebung kennen, also den ursprünglichen Schlüssel. Dann können wir die Tabelle rückwärts verwenden und kommen wieder beim Ursprungswort an. Da der Schlüssel zum Ver- und Entschlüsseln der gleiche ist, spricht man von einem *symmetrischen* Verschlüsselungsverfahren.

Ein großer Pluspunkt der Cäsar-Verschlüsselung ist die leichte Umsetzung. Mit einem Blatt Papier und ein wenig Zeit kann jeder einen Text auf diese Weise verschlüsseln. Leider ist diese leichte Umsetzbarkeit und die damit fehlende Komplexität auch ihr Hauptproblem. Es gibt insgesamt nur 25 verschiedene Schlüssel, da unser Alphabet 26 Buchstaben hat. Wenn wir es um 26 Buchstaben verschieben, dann sind Ciphertext und Klartext identisch. Mit der nötigen Geduld kann man also alle möglichen Schlüssel ausprobieren und erhält zwangsläufig den Klartext zurück. Auch wenn die Cäsar-Chiffre heute nur noch spielerische Anwendung findet, so bildet es die Grundlage für kompliziertere Methoden.

Das Cäsar-Verschlüsselungsverfahren ist ein Beispiel für einen symmetrischen Verschlüsselungsalgorithmus: Sender (Alice) und Empfänger (Bob) müssen beide den Schlüssel kennen, damit das Verfahren funktioniert. Der Austausch von Schlüsseln ist eines der großen Probleme von symmetrischen Verfahren. Früher mussten Alice und Bob sich entweder vorher treffen und einen Schlüssel vereinbaren oder einen vertrauenswürdigen Boten schicken, um einen Schlüssel auszutauschen. Doch Schlüssel können kompromittiert und Boten abgefangen werden. Der Austausch von Schlüsseln war und ist eine der großen Schwachstellen vieler Verschlüsselungsverfahren.

Ein Schlüsselbote muss ein wirklich gutes Gedächtnis haben, denn die besten Schlüssel sind möglichst lang: Je länger der Schlüssel ist, desto schwieriger ist es, den Schlüssel durch Ausprobieren herauszufinden. Diese Attacke wird typischerweise als Brute-Force-Attacke bezeichnet (dt.: *Rohe-Gewalt-Attacke*). Eine solche Attacke ist natürlich nur das letzte Mittel der Wahl, da keine Struktur der Verschlüsselung ausgenutzt wird. Sie ist mit sehr viel Aufwand verbunden (ein wenig wie der Bogo-Sort). Für einige frühe Algorithmen gibt es auch statistische Attacken, die auf der Häufigkeit von einzelnen Buchstaben in bestimmten Sprachen basieren. Auch für solche Attacken ist das Cäsar-Verfahren anfällig. Beim Cäsar-Verfahren geht es also nicht darum, einen sicheren Schlüssel zu wählen. Der größte Sicherheitsgewinn besteht darin, dass niemand das Verfahren der Verschlüsselung kennt. Diese Idee wird typischerweise als „Security by Obscurity" bezeichnet. Doch ein Algorithmus ist deutlich besser, wenn er auch dann sicher ist, wenn seine Beschreibung öffentlich ist. Es wäre also unproblematisch, wenn der Angreifer den Algorithmus kennt. Das ist insbesondere in großen Netzwerken der Fall, wo viele Parteien sich vorher auf ein bestimmtes Protokoll geeinigt haben. Ein typisches Beispiel für diesen Fall ist das Internet. Hier wäre „Security by Obscurity" – Sicherheit über Verschleierung – unmöglich.

Wenn lange Schlüssel besser sind als kurze, wie lang muss dann ein Schlüssel sein, damit eine Nachricht sicher ist? Eine Antwort darauf bietet das sogenannte *One-Time Pad*. Ein One-Time Pad (dt.: *Einmalverschlüsselung*) macht sich zunutze, dass der Schlüssel genauso lang wie die Nachricht ist. Wenn der gewählte Schlüssel genauso lang wie die Nachricht, zufällig gewählt und keinen Dritten bekannt ist, dann ist ein Code nicht zu brechen. Der Algorithmus des One-Time Pads ist dabei sehr ähnlich zur Cäsar-Chiffre: Jeder Buchstabe des Klartextes wird durch einen Buchstaben ersetzt, jedoch sind alle diese neuen Buchstaben zufällig (und entstehen nicht, wie bei der Cäsar-Chiffre, durch eine feste Verschiebung). Bei „A" wird der Buchstabe um 0 verschoben, bei „B" um 1, und so weiter. Intuitiv kann die Sicherheit des One-Time Pads dadurch erklärt werden, dass es keine Wiederholung und keine Struktur im Geheimtext gibt. Während wir bei der Cäsar-Chiffre nur eine Verschiebung für den ganzen Text suchen, gibt es beim One-Time Pad eine beliebige Verschiebung pro Buchstabe. Obwohl das Konzept des One-Time Pads schon zu Zeiten von Telegrafen bekannt war [125], wurde erst von Shannon ein Beweis zu seiner Sicherheit veröffentlicht [126]. Doch auch beim One-Time Pad bleibt ein wesentliches Problem: Auch hier muss der Schlüssel (also das One-Time Pad selbst) ausgetauscht werden.

Jeder kann (m)einen Schlüssel kennen! – Asymmetrische Verschlüsselung
Wäre es nicht praktisch, wenn es Algorithmen gäbe, die das Problem des Schlüsselaustauschs komplett umgehen? Man benutzt einen Schlüssel zum Verschlüsseln und einen anderen Schlüssel zum Entschlüsseln. So fantastisch das klingt: Diese Algorithmen gibt es wirklich und sie bilden das Rückgrat des modernen Internets. Unter dem Namen *asymmetrische Verschlüsselung* fallen alle Verfahren, die zum Ver- und Entschlüsseln unterschiedliche Schlüssel verwenden.

Um die asymmetrische Verschlüsselung etwas technischer fassen zu können, greifen wir wieder auf unsere beiden alten Bekannten, Alice und Bob, zurück. Das Besondere an diesen asymmetrischen Verfahren ist, dass sowohl Alice als auch Bob zwei Schlüssel besitzen, einen privaten und einen öffentlichen. Es sind also insgesamt vier Schlüssel im Spiel (siehe die untere Hälfte von Abb. 4.10). Aufgrund der zwei Schlüssel pro Person ist hierfür der Begriff des Private-Public-Key-Verfahrens üblich (dt.: *private-öffentliche Schlüsselverfahren*). Wie der Name schon sagt, ist der öffentliche Schlüssel für jeden zugänglich und wird üblicherweise zum Verschlüsseln von Nachrichten genutzt. Wenn Alice eine Nachricht an Bob schicken möchte, dann nutzt sie seinen öffentlichen Schlüssel, um die Nachricht zu verschlüsseln. Die verschlüsselte Nachricht schickt sie dann über eine öffentliche Leitung an Bob. Jeder kann den Ciphertext lesen, aber das stört uns wenig, da der Text ja verschlüsselt ist. Nur Bob kann den Ciphertext mit seinem privaten Schlüssel wieder entschlüsseln und so den Klartext lesen.

Aufgrund des verwendeten Algorithmus kann die Nachricht also nicht wieder mit dem gleichen Schlüssel (also mit Bobs öffentlichem Schlüssel) entschlüsselt werden. Das ist anders als bei symmetrischen Verfahren wie dem Cäsar-Chiffre. Hier wird die gleiche Verschiebung in verschiedenen Richtungen genutzt, um eine Nachricht zu Ver- und Entschlüsseln.

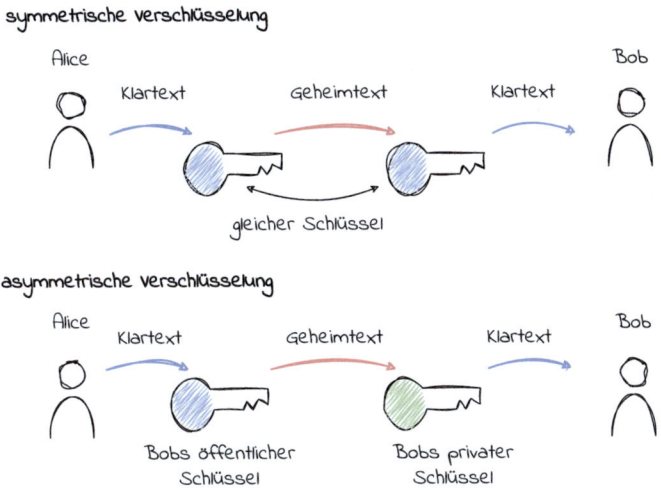

Abb. 4.10 Illustration von symmetrischer und asymmetrischer Verschlüsselung. Bei symmetrischen Verschlüsselungen wird für die Ver- und Entschlüsselung der gleiche Schlüssel verwendet. Bei asymmetrischen sind für die beiden Vorgänge unterschiedliche Schlüssel nötig

Einer der bekanntesten asymmetrischen Verschlüsselungsalgorithmen ist der RSA-Algorithmus, benannt nach seinen Erfindern Ronald Linn Rivest, Adi Shamir und Leon Max Adleman [10]. Für ein asymmetrisches Verfahren benötigen wir sogenannte *Einwegfunktionen*. Es soll rechnerisch einfach sein, einen Text zu verschlüsseln, aber schwierig sein, ihn ohne den passenden Schlüssel wieder zu entschlüsseln. Einwegfunktionen funktionieren wie Einbahnstraßen. In der vorgeschriebenen Fahrtrichtung kann man die Straße problemlos passieren. Das ist die einfache Richtung einer Einwegfunktion. Bei einer Einbahnstraße ist es verboten, sie in der Gegenrichtung zu durchfahren. Zwar ist das Umkehren einer Einwegfunktion nicht verboten, aber es ist rechnerisch extrem aufwendig.

Das RSA-Verfahren basiert darauf, dass es schwierig ist, Zahlen *zu faktorisieren*. Um zu verstehen was das bedeutet, betrachten wir am besten ein kleines Beispiel. Die Zahl 12 können wir auch schreiben als $12 = 3 \cdot 4 = 2 \cdot 2 \cdot 3$. Beide Zerlegungen in Faktoren, sogenannte Faktorisierungen, sind richtig. Wir stellen aber fest, dass wir keinen der Faktoren 2 oder 3 mehr in kleinere Faktoren zerlegen können. Diese Zahlen haben einen besonderen Namen: Primzahlen. Die Primfaktorzerlegung einer Zahl ist ihre Darstellung als Produkt von Primzahlen. Für kleine Zahlen ist das recht einfach auszurechnen. Die Zerlegung von $12 = 2 \cdot 2 \cdot 3$ ist oben beschrieben und auch $21 = 3 \cdot 7$ ist nicht allzu schwer zu finden. Wie aber sieht es mit

2468 2022242628 4042444648 6062646668 8082848688 2002022042 0620822022 2224226228 2402422442 4624826026 2264266268 2802822842 8628840040 2404406408 4204224247

aus[2]? Das Besondere an der Primfaktorzerlegung ist, dass sie eindeutig ist. Es gibt also genau eine Primfaktorzerlegung für jede ganze Zahl. Das heißt, dass wir die Zahl 12 nur in die Primfaktoren 2, 2 und 3 zerlegen können. Alle anderen Primzahlen führen zu einem anderen Ergebnis. Versuchen Sie gerne eine andere Zerlegung zu finden!

Es gibt tatsächlich keinen effizienten Algorithmus, um die Primfaktoren von großen Zahlen auszurechnen! Dabei ist der umgekehrte Weg so einfach: Wenn alle Faktoren gegeben sind, dann müssen wir nur die Faktoren multiplizieren und bekommen als Ergebnis die ursprüngliche (lange) Zahl zurück. Diese Ungleichheit in der Schwierigkeit nutzt das RSA-Verfahren für die Verschlüsselung: Um eine Nachricht zu verschlüsseln oder mit einem Schlüssel zu entschlüsseln, müssen Zahlen miteinander multipliziert werden. Das Entschlüsseln einer Nachricht ohne Schlüssel durch Unbefugte, also eine Attacke, verlangt das Finden von Primfaktoren sehr großer Zahlen. Da Multiplizieren deutlich einfacher ist als eine Primfaktorzerlegung, haben wir eine Einwegfunk-

---

[2] Antwort: Die Zahl ist eine Primzahl. Sie hat also nur sich selbst und 1 als Teiler.

tion gefunden. Es ähnelt einem Kuchenrezept: Es ist ohne Probleme möglich, einen Kuchen aus Milch, Zucker, Eiern und Mehl zu backen. Die Umkehrung, also Milch, Mehl, Eier und Zucker aus dem Kuchen zu gewinnen, ist deutlich schwieriger.

Bevor wir mit dem RSA-Verfahren Daten oder Nachrichten verschlüsseln können, müssen wir erst die Schlüssel generieren. Damit die Nachricht von unterschiedlichen Schlüsseln verschlüsselt und entschlüsselt werden kann, müssen der private Schlüssel und der öffentliche Schlüssel zusammen erzeugt werden. Die Grundlage für die Erzeugung der Schlüssel sind zwei große Primzahlen, nennen wir sie p und q. Mit groß sind Zahlen mit mehreren hundert Stellen gemeint. Eine solche Zahl ist größer als die Anzahl an Atomen im Universum [128]!

Durch Multiplikation der beiden Primzahlen erhalten wir eine Zahl $n = pq$ mit genau 2 Primfaktoren: p, q. Da wir wissen, dass p und q Primzahlen sind, wissen wir auch, dass sie die Primfaktoren von n sind. Die Primfaktorzerlegung ist schließlich eindeutig. Und hier erkennen wir schon eine der Besonderheiten der Schlüsselkonstruktion: Beim Erstellen der Schlüssel starten wir mit zwei Primzahlen und erzeugen daraus die beiden Schlüssel. Wir müssen also nie die Primzahlen ausrechnen, wir kennen sie. Wenn wir später den öffentlichen Schlüssel zugänglich machen, dann basiert er neben anderen Zahlen auf dem Produkt n. Obwohl jeder die Zahl n kennt, wird niemand p und q berechnen können. Dazu ist die Zahl n einfach zu groß! Erinnern Sie sich an die lange Zahl weiter oben? Die Zahl hatte 144 Stellen. Jeder der Primfaktoren p und q in der RSA-Verschlüsselung ist ca. 5-mal so lang wie diese Zahl!

An dieser Stelle verlassen wir die Details der RSA-Schlüsselkonstruktion und widmen uns wieder der Quanteninformatik. Zusammenfassend stellen wir fest, dass das RSA-Verfahren auf der Schwierigkeit der Faktorisierung von Zahlen basiert. Wenn wir die Schlüssel kennen, dann müssen wir nur multiplizieren und können ver- oder entschlüsseln. Ein Angreifer muss das viel schwierigere Problem lösen: Er muss die Primfaktoren von Zahlen finden.

Die große Frage ist: Was passiert, wenn der Angreifer einen Quantencomputer hat? Der Shor-Algorithmus, den wir als Nächstes unter die Lupe nehmen, macht genau dieses Problem einfach! Die Annahme, dass ein Angreifer mit einem viel schwierigeren mathematischen Problem konfrontiert ist als Sender und Empfänger einer Nachricht, stimmt dann plötzlich nicht mehr. Das RSA-Verfahren wird dadurch angreifbar und damit unsicher. Der große Unterschied zwischen dem RSA-Verfahren und dem One-Time Pad liegt in der Basis für die Sicherheit. Während ein One-Time Pad beweisbar sicher ist, ist das RSA-Verfahren nur sicher, solange wir keinen Algorithmus für die Faktorisierung kennen.

Zunächst klingt das nach einem kleinen Problem: Ein Algorithmus ist nicht mehr sicher, dann nehmen wir eben einen anderen. Große Teile des Internets basieren auf asymmetrischen Verfahren wie RSA oder ähnlichen Verfahren, um Informationen sicher zu übertragen. Heute übliche Tätigkeiten wie Online-Banking oder Online-Shopping würden durch einen vollfunktionsfähigen, fehlertoleranten Quantencomputer unsicher!

Zusammenfassung

- Symmetrische Verschlüsselungen benutzen beim Verschlüsseln und Entschlüsseln den gleichen Schlüssel.
- Asymmetrische Verschlüsselungen verwenden beim Verschlüsseln und Entschlüsseln verschiedene Schlüssel. Jeder darf den öffentlichen Schlüssel kennen. Dadurch kann jeder verschlüsselte Nachrichten verschicken, die nur der Besitzer des privaten Schlüssels entschlüsseln kann.
- RSA (Benannt nach Rivest, Shamir und Adleman) ist ein asymmetrisches Verfahren, das auf dem Faktorisierungsproblem basiert. Mithilfe von Quantencomputern wird dieses Problem effizient lösbar, sodass das RSA-Verfahren angreifbar ist.

Überlagerung rückwärts – Fourier-Transformation
Asymmetrische Verschlüsselung basiert auf Einwegfunktionen. Bei der Verschlüsselung mit bekannten Schlüsseln wird die einfache Richtung der Funktion ausgenutzt, um Daten effizient zu verschlüsseln. Wenn jemand Unbefugtes auf die Daten zugreifen möchte, dann muss er die schwierige Richtung der Einwegfunktion ausrechnen. Das ist aufwendig und bei einer seriösen Verschlüsselung mit verfügbaren Ressourcen unmöglich.

Problematisch wird es, wenn es durch neue Technologien plötzlich einfach würde, eine bisher nicht umkehrbare Funktion doch umzukehren. Genau das ist der Fall beim Faktorisieren. Klassische Computer können Zahlen effizient multiplizieren, aber nicht faktorisieren, also in ihre Teiler zerlegen. Mit Quantencomputern ändert sich das: Shors Algorithmus kann Zahlen effizient in ihre Primfaktoren zerlegen. Das Herzstück des 1994 von Peter Shor [129, 130] vorgestellten Algorithmus ist die geschickte Anwendung der sogenannten Quanten-Fourier-Transformation.

Die Quanten-Fourier-Transformation ist die Quantenversion der sogenannten *Fourier-Transformation*. Fourier-Transformationen sind in vielen Bereichen aktiv im Einsatz, ohne sich jemals in den Vordergrund zu spielen. Wenn Sie eine MP3-Datei abspielen oder ein JPEG-Bild öffnen, dann führt ihr Computer eine Fourier-Transformation aus. Im Kern ist die Fourier-Transformation die Umkehrfunktion für die Überlagerung von Wellen. Wenn sich zwei Wellen überlagern, dann entsteht ein kompliziertes Muster (siehe Abb. 2.11). Die Fourier-Transformation nimmt dieses komplizierte Muster als Eingabe und berechnet daraus die Amplituden und Frequenzen der Ursprungswellen. Seit 1965 die sogenannte Fast-Fourier-Transformation (*dt.* schnelle Fourier-Transformation) entwickelt wurde, sind Fourier-Transformationen aus der Informatik nicht mehr wegzudenken.

Attacke des Quantencomputers – Shors Algorithmus
Es ist schon verrückt: Auf den ersten Blick sieht die Rückumwandlung eines Interferenzmusters in die einzelnen Wellen viel schwieriger aus als die Zerlegung einer Zahl. Computer haben aber keine Schwierigkeiten damit, die Überlagerung von Wellen umzukehren. Eine Zahl in ihre Bestandteile zu zerlegen, ist hingegen nicht effizient möglich. Die geniale Einsicht des Quantencomputing-Pioniers Peter Shor war, dass sich der Prozess der Frequenzanalyse auch auf die Faktorisierung von Zahlen anwenden lässt. Dieses Mal aber nicht mit klassischen Computern, sondern mit Quantencomputern.

Die Idee von Shor ist es, eine Quanten-Fourier-Transformation zu nutzen, um ein Problem zu lösen, das eng mit dem Faktorisieren verwandt ist: *Period Finding*. Das Problem des Period Finding selbst ist recht technisch, aber zum Glück für einen Überblick über den Shor-Algorithmus auch nicht essenziell; Details sind in der Box **Kurz & knackig: Period Finding** zusammengestellt. Wichtiger ist die Lösungsstrategie: Shor verwendete eine sogenannte Reduktion. Das ist ein technischer Ausdruck für „Wir führen ein Problem auf ein anderes bekanntes zurück.". Die Hoffnung ist, dadurch gleich mehrere Fliegen mit einer Klappe zu schlagen und mit der Lösung eines Problems ein anderes gleich mitzulösen. Anschaulich stellen wir uns hierzu wieder einen Kuchen vor. Wenn Sie eine mehrstöckige Hochzeitstorte backen sollen, dann ist das in einem Schritt wahrscheinlich recht schwierig, wenn Sie keine Konditorin sind. Wenn Sie allerdings drei Kuchen backen und diese dann zusammensetzen, dann ist es deutlich einfacher. Eine Reduktion funktioniert ähnlich. Ein Problem wird effizient in ein anderes, lösbares Problem übersetzt. Dadurch ist klar, dass das erste Problem (Hochzeitstorte) nicht wesentlich schwieriger ist als das bekannte Problem (einzelner Kuchen).

Genau diese Verwandlung passiert bei der Reduktion von Faktorisierung zu *Period Finding*. Wenn wir Period Finding effizient auf einem Quantencomputer lösen können, dann ist auch die Faktorisierung effizient lösbar. Und genau das tat Shor im Jahr 1994, als er den heute nach ihm benannten Algorithmus auf einer Fachkonferenz vorstellte [129, 130]. Er zeigte, dass Period Finding mit einer Quanten-Fourier-Transformation effizient auf einem Quantencomputer lösbar ist.

> **Kurz & Knackig: Period Finding**
>
> *Period Finding* ist ein mathematisches Problem, das auf der Division mit Rest basiert. Wenn wir das erste Mal in der Schule dividieren, dann stellen wir fest, dass sich nicht alle Zahlen ohne Rest teilen lassen. Die Rechnung 7/5 ergibt 1 mit Rest 2. Schnell werden dann Dezimalzahlen eingeführt und die Rechnung ergibt $7/5 = 1{,}4$.
>
> Ein ganzes Gebiet der Mathematik beschäftigt sich mit dem *Rechnen mit Rest*. Hier interessiert nicht wie oft die 5 in die 7 passt, sondern wie viel Rest übrig bleibt. Diese Operation heißt Modulo-Division und wird üblicherweise mit mod abgekürzt. Das neue Ergebnis wäre also $7 \bmod 5 = 2$.
>
> Das Problem des Period Finding betrachtet nun eine bestimmte Folge von Zahlen und fragt, wann sie sich wiederholen. Die Folge wird generiert indem wir eine Zahl x immer wieder mit sich selbst multiplizieren und dann nach dem Rest bei Division durch eine andere Zahl N fragen. Wir finden die sogenannte Periode r, wenn der Rest bei Division wieder 1 ist. Um unserem Beispiel treu zu bleiben, wählen wir $x = 7$ und $N = 5$. Fangen wir also an zu multiplizieren:
>
> | i | x^i | $x^i \bmod 5$ |
> |---|---|---|
> | 0 | $7^0 = 1$ | 1 |
> | 1 | $7^1 = 7$ | 2 |
> | 2 | $7^2 = 49$ | 4 |
> | 3 | $7^3 = 343$ | 3 |
> | 4 | $7^4 = 2401$ | 1 |
>
> Da der Rest in diesem Beispiel bei 4 Multiplikationen wieder 1 wird, ist die Periode 4. Shors Einsicht war, dass sich diese Periode mithilfe der Quanten-Fourier-Transformation effizient finden lässt. Und da sich

> Faktorisierung effizient auf Period Finding zurückführen lässt, können Quantencomputer effizient faktorisieren. Period Finding liegt tatsächlich nicht nur dem Faktorisierungsalgorithmus, sondern einer ganzen Reihe von anderen Quantenalgorithmen zugrunde.

Zurück in die Wirklichkeit – Shor heutzutage
Die Vorstellung, dass Quantencomputer verschlüsselte Daten knacken können, ist natürlich keine schöne. Die bisherige Präsentation basiert gänzlich auf einer theoretischen Betrachtung: Sowohl der Grover-Algorithmus als auch der Shor-Algorithmus setzen logische Qubits voraus. An keiner Stelle dieses Kapitels spielten Dekohärenz oder die nötige Anzahl an Gattern eine Rolle. Implizit haben wir angenommen, dass wir solche Algorithmen auf fehlertoleranten Quantencomputern ausführen würden. Doch die gibt es aktuell noch nicht.

Aktuelle Maschinen bestehen aus ungefähr 100 bis 1000 fehlerbehafteten Qubits. Die Zeit, die es in der Praxis braucht, um einen modernen RSA-Schlüssel zu knacken, hängt von der Anzahl der Qubits ab. Verschiedene Forschungsgruppen haben bereits Überlegungen dazu angestellt: Mit ungefähr zehntausend physikalischen Qubits und einem geeigneten Quantenspeicher wird die Laufzeit auf ein knappes halbes Jahr geschätzt [131]. Eine andere Studie schätzt die Zeit auf ca. 8 h, wenn 20 Mio. physikalische Qubits verwendet werden [132]. In beiden Fällen ist die Laufzeit deutlich schneller als die Trillionen Jahre, die ein klassischer Computer benötigen würde. Von Quantencomputern dieser Größe sind wir allerdings aktuell noch weit entfernt: Die bisher größte Zahl, die auf einem Quantencomputer mit dem Shor-Algorithmus faktorisiert wurde, ist 21 [7].

Auch wenn es alles andere als einfach ist, einen fehlertoleranten Quantencomputer zu bauen, sollten wir schon heute über die nötigen Implikationen solcher Maschinen nachdenken. Einfach die Augen zu verschließen vor einer möglichen Zukunft mit Quantencomputern ist keine gute Strategie. In Kap. 6 werden wir uns zwei andere Alternativen ansehen, um dem Shor-Algorithmus zu begegnen. Es gibt beispielsweise Einwegfunktionen, die laut heutigem Wissensstand nicht von Quantencomputern gelöst werden können. Zusätzlich gibt es auch Quantentechnologien, die es ermöglichen, Schlüssel sicher zu übertragen.

4.5 Jagd nach dem Quantenvorteil

Es gibt Probleme, die fehlertolerante Quantencomputer effizienter lösen können als herkömmliche Computer. Zu diesem Schluss gelangt die Komplexitätstheorie, die jedoch keine Aussage über die konkrete *Laufzeit* eines Algorithmus macht, sondern nur über seine Skalierung mit der Eingabelänge. Die Eingabelänge kann zum Beispiel die Länge der zu sortierenden Liste sein. Wenn ein Algorithmus eine bessere Komplexität hat als ein anderer, dann wird es eine Eingabelänge geben, sodass dieser Algorithmus auch in der Praxis schneller abläuft. Das entspricht dem Schnittpunkt der beiden Kurven am Anfang dieses Kapitels (Abb. 4.4). Leider ist es häufig unklar, wo genau der Schnittpunkt liegt. Ein Vergleich der Komplexität bestimmt den besten Algorithmus für große Eingaben. Eventuell tritt dieser Schnittpunkt jedoch so spät auf, also bei so großen Eingabelängen, dass die praxisrelevanten Fälle alle vor dem Schnittpunkt auftreten. Dann hätte es gar keinen Vorteil, einen Quantencomputer einzusetzen.

Doch gibt es schon heute praktische Probleme, die von einem aktuellen Quantencomputer profitieren können? Es gibt schließlich heute schon NISQ-Computer. Mit dieser Frage ist das Rennen nach dem sogenannten *Quantenvorteil* (engl.: *quantum advantage*) eröffnet. Der Quantenvorteil zielt auf ein Problem ab, das auf einem Quantencomputer in der Praxis schneller gelöst wird als auf einem klassischen Rechner. Hier sprechen wir nicht mehr von theoretischen Überlegungen, sondern von Rechnungen auf echter Hardware, die in gemessener Zeit schneller ablaufen.

Zu einem Quantenvorteil gehören natürlich zwei Seiten: ein klassischer Algorithmus und ein Quantenalgorithmus. Ein guter Kandidat für ein Problem mit einem Quantenvorteil ist ein Problem, das klassisch schwierig zu lösen ist, aber leicht auf einem Quantencomputer. Eine der offensichtlichen Antworten nach einem Quantenvorteil ist die Simulation von Quantensystemen. Die Simulation von vielen Quantenteilchen ist schwierig auf klassischen Computern, allerdings enorm wichtig für Materialwissenschaften oder Chemie. Die Idee ist tatsächlich so wichtig, dass ihr das ganze nächste Kapitel gewidmet ist. In diesem Kapitel konzentrieren wir uns auf Probleme aus dem Bereich der Mathematik oder Informatik.

Erste Schritte Richtung Vorteil – Benchmark-Experimente

Der heilige Gral des Quantencomputings ist ein praktischer Quantenvorteil, also ein Quantenvorteil für ein Problem mit praktischer Relevanz. Eine Möglichkeit wäre Shors Algorithmus, um Zahlen zu faktorisieren. Doch die größten Zahlen, die auf aktuellen NISQ-Quantencomputern behandelt werden, sind deutlich kleiner als die Zahlen, die auf klassischen Computern zerlegt werden können. Wenn es schwierig ist ein Problem mit praktischer Relevanz zu finden, gibt es dann vielleicht *irgendein* Problem, das ein Quantencomputer schneller lösen kann? Hier lautet die Antwort: ja!

Wenn wir möchten, dass der Quantenalgorithmus gut abschneidet, dann wählen wir am besten ein Problem, bei dem klassische Algorithmen eine besonders schlechte Figur machen. Klassische Computer haben Probleme damit, bestimmte Quantensysteme zu simulieren. Insbesondere ist es bei großen Superpositionen schwer vorherzusagen, welcher Zustand mit welcher Wahrscheinlichkeit vorkommt. Bei einfachen Zuständen wie der Superposition $|0\rangle + |1\rangle$, wissen wir, dass beide Zustände mit der gleichen Wahrscheinlichkeit vorkommen. Das ist aber auch nur ein einzelnes Qubit und wir haben den Zustand selbst gewählt. Sobald mehr Qubits beteiligt sind und die Gatter, die auf die Qubits wirken, zufällig sind, wird es deutlich schwieriger. Es ist kompliziert, die Verteilung der Wahrscheinlichkeiten auf die verschiedenen Zustände zu berechnen.

Im Sommer 2019 nutzte ein Team von Google unter Leitung von John Martinis genau die Schwierigkeit des Ziehens von Zahlen aus bestimmten Wahrscheinlichkeitsverteilungen von 53 Qubits, um einen Quantenvorteil zu erreichen [134]. Sie schätzten, dass eine Quantenrechnung von wenigen Minuten viele Jahre auf einem klassischen Computer benötigen würde. Das wollte die Konkurrenz von IBM natürlich so nicht stehen lassen. Nur Tage nach der Veröffentlichung des Manuskripts veröffentlichen Wissenschaftler von IBM eine Einschätzung [135], dass die Zeit auf klassischen Rechnern deutlich kleiner sei. Doch der wichtige Punkt blieb: Es gibt Probleme, die auch in der Praxis schneller von Quantencomputern gelöst werden können. Auch wenn es unklar ist, wie lange ein klassischer Computer benötigen wird, so ist klar, dass das Hinzufügen eines einzelnen weiteren Qubits die Rechenzeit des klassischen Algorithmus wieder drastisch erhöhen würde. Der Quantencomputer hätte damit weniger Probleme.

Einen Wermutstropfen gibt es dennoch: Die Abschätzung von Wahrscheinlichkeiten von zufällig gewählten Quantengattern ist in der Praxis nicht besonders relevant. Sobald man sich auf das Terrain von Problemen begibt, die nicht mehr explizit zum Nachteil klassischer Computer ausgewählt werden, wird der Wettbewerb deutlich schärfer. Denn auch die Entwickler von klassischen Algorithmen schlafen nicht!

Klassische Algorithmen schlagen zurück – Quanteninspirierte Algorithmen

Um einen Quantenvorteil zu erreichen, muss ein Quantenalgorithmus schneller als ein klassischer Algorithmus sein. In den vergangenen beiden Abschnitten haben wir die beiden Extreme gesehen: Der Shor-Algorithmus ist schlichtweg besser als alle bekannten klassischen Algorithmen zum Faktorisieren großer Zahlen und er beschäftigt sich mit einem Problem, das durchaus praktische Relevanz hat. Bei Googles Algorithmus mit zufälligen Quantenschaltkreisen ist das Problem hingegen absichtlich so gewählt, dass der klassische Algorithmus große Schwierigkeiten hat. Hierbei geht es um nichts anderes, als die klassischen Computer irgendwie in ihre Schranken zu weisen, auch wenn das Problem gar nicht von besonderem Interesse ist. Insgesamt gibt es ein Wechselspiel zwischen dem Quantenalgorithmus und dem klassischen Algorithmus. Für den Quantencomputer wird der Wettkampf einfacher, je schlechter der klassische Algorithmus ist. Das Unpraktische für Quantencomputer: Auch klassische Algorithmen werden weiterentwickelt. Einige Ideen aus der Quantenmechanik finden auch Eingang in klassische Algorithmen. Hier schauen wir uns im Speziellen zwei Beispiele an: Tensornetzwerke und Dequantisierung.

Tensornetzwerke sind Datenstrukturen, die Daten in kleinen, miteinander verbundenen Paketen abspeichern [136]. Das klingt auf den ersten Blick wenig nach Quantenmechanik. Tatsächlich werden Tensornetzwerke in der Informatik auch unabhängig von Physik eingesetzt [137]. Wenn wir ein quantenmechanisches System beschreiben, dann gibt es üblicherweise diskrete Energieniveaus. Insbesondere gibt es immer eine tiefste Energie. Der quantenmechanische Zustand, der dazu gehört, heißt *Grundzustand*. Das große Interesse, das Physiker an diesem Zustand haben, wird uns in Kap. 5 noch ausführlicher begegnen. Bei vielen physikalischen Systemen ist der Grundzustand nur wenig verschränkt [138]. Genau diese Zustände werden effizient von Tensornetzwerken beschrieben! Wenn es um die Simulation von bestimmten Zuständen geht, dann müssen sich Quantenalgorithmen also mächtig ins Zeug legen, um gegen klassische Computer anzukommen.

Anfang bis Mitte der 2010er-Jahre brach für Quantenalgorithmen ein (kurzes) goldenes Zeitalter an. Viele praktische Probleme wurden das erste Mal durch die Brille der Quantenalgorithmen betrachtet. Ein Beispiel dafür sind Empfehlungssysteme. Diese Algorithmen kommen beispielsweise bei Video-Streaming-Plattformen zum Einsatz, um Ihnen den nächsten Film zu empfehlen. Angenommen, Sie schauen meistens düstere Thriller, dann wird Ihnen das System auch weitere ähnliche Filme vorschlagen. Insbesondere solche, die andere Personen mit Ihrem Filmgeschmack auch geschaut haben. Für genau diese Art von Empfehlungsalgorithmen wurde ein effizienterer Quantenalgorithmus entwickelt [139]. Leider war der Erfolg nur von kurzer Dauer. In den folgenden Jahren wurden dieser und einige weitere Algorithmen *dequantisiert* [140–143]: Einige Tricks, die der Quantenalgorithmus nutzt, lassen sich in diesen Fällen auf klassische Computer übertragen. Damit konnten klassische Algorithmen entwickelt werden, die den Quantenalgorithmen in diesen bestimmten Fällen in nichts mehr nachstehen. Der Vorteil der Quantenalgorithmen war damit dahin – für diese Situation wurde der Begriff der Dequantisierung eingeführt. Hier war es also nicht ein klassischer Algorithmus, der einen besseren Quantenalgorithmus inspiriert hat, sondern umgekehrt. Quantencomputer bieten einen Gegenspieler für klassische Algorithmen und fordern so die Forschung an klassischen Algorithmen heraus. Das ist ein Erfolg von Quantencomputing, unabhängig davon, ob es fehlertolerante Quantencomputer gibt oder nicht.

4.6 Der Zoo der Quantenalgorithmen

Quantencomputing ist ein rasant wachsendes Feld und natürlich beschränken sich die Algorithmen nicht ausschließlich auf den Grover- und den Shor-Algorithmus. In den letzten Jahren hat es eine regelrechte Explosion von Algorithmen gegeben, die bestimmte Aufgaben (theoretisch) effizienter lösen können als die klassischen Pendants. Auch wenn einige von ihnen dequantisiert wurden, so trifft das bei Weitem nicht auf alle Algorithmen zu. In diesem Abschnitt werden wir ein Schlaglicht auf einige der Algorithmen werfen, jedoch weniger weit in die Tiefe absteigen als beim Shor- oder Grover-Algorithmus.

Spätestens seit ChatGPT ist maschinelles Lernen in aller Munde. Während vor einigen Jahren neuronale Netzwerke noch Probleme hatten, Bilder korrekt zu erkennen und beispielsweise einen Vogel für ein Flugzeug hielten, können wir heute vollständige Unterhaltungen mit einem Computer führen. In den vergangenen Abschnitten haben wir festgestellt, dass Quantencomputer durch die Nutzung von Superposition und Verschränkung bestimmte Probleme effizienter lösen können. Diese Frage haben sich Wissenschaftler auch im Zusammenhang mit maschinellem Lernen gestellt. Anstatt ein neuronales Netz so anzupassen, dass es eine gewisse Aufgabe korrekt löst, können wir auch versuchen einen Quantenschaltkreis (siehe Abb. 4.7) so anzupassen, dass die Messungen uns eine Auskunft über das Ergebnis geben. Die Aufgabe ist natürlich keine einfache: Maschinelles Lernen erreicht gerade neue Höhen beim Lösen von komplexen Aufgaben, während quantenbasiertes maschinelles Lernen noch ganz am Anfang steht. Auf der theoretischen Seite gibt es erste Arbeiten, die zeigen, dass es Probleme gibt, die mit einem quantenmechanischen Machine-Learning-Ansatz besser gelernt werden können als mit einem klassischen Computer [144, 145]. Ähnlich wie bei den ersten Benchmarking-Algorithmen für einen Quantenvorteil sind die Probleme mit einem Vorteil für quantenbasiertes maschinelles Lernen absichtlich so gewählt, dass der Quantenlerner einen Vorteil hat. Diese Probleme sind oft so gelagert, dass die Daten selbst Quantendaten sind – also Qubits und keine Bits.

Die Grundlage für Maschinelles Lernen bietet die *mathematische Optimierung*. In neuronalen Netzwerken werden Parameter optimiert, um eine bestimmte Größe zu minimieren, die sogenannte Verlustfunktion (engl.: *loss function*). Je kleiner die Verlustfunktion ist, desto besser hat das Modell das gewünschte Verhalten gelernt. Doch nicht nur in neuronalen Netzen werden Dinge optimiert. Die Breite der Anwendungen in der Optimierung ist dabei schwer zu überschätzen: Computer optimieren die Zusammensetzung von Aktiendepots, die Lage von Logistikzentren, Routen im Flugverkehr oder die Aerodynamik von Flugzeugen. Es ist naheliegend, dass auch Quantenalgorithmen für Optimierungsprobleme entwickelt werden.

Wir schauen uns im Folgenden zwei verschiedene Wege an, um mit Quantencomputern Optimierungsprobleme zu lösen. Zu Beginn des Buches haben wir uns Windkanäle als ein Beispiel für Simulationen angesehen (siehe Abb. 1.2). Natürlich verlässt man sich beim Bau von Flugzeugen oder Autos nicht allein auf die Simulationen, sondern stellt auch Berechnungen mit Computern an. Die meisten dieser Rechnungen basieren auf einer einfachen, doch sehr weitreichenden Idee: Da Strömungen schwer zu berechnen sind, zerlegen wir das Problem in kleinere Probleme. Im Fall von Strömungsmechanik wird das üblicherweise durch das Zerschneiden des Raums in kleine Boxen gemacht. Dieses Verfahren heißt *Finite-Elemente-Methode.* Statt das Problem im kontinuierlichen Raum zu lösen, werden die Wechselwirkung zwischen den einzelnen Boxen betrachtet. Diese Wechselwirkungen werden häufig als Matrizen dargestellt: Wenn wir die Interaktionen und die Randbedingungen, z. B. die Grenze des Flugzeugs kennen, dann können wir daraus die Strömung berechnen. Das Problem, das wir lösen müssen, ist ein *lineares Gleichungssystem*.[3] Eine wichtige Operation beim Lösen solcher Gleichungssysteme ist die Matrixinversion. Und genau für diese Operation gibt es einen Quantenalgorithmus, der unter dem Namen HHL, nach seinen Entwicklern Aram Harrow, Avinatan Hassidim und Seth Lloyd [146]. Der HHL-Algorithmus kann bestimmte solcher Gleichungssysteme effizienter lösen als alle bekannten klassischen Algorithmen. Da lineare Gleichungssysteme häufig in den Natur- und Ingenieurs-

---

[3] Lineare Gleichungssysteme sind eine Ansammlung von Gleichungen, die voneinander abhängen. Ein Beispiel für ein lineares Gleichungssystem: „drei Äpfel und zwei Birnen kosten 6 EUR; vier Äpfel und eine Birne kosten 7 EUR." Aus diesen Informationen kann man sowohl den Preis einer Birne als auch den Preis eines Apfels errechnen.

wissenschaften auftauchen, ist der HHL-Algorithmus ein häufig genutzter Baustein in anderen Quantenalgorithmen. Diese Idee, einen Algorithmus als Baustein in einem anderen zu nutzen, ist uns schon beim Grover-Algorithmus begegnet. Einen Haken gibt es jedoch: Damit der HHL-Algorithmus funktioniert, müssen einige recht strenge Bedingungen erfüllt sein. Er kann also nicht all lineraen Gleichungssysteme lösen. Bevor Wissenschafter also einfach den HHL-Algorithmus verwenden, müssen sie eine Reihe von Bedingungen prüfen, um zu sehen, dass der Algorithmus wirklich funktionieren kann [147].

Der zweite Weg führt uns zurück zu den Erfüllbarkeitsproblemen. Einige Optimierungsprobleme können als Erfüllbarkeitsprobleme formuliert werden: Auch das Geburtstagsbeispiel könnte ein Optimierungsproblem sein. Wir möchten so viele Gäste wie möglich aus unserem Freundeskreis einladen, ohne die gestellten Bedingungen zu verletzen. Diese Erfüllbarkeitsprobleme können in der Form von *Energiefunktionen* formuliert werden, die dann von einem Quantensystem minimiert werden. Wie das genau funktioniert, schauen wir uns im nächsten Kapitel an.

An dieser Stelle ist noch ein Wort der Vorsicht angebracht: Auch wenn viele Unternehmen heute schon große Versprechungen zur schnelleren Lösung von Optimierungsproblemen machen, so sind viele Optimierungsprobleme sogar für Quantencomputer zu kompliziert. Quantencomputer eignen sich also nicht zur Lösung aller Probleme gleichermaßen. Insbesondere Probleme, die nur eine kleine Menge von Daten als Eingabe benötigen, aber dann eine komplexe Rechnung ausführen, profitieren von Quantencomputern am besten [148]. Diese grobe Klassifikation reicht nicht aus, um für ein gegebenes Problem zu bestimmen, ob ein Quantencomputer helfen kann. Im Rahmen der Komplexitätstheorie lassen sich Probleme nach ihrer Schwierigkeit sortieren. Anhand ihrer Schwierigkeit werden Probleme in *Komplexitätsklassen* gruppiert. Wissenschaftler vermuten heute, dass viele interessante Optimierungsprobleme in einer Klasse liegen, die sogar für Quantencomputer zu kompliziert ist [149, 150]. Das heißt nicht, dass es keine Vorteile geben kann, wenn man diese Probleme mit Quantencomputern angeht. Es besagt lediglich, dass wir nicht erwarten können, dass ein Quantencomputer diese Probleme exakt löst.

Ein Beispiel ist die Routenberechnung von Navigationssystemen. Die Routenberechnung lässt sich auf ein Problem zurückführen, das vermutlich sowohl zu schwer für klassische als auch für Quantencomputer ist. Trotzdem funktioniert die Navigation in Ihrem Auto oder auf Ihrem Smartphone ohne Probleme. Das liegt daran, dass wir nicht an einer exakten, sondern lediglich an einer guten Lösung interessiert sind. Ein Navigationssystem gibt Ihnen keine Garantie für den kürzesten Weg, es gibt lediglich einen sehr guten Weg. Dieser kleine, aber feine Unterschied macht den Unterschied zwischen einem

Problem, das ohne Probleme lösbar ist und einem, das Jahrhunderte in der Rechnung benötigen kann. Ähnlich kann es uns auch mit Quantencomputern gehen. Eventuell lösen Quantencomputer diese harten Probleme nicht exakt, sondern machen neue, bessere Näherungen möglich.

5

Simulieren mit Quanten

Nachdem wir uns im vorigen Kapitel mit den Grundlagen und Anwendungen des Quantencomputings befasst haben, wenden wir uns nun einem eng verwandten, aber doch eigenständigen Bereich zu: der Quantensimulation. Während ein ausgereifter Quantencomputer allgemein zur Problemlösung in verschiedenen Bereichen eingesetzt werden könnte, konzentriert sich die Quantensimulation spezifischer auf die Nachbildung und Untersuchung quantenmechanischer Systeme.

Den Unterschied zwischen einer *Rechnung* (engl.: *computation*) und einer *Simulation* haben wir eingangs bereits anhand der Beispiele eines Windkanals und Kelvins Gezeitenmaschine kennengelernt. Doch wie würde man den Begriff der Simulation – insbesondere in Abgrenzung zu einer *Berechnung* – definieren? Werfen wir einen Blick ins *Digitale Wörterbuch der deutschen Sprache*, so finden wir den Eintrag [151]:

> **Simulation**: modellhafte, wirklichkeitsgetreue Nachbildung oder Nachahmung von komplexen Modellen, Prozessen oder Sachverhalten mit technischen Mitteln, meist mithilfe von Computerprogrammen.

Und auf der deutschsprachigen Wikipedia steht [152]:

> Die **Simulation** oder Simulierung bezeichnet die Nachbildung von realen Szenarien zum Zwecke der Ausbildung (Flugsimulator, Patientensimulator), der Unterhaltung (Flugsimulator, Zugsimulator), der Analyse oder dem Design von

Systemen, deren Verhalten für die theoretische, formelmäßige Behandlung zu komplex sind.

Simulatoren und Quantensimulatoren dienen also der Nachahmung von komplexen Modellen und Prozessen. Werfen wir dafür noch einmal einen Blick auf den Gezeitensimulator aus Kap. 1 (Abb. 5.1).

5.1 Simulation und Rechnung

Die Gezeiten entstehen hauptsächlich durch die Anziehungskräfte von Mond und Sonne. Um eine gute Vorhersage über die nächste Flut treffen zu können, braucht man daher ein solides Verständnis von dem physikalischen System bestehend aus Erde, Mond, Sonne und ihrer gegenseitigen Anziehung. Die Anziehungskräfte verursachen in den Meeren Schwingungen der Wassermassen, die von der Geografie und Beschaffenheit des Meeresbeckens abhängen. Das ist in etwa so, als würde man mit Kraft an einer Badewanne rütteln, wodurch das Wasser anfängt, in der Badewanne zu schwappen. Die Wasserbewegungen hängen vom Schütteln und von der Form der Badewanne ab. Wenn die Kraft *periodisch* ist, also in der Zeit regelmäßig wiederkehrendes Verhalten zeigt, entstehen Wasserschwingungen. Auf der Basis solcher Beobachtungen kann man ein Modell (eine mathematische Beschreibung) aufstellen, mit dem die Gezeiten als Überlagerung von harmonischen Schwingungen berechnet

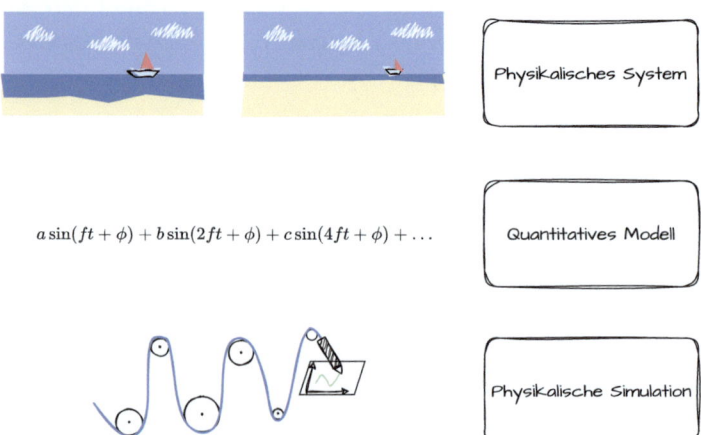

Abb. 5.1 Ein physikalisches System (in diesem Beispiel der durch Gezeiten verursachte Wasserstand in einem Hafen) wird durch ein mathematisches Modell beschrieben. Der Gezeitensimulator ist so konstruiert, dass er das gleiche mathematische Modell umsetzt und somit den Wasserstand vorhersagen kann

werden können. Als *harmonisch* wird eine Schwingung bezeichnet, wenn sie mathematisch durch eine *Sinusfunktion* ausgedrückt werden kann (siehe obere Hälfte von Abb. 2.4). Das ist eine regelmäßige Schwingung mit einer einzigen, festen Frequenz.

Ein Blick auf das Beispiel für eine typische *Tidekurve* in Abb. 5.2 zeigt, dass es sich dabei nicht um eine einfache Sinusschwingung handelt. Eine Tidekurve beschreibt die Höhe des Wasserstandes an einem bestimmten Ort zu einem gewissen Zeitpunkt. So eine Kurve gibt Aufschluss darüber, wie hoch der Wasserstand in einem Hafen sein wird, zum Beispiel um sechs Uhr morgens, zwölf Uhr mittags oder sechs Uhr abends. Die Kurve in Abb. 5.2 ist komplizierter als eine Sinuskurve: Das können wir zum Beispiel daran erkennen, dass die aufeinander folgenden Wasserhöchststände unterschiedlich hoch sind. Um diese Tidekurve vorherzusagen, muss man verschiedene harmonische Schwingungen berücksichtigen, die auch Partialtiden genannt werden. Mathematisch gesprochen, muss man dafür verschiedene Sinuskurven addieren.

Gutes Kopfrechnen reicht dafür nicht aus. Im besten Fall nutzt man dafür heute einen Computer. Als Lord Kelvin im 19. Jahrhundert seinen Gezeitensimulator baute, gab es noch keine Computer, mit denen man diese Berechnungen hätte anstellen können. Doch er fand auch ohne Computer eine elegante Lösung. An dieser Stelle kommt sein Simulator ins Spiel. Kelvin baute eine Maschine (Abb. 1.3), mit der er diese Rechnung automatisieren und so Ebbe und Flut vorhersagen konnte. Doch was steckt hinter dieser Maschine?

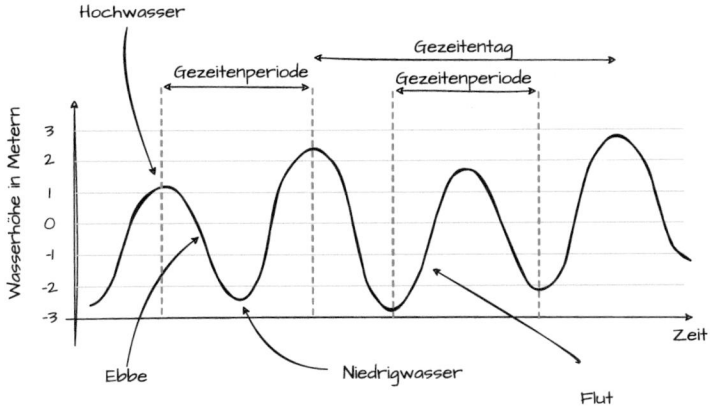

Abb. 5.2 Eine Tidekurve gibt den Wasserstand zu einer bestimmten Zeit an, zum Beispiel in einem Hafen. An vielen Orten der Erde gibt es zweimal pro Tag Ebbe und Flut, wie hier dargestellt. Die aufeinanderfolgenden Tiefstände bei Niedrigwasser und Hochstände bei Hochwasser sind nicht gleich hoch, sie können variieren. So eine Kurve entsteht durch eine Überlagerung mehrerer Schwingungen

Nach der schematischen Darstellung in Abb. 5.1 kommt dem quantitativen Modell (Addieren von Sinusfunktionen) hinter einer Simulation die Aufgabe zu, zwischen dem physikalischen System (Gezeiten) und dem Simulator (Kelvins Gezeitenmaschine) zu vermitteln. Das Modell ist eine mathematische Beschreibung des physikalischen Systems und der Simulator ist ein System oder eine Maschine, die dieses Modell unter vereinfachten Bedingungen umsetzt. Wie also addiert der Gezeitensimulator die verschiedenen Schwingungen?

Gekonnt die Kurve kriegen – Vorhersage der Tidekurve
Kelvins Ziel war es, dass seine Maschine eine Kurve zeichnen kann, die den zeitlichen Verlauf des Wasserstandes vorhersagt – eine Tidekurve wie in Abb. 5.2. Er machte sich dafür einen physikalischen Mechanismus zunutze, der in Abb. 5.3 veranschaulicht ist. Die Abbildung stellt eine sogenannte Kurbelschleife dar. Sie hat zwei Hauptbestandteile: eine *Kurbel* und eine *Schleife*. Die Kurbel funktioniert wie bei einem Fahrrad oder einer Handkurbel – das runde Element (Rad) in der Abbildung ist mit dem blauen Element (Kurbel) verbunden. Wenn man die blau eingezeichnete *Kurbel* in Bewegung setzt, dreht sich daher das *Rad*. Die Kurbel greift in den Schlitz der *Schleife* (in der Abb. 5.3 rot eingezeichnet). Wenn sich die Kurbel dreht, bewegt sich der Metallstift entlang des Schlitzes der Schleife. Dreht man an der Kurbel, wird deren Drehbewegung in eine lineare Bewegung der Schleife übersetzt – die Schleife bewegt sich in der Abbildung nach links und rechts.

Die lineare Bewegung kann genutzt werden, um einen Stift auf und ab zu bewegen, der auf einem Papierstreifen zeichnet. Diese Idee steckt hinter Kelvins Gezeitenmaschine (unterer Teil in Abb. 5.1). In seiner Maschine wurden mehrere solcher Kurbelschleifen verschiedener Größe kombiniert, um die verschiedenen Sinusfunktionen darzustellen, die die Partialtiden beschreiben. Jede Kurbelschleife stellt einen bestimmten Term der Summe dar, die den Gezeitenverlauf beschreibt. Durch fein abgestimmte Einstellungen der einzel-

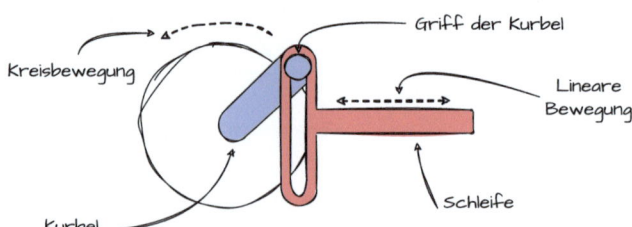

Abb. 5.3 Mit der Kurbelschleife lässt sich eine Drehbewegung in eine lineare Bewegung übersetzen. Dreht sich die blaue Kurbel im Kreis, beginnt die rote Schleife nach links und rechts auszuschlagen

nen Kurbelschleifen konnte Kelvin die Amplitude, Phase und Frequenz jeder einzelnen Sinuskomponente anpassen. Diese genaue Abstimmung war entscheidend, um eine präzise Vorhersage des Wasserstandes zu ermöglichen.

Das Ergebnis war eine Maschine, die, wenn sie einmal richtig eingestellt und in Gang gesetzt wurde, fortwährend eine Tidekurve auf einem Papierband zeichnete. Diese Kurve war eine grafische Darstellung des erwarteten Wasserstandes im Hafen über einen bestimmten Zeitraum, basierend auf den kombinierten Effekten der verschiedenen Kräfte, die die Gezeiten beeinflussen. Am Beispiel des Tidensimulators werden einige besondere Merkmale von Simulatoren klar: Sie sind *maßgeschneidert*, werden für besonders *hartnäckige Probleme* eingesetzt und basieren auf einem *quantitativen Modell*.

Maßgeschneiderte Simulatoren
Kelvins Gezeitenmaschine ist ein historisches Beispiel für einen Simulator, mit dessen Hilfe man ein komplexes Problem lösen konnte. Ein Problem, für das es vorher keine befriedigende Lösung gab. Heute denken wir anders darüber nach, was es bedeutet, dass ein Problem *komplex* ist. Obwohl der Begriff in der Alltagssprache häufig auftaucht, hat er in der Wissenschaft eine tiefere und präzisere Bedeutung. In Kap. 4 ist uns die Komplexitätstheorie begegnet und wir haben einen Einblick darin erhalten, wie man in der Informatik die Komplexität eines Problems beschreibt.

Das Gezeitenproblem, mit dem sich Lord Kelvin im 19. Jahrhundert beschäftigt hat, lässt sich mittlerweile mithilfe von Computern lösen. Computerprogramme, die eine Tidekurve erstellen, greifen dabei auf Formeln wie die in Abb. 5.1 zurück. Sie addieren die verschiedenen Kräfte, die auf die Erde einwirken.

Digitale Computer haben es uns seit der Mitte des 20. Jahrhunderts ermöglicht, viele Probleme aus Wissenschaft und Technik mit Algorithmen zu lösen und Problemlösung zu automatisieren. Doch selbst Computer stoßen bei einigen Problemen an ihre Grenzen. Ein Beispiel dafür ist die Simulation der Strömungen von Flüssigkeiten und Gasen. Auch heute werden Miniaturmodelle von echten Flugzeugen in Windkanälen auf ihr Verhalten in verschiedenen Luftströmungen untersucht (Abb. 1.2). Das aerodynamisches Design von Flugzeugen ist ein Beispiel für ein Ingenieursproblem, das Computerprogramme bis heute vor Herausforderungen stellt.

Was beide Beispiele – Simulationen von Gezeiten und von Luftströmungen – gemein haben, ist ihr jeweils spezifischer Anwendungsbereich. Ein Gezeitensimulator kann nicht zur Erstellung von Excel-Tabellen verwendet werden und aus einem Windkanalexperiment lässt sich kein Schachcomputer bauen. Beide Simulatoren sind *für eine einzige Sache gut*. In diesem Sinne sind die maßgeschneidert. Das unterscheidet Simulatoren grundsätzlich von der Idee einer *Universalmaschine*. Computer hingegen haben einen gewissen Universalitätsanspruch. Sie finden ihren Einsatz für Anwendungen aller Art. Beispielsweise lassen sie sich sowohl zum Erstellen und Auswerten von Tabellen als auch zum Schachspielen einsetzen.

Auch Quantensimulatoren sind auf die Lösung ganz konkreter Probleme *maßgeschneidert*. Es gibt einige Ausnahmen – nämlich Modelle, die so reichhaltig sind, dass sie als *universell* gelten, da sie das Verhalten einer breiten Palette an anderen Modellen vorhersagen. In jedem Fall sind die Probleme komplex und auch perspektivisch nicht mit einem Computer lösbar. Sie bauen auf einem *quantitativen Modell* auf. Eine wichtige Rolle spielt dabei eine der grundlegenden Gleichungen der Quantenphysik.

> **Zusammenfassung**
>
> - Die Vorhersage der Gezeiten lässt sich auf die Überlagerung harmonischer Schwingungen zurückführen, die mathematisch durch Sinuskurven beschrieben werden können.
> - Kelvins Gezeitensimulator war eine Maschine, die für die Addition vieler Sinusfunktionen maßgeschneidert war.
> - Um einen Simulator zu entwickeln, braucht man oft ein mathematisches Modell.

5.2 Das Herzstück der Quantenphysik

Die Physik lebt von Beobachtungen, Messungen und Experimenten, die helfen, Naturphänomene besser zu verstehen. Andererseits spielen auch theoretische Modelle zur Erklärung der Experimente eine sehr wichtige Rolle. In der modernen Physik befördern sich die *Experimentalphysik* und die *theoretische Physik* gegenseitig.

Auch wenn diese Zweiteilung der Physik in experimentelle und theoretische Arbeit eine Entwicklung des 20. Jahrhunderts ist, spielten beide Aspekte schon früher eine Rolle. Die mathematische Beschreibung von Naturgesetzen half schon viele Jahrhunderte zuvor, quantitative Aussagen über Naturphänomene zu treffen. So gibt es in der Physik einige Gleichungen, die wir heute noch im Schulunterricht lernen, die jedoch schon vor ziemlich langer Zeit aufgestellt wurden. Ein gutes Beispiel dafür bilden die Newton'schen Gesetze.

Isaac Newton war ein englischer Physiker, Astronom und Mathematiker des 17. und 18. Jahrhunderts. Er stellte eine Theorie der Gravitation und die nach ihm benannten Bewegungsgesetze auf. Seine Erkenntnisse waren so tiefgreifend, dass er bis heute als einer der bedeutendsten Wissenschaftler gilt. Newton selbst war so bescheiden und umsichtig, dass er in einem Brief an seinen Kollegen Robert Hooke schrieb (übersetzt aus dem Englischen):

> Wenn ich weiter geblickt habe, so deshalb, weil ich auf den Schultern von Riesen stehe.

Seine Erkenntnisse bauten zwar wie die aller Menschen auf Einfällen und Beobachtungen von Vorfahren und Zeitgenossen auf, doch sein Name steht heute wie kein anderer für die Grundgesetze der Bewegungslehre. Sei es beim Fahrradfahren, Golfspielen, Trampolinspringen oder dem Design von Achterbahnen – all diese und viele andere Vorgänge können mit den *Newton'schen Gesetzen* mathematisch beschrieben werden. Schülerinnen und Schüler lernen diese Grundgleichungen der klassischen Mechanik bis heute im Physikunterricht kennen. Doch in den Wissenschaften sind selbst bahnbrechende Erkenntnisse nicht der Weisheit letzter Schluss. Das gilt auch für Newtons Bewegungslehre. Mit der Entdeckung der Quantenmechanik wurde die Gültigkeit der klassischen Mechanik infrage gestellt.

Die Gesetze der Mechanik haben in der *makroskopischen* Welt auch nach der Entdeckung der quantenphysikalischen Gesetze ihre Gültigkeit. Eine schwingende Schaukel etwa wird nach wie vor durch die *klassische* Mechanik beschrieben. Doch sobald es um das Verhalten von *mikroskopischen* Objekten geht – etwa von Elementarteilchen, Atomen oder Molekülen – verlieren die Gesetze der klassischen Mechanik ihre Gültigkeit. Stattdessen müssen die Gesetze der Quantenmechanik angewandt werden, um das Verhalten von Atomen zu beschreiben. Doch was sind diese Gesetze der Quantenmechanik, die an die Stelle der klassischen Mechanik treten?

In Stein gemeißelt – Die Schrödinger-Gleichung
Auf dem Friedhof des kleinen Dorfes Alpbach in Südtirol befindet sich die letzte Ruhestätte des österreichischen Physikers Erwin Schrödinger. Das Grabkreuz trägt als Inschrift eine der geistigen Hinterlassenschaften des Physiknobelpreisträgers von 1933: die Schrödinger-Gleichung [153] (siehe Abb. 5.4). Sie ist eine der grundlegenden Gleichungen der Quantenmechanik. In der klassischen Mechanik hat ein Teilchen stets einen bestimmten Ort und seine Bewegung lässt sich mit den Newton'schen Gesetzen berechnen und vorhersagen (auch wenn diese Rechnung sehr aufwendig und kompliziert sein kann). Stattdessen gibt es in der Quantenmechanik die Orts-Impuls-Unschärfe und über die Position

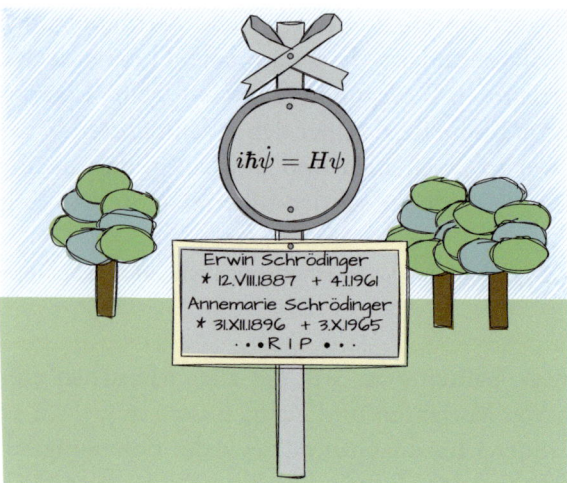

Abb. 5.4 Auf dem Grab des österreichischen Physikers Erwin Schrödinger und seiner Frau Annemarie ist die nach ihm benannte Gleichung der Quantenphysik zu sehen

eines Teilchens und andere Eigenschaften werden nur Wahrscheinlichkeitsaussagen getroffen (siehe Abb. 2.14). Nach der weitverbreiteten Wahrscheinlichkeitsinterpretation der Quantenmechanik hängt die Wahrscheinlichkeit, ein Teilchen an einem bestimmten Ort zu messen, mit seiner Wellenfunktion an diesem Ort zusammen. Die Schrödinger-Gleichung ist das mathematische Werkzeug, mit dem das Verhalten dieser Wellenfunktion berechnet werden kann.

Die Schrödinger-Gleichung kommt in zwei Formen vor: als *zeitabhängige* und als *zeitunabhängige* Gleichung. Auf dem Grabstein von Schrödinger ist die zeitabhängige Variante zu sehen. Die zeitabhängige Schrödinger-Gleichung ist eine *Differenzialgleichung*, die die Änderung der Wellenfunktion oder den Zustand eines quantenphysikalischen Systems im Laufe der Zeit beschreibt. Wir nutzen die Begriffe Zustand und Wellenfunktion hier synonym. Wenn man die Wellenfunktion eines Systems zu einem bestimmten Zeitpunkt kennt, so kann man mit der Schrödinger-Gleichung den Zustand in der Zukunft ausrechnen. Sie beschreibt also die zeitliche Entwicklung einer Wellenfunktion – meistens *Zeitentwicklung* genannt – so, wie die Newton'schen Gesetzen die Schwingung einer Schaukel vorhersagen. Die Position der Schaukel in der Zukunft lässt sich prinzipiell berechnen, wenn alle nötigen Informationen (über die aktuelle Position der Schaukel, ihre Länge, Wind usw.) vorliegen. Auch die Zeitentwicklung der Wellenfunktion eines quantenmechanischen Systems lässt sich mithilfe der Schrödinger-Gleichung berechnen und vorhersagen. Insofern ist Schrödingers Gleichung deterministisch. Das widerspricht jedoch nicht der gängigen Interpretation, dass die Quantenphysik *probabilistisch* sei. Denn auch wenn man die Wellenfunktion zu einem bestimmten Zeitpunkt kennt, lassen sich die Ergebnisse einer Messung nur mit einer bestimmten Wahrscheinlichkeit vorhersagen.

Um die Position einer Schaukel zu einem späteren Zeitpunkt berechnen zu können, benötigt man neben der aktuellen Schaukelposition noch weitere Informationen, wie etwa die Länge ihrer Seile oder Ketten. Diese Informationen fließen dann in die Berechnung ein. Auch in die Schrödinger-Gleichung fließen Informationen über das Quantensystem ein. Doch welcher Teil der Gleichung in Abb. 5.4 beinhaltet diese Informationen? Das erste Symbol, ein i, steht für die sogenannte imaginäre Einheit und ist eine mathematische Konstante. Es bildet die Basis für das, was Mathematiker *komplexe Zahlen* nennen und spielt für die mathematische Beschreibung der Quantenphysik eine zentrale Rolle. Das zweite Symbol, $\hbar$ (sprich: „h quer"), bezieht sich auf das Planck'sche Wirkungsquantum h, dem wir in Kap. 2 begegnet sind. Physikerinnen haben diese zusätzliche Konstante eingeführt, da sie häufig in Rechnungen auftaucht – es handelt sich dabei jedoch bis auf einen zusätzlichen Faktor um die gleiche Größe wie h. Der griechische Buchstabe auf der Steintafel, ψ (sprich: „Psi"), steht für die Wellenfunktion, deren Zeitentwicklung durch die Gleichung beschrieben wird. Das übrige Symbol, H, ist der *Hamilton-Operator* – in Anlehnung ans Englische oft auch *Hamiltonian* genannt. Wenn Sie sich in irgendeinen Fachvortrag über Quantenphysik setzen, ist die Wahrscheinlichkeit hoch, dass dieses Wort fällt. Der Hamilton-Operator dient der mathematischen Beschreibung der Energie eines Systems. Wenn man den Hamiltonian eines Systems kennt, kann man ihn in die Schrödinger-Gleichung einsetzen. So wie die Länge der Seile und Ketten einer Schaukel in die Berechnung ihrer Bewegung einfließen, beinhaltet der Hamiltonian Kenntnisse und physikalische Informationen über das System. Nach dem Einsetzen in die Schrödinger-Gleichung steht man vor der eigentlichen Herkulesaufgabe: die Schrödinger-Gleichung zu lösen.

Eine harte Nuss – Die Schrödinger-Gleichung lösen
Es gibt verschiedene Herangehensweisen zur Lösung der Schrödinger-Gleichung. Viele Forschende setzen sich gern an den Schreibtisch, nur bewaffnet mit Papier und Stift, und versuchen eine mathematisch exakte (oder *analytische*) Lösung zu finden. Stößt man so auf eine Lösung *in geschlossener Form*, hat das den Vorteil, dass man sie in der Regel leicht an verschiedene Situationen anpassen kann, indem man alle nötigen Variablen und Konstanten in die Lösung einsetzt. Die Formel für die Fläche A eines Kreises, $A = \pi r^2$ (wobei r der Kreisradius ist), hat zum Beispiel eine geschlossene Form. Damit kann man direkt die Fläche berechnen, wenn der Radius r bekannt ist, ohne

weitere Zwischenschritte. Wenn sich der Radius ändert, kann man wieder die gleiche Formel benutzen, um die neue Fläche auszurechnen. Im Gegensatz dazu gibt es auch Probleme, die keine geschlossene Lösung haben und meist mithilfe von Computern gelöst werden müssen. Wenn Sie die Bücher des chinesischen Autoren Liu Cixin oder deren Verfilmungen kennen, haben Sie schon einmal vom *Dreikörperproblem* gehört und kennen damit schon ein Beispiel für ein solches Szenario. Das Dreikörperproblem beschreibt drei Himmelskörper, die sich gegenseitig durch Gravitation anziehen. Deren gemeinsame Bewegung lässt sich in den allermeisten Fällen nicht analytisch oder geschlossen lösen.

Leider sind die meisten Probleme in der Quantenphysik auch nicht analytisch lösbar. Es gibt nur so wenige Ausnahmen, dass lösbare Quantensysteme (deren Schrödinger-Gleichung lösbar ist) einen eigenen Wikipediaeintrag haben [154]. Dazu gehören das Wasserstoffatom, ein System, bei dem ein Elektron um einen Protonenkern kreist (siehe Abb. 3.2) und der harmonische Oszillator, dem wir in Kap. 3 begegnet sind. Für das Wasserstoffatom kann die Schrödinger-Gleichung analytisch gelöst werden. Diese Lösung hilft zu verstehen, wie das Elektron im Wasserstoffatom gebunden ist und wie es sich zwischen verschiedenen Energieniveaus bewegen kann. Aber solche klaren, einfachen Lösungen sind rar. Für komplexere Atome oder Moleküle, in denen viele Elektronen miteinander und mit mehreren Kernen wechselwirken, geht die Möglichkeit verloren, analytische Lösungen zu finden.

Für viele Fälle, in denen die Schrödinger-Gleichung nicht analytisch gelöst werden kann, gibt es andere Lösungsmethoden. Eine der bekanntesten ist die *Störungstheorie*. Mit ihr werden die Auswirkungen kleiner Veränderungen („Störungen") auf das ursprüngliche System untersucht. Diese Methode kann Einsichten liefern, wenn das System nur leicht von einem Zustand abweicht, für den eine analytische Lösung bekannt ist. Das Wasserstoffatom ist ein klassisches Beispiel, bei dem die Störungstheorie angewendet werden kann, um zu verstehen, wie kleine Veränderungen seine Eigenschaften beeinflussen. Kleine Veränderungen können zum Beispiel durch ein elektrisches Feld hervorgerufen werden, das auf das Atom einwirkt. Eine exakte Lösung der Schrödinger-Gleichung unter Berücksichtigung dieses elektrischen Feldes ist viel schwieriger zu finden. Hier kommt die Störungstheorie ins Spiel. Die ursprünglichen Lösungen für das Wasserstoffatom dienen ihr als Basis. Sie wird angewandt, um zu verstehen, wie ein externes elektrisches Feld die Energieniveaus und Wellenfunktionen des Elektrons beeinflusst. Diese Methode spielt in der Quantenforschung schon lange eine wichtige Rolle, ist jedoch nicht auf alle Quantensysteme anwendbar. Die Störungstheorie stößt zum Beispiel dann an ihre Grenzen, wenn die Störungen nicht mehr schwach sind (oder wenn sich das Problem gar nicht erst auf ein analytisch lösbares System zurückführen lässt). Dann greifen Forschende meist auf *numerische Methoden* zurück. Diese computergestützten Verfahren ermöglichen es dort weiterzumachen, wo analytische Ansätze an ihre Grenzen stoßen.

Der Hauptvorteil numerischer Methoden liegt in ihrer Flexibilität und Fähigkeit, Lösungen für eine Vielzahl von Problemen zu liefern, die analytisch nicht zugänglich sind. Die Forschung an numerischen Methoden zur Lösung der Schrödinger-Gleichung und Beschreibung von komplexen Quantensystemen kennt heute zahlreiche Stoßrichtungen. Es wird an effizienteren Algorithmen geforscht und bessere Hardware entwickelt. Das dazugehörige Forschungsfeld ist so groß, dass wir in diesem Buch darauf verzichten, näher darauf einzugehen. Es ist aber wichtig, darauf hinzuweisen, dass viele dieser numerischen Methoden heute sehr erfolgreich eingesetzt werden, um Quantensysteme besser zu verstehen. Auf den folgenden Seiten geht es jedoch um die Situationen, in denen selbst die besten klassischen Computer nicht in der Lage sind, die Schrödinger-Gleichung zu lösen.

Zusammenfassung

- Die Schrödinger-Gleichung ist eine der grundlegenden Gleichungen der Quantenphysik. Sie ist nach dem österreichischen Physiker Erwin Schrödinger (1887–1961) benannt.
- Die *zeitabhängige* Schrödinger-Gleichung beschreibt, wie sich der Zustand eines Quantensystems im Laufe der Zeit verändert. Zentraler Bestandteil der Gleichung ist der *Hamiltonian*, der die Energie des Systems beschreibt.
- In einigen Fällen kann die Schrödinger-Gleichung analytisch („*mit Stift und Papier*") gelöst werden. Ob das geht, hängt entscheidend vom Hamiltonian des Systems ab. Ein Beispiel für ein System, das ohne Zuhilfenahme eines Computers gelöst werden kann, ist das Wasserstoffatom.
- Wenn sich ein System nicht mit analytischen Methoden lösen lässt, kommen oft Computer und *numerische Methoden* zum Einsatz. Sie können in vielen Fällen bei der Lösung helfen, aber häufig versagen auch die modernsten Computeralgorithmen und neueste Hardware an der Lösung der Schrödinger-Gleichung.

5.3 Feynmans wunderbares Problem

Der charismatische Physiknobelpreisträger Richard Feynman hielt im Jahr 1981 einen Vortrag mit dem Titel *„Physik mit Computern simulieren"* (engl.: *„Simulating Physics with Computers"*). Er sinnierte darin über die Schwierigkeit, Quantensysteme mit klassischen Computern zu beschreiben. Dabei kam er zu dem Schluss, dass klassische Computer schlicht nicht dafür gemacht seien. Damit meinte er nicht nur die Computer seiner Zeit, sondern klassische Computer per se. Die Wellenfunktion eines Quantensystems zu speichern und auszurechnen ist mit normalen Computern zwar in vielen Fällen möglich, doch es gibt auch viele Gegenbeispiele, in denen Computer versagen. Woran liegt das?

Superpositionszustände vieler Qubits
Denken wir dafür zuerst an ein einziges Qubit, wie wir es in Kap. 3 kennengelernt haben. Der Zustand des Qubits lässt sich als Überlagerung von zwei Bestandteilen – $|0\rangle$ und $|1\rangle$ – darstellen. Was passiert, wenn ein zweites Qubit dazu kommt? Der Gesamtzustand von zwei Qubits kann auch in einer Superposition sein. Dabei sind alle Kombinationen möglich: erstes Qubit in $|0\rangle$ oder $|1\rangle$ und zweites Qubit in $|0\rangle$ oder $|1\rangle$. Die möglichen Gesamtzustände sind dann $|00\rangle$, $|01\rangle$, $|10\rangle$ und $|11\rangle$, wobei sich die erste Ziffer jeweils auf das erste Qubit bezieht und die zweite Ziffer auf das zweite Qubit. Im Fall von zwei Qubits gibt es diese vier Kombinationsmöglichkeiten.

Was passiert, wenn noch ein Qubit dazu kommt? Nach der gleichen Logik kann die Superposition dann acht Bestandteile haben: $|000\rangle$, $|001\rangle$, $|010\rangle$, $|100\rangle$, $|011\rangle$, $|101\rangle$, $|110\rangle$ und $|111\rangle$. Die Anzahl der Möglichkeiten verdoppelt sich durch das dritte Qubit wieder, wie schon zuvor beim Schritt von einem zu zwei Qubits. Dieses Muster setzt sich fort, wenn immer mehr Qubits hinzukommen. Für N Qubits ergeben sich

$$\underbrace{2 \cdot \ldots \cdot 2}_{N \text{ mal}} = 2^N$$

Konfigurationen – also verschiedene Möglichkeiten, Nullen und Einsen anzuordnen. Das ist die Art von exponentiellem Wachstum, das uns bereits in Kap. 4 im Abschnitt über Komplexitätstheorie begegnet ist.

Die Superposition von 2^N verschiedenen Konfigurationen sieht mathematisch so aus wie in Abb. 5.5 gezeigt. Das ist eine Überlagerung, ähnlich wie die Superposition $|+\rangle$ aus $|0\rangle$ und $|1\rangle$ in Abb. 2.15, nur für viele Qubits anstatt nur einem einzigen. Leider lässt sich der Überlagerungszustand im Falle vieler Qubits nicht mehr so leicht veranschaulichen wie im Fall von nur einem Qubit und der Bloch-Kugel. Die rot eingefärbten Zahlen bestimmen, welche Rolle

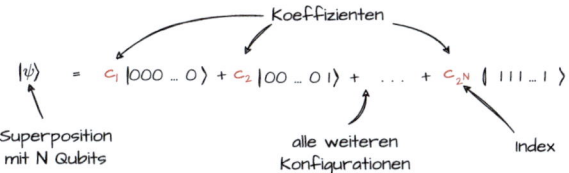

Abb. 5.5 Ein Superpositionszustand mit N Qubits kann 2^N verschiedene Terme beinhalten. Jeder Term entspricht einer eigenen Konfiguration aus Nullen und Einsen. Die Koeffizienten geben unter anderem an, wie groß der Beitrag jeder einzelnen Konfiguration zum Gesamtzustand ist. Sie sind mit einem *Index* beschriftet, einer tiefer gestellten Zahl, die alle Konfigurationen durchzählt

jede der Konfigurationen in der Superposition spielt. Jeder der Koeffizienten steht für eine Zahl – genauer gesagt, eine *komplexe Zahl*. Mit diesen Koeffizienten lassen sich die Wahrscheinlichkeiten ausrechnen, das System nach einer Messung in der dazugehörigen Konfiguration vorzufinden. Alle Koeffizienten zusammen genommen geben eine vollständige Beschreibung des Quantenzustands der Qubits.

Alle Koeffizienten eines Quantenzustands zu *speichern*, kostet sehr viel Speicherplatz. Um den Zustand des Systems aus N Qubits zu speichern, müssen all diese 2^N Möglichkeiten berücksichtigt werden. Für drei Qubits sind das nur acht Terme, aber für zehn Qubits sind es bereits 1024. Um alle Koeffizienten für 40 Qubits zu speichern (und angenommen, jeder Koeffizient verschlingt 64 Bits an Speicherplatz), sind bereits über acht Terabyte (TB) Speicherplatz nötig und für 500 Qubits sind es 10^{151} Bytes – eine eins mit 151 Nullen dahinter! Das ist so unfassbar viel Speicherplatz, dass keine Festplatte der Welt eine Chance hat, all diese Information zu verdauen.

Dabei haben wir noch nicht einmal berücksichtigt, wie kompliziert es sein kann, die Schrödinger-Gleichung für ein System aus vielen Teilchen zu lösen. Es ist schon hoffnungslos, so einen Zustand einiger hundert Qubits überhaupt zu speichern. Doch spielen Superpositionen in der Physik überhaupt eine wichtige Rolle? Es könnte ja auch sein, dass für wichtige physikalische Probleme die meisten Koeffizienten in Abb. 5.5 einfach null sind – man sie also gar nicht berücksichtigen muss. Doch die Antwort darauf lautet ganz klar: Superpositionen sind wichtig und spielen für zahlreiche physikalische Phänomene eine wichtige Rolle, zum Beispiel bei der Beschreibung chemischer Reaktionen, dem Verhalten von Elektronen in Materialien oder der Teilchenphysik. Es ist also wichtig, solche Zustände auch beschreiben zu können. Wenn das mit herkömmlichen Computern oft nicht geht, was dann?

Quantensysteme und ihre Modellierung

Zu Beginn der 1980er-Jahre beschäftigten sich Forscher wie Richard Feynman, Yuri Manin und Paul Benioff mit Fragen dieser Art. Sie erkannten das Problem, dass die rasch wachsende Anzahl an Konfigurationen in Abb. 5.5 Computern Probleme bereiten wird. Feynman träumte in seinem Vortrag „*Physik mit Computern simulieren*" von einer kühnen Lösung. Ihm war bereits klar, dass man *sehr* viele Bits auf einer klassischen Festplatte bräuchte, um wenige Qubits darzustellen. Wenn das Problem darin bestünde, so Feynman, dass ein klassischer Computer auf Basis von Bits funktionierte und das inkompatibel mit der Beschreibung von Quantensystemen sei, wäre es dann nicht besser, eine Maschine zu bauen, die selbst aus Qubits bestünde? In Feynmans eigenen Worten (übersetzt aus dem Englischen):

> Die Natur ist nicht klassisch, verdammt noch mal, und wenn man die Natur simulieren will, sollte man das besser quantenmechanisch tun, und das ist ein wunderbares Problem, denn es sieht nicht so einfach aus.

Eine Maschine, die die Natur mit ihren Quanteneigenschaften simuliert, sollte selbst den Gesetzen der Quantenphysik gehorchen, befand der Physiker. Die Suche nach einer solchen Maschine führte in den 1980er- und 1990er-Jahren zum Heranreifen der Idee des Quantencomputers, aber auch des Quantensimulators. Quantensimulatoren tragen ihren Namen in Anlehnung an klassische Simulatoren, wie wir sie bereits kennengelernt haben (siehe Abb. 5.1). Sie dienen dem Zweck, ein kompliziertes physikalisches Problem zu lösen, das mit analytischen oder numerischen Methoden bisher nicht lösbar ist. So wie Lord Kelvin im 19. Jahrhundert die Gezeiten in Ermangelung eines Computers nicht berechnen konnte und auf eine Simulation zurückgriff, machen Quantensimulatoren Hoffnung auf die Lösung bisher nicht lösbarer quantenphysikalischer Probleme. Bisher nicht lösbare Probleme gibt es in der Quantenphysik noch einige. Wir werden gleich einen Blick auf ein paar Beispiele werfen und einige Einsatzfelder von Quantensimulatoren kennenlernen. Doch schauen wir uns zuerst an, wie die Geschichte der Quantensimulation nach Feynman weiter geht. Es sollten erst einige Jahre vergehen, bis aus der theoretischen Idee etwas Greifbares wurde.

> **Zusammenfassung**
>
> - Es ist im Allgemeinen sehr datenintensiv, den Zustand eines Quantensystems aus vielen Teilchen zu speichern.

- Je nach genauem Zustand kann es bereits unmöglich sein, die Wellenfunktion weniger hunderter Qubits mit einem klassischen Computer zu beschreiben.
- Richard Feynman und andere Physiker schlugen in den frühen 1980er-Jahren vor, mithilfe von kontrollierbaren Quantensysteme die Physik weniger kontrollierbarer Quantensysteme nachzuahmen. Das war die Geburtsstunde der Quantensimulation.

5.4 Atomare Quantensimulatoren betreten die Bühne

Die Entwicklung der Quantensimulation als produktives Forschungsfeld ist auch eine eindrucksvolle Geschichte darüber, wie sich theoretische und experimentelle Forschung gegenseitig auf neue Ideen und voranbringen. Ein eindrucksvolles Beispiel lieferte ein internationales Forscherteam, als es im Jahr 1998 eine Arbeit mit dem Titel „*Kalte bosonische Atome in optischen Gittern*" (Originaltitel: „*Cold bosonic atoms in optical lattices*") in der Fachzeitschrift Physical Review Letters veröffentlichte [155]. Darin führten sie mithilfe von Methoden aus der theoretischen Physik vor, wie lasergekühlte Atome mit Lasern in einem regelmäßigen Gitter gefangen werden könnten, um einen *Quantenphasenübergang* zu untersuchen. Dieser theoretische Vorschlag sollte sich als wegweisend für das Forschungsfeld der Quantensimulation erweisen. Das ist inzwischen mehr als ein Vierteljahrhundert her und schon ein Stück Wissenschaftsgeschichte. Werfen wir einen Blick auf die physikalischen Hintergründe.

Quantenphasenübergänge
Aus der klassischen Physik sind Phasenübergänge vom Übergang zwischen verschiedenen Aggregatzuständen (fest, flüssig, gasförmig) eines Stoffs bekannt, z. B. das Schmelzen von Eis zu Wasser oder das Verdampfen von flüssigem Wasser zu Wasserdampf. Dabei passt sich der Zustand des Systems an die äußeren Bedingungen an, z. B. durch Änderung der Temperatur oder des Drucks. Ein Quantenphasenübergang bezeichnet auch einen Übergang zwischen verschiedenen Zuständen, allerdings am absoluten Temperaturnullpunkt. So ein Phasenübergang wird durch *Quantenfluktuationen* ermöglicht, die eine Folge der Heisenberg'schen Unschärferelation sind. Phasenübergänge bei $-273\,°C$ mögen nach einem akademischen Problem klingen, weil wir solchen Tempe-

raturen ja selten begegnen. Doch sie spielen für das Verständnis zahlreicher Phänomene der Festkörperphysik eine Schlüsselrolle.

Im Zentrum von Quantenphasenübergängen steht der *Grundzustand* eines *Quantenvielteilchensystems*, also eines Systems aus vielen Quantenteilchen. Das ist der Zustand mit der niedrigstmöglichen Energie des Gesamtsystems. Grundzustände spielen eine Schlüsselrolle beim Verständnis von Quantensystemen (siehe auch **Kurz & knackig: Grundzustände**). Wir sind ihnen schon in Kap. 3 begegnet, zum Beispiel in Abb. 3.2. Dort sind einige der möglichen Energieniveaus eines Atoms abgebildet. Atome können zwar unendlich viele solcher diskreten Zustände haben, es gibt jedoch einen besonderen Zustand, der die niedrigste Energie hat. Mit anderen Worten: Für jeden Zustand eines Atoms gibt es prinzipiell einen anderen mit höherer Energie, doch kein Zustand hat eine niedrigere Energie als der Grundzustand. Das macht diesen zu etwas sehr Besonderem, was hilft, das Interesse vieler Forschenden daran zu verstehen, den Grundzustand eines Systems ausfindig zu machen. So einen Grundzustand haben nicht nur einzelne Teilchen, wie Atome, sondern auch Systeme, die sich aus vielen Teilchen zusammensetzen. In einem Quantenvielteilchensystem beschreibt er die energetisch günstigste *Konfiguration* der Teilchen. Dieser Grundzustand erfährt während eines Quantenphasenübergangs eine wesentliche Veränderung. Doch was bedeutet das konkret? Bringt man einen Block Eis zum Schmelzen, findet ein Phasenübergang von fest zu flüssig statt. Hier ist anschaulich klar, welche Aggregatzustände die Temperaturerhöhung ineinander überführt. Wie können wir uns das in einem Quantensystem vorstellen? Sehen wir uns ein prominentes Beispiel an.

Kurz & Knackig: Grundzustände
Grundzustände bezeichnen in der Quantenphysik den Zustand niedrigster Energie. Sie sind wichtig für das Verständnis der Struktur und des Verhaltens von Atomen, Molekülen und Materialien. Im Grundzustand befindet sich ein System in seiner stabilsten, energieärmsten Konfiguration. Jede Erhöhung der Energie führt zu einem angeregten Zustand, welcher weniger stabil ist. In der Quantenmechanik wird der Grundzustand eines Atoms oder Moleküls durch die Wellenfunktion beschrieben, die die niedrigste Energielösung der Schrödinger-Gleichung für das betrachtete System liefert. Im Beispiel des Wasserstoffatoms oder anderen Atomen gibt die Wellenfunktion Auskunft über die Verteilung der Elektronen im Raum und bestimmt die chemischen und physikalischen Eigenschaften des Systems. Jede Anregung des Elektrons aus dem Grundzustand in ein

höheres Energieniveau führt zu einem angeregten Zustand, der durch Absorption von Energie erreicht wird. Diese Energie kann zum Beispiel mithilfe von Laserlicht zur Verfügung gestellt werden. Die Rückkehr des Elektrons in den Grundzustand ist mit der Emission von Photonen verbunden. Indem man diese Photonen misst, lässt sich feststellen, dass ein bestimmter Übergang zwischen Energieniveaus stattgefunden hat.

Um die theoretische Grundlage für das Verständnis dieser Grundzustände zu schaffen, wird die zeitunabhängige Schrödinger-Gleichung herangezogen. Diese Gleichung ist ein zentrales Element der Quantenmechanik und beschreibt, wie die Wellenfunktion eines Systems, das sich in einem zeitlich unveränderlichen Zustand befindet, mit der Energie des Systems zusammenhängt. Die Lösung der zeitunabhängigen Schrödinger-Gleichung liefert die möglichen Energiezustände eines Quantensystems, einschließlich des Grundzustandes, und ermöglicht so ein tiefgehendes Verständnis der Quantennatur und der Stabilität von Materie.

Bose-Einstein-Kondensate
Albert Einstein wird vieles nachgesagt, darunter etliche Zitate. Doch dass nach ihm auch ein Aggregatzustand benannt ist, wissen die wenigsten. Auf der Grundlage von Arbeiten des indischen Physikers Satyendranath Bose sagte er in den 1920er-Jahren einen speziellen Materiezustand voraus. *Bose-Einstein-Kondensate* (engl.: *Bose-Einstein condensate*, kurz: *BEC*) treten nur bei sehr tiefen Temperaturen nahe dem Nullpunkt auf und wurden erst siebzig Jahre später das erste Mal in einem Labor erzeugt. Die Amerikaner Eric Cornell und Carl Wieman sowie der Deutsche Wolfgang Ketterle erhielten dafür im Jahr 2001 den Physiknobelpreis [49].

Ein Bose-Einstein-Kondensat entsteht, wenn bestimmte Teilchen – sogenannte Bosonen – so stark abgekühlt werden, dass sie fast den absoluten Nullpunkt erreichen (siehe auch **Kurz & knackig: Bosonen und Fermionen**). Ein BEC kann zum Beispiel aus vielen Atomen einer bestimmten Sorte entstehen, etwa aus Natrium- oder Rubidiumatomen. Bei diesen extrem niedrigen Temperaturen befinden sich die meisten Atome im gleichen Quantenzustand. Dadurch verhalten sie sich wie ein einziges großes Quantenobjekt. In diesem Zustand zeigen die Atome Quanteneigenschaften auf makroskopischer Ebene, was bedeutet, dass Phänomene, die normalerweise nur auf der Ebene einzelner Atome oder darunter beobachtet werden, in einem viel größeren Maßstab sichtbar werden.

> **Kurz & Knackig: Bosonen und Fermionen**
> Sämtliche Teilchen lassen sich in zwei Sorten einteilen: *Bosonen* und *Fermionen*. Ihren Namen tragen sie zu Ehren der Physiker Satyendranath Bose und Enrico Fermi. Technisch gesprochen sind Bosonen die Teilchen mit ganzzahligem Spin ($0\hbar$, $1\hbar$, $2\hbar$, ...) und Fermionen die mit halbzahligem Spin ($\frac{1}{2}\hbar$, $\frac{3}{2}\hbar$, $\frac{5}{2}\hbar$, ...). Anschaulich gesprochen sind Fermionen die Teilchen, aus denen die Materie besteht – zum Beispiel Elektronen, Neutronen und Protonen. Die Bosonen vermitteln hingegen die Kräfte zwischen Fermionen. Die elektromagnetischen Kräfte, denen wir etwa bei der Beschreibung der Paul-Falle in Kap. 3 begegnet sind, vermitteln ihre Wirkung aus quantenmechanischer Sicht mittels der Photonen. Photonen sind also Bosonen und sorgen für Wechselwirkungen zwischen elektrisch geladenen Teilchen. Sie werden daher auch als *Austauschteilchen* bezeichnet.
> Ein wichtiger Unterschied zwischen Bosonen und Fermionen betrifft ihr Verhalten, wenn zwei oder mehr Teilchen der gleichen Sorte beschrieben werden sollen. Das nach dem österreichischen Physiker Wolfgang Pauli benannte Pauli-Prinzip oder Pauli-Verbot betrifft nur Fermionen und besagt, dass sich zwei solcher Teilchen nicht im exakt gleichen Zustand befinden können. Das Prinzip spielt eine wichtige Rolle für den Aufbau der Materie und die quantenmechanische Beschreibung von Vielteilchensystemen. Bosonen sind vom Pauli-Prinzip nicht betroffen – das heißt, gleiche Bosonen können innerhalb der Heisenberg'schen Unschärferelation zur selben Zeit am selben Ort sein. Das ist eine wichtige Grundvoraussetzung für die im Text angesprochene Bose-Einstein-Kondensation.

Die Erzeugung eines Bose-Einstein-Kondensats erfordert fortschrittliche Kühltechniken, einschließlich der Laserkühlung, um die Teilchen auf Temperaturen nahe dem absoluten Nullpunkt abzukühlen. Wenn die Atome auf diese extrem niedrigen Temperaturen abgekühlt werden, hören sie auf, als getrennte Einheiten zu existieren. Im Fachjargon sagt man, dass die einzelnen Atome vollständig *ununterscheidbar* sind. In einem Bose-Einstein-Kondensat befindet sich der Großteil aller Atome im selben quantenmechanischen Zustand.

Kalte Atome in optischen Gittern

Mit diesen beiden Zutaten, Quantenphasenübergänge und stark heruntergekühlte Atome, können wir schon fast nachvollziehen, was zur Entwicklung atomarer Quantensimulatoren geführt hat. Es fehlt nur noch eine Komponente: optische Gitter. Optische Gitter entstehen durch das Zusammenspiel von Laserlichtstrahlen, die so überlagert werden, dass sie ein Interferenzmuster erzeugen. Diese Überlagerung führt zu Orten hoher und niedriger Lichtintensität, ähnlich den hellen und dunklen Streifen, die man bei der Interferenz von Lichtwellen im Doppelspaltexperiment beobachtet (siehe Abb. 2.7). In diesem räumlich variierenden Lichtfeld können Atome gefangen werden. Durch die Wechselwirkung mit Licht werden die Atome an Orten hoher oder niedriger Intensität festgehalten (wo genau, hängt vom Laserlicht und den Atomen ab). Die optischen Gitter aus interferierendem Laserlicht bilden dadurch eine *Energielandschaft* für die Atome. So wie Eier in den Vertiefungen eines Eierkartons liegen, halten sich die Atome in den Vertiefungen dieser Energielandschaft auf. Durch die Erhöhung der Lichtintensität, also durch den Einsatz von stärkerem Laserlicht, wird die Atom-Licht-Wechselwirkung verstärkt und somit können die Mulden in der Energielandschaft vertieft werden, was die Atome fester an ihre Plätze bindet. Das ist in Abb. 5.6 veranschaulicht.

In diesen optischen Gittern können einzelne kalte Atome gezielt platziert werden. Verfrachtet man ein Bose-Einstein-Kondensat aus vielen Atomen in so ein optisches Gitter, spüren die Atome das Gitter und suchen die Energiemulden auf. Wenn das Laserlicht jedoch schwach ist und die Energielandschaft dadurch nicht besonders tief, bleiben die charakteristischen Eigenschaften des BEC erhalten. Es lassen sich weiterhin keine einzelnen Atome erkennen, sie sind ununterscheidbar und es ist unmöglich zu bestimmen, wie viele Atome sich gerade in einer bestimmten Mulde aufhalten. Das führt zu einem Verhalten, bei dem die Atome sich als Ganzes bewegen können, ohne dass dabei

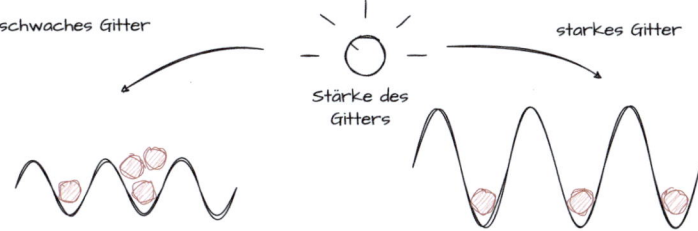

Abb. 5.6 Atome können in optischen Gittern gefangen werden, die durch Laserlicht entstehen. Die Tiefe des Gitters kann durch die Intensität der Laser geregelt werden. Im beschriebenen Experiment wurde die Gittertiefe reguliert, um zu beobachten, wie sich der Zustand der Atome während eines Quantenphasenübergangs verändert

innere Reibung zwischen den Atomen auftritt. Dieser Zustand, in dem sich die Teilchen kollektiv und ohne Energieverlust bewegen (wie eine Flüssigkeit *fließen*), wird als *Suprafl̈ussigkeit* bezeichnet.

Wird das Gitter durch stärkeres Laserlicht immer tiefer gemacht, sucht sich ab einer gewissen Tiefe jedes Atom einen eigenen Gitterplatz aus. Das kollektive Verhalten der Atome bricht zusammen. Man findet jetzt in jeder Mulde genau[1] ein Atom. Diese Veränderung im Verhalten der Atome ist ein Beispiel für einen Quantenphasenübergang. Während sich die Atome in der Gegenwart eines schwachen Gitters noch wie ein Kollektiv verhalten, bindet ein tiefes Gitter aus starkem Laserlicht die Atome an ihre jeweiligen Mulden. In diesem Fall hindern sich die Atome plötzlich gegenseitig daran, sich durch das Gitter zu bewegen. Sie stecken gewissermaßen an ihren Gitterplätzen fest. Deshalb bezeichnet man diesen Zustand der Atome auch als *Isolator* – wie bei elektrischen Isolatoren, in denen Elektronen nicht frei beweglich sind und die deshalb nicht gut Strom leiten können.

Wir erinnern uns – beim Quantenphasenübergang verändert sich der Grundzustand eines Systems. Dabei wird es energetisch plötzlich günstiger, einen anderen Zustand anzunehmen. So wie es für die Atome im Gitter plötzlich günstiger ist, sich für einen festen Gitterplatz zu entscheiden, wenn die Mulden tiefer werden. Erreichen die Mulden eine gewisse Tiefe, entscheiden sich die Atome wie bei einer Partie *Reise nach Jerusalem* für einen der freien Plätze. Um genau vorherzusagen, wann dieser Übergang stattfindet, ist wieder eine mathematische Beschreibung des Systems gefragt. Das heißt, man braucht einen Hamiltonian.

Der Quantenphasenübergang zwischen Suprafl̈ussigkeit und Isolator wurde bereits 1989 in einer theoretischen Arbeit vorhergesagt [157] – und zwar auf Basis des sogenannten *Bose-Hubbard-Hamiltonians*. Systeme, die durch dieses bestimmte mathematische Modell beschrieben werden, so die Erkenntnis, würden bei Vertiefung des Gitters zwischen Suprafl̈ussigkeit und Isolator wechseln. Doch es stellte sich zunächst als schwierig heraus, ein physikalisches System zu finden, in dem man diesen Übergang auch wirklich beobachten konnte. Wie bei Feynmans Quantensimulationsidee bräuchte man „nur" irgendein physikalisches System, das durch dieses Modell beschrieben wird. Doch es war nicht leicht ein System zu identifizieren, das man im Labor auch ausreichend gut kontrollieren kann.

Im Jahr 1998 stellte die eingangs erwähnte Forschergruppe schließlich fest, dass sich kalte Atome in optischen Gittern ideal dafür eignen würden, diesen Phasenübergang im Labor zu untersuchen. Denn sie lassen sich durch den

---

[1] Vorausgesetzt, die Anzahl an Gitterplätzen im optischen Gitter und die Anzahl der Atome stimmen überein – ansonsten gibt es unter Umständen freie Gitterplätze oder überschüssige Atome.

Bose-Hubbard-Hamiltonian beschreiben. Im Gegensatz zu einem Material, wie es in der Natur vorkommt, lässt sich so ein System aus Atomen in Gittern viel leichter kontrollieren. Der Phasenübergang wird durch eine Änderung der Laserintensität herbeigeführt. Dank dieser theoretischen Erkenntnis war der Weg frei für eine Beobachtung des Quantenphasenübergangs in einem echten Experiment.

Doch man musste noch alle Zutaten im Labor zusammen bringen: Bose-Einstein-Kondensate, optische Gitter, geeignete Messmethoden und einiges mehr. Das war kein leichtes Unterfangen. Dennoch gelang es bereits wenige Jahre später Forschern aus München und Zürich, den Phasenübergang zwischen Suprafluïdität und Isolator tatsächlich im Labor zu beobachten. Damit war eindrucksvoll gezeigt, wie präzise sich Quantenzustände vieler Teilchen im Labor kontrollieren lassen, um grundlegende physikalische Phänomene besser zu verstehen. Spätestens damit waren der Quantensimulation Tür und Tor geöffnet. So wurde dieses Grundlagenexperiment ein wichtiger Ausgangspunkt für den Fortschritt von Quantensimulationsexperimenten in den letzten 20 Jahren. Denn es zeigte eindrucksvoll, dass Feynmans Traum einer Quantenmaschine zur Simulation von Quantenphysik nicht völlig utopisch war.

Zusammenfassung

- Ein Phasenübergang bezeichnet einen Übergang von einer Phase eines Stoffes in eine andere, etwa durch Temperaturerhöhung von Eis zu flüssigem Wasser. Quantenphasenübergänge sind spezielle Phasenübergänge von Quantensystemen am absoluten Temperaturnullpunkt.
- Mithilfe von Atomen und geeignetem Laserlicht konnten bereits vor über zwanzig Jahren Quantenphasenübergänge im Labor beobachtet werden, die vorher nur theoretisch vorhergesagt worden waren.
- Seitdem sind atomare Quantensimulatoren ein hilfreiches Werkzeug für wissenschaftliche Untersuchungen grundlegender Eigenschaften von Quantenvielteilchensystemen – also Quantensystemen, die aus vielen Teilchen bestehen.

5.5 Warum man nicht alles können muss – Maßgeschneiderte Quantensimulatoren

Die Idee, mit einem gut kontrollierbaren Simulator andere Quantensysteme zu erforschen, die aus wissenschaftlichen und technologischen Gründen interessant sind, wurde nach Feynmans Vision somit innerhalb weniger Jahrzehnte zur Realität. Angefangen mit einem scheinbar rein akademischen Problem, der Untersuchung eines Quantenphasenübergangs, kamen Experimente zur Quantensimulation im jungen 21. Jahrhundert in Mode. So wurden nach der Pionierarbeit zu Atomen in optischen Gittern bereits viele weitere Quantensimulatoren eingesetzt, um das Verhalten komplexer Quantensysteme im Labor zu untersuchen. Gerade innerhalb der letzten zehn Jahre gab es beeindruckende Fortschritte in diesem Forschungsbereich [158]. Dafür kommen neben kalten Atomen auch andere Plattformen zum Einsatz, etwa gefangene Ionen [159], Halbleitersysteme aus sogenannten Quantenpunkten [160], supraleitende Schaltkreise [161] und einige andere [162, 163]. Experimente mit solchen gut kontrollierbaren Systemen ermöglichen es bereits heute, Neues über Quantenphänomene zu erfahren, die sich mit klassischen Computern nicht gut berechnen und vorhersagen lassen. Deshalb spielt die Quantensimulation für die Forschung schon heute eine Schlüsselrolle.

Analoge und digitale Quantensimulation
Als Richard Feynman damals von Quantenmaschinen träumte, sagte er (übersetzt aus dem Englischen):

> Daher glaube ich, dass man mit einer geeigneten Klasse von Quantenmaschinen jedes beliebige Quantensystem imitieren kann.

Seiner Vorstellung zu Folge müsste man eine Maschine bauen, mit der man *alle* Quantensysteme nachahmen und simulieren kann. Im Gegensatz zu dieser Idee eines *universellen* Quantensimulators haben wir anhand der kalten Atome in optischen Gittern einen Quantensimulator kennengelernt, der auf ein bestimmtes Problem zugeschnitten sind, ähnlich wie der Windkanal oder die Kelvin'sche Gezeitenmaschine. Mit den Atomen lässt sich ein Quantenphasenübergang beobachten, ohne dass mit dem gleichen Experiment alle möglichen anderen Phänomene untersucht werden könnten. Man nennt diese maßgeschneiderten Quantenmaschinen auch *analoge* Quantensimulatoren. Daneben gibt es auch die *digitale* Quantensimulation, die sich die Simulation von Quantensystemen mithilfe von Quantencomputern zum Ziel macht. Solche digitalen Quantensimulatoren bewegen sich gewissermaßen in einer Zwischenwelt zwischen Quantencomputing und analoger Simulation: Sie haben im Gegensatz zu analogen Simulatoren einen Allgemeinheitsanspruch und sind *eben nicht* auf die Umsetzung eines bestimmten Hamiltonians zugeschnitten, doch auch sie verschreiben sich explizit dem Ziel der Simulation von physikalischen Phänomenen.

In diesem Kapitel haben wir uns aus Platzgründen dafür entschieden, den Fokus auf analoge Quantensimulatoren zu legen. Zwei Charakteristika von analogen Quantensimulatoren sind uns jetzt bekannt: Sie sind weniger allumfassend einsetzbar, dafür technisch leichter umsetzbar als voll ausgereifte Quantencomputer. Solang Letztere noch nicht einsatzbereit sind, stellen die Simulatoren ein wertvolles Instrument für die Wissenschaft dar. Um vollen Nutzen aus diesem neuen Instrumentarium zu schöpfen, bedarf es konkreter Probleme, die man simulieren möchte. Und an solchen Problemen mangelt es nicht. Die Untersuchung des Quantenphasenübergangs zwischen Suprafluid und Isolator, den wir eben kennengelernt haben, ist dabei noch lange nicht das Ende der Fahnenstange. Es gibt allerhand andere spannende und relevante Fragestellungen, denen man sich mit Quantensimulatoren nähern kann. Werfen wir einen Blick auf ein viel zitiertes Beispiel.

Feste Körper und das Rätsel der Hochtemperatursupraleitung
Um ein besseres Gefühl für die Art von Problem zu bekommen, für die ein Quantensimulator nützlich sein kann, stellen wir uns einen *Festkörper* vor: Damit ist ein Stoff im festen Aggregatzustand gemeint. Dazu zählen zum Beispiel Mineralien, Metalle, Salze und vieles mehr, Flüssigkeiten und Gase hingegen zählen nicht dazu. Viele Festkörper liegen in sogenannter Kristallform vor. Deren Grundbausteine sind in einer regelmäßigen Struktur angeordnet, die auch Kristallgitter genannt wird. Ein alltägliches Beispiel für so einen Festkörper ist Kochsalz. Chemisch gesehen handelt es sich dabei um Natriumchlorid, denn

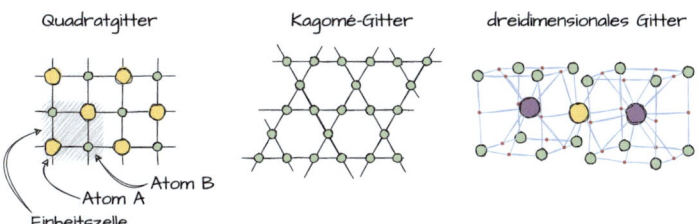

Abb. 5.7 Kristalline Festkörper sind aus einem Gitter aufgebaut. Die kleinste sich wiederholende geometrische Struktur im Gitter ist die *Einheitszelle*. Es gibt verschiedene Gitterstrukturen, zum Beispiel das Quadratgitter und das Kagomé-Gitter. Dreidimensionale Kristallgitter dehnen sich in alle Raumrichtungen aus

Kochsalz besteht aus Natrium- und Chloridionen. Die positiven geladenen Natriumionen und die negativ geladenen Chloridionen ziehen sich gegenseitig stark an und gehen im Kochsalz eine chemische Verbindung ein. In der Folge arrangieren sich die Ionen in abwechselnder Regelmäßigkeit in einem Gitterverbund. Kristallstrukturen sehen auf Teilchenebene daher so aus, wie im rechten Teil der Abb. 5.7 dargestellt.

Viele Festkörper sind aus einem solchen regelmäßigen, periodischen Gitter aufgebaut. Wie die atomaren Bausteine dabei genau angeordnet sind, variiert von Material zu Material, es gibt aber eine begrenzte und überschaubare Anzahl an möglichen Gittersystemen. So ein Gitter ist oft der Ausgangspunkt für die weitere Beschreibung von Festkörpern und ihren Eigenschaften. Ein typisches Beispiel: Elektronen können sich in solchen Gittern bewegen und wie sie das tun, entscheidet maßgeblich über die elektrische Leitfähigkeit eines Materials. Dabei beschreibt man das Verhalten der Elektronen häufig mithilfe einer Energielandschaft, die durch die Ionen im Kristallgitter hervorgerufen wird – ähnlich wie bei den Atomen in Abb. 5.6, die sich in den Energielandschaften aus Laserlicht aufhalten und bewegen.

Die Festkörperphysik ist eine Grunddisziplin der Physik und von so großer Bedeutung, dass sie in jedem Physikstudium eine prominente Rolle spielt. Mit ihrer Hilfe und ihren Methoden wurden viele bahnbrechende Entwicklungen möglich, etwa in der Halbleiterphysik, im Magnetismus oder im Bereich der Supraleitung. Bis heute bildet sie einen der größten Bereiche der Physik. Um Festkörper zu erforschen, kommen dabei verschiedene Methoden zum Einsatz – zum Beispiel die schon erwähnte Störungstheorie oder computergestützte Algorithmen und Rechenmethoden. Doch längst nicht alle Phänomene, die in der Festkörperphysik auftreten, lassen sich mithilfe solcher Methoden bisher vollständig erklären und berechnen.

Zu diesen hartnäckigen Fällen gehört unter anderem auch die *Hochtemperatursupraleitung*. Damit wird die Eigenschaft von einigen Materialien bezeichnet, bei vergleichsweise hohen Temperaturen supraleitend zu sein. Supraleiter sind schon in Kap. 3 aufgetaucht. Damit sind Materialien gemeint, die unterhalb einer sogenannten Sprungtemperatur ihren elektrischen Widerstand verlieren und somit verlustfreien Stromtransport ermöglichen. Bei vielen Supraleitern passiert das allerdings nur bei sehr niedrigen Temperaturen, einige Grad über dem absoluten Nullpunkt – oder, falls die Materialien sehr hohem Druck ausgesetzt werden. Ein sehr hoher Umgebungsdruck, also deutlich höher als der Atmosphärendruck, den wir gewohnt sind, kann Materialien auch bei höheren Temperaturen zum Supraleiter machen. Doch möchte man einen Stoff auch außerhalb von Laboren in technischen Anwendungen einsetzen, stellt der Bedarf an Temperaturen nahe dem Temperaturnullpunkt oder sehr hohem Druck ein Hindernis dar, denn beides erfordert spezielle experimentelle Aufbauten.

Zwischen einer wissenschaftlichen Entdeckung und der Auszeichnung der Köpfe dahinter mit einem Nobelpreis vergeht oft viel Zeit, nicht selten über zwanzig oder sogar dreißig Jahre. Nach der bahnbrechenden Entdeckung von Supraleitung in einem keramischen Material in einem Forschungslabor nahe Zürich hingegen vergingen keine zwei Jahre, bis Georg Bednorz und Alex Müller 1987 mit dem Nobelpreis für Physik ausgezeichnet wurden [48]. Die beiden Forscher wiesen für das von ihnen untersuchte keramische Kupferoxid eine Sprungtemperatur von 35 Kelvin nach – über zehn Grad höher als der vorige Rekord [165]. Von dieser Entdeckung berauscht, begaben sich verschiedene Forschungsgruppen umgehend auf die Suche nach weiteren Hochtemperatursupraleitern [166]. Nur wenige Monate später trugen diese Bemühungen erste Früchte, als eine andere Keramik bereits unter 93 Kelvin bzw. minus 180 Grad Celsius widerstandsfrei Strom leitete [167]. Das klingt noch immer sehr kalt, doch es eröffnete bereits neue Möglichkeiten zur Kühlung der Materialien. Denn damit kam flüssiger Stickstoff als Kühlmittel ins Spiel, der wesentlich kostengünstiger ist als das für viel tiefere Temperaturen oft eingesetzte Helium. Vor dem Hintergrund dieser Entwicklungen ist daher gut verständlich, dass nach der Entdeckung von keramischen Supraleitern in den späten 1980er-Jahren viele Forscher euphorisch waren. Früh erkannte man das Potenzial, mit Hochtemperatursupraleitern die Art und Weise, wie wir Energie übertragen, speichern und nutzen, stark zu verändern, indem sie beispielsweise den Bau von effizienteren Stromleitungen ermöglichen würden.

Seitdem sind auch weiter neue Hochtemperatursupraleiter entdeckt worden und der Rekord für die höchste Sprungtemperatur liegt – bei normalem Umgebungsdruck – mittlerweile bei etwa 138 Kelvin, also bei etwa minus 135 Grad Celsius [168]. Oft handelt sich dabei jedoch um spröde Keramiken, die sich nicht leicht in komplexen Formen fertigen lassen und deren Anwendungsgebiete noch immer stark limitiert sind. Um neue Hochtemperatursupraleiter auf den Weg zu bringen, um technische Anwendungen zu ermöglichen und auch, um die wissenschaftliche Neugier zu stillen, wäre es wichtig, zu verstehen, was in bestimmten Materialien überhaupt zur Supraleitung bei vergleichsweise hohen Temperaturen führt. Doch Moment, ist das auch über 35 Jahre nach der Entdeckung durch Bednorz und Müller nicht bekannt?

Die physikalischen Mechanismen hinter der Supraleitung in Metallen bei extrem tiefen Temperaturen sind heute ziemlich gut verstanden. In der Physik nutzt man für ihre Beschreibung die sogenannte BCS-Theorie, benannt nach den geistigen Urhebern John Bardeen, Leon Neil Cooper und John Robert Schrieffer, die für ihre Erklärung der Supraleitung 1972 den Physiknobelpreis erhielten [47]. Nach einem der Physiker des amerikanischen Trios sind auch die sogenannten Cooper-Paare benannt, die für die Supraleitung eine zentrale Rolle spielen. Das sind Paare von Elektronen, die aufgrund bestimmter Gitterschwingungen im Material miteinander gekoppelt sind. Sie sind für die Supraleitung essenziell. Doch wie diese Elektronenpaare entstehen und dass dafür Gitterschwingungen verantwortlich gemacht werden können, ist nur für metallische Supraleiter nachgewiesen. Für die so begehrten Hochtemperatursupraleiter ist der zugrunde liegende Mechanismus nach wie vor ungeklärt. Das liegt vor allem daran, dass sich Systeme wie die Hochtemperatursupraleiter, die aus stark gekoppelten Elektronen bestehen, oft nur schwer oder gar nicht theoretisch beschreiben und berechnen lassen. Das scheint frustrierend, ist in den Augen vieler Forschender allerdings auch eine Chance und ein idealer Ausgangspunkt für neue Untersuchungsmethoden. Eine davon bieten möglicherweise analoge Quantensimulatoren.

Hier kommt wieder der Hamiltonian ins Spiel, dem wir schon in der Schrödinger-Gleichung in Abb. 5.4 und bei den kalten Atomen in optischen Gittern begegnet sind. Er spielt eine zentrale Rolle für die Zeitentwicklung eines Quantensystems und dessen Energiespektrum (womit die Gesamtheit aller Energieniveaus gemeint ist, wie z. B. vom Wasserstoffatom in Abb. 3.3). Analog zur klassischen Simulation wird ein Quantensimulator durch das gleiche Modell beschrieben wie das physikalische System, das man besser verstehen will, z. B. ein Hochtemperatursupraleiter. Der Quantensimulator soll also den gleichen Hamiltonian haben wie der Supraleiter. Es kann sich dabei trotzdem um ein ganz anderes System handeln (wir lernen gleich ein Beispiel kennen). Wichtig ist, dass sich dieser Simulator leichter kontrollieren, verändern oder vermessen lässt als eine spröde Keramik. Da beiden vermeintlich das gleiche Modell zugrunde liegt, ist es möglich, dass man Experimente am Quantensimulator durchführen und gleichzeitig etwas über die physikalischen Eigenschaften des Ursprungssystems lernen kann. Das Funktionsprinzip ist in Abb. 5.8 veranschaulicht und ähnelt dem des klassischen Simulators aus Abb. 5.1.

Im Fall von Supraleitung bei hohen Temperaturen ist nicht vollständig geklärt, welches Modell „das richtige" ist und das Verhalten von Elektronen in keramischen Materialien akkurat beschreibt. Doch es gibt Ideen dazu und Vermutungen darüber, welche Eigenschaften so ein Modell haben sollte. Eine Variante des Hubbard-Modells, dem wir eben im Zuge von Quantenphasenübergängen begegnet sind, spielt hierbei eine wichtige Rolle. Es könnte, so hoffen einige Physiker, beim besseren Verständnis von Hochtemperatursupraleitern behilflich sein. Doch das Modell ist selbst für moderne Computer ein harter Brocken. Mithilfe von Quantensimulatoren lassen sich Hubbard-

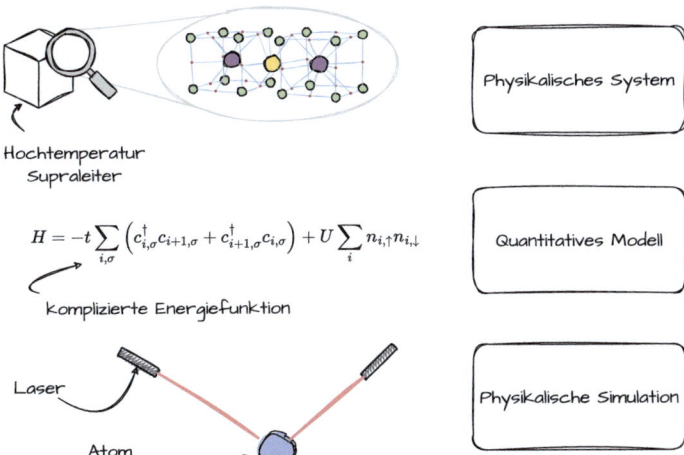

Abb. 5.8 Ein physikalisches System und ein Simulator werden durch das gleiche mathematische Modell beschrieben. Experimente mit dem Simulator lassen Rückschlüsse auf das physikalische System zu. Im abgebildeten Beispiel ist das physikalische System ein Hochtemperatursupraleiter. Einige Forschende vermuten, dass solche Materialien mit einem bestimmten Modell (Hamiltonian) beschrieben werden können, das mithilfe kalter Atome (Simulator) im Labor nachempfunden werden kann

Modelle hingegen in Experimenten untersuchen, etwa mithilfe von kalten Atomen in optischen Gittern. Solche Experimente können Einblicke in das Verhalten einzelner Atome gewähren, Aufschlüsse über Quantenphasenübergänge geben und den Zugriff auf viele physikalische Größen ermöglichen. Gelangt man darüber zu neuen Erkenntnissen über wichtige Eigenschaften von Hubbard-Modellen, so die Hoffnung, könnte man auch Neues über die Physik von Materialien wie Kupferoxiden lernen, das für künftige Fortschritte im Bereich der Hochtemperatursupraleitung von unschätzbarem Wert wäre.

Auch wenn Quantensimulatoren uns noch nicht dazu verholfen haben, den Mechanismen dieser Supraleiter auf die Schliche zu kommen und wir Strom nach wie vor für gewöhnlich nicht mit Supraleitern über große Distanzen übertragen, so verzeichneten sie in den vergangenen Jahren doch beeindruckende Fortschritte, die für die Materialforschung durchaus nützlich sein können.

Neue Werkzeuge – Von Mikroskopen und Pinzetten

Um ein System aus vielen Atomen zu untersuchen, benötigt man nicht nur Energielandschaften und Aufbauten, um die Teilchen zu fangen und ihre Bewegung zu kontrollieren. Die Atome und ihr Zustand müssen auch beobachtet werden können, damit wir einen Einblick in ihr Verhalten bekommen. Dafür bedarf es geeigneter Messverfahren. In einem Quantensystem aus vielen

Teilchen ist es Forschenden ein Hauptanliegen, nicht nur Eigenschaften des Gesamtsystems zu untersuchen, sondern im Idealfall auch einzelne Atome auflösen zu können. Während das weiter oben beschriebene Experiment zum Quantenphasenübergang in optischen Gittern auf eine Interferenzmessung zurückgriff, die dafür konzipiert war, das Verhalten des Systems als Ganzes zu untersuchen, sind heute noch viel genauere Messungen möglich.

In den meisten Materialien ist es unmöglich, einzelne Elektronen zu beobachten. Doch Quantensimulatoren bieten seit etwa fünfzehn Jahren dank experimenteller Fortschritte die Möglichkeit, einzelne Atome eines Vielteilchensystems zu beobachten. Denn mit sogenannten *Quantengasmikroskopen* können hochgenaue Schnappschüsse von Atomen in optischen Gittern gemacht werden, wie in Abb. 5.9 dargestellt [170, 171]. Dadurch lässt sich herausfinden, wie die Atome im Gitter verteilt sind und es erlaubt auch, räumliche Korrelationen zwischen Paaren von Atomen zu bestimmen. Indem man die Wechselbeziehungen von verschiedenen Atomen untereinander untersucht, lässt sich detailliert nachvollziehen, wie sich ein Quantensystem aus vielen Teilchen verhält. Mit einem solchen Werkzeug können Forschende also tiefe Einblicke in grundlegende Phänomene der Vielteilchenphysik erhalten und etwa exotische Phasen und Quantenphasenübergänge noch besser verstehen.

Heute können Studierende und junge Wissenschaftlerinnen auf beeindruckende experimentelle Bausteine wie Laser, optische Gitter und Quantengasmikroskope zurückgreifen, um komplexe Quantensysteme im Labor zu kontrollieren und zu untersuchen, nicht nur mithilfe theoretischer Methoden. Zudem sind die Experimente bereits seit Jahren so komplex, dass sie oft auch mit modernen Computern nur noch näherungsweise berechnet werden können, wenn überhaupt. Quantensimulatoren sind damit schon heute nützliche Werkzeuge für die Quantenforschung. Während das Interesse der meisten For-

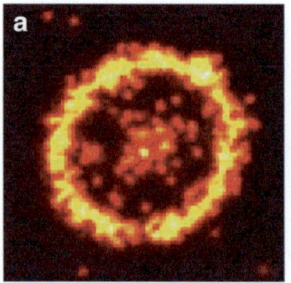 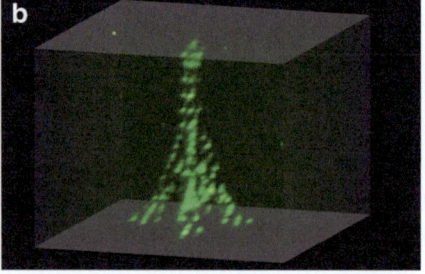

Abb. 5.9 **a** Aufnahme eines atomaren Vielteilchensystems in einem optischen Gitter mithilfe eines Quantengasmikroskops (Quelle: Springer Nature [171]). **b** Rubidiumatome, die mithilfe von optischen Pinzetten in der Form des Eiffelturms angeordnet wurden (Quelle: Springer Nature [172])

schenden heute noch einem besseren Verständnis der grundlegenden Physik gilt, könnten solche technischen Entwicklungen in Zukunft aber auch bei der Simulation von Problemen aus den Materialwissenschaften oder aus der Chemie behilflich sein.

Die experimentellen Techniken der Quantenoptik erlauben nicht nur die Beobachtung einzelner Atome. Mithilfe *optischer Pinzetten* lassen sich Atome auch einzeln festhalten und bewegen. Dabei handelt es sich natürlich nicht um handelsübliche Pinzetten, sondern um stark fokussierte Laserstrahlen. So wie bei optischen Gittern wird das Fangen der Teilchen durch die Wechselwirkung zwischen Laserlicht und Atomen ermöglicht. Dass dadurch sogar Einzelatome gezielt angesprochen werden können, eröffnet vollkommen neue Möglichkeiten für Experimente. Es werden dabei nur ein paar wenige Laser benötigt, um Dutzende von Atomen zu fangen. Im Jahr 2018 nutzten französische Forscher optische Pinzetten für eine beeindruckende Spielerei [172]. Sie machten sich ihre präzisen Kontrollmöglichkeiten zunutze und ordneten circa hundert Rubidiumatome in der Form des Eiffelturms an. Das Ergebnis ist in Abb. 5.9 zu sehen. Forschung, die nach Lego-Spaß klingt und gleichzeitig die Grenzen einer neuen Technologie auslotet? Das kennzeichnet sehr gut viele der Experimente, die in den letzten Jahren mit Quantensimulatoren durchgeführt wurden. In der jüngeren Vergangenheit wurden damit noch weitere, neue Quantenphasen im Labor erzeugt, in Systemen aus Hunderten von Atomen [173]. Das technische Know-how der Forscher wächst stetig und seit ein paar Jahren sind Atome auch dank optischer Pinzetten eine der beliebtesten Plattformen für Quantensimulation und Quantencomputing.

Zusammenfassung

- Analoge Quantensimulatoren haben im Gegensatz zu digitalen Quantensimulatoren keinen *Universalitätsanspruch* und kommen zur Lösung speziell ausgewählter Probleme zum Einsatz. Sie werden auf das jeweilige Problem gewissermaßen maßgeschneidert.
- Mithilfe der Quantensimulation erhoffen sich Forschende Einblicke in komplexe Quantenvielteilchensysteme. Das kann nützlich sein, um etwa das Verhalten von Elektronen in Materialien besser zu verstehen. Das wiederum könnte Anwendungen in der Materialforschung haben.

- In den letzten Jahren gab es beeindruckende technische Fortschritte, z. B. die Erfindung des Quantengasmikroskops und die Entwicklung optischer Pinzetten für einzelne Atome. Diese ermöglichen es, die einzelnen Bestandteile von Quantenvielteilchensystemen gezielt anzusteuern, weitestgehend unabhängig zu kontrollieren und auszulesen.

6

Telefonieren mit Quanten

Auch wenn Quantentelefone eine spannende Erfindung wären, handelt dieses Kapitel leider nicht von ihnen. Viel mehr geht es um Kommunikation im weiteren Sinne. Ob Buchdruck, Telefon oder Internet: Kommunikationstechnologie spielt eine zentrale Rolle in unserer Gesellschaft. Alle diese Technologien nutzen klassische Information und keine Quanteninformation. Aufgrund der großen Bedeutung dieser Technologien stellt sich natürlicherweise die Frage: Können Quanteneffekte dabei helfen, neben Computern und Simulatoren auch Kommunikationstechnologien weiter zu verbessern?

Der zentrale Baustein von Kommunikation ist die Übertragung von Informationen. Das kann das abendliche Gespräch mit einer Freundin bei einem Bier sein oder ein Telefonat zwischen zwei Staatspräsidenten. In beiden Fällen werden Informationen zwischen den Parteien ausgetauscht. Für klassische Information gibt es zahlreiche Wege sie auszutauschen: Wir sprechen, schreiben Briefe oder versenden eine E-Mail. Doch wie tauscht man Quanteninformation aus? Quantencomputer und Simulatoren aus den vorigen Kapiteln sind meist mit der Aufgabe betraut, Quanteninformation möglichst stationär zu halten und gut von der Umwelt zu isolieren, um Verluste zu vermeiden. Wenn wir Quanteninformation versenden wollen, müssen Qubits jedoch von einem Ort zu einem anderen versandt werden. Dafür benötigen wir einen beweglichen Träger von Quanteninformation!

6.1 Fliegende Qubits

Auch bei klassischen Computern gibt es einen Unterschied zwischen beweglichen und unbeweglichen Bits. Nehmen wir als Beispiel eine E-Mail-Kommunikation zwischen Alice und Bob. Wenn Alice eine E-Mail schreibt und diese mit einem Anhang versieht, dann sind die Daten zunächst bei ihr gespeichert. Irgendwo auf ihrer Festplatte liegt eine Datei, gespeichert in Form von kleinen magnetischen Sektoren. Eine Festplatte ist nicht dazu gedacht, Information einfach zu versenden. Sie speichert Information über lange Zeit an einem Ort. Es wäre absurd, eine Festplatte auszubauen und mit einem berittenen Boten zu Bob zu transportieren, nur um eine E-Mail zu verschicken.[1] Die Übertragung übernimmt ein Netzwerk, beispielsweise das Internet. Sobald Alice auf „Senden" drückt, werden die Informationen der E-Mail verschickt. Die Information wird in Form von elektrischen Impulsen oder Lichtsignalen übertragen und dann bei Bob empfangen und wieder gespeichert.

Die gleiche Information (die E-Mail) wird auf ihrem Weg von Alice zu Bob zwischen verschiedenen *Arten* von Bits übersetzt. Zunächst liegt der Anhang der Mail bei Alice in Form von magnetischen Bereichen auf der Festplatte vor, dann in der Form von elektrischen Signalen in einem Kabel und dann bei Bob im Hauptspeicher seines Computers (Abb. 6.1). Im Alltag merken wir von diesen Übersetzungsprozessen überhaupt nichts. Sie laufen automatisch und (weitestgehend) fehlerfrei ab.

Soweit so gut, aber wie funktioniert das Ganze mit Quanteninformation? In den vergangenen Kapiteln haben wir einige Plattformen für Quantencomputer und Quantensimulatoren kennen gelernt. Qubits lassen sich beispielsweise mit kalten Atomen in Lichtgittern realisieren oder mithilfe von Ionen in einer Falle (siehe Kap. 3). Beide Plattformen speichern Quanteninformation an einem Ort und sind daher eher mit einer Festplatte vergleichbar und nicht mit einem Kabel, das zwei Orte verbindet. Sie taugen also nicht als bewegliche Träger von Quanteninformation. Uns fehlt also ein Übertragungsmechanismus für Quanteninformation, der die Rolle einer Kabelverbindung zwischen klassischen Informationsspeichern übernimmt. Können wir auch Quanteninformation über eine klassische Verbindung, wie eine E-Mail, verschicken?

---

[1] Apropos absurd: Bei großen Datenmengen ist ein Transport per Lastwagen tatsächlich schneller. Im Fall des *Event-Horizon*-Teleskops, das Schwarze Löcher beobachtet, werden die Daten per LKW ausgetauscht. Das Versenden von Petabyte (eine Million Gigabyte) an Forschungsdaten über das Internet würde zu lange dauern.

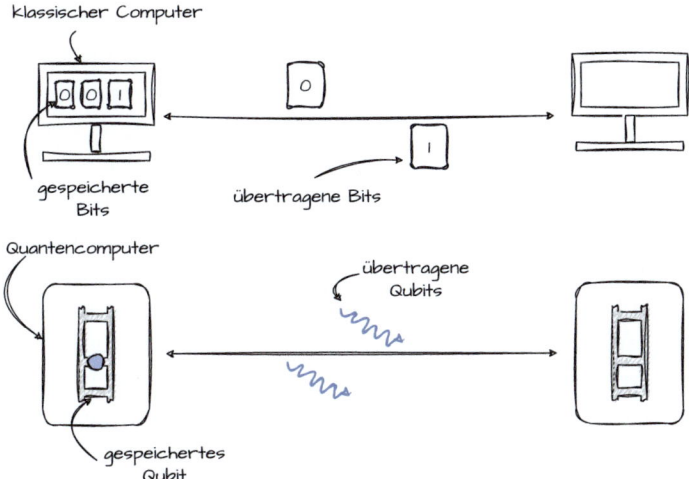

Abb. 6.1 Um Quanteninformation zu übermitteln, ist ein fliegendes Qubit nötig. Ein gute Möglichkeit um Quanteninformation zu übertragen, sind Photonen. Sie werden auch heute schon für klassische Informationsübermittlung verwendet

Qubits in der Leitung

Um ein Qubit mit einer klassischen Verbindung wie einem Kupferkabel übertragen zu können, muss die Quanteninformation in klassische Information übersetzt werden. In anderen Worten, wir müssen das Qubit zuerst messen. Das gemessene Ergebnis, also 0 oder 1, können wir wieder über das Kupferkabel verschicken. Aber was passiert, wenn das Qubit vor der Messung in einer Superposition war? Dann messen wir zufällig 0 oder 1 und versenden nur das klassische Messergebnis, nicht den eigentlichen Quantenzustand. Um den wirklichen Zustand zu versenden, müssten wir viele Male den gleichen Zustand messen und dann die Amplituden der Zustände $|0\rangle$ und $|1\rangle$ verschicken. Da muss es eine bessere Lösung geben, die sich den direkten Versand von Qubits zum Ziel macht.

Schauen wir uns nun die beiden wichtigsten Übertragungstechnologien klassischer Information an: Strom in Kupferkabeln und Photonen in Glasfaserkabeln. Photonen sind uns als Quantenteilchen schon mehrfach begegnet. Sie spielten eine der Hauptrollen bei der Schwarzkörperstrahlung und beim Photoeffekt (Abschn. 2.1). Auch im Internet sind Photonen als Träger von klassischer Information wichtig: *Licht an* oder *Licht aus* kommt zur Kodierung von Einsen und Nullen zum Einsatz. Photonen können aber noch viel mehr. Ähnlich wie das Elektron einen Spin besitzt, hat Licht eine Polarisation. Die Polarisation von Photonen kann Quanteninformation speichern. Und Photonen bewegen sich mit Lichtgeschwindigkeit! Sie sind die ideale Methode, um

Quanteninformation von *A* nach *B* zu schicken. Das geschieht mithilfe sogenannter *Quantenlinks*. Das sind gut von der äußeren Umgebung abgeschirmte Transportkanäle für Qubits, also ein Äquivalent zu Kabeln bei klassischen Bits. Angenommen, wir möchten die in einem Quantencomputer gespeicherte Information über einen Quantenlink an einen anderen Ort verschicken. Wie schaffen wir es vor dem Versand, stationäre Qubits aus Ionen, Atomen oder supraleitenden Qubits in ein Photon, ein *fliegendes Qubit*, zu verwandeln? Wie sich herausstellt, ist diese Umwandlung technisch anspruchsvoller als im Reich der klassischen Kommunikation, wo wir einfach ein LAN-Kabel in die Buchse unseres Computers stecken oder uns mit dem WLAN verbinden können, um Information zwischen Orten hin und her zu senden. Es ist noch Gegenstand aktueller Forschung [174], möglichst gute Verfahren zu finden um stationäre Qubits und Photonen möglichst effizient zu koppeln. Diese Kopplung wird in der Physik als *Wandlung* (engl.: *Transduction*) bezeichnet [175].

Nehmen wir für den Moment an, dass diese Kopplung zwischen Atomen und Photonen gut funktioniert. Dann haben wir also einen Wandler zur Konversion eines ortsgebundenen Qubits in ein fliegendes, das wir dann mit einem Quantenlink verschicken können. Welche Schwierigkeiten kommen bei so einer Informationsübertragung noch auf uns zu? Eine zentrale Hürde ist die Sicherstellung einer ausreichend langen Reichweite: Wenn ein elektrisches Signal verschickt wird, dann wird es schwächer, je länger das Kabel ist. Das liegt am elektrischen Widerstand des Kabels. Das Gleiche passiert auch, wenn statt eines Kupferkabels ein Glasfaserkabel verwendet wird. Je weiter der Lichtblitz reist, desto schwächer wird er. Ab einer bestimmten Länge des Kabels muss das Signal also verstärkt werden. Bei klassischer Information ist das kein großes Problem. Bevor das Signal zu schwach wird, lesen wir das Signal und senden es erneut aus. In anderen Worten, wir kopieren das Signal und senden es wieder mit voller Stärke. Diese Verstärker funktionieren wie WLAN-*Repeater* (dt.: *Wiederholer*), die Sie vielleicht von zu Hause kennen. Wenn der Empfang in einem Zimmer zu schlecht ist, dann schafft ein Repeater Abhilfe. Er verstärkt das Signal und man kann auch im entlegensten Winkel der Wohnung einen Film streamen. Solche Repeater gibt es auch in Glasfaserkabeln. Sie machen sich zunutze, dass klassische Information kopiert und Signale verstärkt werden können.

Leider lässt sich das gleiche Spiel nicht einfach mit Quanteninformation spielen. In der Quanteninformationstheorie gibt es ein zentrales Theorem, das *No-Cloning-Theorem*. Es besagt, dass Quantenzustände eine Art Kopierschutz haben. Für Quantentechnologien ist dieser Kopierschutz Segen und Fluch zugleich.

Kopierschutz Deluxe – No-Cloning-Theorem
Das No-Cloning-Theorem besagt, dass man *beliebige* Quanteninformationen nicht kopieren kann [176]. Das Wort *beliebig* spielt dabei eine wichtige Rolle, denn einige Quantenzustände können sehr wohl kopiert werden. Wissen wir zum Beispiel, dass in einem Experiment nur die Qubit-Zustände $|0\rangle$ und $|1\rangle$ vorkommen können, lassen sich die Qubits kopieren, da diese beiden Möglichkeiten einem klassischen Bit entsprechen. Und dass sich klassische Bits kopieren lassen, wissen wir nur allzu gut aus unserem Alltag. Wir streamen Filme, versenden Bilder über unsere Smartphones und machen Sicherheitskopien unserer Dateien auf Backup-Servern. Bei all diesen Vorgängen wundern wir uns nicht, wenn es die Daten plötzlich mehrfach gibt. Natürlich behalten Sie den Schnappschuss auf Ihrem Telefon, nachdem Sie ihn versendet haben. Eine Kopie von klassischen Bits funktioniert nämlich recht einfach: Wir lesen die Bits des Originals und schreiben genau diese Bits in die Kopie.

Wenn ein Qubit jedoch einen *beliebigen* Quantenzustand auf der Bloch-Kugel annehmen kann, ist es laut dem No-Cloning-Theorem nicht mehr möglich, eine Kopie des Qubits anzulegen, ohne das Original zu zerstören. Damit fällt das No-Cloning-Theorem in die Klasse der sogenannten *No-go-Theoreme*. Damit sind vor allem in der theoretischen Physik Aussagen gemeint, die sich mathematisch beweisen lassen und mit denen man schlussfolgern kann, dass bestimmte Umstände und Situationen in der Natur nicht auftreten können. Das klingt noch trocken, aber wir haben in Kap. 3 bereits ein Beispiel kennengelernt, und zwar im Zusammenhang mit Ionenfallen: Earnshaws Theorem besagt, dass sich elektrische Ladungen wie Ionen nicht mit statischen, elektrischen Feldern an einem Ort festhalten lassen. Neben der Feststellung einer Unmöglichkeit sind No-go-Theoreme auch immer eine Einladung, um die Ecke zu denken: Um das Earnshaw-Theorem zu umgehen, nutzen Physiker zum Beispiel zeitlich veränderliche Felder, wie in Abb. 3.9 veranschaulicht ist.

Doch wie können wir uns das No-Cloning-Theorem plausibel machen? Warum lassen sich nicht alle Quantenzustände kopieren? Um das zu verstehen, begeben wir uns noch einmal zurück zum Konzept der Superposition aus Kap. 2. Dort haben wir gesehen, dass sich die Messung von Quantenzuständen mit Schattenwürfen auf die Achsen eines Koordinatensystem veranschaulichen lässt. Ob ein Zustand eine Superposition ist oder nicht, hängt von der gewählten Basis ab. Zur Erinnerung: In einem Koordinatensystem beschreibt die Basis die Richtungen, in die die Achsen zeigen. In Abb. 2.16 ist das für Qubits veranschaulicht: Da sich Quantenzustände in einer Superposition befinden können, können wir nicht mit einer einfachen Messung „die Zustände auslesen". Wenn wir die Basis nicht kennen, dann ist nicht klar, ob es sich um eine Superposition handelt oder nicht. Sobald wir den zu kopierenden

Zustand messen, wird der Zustand einen der Basiszustände annehmen und die originale Quanteninformation ist dahin. Der Messprozess zerstört also gegebenenfalls den Ursprungszustand, den wir kopieren möchten. Beim Kopieren von Quantendaten steht uns also das Auslesen des zu kopierenden Zustands im Weg.

Ein simpler Kopiervorgang eines Quantenzustands, ohne diesen wiederholt herzustellen, rückt damit in weite Ferne. Zusammenfassend lässt sich Quanteninformation so ohne Weiteres also nicht über einen klassischen Informationskanal verschicken.

Zusammenfassung

- Das No-Cloning-Theorem besagt, dass beliebige Quanteninformation nicht kopiert werden kann. Es bildet die Grundlage für die Sicherheit vieler Quantenkommunikationsprotokolle.
- Bei klassischer Information gilt das No-Cloning-Theorem nicht, da wir hier die Basis kennen und es nur zwei Zustände gibt.

6.2 Quanteninformation für Alle – Quantenverstärker

Das klingt doch eher nach Fluch als nach Segen. Doch glücklicherweise lassen sich einige dieser Nachteile auch zu unserem Vorteil nutzen! Dinge, die man nicht kopieren kann, könnten zum Beispiel bei Verschlüsselungen helfen? Denn beim Schutz von Daten und Verschlüsselungen geht es ja just darum, dass niemand unbemerkt unsere Dateien kopieren oder mitlesen kann. Vielleicht helfen uns ja Quantenphänomene bei der sicheren Übertragung unserer kostbaren Daten? Um den Kopierschutz von Quantendaten für sichere Kommunikation nutzen zu können, müssen wir Quantenzustände zunächst über große Entfernungen übertragen können. Wonach wir also streben, ist eine Art *Quanteninternet*.

Wie funktioniert ein groß angelegtes Netzwerk für Quanteninformation, ein Quanteninternet, in der Praxis [177]? Wenn wir das Wort *Internet* hören, dann denken wir wahrscheinlich zuerst an Social Media und Katzenbilder. Doch auch Cloud-Computing spielt eine wesentliche Rolle in unserem Leben. Viele Datenverarbeitungsprozesse laufen nicht auf privaten Computern sondern auf Servern ab, die über das Internet zugänglich sind. Diese Art von verteiltem Rechnen spielt auch beim Austausch von Quanteninformation und für Quantencomputer eine wichtige Rolle.

Um ein Netzwerk zwischen Quantensystemen aufzubauen, müssen erst einmal alle Parteien miteinander verbunden werden. Wäre es nicht toll, wenn wir dafür die bestehende Glasfaserinfrastruktur des klassischen Internets benutzen könnten? Die Antwort: Ja, aber … Ein wesentliches Problem bei der Übertragung von Information durch Glasfaser ist, dass Glasfaser nicht so transparent ist, wie man denkt. Das Problem haben wir schon in der Einleitung zu diesem Kapitel kurz angesprochen und das No-Cloning-Theorem kennengelernt. Zwar können wir ohne Probleme durch eine Fensterscheibe schauen, aber die Fensterscheibe ist auch nur einige Millimeter dick und nicht Hunderte Kilometer. Wenn ein Photon durch ca. 100 km Glasfaser fliegt, dann besteht nur noch 50 % Wahrscheinlichkeit, es am anderen Ende zu messen. Etwas Vergleichbares passiert mit Sonnenlicht in der Tiefsee: Auch wenn Wasser auf den ersten Blick transparent wirkt, so absorbiert es doch Licht. Unterhalb von ca. 200 m ist der Ozean weitestgehend lichtlos. Glasfaser ist zwar deutlich transparenter als Meerwasser, aber nicht transparent genug, um alle Städte der Welt direkt mit Glasfaserkabeln zu verbinden – die zu übertragende Information würde am anderen Ende des Kabels nicht mehr intakt ankommen. Stattdessen werden Signale in Glasfasern regelmäßig verstärkt, bzw. kopiert, um dem Informationsverlust entgegenzuwirken. Eine solche Verstärkungsstation misst die Photonen, die ankommen und sendet neue Photonen aus.

Sobald die Worte „kopieren" oder „verstärken" auftauchen, lugt wieder ein alter Bekannter um die Ecke: das No-Cloning-Theorem. Während wir die digitale Information einfach kopieren können, können wir leider keine Quanteninformation duplizieren. Gegenstand aktueller Forschung ist die Entwicklung von Quantenverstärkern, oder Quantenrepeatern (engl.: *Quantum Repeater*)[178].

Verschränkung für alle – Quantennetzwerke
Eine wichtige Grundlage vieler Quantenkommunikationsprotokolle ist Verschränkung. Doch wie verteilt man eigentlich zwei verschränkte Qubits zwischen weit entfernten Parteien? In der Quanteninformation heißt dieses Problem *Entanglement Distribution* (dt. Verschränkungsverteilung). Um Quantenkommunikationsprotokolle mit beliebigen anderen Personen auf dem Globus auszuführen, müssen wir eine Möglichkeit finden Verschränkung zu verteilen. Das Ziel ist es, ein Quantennetzwerk aufzubauen.

Ein wichtiger Baustein für solche Netzwerke sind Quantenrepeater. Quantenrepeater sind eine Art Verstärker für Quanteninformation, die bewegliche Qubits mit ruhenden Qubits kombinieren. Sie sorgen dafür, dass Quanteninformation auch über längere Distanzen übertragen werden kann. Photonen sind gut für die Übertragung von Information geeignet, schließlich bewegen sie sich mit Lichtgeschwindigkeit. Leider lassen sich nicht ohne Weiteres 2-Qubit-Operationen auf mehreren Photonen zur gleichen Zeit ausführen. Einzelne photonische Qubits lassen sich zwar gut auf der Bloch-Kugel bearbeiten, doch die Umsetzung von Gattern zwischen zwei Photonen stellen eine Herausforderung dar, da Lichtteilchen nicht gern miteinander wechselwirken. Das ist deutlich einfacher bei ruhenden Qubits wie supraleitenden Qubits oder Ionen. Ein Quantenrepeater koppelt die eintreffenden Photonen mit einem passenden ruhenden System, sodass die Quanteninformation gespeichert werden kann.

Das Ziel von Quantenrepeatern ist es, Verschränkung über längere Distanzen zu ermöglichen. Ein Verschränkungsnetzwerk, das nur über Entfernungen bis ca. 100 km funktioniert, ist zwar schon eine beeindruckende technische Leistung, aber Forschende träumen von noch größeren Netzwerken, mit denen sich beliebige Entfernungen überbrücken lassen. Die geheime Zutat für ein solches Netzwerk heißt Verschränkungstausch (engl.: *Entanglement Swapping*) [179]. Nehmen wir an, dass Alice und Bob weiter voneinander entfernt sind als ein Photon durch eine Glasfaser ohne Verstärkung versendet werden kann. Glücklicherweise befindet sich zwischen den beiden ein Quantenrepeater (siehe Abb. 6.2). Alice und Bob teilen sich mit dem gleichen Quantenrepeater jeweils ein verschränktes Qubit-Paar. Ein Verschränkungstausch erreicht nun genau das gewünschte Ziel. Statt beide mit dem Repeater verschränkt zu sein, tauschen sie die Verschränkung in einen verschränkten Zustand zwischen sich (siehe untere Hälfte von Abb. 6.2). Der Quantenrepeater spielt nun keine Rolle mehr; Alice und Bob können mit diesem verschränkten Qubit-Paar nun ein beliebiges Quantenprotokoll ausführen, zum Beispiel eine Quantenteleportation. Quantenrepeater sind nicht nur ein theoretisches Konstrukt, sondern auch technisch realisiert [180] und ihre Anwendung für Protokolle wie Quantenschlüsselaustausch sind Gegenstand aktueller Forschung [174].

Bisher haben wir uns hauptsächlich mit dem Verlust von Signalstärke, d. h. der Anzahl an Photonen, beschäftigt. Zusätzlich geht auch die Phaseninformation der Photonen verloren. Beide Effekte führen zu Dekohärenz in Glasfasern. Je weiter die Übertragungsentfernung, desto länger interagiert das Photon mit der Umgebung und die Quanteninformation wird gestört. Die verschränkten Zustände zwischen Alice und Bob oder zwischen Alice/Bob und dem Repeater sind nicht so gut wie erwartet. Glücklicherweise gibt es ein weiteres

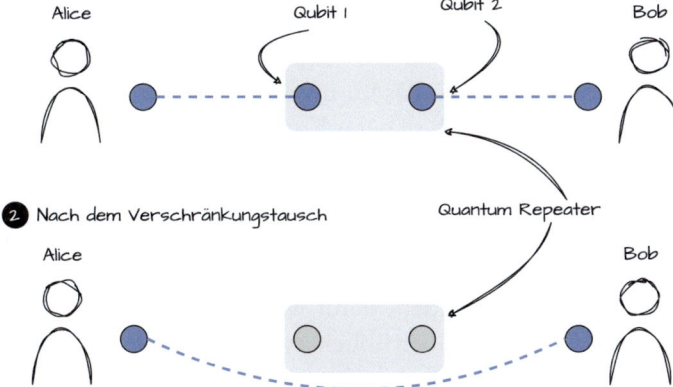

Abb. 6.2 Quantenrepeater sind Relaisstationen in einem Quantennetzwerk. Durch Verschränkungstausch ermöglichen sie die Verschränkung von weit entfernten Parteien im Netzwerk

Protokoll, Verschränkungsdestillation (engl.: *Entanglement Distillation*), das aus vielen verschränkten Qubit-Paaren ein besser verschränktes Qubit-Paar erzeugen kann [181, 182].

> **Zusammenfassung**
>
> - Viele Protokolle in der Quanteninformation basieren auf verschränkten Qubits zwischen verschiedenen Parteien.
> - Das No-Cloning-Theorem macht das Verteilen von Verschränkung kompliziert. Durch Verschränkungstausch und Quantenrepeater können auch weit entfernte Parteien ihre Qubits miteinander verschränken.
> - Wenn es einen Quantenlink zwischen Alice und Bob gibt, dann können die beiden auch Protokolle wie Quantenzustandsübertragung nutzen, um einen Zustand zu verschicken.

6.3 Daten übertragen, aber sicher – Quantenkryptografie

Was, wenn wir unseren Quantenlink erfolgreich in Betrieb genommen haben – welche praktischen Vorteile hat das für uns? Können wir mit einem Quantennetzwerk das Versprechen nach sicherer Kommunikation in die Tat umsetzen, insbesondere dann, wenn es um sensible Informationen geht?

Manche Informationen sind wichtiger als andere: Wenn auf dem Einkaufszettel die Milch fehlt, dann ist das ärgerlich, aber üblicherweise nicht weltverändernd. Wenn bei Wahlen beispielsweise Stimmen verloren gehen oder Wahlergebnisse verfälscht werden, dann wäre der Einfluss erheblich größer. Daten von Wahlen werden daher üblicherweise verschlüsselt übertragen, damit niemand sich an den Wahlergebnissen zu schaffen machen kann.

Eine besondere Art der Verschlüsselung wurde 2007 bei der Wahl des Schweizer Nationalrats in Genf verwendet [183]. Statt mit einer herkömmlichen Verschlüsselung, wurde der Datenverkehr zwischen einem Wahllokal und einer Sammelstelle mit einem quantenkryptografischen Verfahren verschlüsselt. Die dazu verwendeten *Quantenschlüssel* wurden mithilfe von Photonen erzeugt, die mit herkömmlichen Glasfaserkabeln übermittelt wurden. Was damals eine erster beeindruckender Machbarkeitsbeweis und eine Demonstration in Richtung kleiner Quantennetzwerke war, hat seitdem Schule gemacht und steckt heute in verschiedenen kommerziellen Produkten, die von Banken oder Regierungen eingesetzt werden können.

Jeder von uns hat Bilder, Texte oder Nachrichten, die niemand anderen in die Hände fallen sollen. Üblicherweise reicht es, wenn man diese Texte oder Bilder in einer Kiste unter dem Bett hortet. Es wird schon niemand einbrechen und die wohl gehüteten Geheimnisse stehlen!

Doch was tun, wenn man über Geheimnisse sprechen muss? Dann benötigen wir verschlüsselte Kommunikation, wie wir sie schon in Abschn. 4.4 kennengelernt haben. Auch wenn uns dabei direkt Geheimdienste oder das Militär einfallen, so gibt es auch sehr alltägliche Situationen, in denen wir für abhörsichere Kommunikation dankbar sind. Es sollte selbstverständlich sein, dass das Passwort zum Online-Banking-Portal nicht im Klartext verschickt wird und die Kreditkartendaten beim Online-Shopping verschlüsselt übermittelt werden.

In Abschn. 4.4 haben wir den Shor-Algorithmus kennengelernt. Wenn man Zugriff auf einen Quantencomputer hat, vereinfacht er ein sonst sehr schwieriges Problem, das Faktorisieren von Primzahlen. Quantencomputer bringen uns dadurch in eine missliche Lage: Gut funktionierende Algorithmen der RSA-Algorithmus sind nicht mehr sicher. Wenn wir wegen Quantencomputern überhaupt erst in dieser Bredouille sind und uns bessere Verschlüsselungsstrategien überlegen sollten, können uns andere Quantentechnologien eventuell einen Ausweg bieten?

Glücklicherweise, ja. Protokolle, die auf Verschränkung oder dem No-Cloning-Theorem basieren, die Möglichkeit gemeinsam einen Schlüssel zu finden und so verschlüsselt zu kommunizieren. Das Besondere: Es ist sogar möglich zu erkennen, ob der Schlüsselaustausch abgehört wurde!

Doch warum der plötzliche Fokus auf den Schlüssel? Er ist die zentrale Zutat für alle Verschlüsselungen. Bei symmetrischen Verschlüsselungsalgorithmen wird dieser Schlüssel sowohl zum Entschlüsseln als zum Verschlüsseln verwendet. Gerade weil der Schlüssel so wichtig ist, ist er auch häufig eine der größten Schwachstellen einer Verschlüsselung. Es gilt das gleiche wie bei Passwörtern: Wenn der Schlüssel einfach zu erraten ist oder zu kurz, dann ist er nicht besonders nützlich.

Bevor eine verschlüsselte Nachricht verschickt werden kann, müssen Alice und Bob einen Schlüssel austauschen. Wenn Alice eine verschlüsselte Nachricht verschickt, dann muss Bob sie mit dem gleichen Schlüssel entschlüsseln. Das Problem: Neben RSA wird auch der sogenannte Diffie-Hellmann-Schlüsselaustausch durch Shor gefährdet, der heutzutage im Internet für den Austausch von Schlüsseln verwendet wird. Genau dieses Problem löst die Idee des Quantenschlüsselaustauschs (engl.: *Quantum Key Distribution*). In Kombination mit einem One-Time Pad kann QKD sogar zu vollständiger Sicherheit führen, da eine Nachricht, die mit einem One-Time Pad verschlüsselt wurde, nicht geknackt werden kann.

Das erste Protokoll für einen Schlüsselaustausch mithilfe von Quantenmechanik wurde 1984 von Charles Bennett und Gilles Brassard entwickelt [184]. Heute ist es als BB84-Protokoll bekannt, benannt nach den ersten beiden Buchstaben der Nachnamen der Entwickler und dem Jahr der Entdeckung.

BB84 ist ein *Protokoll* für den Austausch von kryptografischen Schlüsseln zwischen zwei Parteien. Ein Protokoll beschreibt hier den Ablauf eines Kommunikationsprozesses. Es ist einem Algorithmus gar nicht so unähnlich; es definiert die Schritte, die von allen Beteiligten, zum Beispiel Alice und Bob, vorgenommen werden müssen, damit am Ende ein bestimmtes Ergebnis erzielt wird. Ein intuitives Beispiel für ein Protokoll ist ein Telefonanruf: Wenn Alice mit Bob telefonieren möchte, muss Alice zuerst Bobs Nummer wählen und dann auf den grünen Hörer drücken. Bob muss nun seinerseits den Anruf annehmen. Das Protokoll beruht im Wesentlichen auf zwei Dingen: Beide Parteien müssen über bestimmte Ressourcen verfügen (zwei Telefone und Alice braucht Bobs Nummer) und gewisse Schritte korrekt ausführen (Alice muss Bobs Nummer wählen, Bob muss den Anruf von Alice annehmen). Dabei müssen die Akteure gar nicht zwingend Menschen sein. Jeden Tag führen Millionen von Computern Protokolle aus, um sich mit dem Internet zu verbinden und darüber Daten zu verschicken.

Das BB84-Protokoll – Der Aufbau

Das BB84-Protokoll hat, wie der Telefonanruf, zwei Akteure, Alice und Bob. Das Ziel der beiden ist es, verschlüsselt zu kommunizieren. Leider haben sie es bei ihrem letzten persönlichen Treffen versäumt einen geheimen Schlüssel auszutauschen. Mit einem geheimen Schlüssel könnten die beiden direkt verschlüsselt Nachrichten verschicken. Jetzt müssen die beiden über öffentliche Kanäle einen Schlüssel austauschen. Das heißt, jeder kann die Nachrichten abhören, die über diese Kanäle geschickt werden. Wenn wir über zwei Personen wie Alice und Bob nachdenken, dann könnten sie sich tatsächlich persönlich treffen um den Schlüssel auszutauschen. In der heutigen Zeit werden die meisten Daten über Computernetzwerke verschickt. Computer können sich leider nicht persönlich treffen um einen geheimen Schlüssel auszutauschen. Es ist für moderne Kommunikation unabdingbar, dass eine Möglichkeit besteht, auch über öffentliche Kanäle einen kryptografischen Schlüssel auszutauschen.

Natürlich könnten Alice und Bob einen asymmetrischen Algorithmus nutzen, doch asymmetrische Algorithmen sind langsamer beim Verschlüsseln von Daten. Üblicherweise werden asymmetrische Protokolle wie der Diffie-Hellman-Algorithmus für den initialen Schlüsselaustausch verwendet um danach einen symmetrischen Algorithmus wie AES zu verwenden. Da genau dieser Schlüsselaustausch auch vom Shor-Algorithmus angegriffen werden kann, setzen Alice und Bob lieber auf Quantenmechanik!

Glücklicherweise haben die beiden neben einem klassischen Kanal wie einem Telefon, auch einen Quantenlink. Über diesen Quantenlink können die beiden Quanteninformation in Form von Qubits verschicken. In Abb. 6.3 sind die beiden Verbindungen zwischen Alice und Bob schematisch dargestellt. Zusätzlich zur blauen, klassischen Leitung, gibt es einen roten Quantenlink. Beide Verbindungen sind öffentlich und werden unter Umständen von Eve (von engl.: *eavesdropper*) abgehört.

BB84 ermöglicht es den beiden einen geheimen Schlüssel auszutauschen, obwohl alle Kanäle öffentlich lesbar sind. BB84 ist also nicht für die Verschlüsselung selbst zuständig. Durch BB84 kann der Schlüssel für ein anderes (verschlüsseltes) Protokoll wie AES oder ein One-Time Pad sicher ausgetauscht werden.

Das Kernelement des BB84-Protokolls ist die Übermittlung von Quanteninformation in zwei verschiedenen Basen. Beide Basen haben wir schon in Kap. 2 kennengelernt: die X-Basis und die Z-Basis. Die Z-Basis besteht aus

Abb. 6.3 Das BB84-Protokoll ermöglicht den Schlüsselaustausch zwischen zwei Parteien, Alice und Bob. Sie teilen sowohl eine authentifizierte, klassische Verbindung als auch eine Quantenverbindung. Beide Verbindungen sind öffentlich, also nicht verschlüsselt

den beiden Zuständen $|0\rangle$ und $|1\rangle$ in Abb. 2.16. Für die zweite Basis nutzen die Zustände $|+\rangle$ und $|-\rangle$, die auf dem Äquator der Bloch-Kugel liegen. Sie bilden die „X-Basis". Wie auch bei der Z-Basis ergibt die Messung der beiden Zustände weiterhin 0 bei Messung von $|-\rangle$ und 1 für $|+\rangle$.

Das Protokoll – Schritt für Schritt
Die zentrale Idee des BB84-Protokolls ist es den Zufall und die Unumkehrbarkeit der Messung in der Quantenmechanik zu unseren Gunsten zu nutzen. Alice und Bob nutzen sowohl den klassischen als auch den Quantenlink, um gemeinsam einen geheimen Schlüssel zu erzeugen. Am Ende des Protokolls können sie einen beliebigen symmetrischen Algorithmus mit dem erzeugten Schlüssel nutzen und sicher kommunizieren.

Bevor wir in die Details von BB84 abtauchen, verschaffen wir uns zunächst einen Überblick in Abb. 6.4. Wie auch bei einem Telefonanruf müssen Alice und Bob bestimmte Schritte des Protokolls nacheinander ausführen. Das ganze Protokoll läuft in insgesamt fünf Schritten ab. An dieser Stelle geht es mehr um den Überblick und nicht um das genaue Verständnis der einzelnen Schritte. Das folgt in Kürze.

Zu Beginn des Protokolls wählt Alice zufällige Zustände aus $|0\rangle$, $|1\rangle$, $|+\rangle$ und $|-\rangle$ aus (Schritt 1 in Abb. 6.4). Die gewählten Zustände schickt Alice an Bob über den Quantenlink. Bob hat keinen Einfluss auf die Zustände, die er erhält, und weiß auch nichts über die Basis. Er misst die Zustände zufällig in der Z- oder X-Basis (Schritt 2). Die Wahl der Basis ist in der Abbildung mit den Buchstaben X und Z vermerkt. Nach Bobs Messung haben sowohl Alice als auch Bob klassische Daten für die Basen und die Zustände. Damit aus diesen Daten ein Schlüssel wird, müssen die beiden sich noch einmal austauschen. Dieses Mal über den klassischen Link. Die beiden schicken sich gegenseitig die gewählten Basen (Schritt 3). Mit diesen Daten können sie kontrollieren ob Eve sie belauscht hat (Schritt 4). Falls nicht, erzeugen die beiden im letzten Schritt unabhängig den gleichen Schlüssel und können die verschlüsselte Kommunikation beginnen.

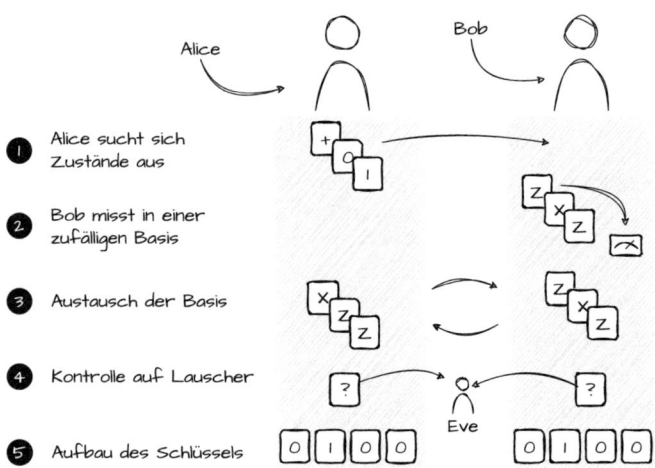

Abb. 6.4 Übersicht über die Schritte im BB84 Protokoll. Das Protokoll läuft in 5 Schritten ab. Nachdem Alice zufällig Zustände ausgewählt hat (1), schickt sie diese an Bob. Der misst die Zustände in einer von zwei Basen (2). Die beiden tauschen sich über die Basen aus (3) und stellen dann fest, ob jemand gelauscht hat (4). Im letzten Schritt (5) wird der Schlüssel erzeugt

Nach diesem kurzen Überblick gehen wir die Schritte nun im einzelnen durch. Das BB84-Protokoll beginnt bei Alice. Alice wählt zufällig aus den Zuständen $|0\rangle$ und $|1\rangle$, sowie aus $|+\rangle$ und $|-\rangle$. Damit wählt sie entweder zwei Basiszustände in der Z-Baiss ($|0\rangle$, $|1\rangle$) oder der X-Basis aus ($|+\rangle$, $|-\rangle$). Wenn jemand einen Basiszustand in der entsprechenden Basis misst, dann gibt er immer das gleiche Ergebnis: Es ist keine Superposition. In Abb. 6.5 sind Alices Zustände und deren Basis in Schritt 1 aufgelistet. Als erstes wählt Alice den Zustand $|0\rangle$ aus der Z-Basis. Danach wählt sie die den Zustand $|+\rangle$ (aus der X-Basis). Die Wahl der beiden Basen für das BB84-Protokoll kommt nicht von ungefähr: Die X-Basis liegt genau auf den Diagonalen der Z-Basis und umgekehrt (siehe Abb. 2.16). Wenn Alice den Zustand $|+\rangle$ in der X-Basis wählt, dann wird sie in dieser Basis immer 0 messen. Der Zustand $|+\rangle$ ist hier keine Superposition. In der Z-Basis sieht das anders aus. Hier ist der die gleichgewichtete Überlagerung aus $|0\rangle$ und $|1\rangle$. Wenn sie in der Z-Basis misst, dann erhält sie in der Hälfte der Fälle 1 und in der anderen Hälfte 0 als Ergebnis der Messung. Später werden wir genau diesen Effekt einsetzen, um zu überprüfen, ob Eve gelauscht hat. Am Ende des ersten Schritts versendet Alice die zufälligen Qubits an Bob.

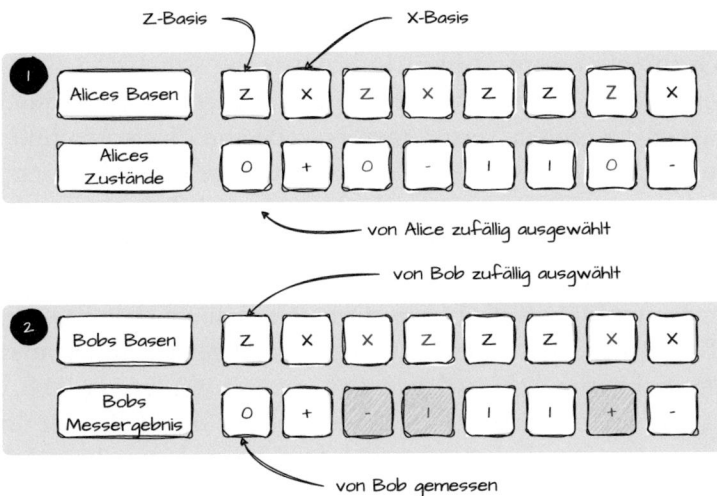

Abb. 6.5 Die ersten beiden Schritte des BB84-Protokolls. Im ersten Schritt wählt Alice zufällig Basen und Zustände aus, die sie präpariert. Dann misst Bob im zweiten Schritt die übertragenen Zustände in einer zufälligen Basis

Da Bob nicht weiß, welche Qubit-Zustände er bekommt, wählt er im zweiten Schritt eine zufällige Basis (X oder Z) aus, in der er jedes Qubit misst. Wenn er die gleiche Basis wählt, mit der Alice ihr Qubit verschickt hat, dann misst er zwangsläufig immer den gleichen Wert: Wenn Alice den Zustand $|+\rangle$ verschickt, dann hat der Zustand in der X-Basis nur einen Anteil auf der $|+\rangle$-Achse. In anderen Worten, er wirft keinen Schatten auf die $|-\rangle$-Richtung, d. h., dass er keine Superposition in dieser Basis ist und das Messergebnis immer gleich ist. Somit wird Bob immer 0 messen, niemals 1. Auf der anderen Seite könnte Bob auch in der Z-Basis messen. Er kennt die verwendete Basis schließlich nicht. Dann misst er zufällig (mit gleicher Wahrscheinlichkeit) 0 oder 1, da der Zustand einen gleich großen Schatten auf beide Achsen wirft.

Im zweiten Schritt von Abb. 6.5 ist ein beispielhaftes Messergebnis von Bob abgebildet. Die grau schattierten Felder sind zufällige Werte. Diese treten immer auf, wenn Bob in einer anderen Basis als Alice misst. Beim dritten Qubit wählt Alice beispielsweise die Z-Basis, während Bob seine Messung in der X-Basis durchführt. Somit misst Bob einen Superpositionszustand und erhält als Ergebnis entweder 0 oder 1, jeweils mit einer 50 %igen Wahrscheinlichkeit.

Im dritten Schritt des Protokolls tauschen Alice und Bob die gewählten Basen aus. Alice sendet die Basen, in denen sie die Bits versendet hat, an Bob. Im gleichen Zug verschickt Bob die gewählten Messbasen an Alice. Obwohl jeder diese Nachrichten mitlesen kann, ist das Protokoll sicher. Dafür sorgt der vierte Schritt. Zu diesem Zeitpunkt im Protokoll sind alle Messungen erledigt und der Quantenlink wird nicht mehr benötigt.

Der vierte Schritt prüft die Verbindungen auf unerwünschte Lauscher. Damit wird einer der großen Versprechen vom Beginn dieses Abschnitts eingelöst: Beim Quantenschlüsselaustausch können Alice und Bob feststellen, ob die Verbindung abgehört wird. Sowohl Alice als auch Bob kennen zu Beginn des vierten Schritts die Basen, in denen gesendet und gemessen wurde. Sie wurden am Ende des dritten Schritts über den klassischen Link übermittelt. Die beiden verwerfen nun alle Daten, die in unterschiedlichen Basen gemessen wurden. Bei solchen Messungen hat Bob ein zufälliges Ergebnis gemessen und sie können nicht zum Schlüsselaustausch genutzt werden. In Abb. 6.6 sind solche Paare in grau markiert. Es werden ungefähr die Hälfte der übertragenen Qubits verworfen, da Bob eine 50 : 50-Chance hatte, die richtige Basis zu treffen. Für die restlichen Qubits können die beiden erwarten, dass sie die gleichen Daten gemessen haben. Damit das Protokoll sicher ist, ist es wichtig, dass Alice und Bob nur die Daten der Basen ausgetauscht haben. Die Liste der verschickten Zustände und die Liste der Messergebnisse sind weiterhin geheim. Für das Beispiel in Abb. 6.6 bedeutet das: Alice und Bob kennen jeweils die erste Zeile von Schritt 1 und 2. Bob kennt natürlich auch die Messdaten

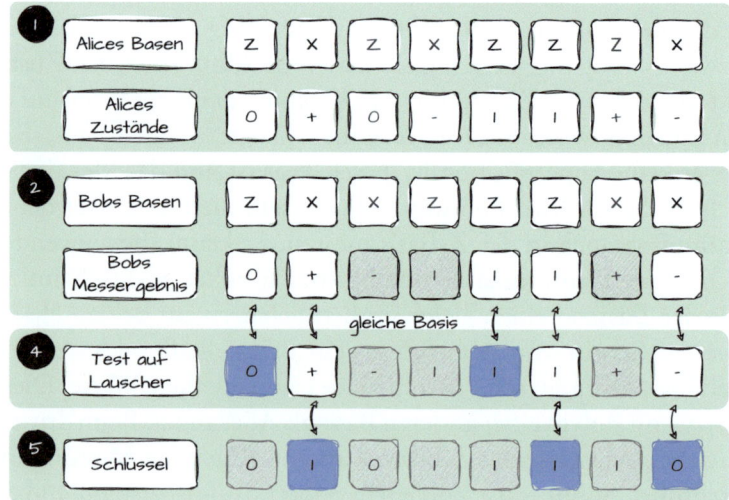

Abb. 6.6 Das BB84-Protokoll läuft in fünf Schritten ab. Die ersten beiden Schritte sind aus Abb. 6.5 übernommen. Nach dem Austausch der Basen in Schritt 3 (hier nicht gezeichnet), kontrollieren Alice und Bob, ob ein Lauscher anwesend war (Schritt 4). Falls nicht, können die beiden im fünften Schritt aus den verbliebenen Zuständen einen Schlüssel generieren (Schritt 5)

(zweite Zeile von Punkt 2) und Alice weiß welche Zustände sie verschickt hat (zweite Zeile von Punkt 1). Um einen möglichen Lauscher zu entlarven, tauschen Alice und Bob einen Teil der gemessenen und verschickten Zustände aus. Die Auswahl kann zufällig erfolgen, sie müssen nur sagen, welche Zustände sie austauschen. Der Austausch der Daten ist unter Punkt vier von Abb. 6.6 illustriert. Getauschte Zustände sind in blau markiert. Falls es einen Lauscher in der Leitung gibt, dann werden sich versendete und gemessenen Zustände unterscheiden.

Für den Unterschied zwischen gesendeten und empfangenen Zuständen sorgt das No-Cloning-Theorem. Hier sorgt eine der fundamentalen Eigenschaften der Quantenmechanik für die Datensicherheit! Wenn Eve, die Lauscherin, etwas über die Kommunikation von Alice und Bob erfahren möchte, dann muss sie wohl oder übel den Quantenzustand messen. Sie weiß aber nicht, welche Basis sie für die Messung verwenden muss, da Alice die Basis zufällig ausgewählt hat. Da sie eine 50 : 50-Chance hat, bei der Wahl der Basis richtig zu liegen, wird sie in der Hälfte der Fälle die falsche Messbasis wählen. Damit Bob nichts von ihrem Treiben merkt, schickt Eve neue Quantenzustände an Bob. Für sie wäre es natürlich praktisch, wenn sie einfach eine Kopie des empfangenen Zustands versenden könnte. Das geht aber aufgrund des No-Cloning-Theorems nicht! Eve muss also anhand der 0 und 1, die sie misst, raten, welche Basis Alice verwendet hat. Eine 1 kann aber entweder von einem $|1\rangle$-Zustand oder von einem $|-\rangle$ stammen. Eve hat keine Möglichkeit, die korrekte Basis zu kennen und wird sich zwangsläufig in der Hälfte der Fälle irren. Wenn Alice und Bob nun ihre Listen vergleichen, dann werden sie Diskrepanzen, also Unterschiede bei den Messergebnissen, feststellen. Wenn Bob in der gleichen Basis misst, in der Alice gesendet hat, dann muss er immer den richtigen Zustand messen. Es sind schließlich keine Superpositionen. Sollten die beiden Diskrepanzen feststellen, dann können sie das Protokoll erneut starten. Wir nehmen an dieser Stelle an, dass die Komponenten des Aufbaus perfekt funktionieren. In einer realen Umsetzung müssen die Experimentatoren hier deutlich vorsichtiger sein: Nicht ganz perfekte Versuchsaufbauten und Umwelteinflüsse können genauso aussehen wie Eve beim Lauschangriff. Das BB84-Protokoll ist in der Theorie sicher, aber es gibt auch Ideen wie Quantenhacking um das Protokoll anzugreifen [185–187]. Bleiben wir für einen Moment bei der Theorie.

Wenn sich Alice und Bob davon überzeugt haben, dass Eve nicht gelauscht hat, können sie mit dem Rest des Protokolls fortfahren. Da Alice und Bob im vierten Schritt nur einen Teil der Zustandsdaten für die Überprüfung der Verbindung genutzt haben, bleibt der Rest für den Schlüssel übrig. Die beiden sind sich sicher, dass sie eine Liste von gleichen Bits (0,1,+ oder −) haben und wissen, dass sie niemand belauscht hat. Wenn sie nun 0 und + als 0 interpretieren und 1, − als 1, dann erhalten sie einen binären Schlüssel (blau in Schritt 5 in Abb. 6.6), den sie für eine symmetrische Verschlüsselung nutzen können.

Zusammenfassend ermöglicht das BB84-Protokoll Alice und Bob den Austausch eines Schlüssels. Es verschlüsselt die Daten nicht selbst, sondern dient als erster Schritt um eine verschlüsselte Kommunikation mit dem ausgetauschten Schlüssel zu beginnen.

> **Zusammenfassung**
>
> - Das BB84-Protokoll läuft zwischen zwei Parteien, Alice und Bob, ab und ermöglicht den abhörsicheren Austausch von kryptografischen Schlüsseln. Es ist kein Protokoll, das Daten verschlüsselt, sondern ein Protokoll für einen Schlüsselaustausch.
> - Durch das No-Cloning-Theorem sorgt ein fundamentales Prinzip der Quantenmechanik für die Datensicherheit.
> - Alice und Bob können beim BB84-Protokoll feststellen, ob jemand den Schlüsselaustausch abgehört hat.

6.4 Schlüsselaustausch in Aktion

Auch wenn der letzte Abschnitt ähnlich theoretisch klang wie die Algorithmen im Kapitel über Quantencomputer, so gibt es einen wesentlichen Unterschied: Protokolle der Quantenkommunikation, insbesondere beim Quantenschlüsselaustausch, sind keine reine Zukunftsmusik. Sie sind tatsächlich im Einsatz. Wir geben hier einen kurzen Überblick über wegweisende Experimente in Bezug auf Protokolle für den Quantenschlüsselaustausch. Selbstverständlich hat die Protokollentwicklung beim Quantenschlüsselaustausch nicht 1984, dem namensgebenden Jahr der Entwicklung des BB84-Protokolls, aufgehört. In den letzten Jahren hat es viele Vorschläge für andere und bessere Protokolle gegeben [188, 189]. Nicht alle der beschriebenen Experimente nutzen das BB84-Protokoll, aber alle haben das gleiche Ziel: einen Schlüssel zwischen zwei Parteien auszutauschen.

Quantenkommunikation ist ein gutes Beispiel dafür, dass Quantentechnologien mehr bieten als nur Quantencomputer, auch wenn diese in den vergangenen Jahren die Medien dominiert. Doch schon 1989 gab es Quantenkryptografie im Experiment [190]. Charles Bennett, François Besette, Gilles Brassard und Kollegen demonstrierten das erste Mal, dass das BB84-Protokoll in der Praxis funktioniert. Zwei der drei Namen sind die B's aus dem Namen des Protokolls. Ihre Ergebnisse veröffentlichten sie drei Jahre später unter dem sprechenden Namen „Experimentelle Quantenkryptografie" (engl.: *Experimental Quantum Cryptography*).

Das bahnbrechende Experiment macht auf den ersten Blick einen eher unscheinbaren Eindruck. Es passt auf einen Küchentisch und führt das BB84-Protokoll über eine Entfernung von ca. 40 cm aus. Der Quantenlink im Experiment bestand aus polarisierten Laserpulsen. Das ist genau die Eigenschaft von Licht, die wir in Abb. 2.17 genutzt haben, um Basen zu veranschaulichen. Die polarisierten Laserpulse werden von der einen Seite des Aufbaus durch die Luft an die andere Seite des Aufbaus geschickt und von einer Software ausgewertet. Die Bedeutung des Experiments ist enorm. Es ist das erste Mal, dass Quantenkryptografie in der Praxis demonstriert wurde, und es bereitet den Weg für eine Reihe von Experimenten in den folgenden Jahren.

Schon ein Jahr nach Publikation der Studie von Bennett und Besette demonstrierten drei Wissenschaftler an der Universität Genf, dass der Schlüsselaustausch auch über Entfernungen von mehr als einem Kilometer möglich ist. Für die Übertragung der Quanteninformation zwischen Alice und Bob verwendeten sie ein Glasfaserkabel [191]. Dadurch müssen sich Laser und Detektor nicht mehr genau gegenüberstehen und der Signalaustausch wird vor äußeren Einflüssen geschützt. Nur drei Jahre später zeigte die gleiche Gruppe der Universität, dass der Schlüsselaustausch auch mit kommerziellen Möglichkeiten funktionieren kann. Statt eines Schlüsselaustauschs im Labor, sendeten sie die Quanteninformation durch ein Glasfaserkabel eines Schweizer Kabelnetzbetreibers unter dem Genfer See [192].

Halten wir einen kurzen Moment inne. Wir haben gerade zwei verschiedene Wege kennengelernt, um Quanteninformationen mit Photonen von Alice zu Bob schicken. Die Photonen können durch die Luft oder durch Glasfaser übertragen werden. In den 1990er-Jahren machten beide Verfahren große Sprünge und erreichten immer wieder neue Höhen. Während die Quanteninformation unter dem Genfer See übertragen wurde, waren auch Kollegen in den USA nicht untätig. Im gleichen Jahr zeigten zwei Forscher in einem langen Flur an der John Hopkins Universität in Maryland, dass eine Übertragung durch die Luft über ca. 100 m möglich ist [193]. In den folgenden Jahren befeuerten weitere Experimente die Idee, dass eine Übertragung über weite Strecken in der Luft möglich ist [194].

Springen wir in das Jahr 2007. Seit den ersten Experimenten haben sich sowohl die Protokolle als auch die Technologie verbessert. Mittlerweile können Schlüssel durch Glasfaserkabel über 100 km übertragen werden [195]. Das können die Kollegen der Luftübertragung natürlich nicht auf sich sitzen lassen und zeigen, dass die Übertragung durch 144 km Luft möglich ist [196]. Die Gruppe um den österreichischen Physiker Harald Weinfurter verwendet dafür ein Signal zwischen den beiden kanarischen Inseln La Plama und Teneriffa.

Mit einer Übertragung über eine Strecke von mehr als 100 km ist ein wichtiger Schritt gelungen, um Quanteninformation über Kontinente hinweg zu übertragen. In einer Höhe von ca. 100 km fliegen Satelliten, die an einem Schlüsselaustausch beteiligt sein könnten. Anstatt den Schlüssel direkt an die andere Partei zu übertragen, könnten die Parteien auf verschiedenen Kontinenten mit einem Satelliten kommunizieren. Im Jahr 2013 zeigt Weinfurters Forschungsgruppe, dass sie einen Schlüssel zwischen einem Flugzeug und einer Bodenstation übertragen können [197]. Dabei wurden die Geschwindigkeiten so gewählt, dass die Bewegung der eines Satelliten in höherer Umlaufbahn gleicht. Nur einen Monat später zeigt die Gruppe um den chinesischen Physiker Jian-Wei Pan ein ähnliches Experiment mit einem Heißluftballon über dem Qinhai See [198].

Nur vier Jahre später in 2017 war es dann so weit: Die Gruppe um Jian-Wei Pan konnte den ersten Quantenschlüsselaustausch zwischen einem Satelliten und einer Bodenstation demonstrieren [199]. Ein Jahr später demonstriert die gleiche Gruppe in Zusammenarbeit mit österreichischen Wissenschaftlern die Übermittlung eines Schlüssels zwischen Europa und Asien [200].

Auch wenn Quantenkommunikation bei Weitem nicht so viel Aufmerksamkeit wie Quantencomputer bekommt, so hat diese Technologie einen großen Vorsprung: Sie ist in der praktischen Anwendung!

Zusammenfassung

- Das Protokoll des Quantenschlüsselaustauschs wird schon seit Ende der 1980er-Jahre experimentell umgesetzt.
- Der Quantenschlüsselaustausch ist über verschiedene Kontinente durch Satelliten möglich.
- Quantenkryptografische Verfahren sind heutzutage als kommerzielles Produkt erhältlich.

6.5 Neue Software – Post-Quantenkryptografie

Im letzten Abschnitt haben wir eine Quantentechnologie kennengelernt, die einen Ausweg aus dem Dilemma bietet, dass uns der Shor-Algorithmus eingebrockt hat. Doch wie auch im Alltag, fallen die Lösungen für Computerprobleme üblicherweise in zwei Kategorien: Entweder wir tauschen die Software oder wir verändern die Hardware. Die Icons im Computerprogramm werden nicht richtig angezeigt? Das nächste Software-Update wird das bestimmt beheben. Das ist mit Sicherheit kein Grund dafür, den Computer auszutauschen. Anders sieht es für passionierte Computerspieler aus. An einem gewissen Punkt nutzt die beste Software nichts mehr. Das neue Computerspiel braucht einfach mehr Ressourcen als der Rechner hergeben kann. Ein neuer Computer ist nötig. So ähnlich verhält es sich mit Quantenkryptografie und Quantencomputern. Die Sicherheitslücken, die durch Quantencomputer in einigen unserer gebräuchlichen Verschlüsselungsprotokolle verursachen, lassen sich ebenfalls auf Hardware- oder auf Softwareebene in den Griff bekommen. Die Hardware-Lösung haben wir mit dem BB84-Protokoll im vergangenen Abschnitt kennengelernt.

Parallel dazu wird auch intensiv an Lösungen auf Softwareebene geforscht. Das Problem des RSA-Verfahrens und darauf basierenden Verschlüsselungen ist die Einwegfunktion, die dabei zum Einsatz kommt: Multiplizieren von Primzahlen ist einfach, das Zerlegen einer Zahl in ihre Primzahlen ist schwierig – jedenfalls für unsere klassischen Computer. Ein Quantencomputer könnte mit Shors Algorithmus diese Einwegfunktion jedoch effizient umkehren. Das RSA-Verfahren wird damit zum Opfer eines Quantenalgorithmus. Doch was ist mit anderen Verschlüsselungsverfahren? Was passiert, wenn die verwendete Einwegfunktion nicht auf der Faktorisierung großer Zahlen basiert? Auf den ersten Blick wäre das Problem damit gelöst, da der Shor-Algorithmus dann nutzlos wäre und nicht zur Entschlüsselung eingesetzt werden könnte.

Leider ist es nicht ganz so einfach, denn die neue Einwegfunktion soll eine wichtige Eigenschaft erfüllen: Sie soll auch prinzipiell nicht von Quantencomputern umzukehren sein, also auch nicht von zukünftigen Quantenalgorithmen, die wir noch nicht kennen. Und da wird es plötzlich deutlich komplizierter. Es geht nicht nur darum einen neuen Algorithmus zu finden, der Shor standhält. Am besten soll er allen zukünftigen Quantenalgorithmen standhalten. Er muss also so strukturiert sein, dass Quantencomputer die genutzte Einwegfunktion nicht umkehren können. Hier kommt die Komplexitätstheorie ins Spiel, die wir schon in Abschn. 4.1 kennengelernt haben. Komplexitätstheorie erlaubt es, Probleme nach ihrer Schwierigkeit zu sortieren. Wenn wir theoretisch zeigen können, dass es keinen Algorithmus auf einem Quantencomputer geben kann, der das Problem effizient löst, dann wäre die neue Einwegfunktion sicher. Mit der Frage, welche Funktionen dafür infrage kommen, beschäftigt sich das Feld der Post-Quantenkryptografie und aktuell auch das amerikanische Standardisierungsbüro (NIST). In den vergangenen Jahren hat NIST neue Algorithmen von Forschern aus aller Welt gesammelt und wird sie in den kommenden Jahren evaluieren [201].

Der große Vorteil von Post-Quantenalgorithmen ist, dass sie nur einen Softwareaustausch benötigen. Sie laufen, wie auch RSA, auf klassischen Computern und niemand muss die Hardware anpassen. Das wäre natürlich die kostengünstige Alternative. Doch selbst wenn man neue kryptografische Protokolle ins Spiel bringt, die Quantencomputern vermutlich Stand halten können, so bleibt das eine Momentaufnahme der aktuellen Forschung. Denn möglicherweise wird in Zukunft doch ein Algorithmus gefunden, der dem neuen Protokoll das Genick bricht. Um langfristig sicher sein zu können, dass unsere verschlüsselten Daten auch vor fremden Augen geschützt bleiben, bietet sich daher alternativ (oder auch in Kombination) eine Lösung auf Hardware-Ebene an.

> **Zusammenfassung**
>
> - Es gibt grundsätzlich zwei Ideen um den Problemen zu begegnen, die von Shors Algorithmus verursacht werden: Post-Quantenalgorithmen und Quantum Key Distribution.
> - Post-Quantenalgorithmen ersetzen die Software. Wenn die klassische Einwegfunktion nicht mit Quantencomputern umgekehrt werden können, dann sind diese Algorithmen sicher gegen Quantencomputer.
> - Quantenschlüsselverteilung (Quantum Key Distribution) nutzt Quanteneigenschaften wie Verschränkung oder das No-Cloning-Theorem, um einen sicheren Schlüsselaustausch zu ermöglichen.
> - Während die Sicherheit heutiger Verfahren auf dem Fehlen von Algorithmen zum Umkehren von Einwegfunktionen basiert, ist die Sicherheit von Quantenprotokollen ein Teil unseres heutigen Wissens über Naturgesetze.

6.6 Quantenteleportation

Beim Quantenschlüsselaustausch wird das No-Cloning-Theorem genutzt, um einen sicheren Schlüsselaustausch zu garantieren. Doch Quantenverbindungen können noch mehr: Durch Verschränkung können wir Quanteninformation von einem Ort zum anderen „teleportieren".

„Beam me up" ist eines der berühmtesten Zitate der Science-Fiction-Serie Star Trek und das nicht ohne Grund. Teleportation, eine Reise ohne Zeitverzögerung, ist einer der großen Träume von Science-Fiction-Autoren. Doch was ist tatsächlich möglich? Die verzögerungsfreie Teleportation von massiven Objekten erscheint schon auf den ersten Blick fantastisch. Die Relativitätstheorie verbietet die Übertragung von Information mit Überlichtgeschwindigkeit, von massereichen Objekten gar nicht erst zu sprechen.

In diesem Kapitel werden wir uns die sogenannte Quantenteleportation ansehen, ein Protokoll, um Quantenzustände von einem Ort zu einem anderen zu transportieren. Nicht verzögerungsfrei, aber ohne sie tatsächlich zu verschicken! Wie auch der Quantenschlüsselaustausch, ist Quantenteleportation ein Protokoll, das nur mit einem Quantenlink möglich ist. Es benötigt die Zusammenarbeit von zwei Parteien, damit es erfolgreich durchgeführt werden kann. Auch das Quanten-Teleportationsprotokoll ähnelt einem Telefonanruf in dem Sinne, dass es nur Informationen und keine Materie überträgt. Ein Telefon überträgt nicht die tatsächlichen Luftmoleküle, die auf Alices Seite schwingen, wenn sie spricht. Stattdessen wird die Information (ihre Stimme) von einem Mikrofon in elektrische Signale übersetzt. Diese Signale werden an Bob übertragen und vom Lautsprecher in seinem Telefon wiedergegeben.

Das Ziel der Quantenteleportation ist die Übertragung von Quanteninformation, also Informationen, die in Quantenzuständen gespeichert sind. Ein Szenario wäre zum Beispiel, dass Alice einen Quantenzustand in ihrem Labor in München vorbereitet, den Bob in Berlin braucht. Mithilfe von Quantenteleportation, kann Alice ihren Quantenzustand an Bob verschicken. Bei der Quantenteleportation werden zwei wesentliche Aspekte der Quantenmechanik genutzt, Superposition und Verschränkung. Die Idee der Quantenteleportation beruht auf einem verschränkten Qubit-Paar zwischen Alice und Bob. Durch die Verschränkung können wir den Quantenzustand von Alice auf Bobs Hälfte des verschränkten Paares verschieben, oder um es schöner auszudrücken, „teleportieren".

Quantenteleportation ist ein Protokoll mit insgesamt drei Qubits. Zwei davon befinden sich auf der Seite von Alice A_1 und A_2, und eines auf der Seite von Bob B. Wir benennen die Qubits hier mit den mit Anfangsbuchstaben A und B für Alice und Bob (siehe Abb. 6.7). Das zweite Qubit A_2 von Alice

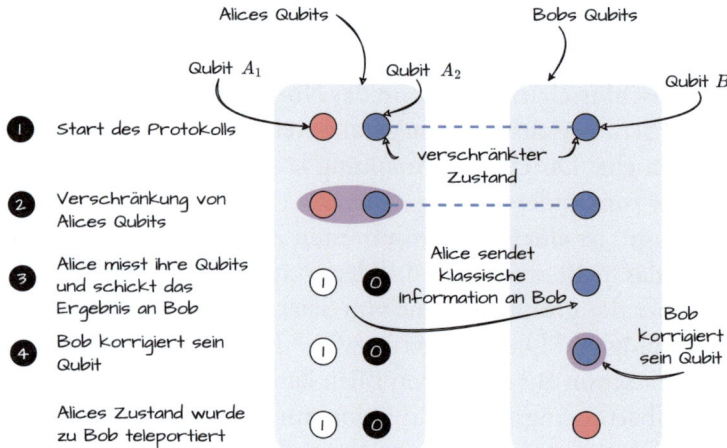

Abb. 6.7 Quantenteleportation transportiert Quanteninformation von Alice zu Bob. Für die Übertragung wird ein verschränktes Paar von Qubits zwischen Alice und Bob verwendet. Am Ende des Protokolls muss Bob sein Qubit in Abhängigkeit von Alices Messung korrigieren

befindet sich in einem maximal verschränkten Zustand mit Bobs Qubit B. Das Ziel ist es, den Zustand von Alices erstem Qubit $|\psi_{A_1}\rangle$ auf Bobs Qubit B zu übertragen.

Um Verschränkung als Ressource für die Quantenteleportation nutzen zu können, müssen wir eine Methode finden, um ein Paar verschränkter Qubits (A_2 und B) zwischen Alice und Bob zu verteilen. Eine Möglichkeit wäre, dass die beiden sich treffen um zusammen zwei verschränkte Qubits erzeugen und zurück in ihre Labore mitzunehmen. Zu Beginn dieses Kapitels haben wir jedoch einen beweglichen Träger von Quanteninformation kennengelernt: Photonen. Bestimmte quantenoptische Bausteine wie *nichtlineare Kristalle* können verschränkte Photonen erzeugen. Da sich die Photonen mit Lichtgeschwindigkeit fortbewegen, können wir sie zu Alice und Bob schicken, sodass sie jeweils die Hälfte eines verschränkten Qubit-Paares besitzen. Sobald die Photonen bei Alice und Bob ankommen, müssen sie den Quantenzustand in einem sich nicht bewegenden System, z. B. einem Atom, speichern. Ein solcher Speicherprozess wurde bereits demonstriert, befindet sich aber noch in der Entwicklung [174]. Ausgestattet mit all diesen Vorarbeiten sind wir nun in der Lage, das Protokoll der Quantenteleportation zu entwickeln.

Um den Zustand des ersten Qubits auf Bobs Qubit zu übertragen, müssen wir die uns zur Verfügung stehenden Ressourcen nutzen, das verschränkte Paar von Alice und Bob. Die Idee des Protokolls ist, die Verschränkung von Alices zweitem (A_2) und Bobs Qubit mit Alices erstem Qubit A_1 zu teilen. Diese

Manipulation (Schritt 2) auf Alices Seite führt zu einer besonderen Struktur des Gesamtzustandes: Bobs Qubit befindet sich in Abhängigkeit von Alices Messergebnis in einem von vier Zuständen. Jeder dieser Zustände unterscheidet sich von den Zielzuständen A_1 nur geringfügig und kann von Bob auf seiner Seite korrigiert werden. In Schritt 3 misst Alice ihre beiden Qubits und die Superposition zwischen den Qubits von Alice und Bob kollabiert. Alice erhält eines der vier Resultate 00, 01, 10, 11. Sie kann nun Bob anrufen und ihm das Ergebnis mitteilen. Da er das Ergebnis auf Alices Seite kennt, kann er lokal den Zustand korrigieren (Schritt 4), sodass er den Zustand erhält, den Alice ursprünglich in ihrem Qubit A_1 gespeichert hatte. Der Zustand wurde „teleportiert".

Nachdem wir jetzt Quanteninformation „teleportieren" können, sind ein paar Anmerkungen angebracht. Obwohl das Protokoll den Namen Quantenteleportation trägt, hat es natürlich recht wenig mit tatsächlicher Teleportation zu tun. Das Protokoll beschäftigt sich mit dem Transport von Information und nicht nicht dem von Materie. Die verschränkten Qubits müssen vor dem Start des Protokolls verteilt werden und es werden keine tatsächlichen Qubits teleportiert. Um jedes Missverständnis auszuschließen: Es wird *nur* der Zustand von Alices Qubit übertragen, nicht das Qubit selbst.

Die Übertragung der Information findet nicht schneller als mit Lichtgeschwindigkeit statt. Tatsächlich gibt es Phänomene, die schneller als mit Lichtgeschwindigkeit ablaufen, aber diese können keine Information übertragen. Die Box **Kurz & knackig: Lichtgeschwindigkeit und Information** gibt ein Beispiel für solche Phänomene. Bei der Quantenteleportation ist der klassische Kommunikationsschritt wichtig. Bevor Alice die Ergebnisse ihrer Messung an Bob verschickt, ist Bobs Qubit nicht im richtigen Zustand. Es würde mehr oder weniger zufällige Ergebnisse geben, wenn Bob es misst. Die Übertragung der klassischen Messergebnisse findet über E-Mail, Anruf etc., statt, ist also wie alle andere Kommunikation durch die Lichtgeschwindigkeit beschränkt.

Kurz & Knackig: Lichtgeschwindigkeit und Information
Eines der Postulate der speziellen Relativitätstheorie besagt, dass Information nicht schneller als mit Lichtgeschwindigkeit übertragen werden kann. Das heißt natürlich nicht, dass es keine Phänomene gibt, die nicht schneller als mit Lichtgeschwindigkeit ablaufen können. Sie können dann nur keine Information übertragen!

Ein Beispiel dafür ist ein Laserpointer auf dem Mond. Stellen Sie sich vor, dass Sie einen Laserpointer auf den Mond richten und Ihre Hand langsam nach rechts und links bewegen. Der Laserpunkt auf dem Mond bewegt sich auf der Mondoberfläche. Da der Mond ungefähr 380.000 km weit von der Erdoberfläche entfernt ist, bewegt sich der Punkt auf der Mondoberfläche extrem schnell hin und her. Tatsächlich reicht ein langsamer Schwenk mit dem Handgelenk aus und der Punkt bewegt sich auf der Mondoberfläche schneller als das Licht. Das ist nicht von der Relativitätstheorie verboten, denn der Punkt überträgt auf seiner Reise keine Information. Wenn wir von der Erde Information auf den Mond übertragen möchten, dann muss das Licht von der Erde auf den Mond reisen. Und das passiert mit Lichtgeschwindigkeit und nicht schneller!

Auch ohne Licht gibt es Prozesse, die keine Information übertragen, aber mit Überlichtgeschwindigkeit stattfinden. Stellen Sie sich dazu eine eine Welle vor, die langsam auf den Strand schwappt.

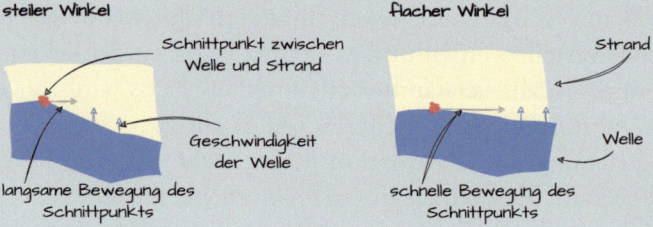

Die Welle selbst bewegt sich verhältnismäßig langsam. Sie könnte genutzt werden, um Information von einem Schwimmer zu einem Beobachter am Strand zu übertragen. Wenn die Welle mit einem steilen Winkel auf den Strand trifft, dann bewegt sich der Punkt, bei dem die Welle den Strand berührt, recht langsam über den Strand. Wenn der Winkel flacher wird, dann bewegt sich der Punkt immer schneller über den Strand. Falls die Welle genau parallel auf den Strand zu läuft, dann kommt die Welle überall gleich schnell an. Der Punkt bewegt sich „unendlich schnell". Da die Geschwindigkeit kontinuierlich mit schrumpfendem Winkel zunimmt, wird es einen Winkel geben, bei dem die Lichtgeschwindigkeit bei der Wanderung des Punktes auf dem Strand überschritten wird.

Der wichtige Punkt in beiden Fällen: Weder der Laserpunkt auf dem Mond, noch der Auftreffpunkt der Welle können Information transportieren!

Zuletzt noch eine Anmerkung über das Kopieren von Quanteninformationen. Wie bei der Science-Fiction-Teleportation, verschwindet die Quanteninformation auf der Seite von Alice und erscheint wieder auf der Seite von Bob. Es wird keine Quanteninformation kopiert, sondern versendet. Das mag auf den ersten Blick wenig erwähnenswert erscheinen, doch ist es für Physiker ein wichtiger Punkt. Zuvor ist uns schon das *No-Cloning-Theorem* begegnet und auch hier können wir es nicht umgehen. Wenn wir einen beliebigen Zustand von Alice zu Bob transportieren könnten und er am Ende des Protokolls bei Alice und Bob vorliegt, dann würden wir gegen das No-go-Theorem verstoßen. Das bedeutet, dass unser Protokoll entweder auf speziellen Zuständen operiert oder ungültig ist. Zu unserem Glück wird der Zustand nicht kopiert, sondern wirklich übertragen und somit ist das Protokoll der Quantenteleportation im Einklang mit dem No-Cloning-Theorem.

Lassen Sie uns am Ende des Kapitels noch einmal kurz zurückblicken. Um auf die Frage am Anfang des Kapitels einzugehen: Ja, Quantentechnologie kann auch in der Kommunikation einen Unterschied machen. Mithilfe von Quantenlinks können Quantenzustände von einem Ort zum anderen verschickt oder „teleportiert" werden. Die Möglichkeiten von Quantenlinks bleiben jedoch nicht rein akademisch. Effekte wie Verschränkung und das No-Cloning-Theorem sind spannende, neue Werkzeuge in der Trickkiste um Kommunikationssysteme zu gestalten. Protokolle zum Quantenschlüsselaustausch wie BB84 nutzen das No-Cloning-Theorem und können zu theoretisch unknackbaren Kryptosystemen führen. Sie treten aktiv dem Shor-Algorithmus entgegen. Kommerziell werden Systeme zum Quantenschlüsselaustausch von Firmen wie *iD Quantique* bereits vertrieben. Quantenkommunikation zeigt schon heute Vorteile im Gegensatz zum klassischen State of the Art.

Zusammenfassung

- Im Gegensatz zur Teleportation aus Science-Fiction-Geschichten transportiert Quantenteleportation nicht Materie von einem Ort zum anderen, sondern Quanteninformation.
- Quantenteleportation kopiert keine Information. Das Qubit auf Alices Seite trägt keine Quanteninformation mehr am Ende des Protokolls.
- Quantenteleportation benötigt klassische Kommunikation, um Quanteninformation fehlerfrei zu übertragen. Quantenkommunikation kann keine Information schneller als das Licht übertragen.

7

Messen mit Quanten

In den vergangenen drei Kapiteln sind wir der Frage nachgegangen, wie sich Quantensysteme zur Lösung komplexer mathematischer und physikalischer Aufgaben und zur Kommunikation einsetzen lassen. Quantensysteme haben noch ganz andere Einsatzbereiche. Dazu gehört die vierte Säule moderner Quantentechnologien, Quantenmetrologie, die in einigen Fällen wesentlich genauere Messungen ermöglicht. Wie das zustande kommt und welche Einsatzbereiche Quantensensoren haben, schauen wir uns auf den folgenden Seiten an.

7.1 Quantensensoren der ersten Stunde – Atomuhren

Um pünktlich zum nächsten Termin zu kommen oder den Zug nicht zu verpassen, reicht einem gut organisierten Menschen ein Blick auf die Armbanduhr oder das Smartphone. Meistens macht es nichts, wenn sie ein paar Sekunden vor oder nach geht. Doch für einige Anwendungen benötigt man sehr präzise Uhren. Ein Beispiel dafür ist das *Globale Positionsbestimmungssystem* (engl.: *Global Positioning System*) – kurz GPS.

Zeit im Orbit
Mithilfe von GPS lässt sich die Position auf der Erdoberfläche auf weniger als 10 m genau bestimmen [202]. Diese präzise Positionsbestimmung beruht auf einem System von etwa 30 Satelliten, die alle in einem Abstand von mehr

als 20.000 km um die Erde kreisen. Hinter dem Grundprinzip von GPS verbirgt sich viel Physik, der wir bereits begegnet sind. Ein GPS-Empfänger, wie zum Beispiel in einem Smartphone, empfängt Signale von mehreren Satelliten. Sie enthalten die Position des jeweiligen Satelliten und die Uhrzeit zum Zeitpunkt des Versendens. Zwischen Versenden des Signals am Satelliten bis zur Ankunft am Smartphone vergeht weniger als eine Zehntelsekunde. Aus den Signalen von mehreren Satelliten kann der Empfänger seine eigene Position und Geschwindigkeit berechnen.

Beim GPS wird ausgenutzt, dass verstrichene Zeiten während der Übertragung eines Signals mit der zurückgelegten Distanz zusammenhängen. Was steckt dahinter? Das hat mit der Art des Signals zu tun, das ein GPS-Satellit aussendet. Denn diese Radiosignale sind elektromagnetische Wellen und bewegen sich mit Lichtgeschwindigkeit. Geschwindigkeit ist *Weg pro verstrichene Zeit*. Aus dem Alltag kennen wir es als km/h auf dem Tacho des Autos. Die Lichtgeschwindigkeit ist uns genau bekannt, daher lässt sich aus der Zeit ganz einfach die Entfernung zwischen Satellit und Empfänger bestimmen.

Beim GPS erhält der Empfänger die Signale von nicht nur einem einzigen, sondern von mindestens drei Satelliten. Mit den Positionen und Entfernungsdaten dieser Satelliten kann so der genaue Standort des GPS-Empfängers auf der Erde berechnet werden. Das ist grafisch in Abb. 7.1 veranschaulicht. Aus

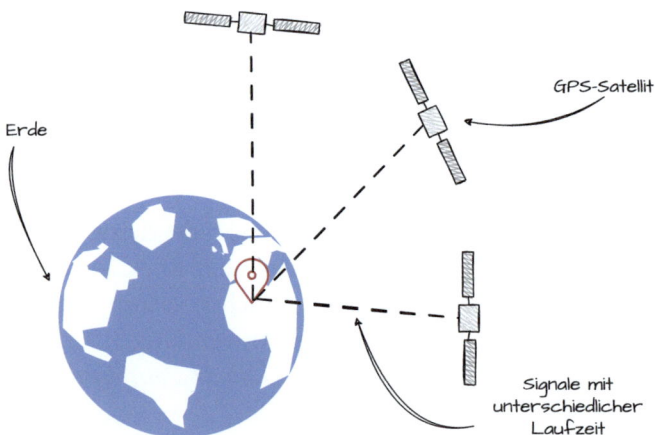

Abb. 7.1 Mithilfe des Globalen Positionsbestimmungssystems (kurz: GPS) kann man herausfinden, wo man sich auf der Erde befindet – auf 10 m genau und weniger. Dafür kreisen etwa 30 Satelliten um die Erde, die Radiosignale an einen Empfänger (z. B. in einem Auto oder Smartphone) senden. Aus diesen Signalen kann die Position auf der Erdoberfläche berechnet werden. Drei Satelliten reichen dabei für eine zweidimensionale Ortsermittlung aus, und ein vierter Satellit kommt für die Höhenbestimmung zum Einsatz

den Entfernungsdaten zu einem einzigen Satelliten kann man den Standort auf der Erde nicht gut bestimmen. Mithilfe eines zweiten Satelliten lässt sich die Position schon besser eingrenzen und mit einem dritten schon genau auf einer Kugeloberfläche verorten. Der vierte Satellit wird benötigt, um die Höhe zu bestimmen und die Genauigkeit zu verbessern. Zusätzlich hilft der vierte Satellit dabei, Uhrzeitabweichungen im GPS-Empfänger auszugleichen, da die extrem genaue Zeitmessung für die Entfernungsberechnung kritisch ist.

Entscheidend für GPS ist die Entfernungsmessung zu den einzelnen Satelliten. Denn je genauer die Entfernungsmessungen sind, desto genauer ist auch die GPS-Lokalisierung auf der Erde. Und da die Abstandsbestimmung zwischen Empfänger und Satellit auf eine Zeitmessung zurückgeht, sollten wiederum die Zeitangaben so genau wie möglich sein – also die Uhrzeit, zu der das Signal vom Satelliten ausgesandt wird und die Uhrzeit, zu der das Signal beim Empfänger ankommt. Eine Zeitmessung, die nur einen Bruchteil einer Sekunde daneben liegt, kann so schon zu großen Ortungsfehlern führen. Das liegt daran, dass sich die Radiosignale mit Lichtgeschwindigkeit ausbreiten und in einem Bruchteil einer Sekunde schon eine weite Entfernung zurückgelegt haben. Eine Zeitabweichung von nur einer Mikrosekunde (ein Millionstel einer Sekunde) kann beispielsweise zu einem Positionsfehler von bis zu 300 m führen. Deshalb beruht GPS auf sehr präzisen Uhren – den Atomuhren.

Taktgeber und Oszillatoren
Um eine Uhr zu bauen, braucht man vor allem eine Zutat: einen regelmäßigen *Taktgeber*. Eine Sonnenuhr funktioniert zum Beispiel, in dem Sonnenlicht auf einen Gegenstand fällt, woraufhin dieser einen Schatten wirft (siehe Abb. 7.2). Dieser Schatten wandert im Laufe des Tages und entspricht einem Stundenzeiger. Das Sonnenlicht gibt so *den Takt einer Sonnenuhr vor*. Gemessen an unseren heute üblichen mechanischen und elektronischen Uhren geht die Sonnenuhr aber meistens ziemlich „falsch", denn die scheinbare Bewegung der Sonne ist nicht gleichmäßig. So weicht die wahre Sonnenzeit von der gleichmäßig ablaufenden Zeit auf unseren Uhren um bis zu 15 min ab. Doch was könnte sich besser als Taktgeber eignen?

Dafür eignet sich am besten etwas, das regelmäßig *schwingt*. In der Physik gibt es einen Namen für Systeme, die schwingen: Oszillatoren. So wie die Sonnenuhr in halbwegs regelmäßigen zeitlichen Abständen Schatten wirft, zeigen Oszillatoren ein regelmäßig wiederkehrendes Verhalten. Oszillatoren kommen in vielen Formen vor (siehe auch den Abschnitt zu harmonischen Oszillatoren und zum Schwingkreis in Kap. 3). Ein anderes Beispiel ist ein Wackelpudding:

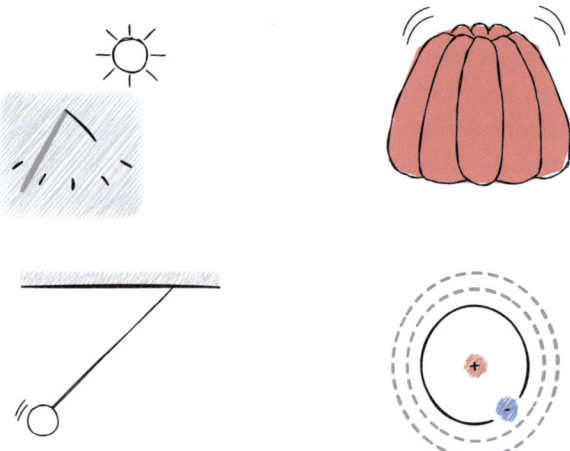

Abb. 7.2 Vier verschiedene Zeitmesser: eine Sonnenuhr, ein Wackelpudding, ein Pendel und ein Atom

Wenn man ihm einen leichten Schubs versetzt, fängt er an hin und her zu wackeln. Mit jeder Wackelbewegung vergeht etwas Zeit und wir könnten auf diese Weise Zeit messen: 1 Pudding, 2 Pudding, ... Die Schwingungen eines Wackelpuddings als Basis für eine Zeitmessung zu nehmen, würde aber trotzdem nicht zu besonders guten Ergebnissen führen. Ein Grund dafür ist, dass nicht jeder Pudding gleich ist – genau das möchte man von einem guten Messgerät allerdings: Reproduzierbarkeit. Zwei verschiedene Uhren sollten bei der gleichen Messung dieselbe Zeit anzeigen. Ein anderer Grund ist, dass die Schwingungen schon nach kurzem Wackeln wieder abnehmen und die Puddinguhr so nur für einige Sekunden funktionieren würde. Was könnte sich als Oszillator also besser eignen als Wackelpudding?

Eines der Lieblingsbeispiele von Physiklehrern für Oszillatoren ist das Pendel. Ein Fadenpendel (unten links in Abb. 7.2) besteht aus einem Faden, der z. B. an einer Decke aufgehängt ist und aus einer Masse, die unten am Faden angebracht ist. Wenn man das Pendel auslenkt, schwingt es hin und her. Solche Pendel kann man als Zeitmesser einsetzen. Genau das Prinzip steckt hinter alten Standuhren. Die Zeit für eine Schwingung von links nach rechts und wieder nach links – auch *Periodendauer* genannt – hängt bei so einem Fadenpendel nur von der Länge des Pendels und der Erdbeschleunigung ab. Für ein Pendel bestimmter Länge entsteht so eine regelmäßige Schwingung, mit deren Hilfe man wie bei einer Standuhr die Zeit messen kann. Ein Pendel mit einem circa ein Meter langen Faden braucht für eine volle Schwingung etwa zwei Sekunden. Wenn man sich daran erinnert, wo Pendeluhren üblicherweise zu finden sind, fällt schnell auf: typischerweise in Wohnzimmern und nicht auf Reisen. Klar, denn sie sind nicht gerade handlich. Doch das hat nicht nur mit ihrem Gewicht zu tun. Denn äußere Störeinflüsse üben Kräfte auf das Pendel aus, wenn es beschleunigt wird und verfälschen so die regelmäßige Pendelbewegung. Für bewegliche Uhren, wie etwa Armbanduhren oder Uhren in Fahrzeugen, eignen sich Pendeluhren deshalb prinzipiell nicht.

In Armbanduhren kommen häufig sogenannte Quarzkristalle zum Einsatz. Ein Quarzkristall ist ein Stück Material mit sogenannten *piezoelektrischen* Eigenschaften: Wenn elektrischer Strom durch einen Quarzkristall geleitet wird, fängt er an, mit einer sehr genauen Frequenz zu schwingen. Diese Schwingungsfrequenz bleibt unter verschiedenen Bedingungen konstant, was Quarzkristalle zu einem idealen Taktgeber für Uhren macht. In einer Quarzuhr wird die Schwingung des Quarzes elektronisch gemessen und genutzt, um die Uhrzeit genau zu bestimmen.

Das Herzstück einer Quarzuhr ist der *Quarzoszillator*, der aus einem winzigen, präzise geschnittenen Quarzkristall besteht. Wird eine elektrische Spannung an diesen Kristall angelegt, schwingt er mit einer bestimmten Frequenz (in der Regel mit 32.768 Schwingungen pro Sekunde). Diese hohe Schwingungsrate macht die Uhr sehr genau. Ein elektronischer Schaltkreis zählt die Schwingungen und erzeugt daraus Sekundensignale, die dann zum Antrieb des Uhrenzeigers verwendet werden.

Dank dieser Technologie können Quarzuhren eine Genauigkeit von wenigen Sekunden pro Monat erreichen, was deutlich präziser ist als bei mechanischen Uhren, wie zum Beispiel Pendeluhren.[1] Zudem sind Quarzuhren wegen ihrer kleinen, leichten Bauteile und ihrer Unempfindlichkeit gegenüber äußeren Einflüssen wie Bewegungen oder Temperaturschwankungen ideal für Armbanduhren und andere tragbare Zeitmesser.

Doch auch Quarzuhren sind manchmal nicht genau genug. Warum – wenige Sekunden pro Monat, klingt doch gut? Erinnern wir uns an GPS-Ortung und daran, dass hier Sekundenbruchteile zu Falschverortungen führen, die mehrere hundert Meter daneben liegen. So würde man ganz sicher auf der falschen Party erscheinen. Für GPS und einige andere Anwendungen sind daher deutlich präzisere Uhren notwendig. Und zwar die präzisesten Uhren, die die Menschheit je gebaut hat.

---

[1] Wenn die Anzeige einer Uhr zu einem bestimmten Zeitpunkt von einer Referenzzeit abweicht, spricht man von einem *Standfehler*. Der *Uhrgang*, umgangssprachlich auch Ganggenauigkeit, bezeichnet hingegen die steigende oder fallende Abweichung der Uhrenanzeige pro Zeitintervall, also zum Beispiel pro Tag oder Monat. Er erklärt, warum Standfehler zustande kommen und wie groß sie sind. Ein Gangfehler kann durch mangelhaft produzierte Uhrwerke, Verschleißeffekte oder auch äußere Einflüsse wie Temperaturschwankungen zustande kommen.

Trittsicher auf die nächste Stufe
Was kommt noch als Taktgeber für Uhren infrage, wenn es darum geht, unter gleichen Bedingungen überall und stets dasselbe Messergebnis zu erhalten? Es sollte etwas sein, das sich im Laufe der Zeit nicht ändert. Am besten hat es auch noch die Eigenschaft, dass es immer in der gleichen Form vorkommt und nicht von Details der Herstellung abhängt (zwei identische Pendel zu bauen, die wirklich vollkommen gleich sind, ist zum Beispiel schwierig). Wie wäre es also, etwas zu nehmen, das in der Natur vorkommt und wovon jede Kopie identisch ist?

Atome können all diese Bedingungen erfüllen. Sie haben physikalische Eigenschaften, die sich nicht von heute auf morgen ändern. Diese hängen auch von keinem Herstellungsprozess ab, sondern sind naturgegeben. Wenn man auf Basis eines Atoms ein Messgerät baut, sind wichtige Voraussetzungen für die Reproduzierbarkeit schon einmal erfüllt. Bleibt nur die Frage, welche Eigenschaften von Atomen man sich am besten zunutze macht, um einen Taktgeber für Uhren zu bauen. Dazu erinnern wir uns kurz an die grundlegenden Eigenschaften von Atomen zurück.

Greifen wir zuerst auf eines der quantenphysikalischen Grundkonzepte zurück: die Diskretisierung (Abb. 2.1). Ihr zufolge können bestimmte Größen – wie Energie oder Spin – nur festgelegte Werte annehmen und keinen Wert dazwischen. Mit dem Bohr'schen Atommodell haben wir uns zum Beispiel vorgestellt, dass Elektronen nur in festgelegten Bahnen um den Atomkern kreisen können (Abb. 3.2). Auch wenn das Modell nicht dem aktuellen Verständnis vom Aufbau eines Atoms entspricht, veranschaulicht es mit seinen quantisierten Bahnen gut das Konzept der Diskretisierung. Je nachdem, auf welcher Bahn sich ein Elektron befindet, hat es eine bestimmte Energie. Elektronenbahnen wie im Bohrmodell gibt es zwar so in Atomen nicht, die diskreten Energieniveaus dafür schon (Abb. 3.3).

Elektronen können mit geeigneter elektromagnetischer Strahlung ihr Energieniveau wechseln. Unter den richtigen Umständen kann das Atom dabei die Energie der Strahlung aufnehmen – allerdings nur, wenn das Elektron damit genau in ein anderes existierendes Energieniveau befördert wird. Nur wenn die Energie der elektromagnetischen Strahlung stimmt, können Elektronen zwischen Niveaus hin und her wechseln. Das funktioniert auch anders herum: Wenn elektromagnetische Strahlung ein Elektron von einem Niveau in ein anderes befördert, muss die Energie dafür genau die richtige gewesen sein. Mithilfe dieser Beobachtung lässt sich das Grundprinzip hinter Atomuhren verstehen.

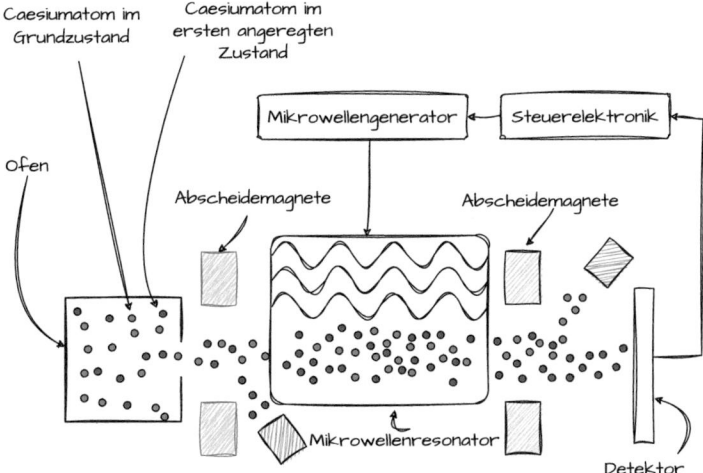

Abb. 7.3 Grundlegender Aufbau einer Atomuhr. Caesiumatome kommen aus einem Ofen und werden in eine Feedbackschleife geschickt. Dort werden sie mit Mikrowellen bestrahlt, die atomare Übergänge hervorrufen können, wenn die Frequenz der Strahlung richtig gewählt wurde. Anschließend wird kontrolliert, ob die Frequenz gestimmt hat und gegebenenfalls angepasst

Unsere genauesten Zeitmesser
In Atomuhren kommen Caesiumatome zum Einsatz. Die Wahl fällt oft auf Caesium (auch üblich: Cäsium), weil das Element besonders praktische physikalische Eigenschaften hat. Von den etlichen Energieniveaus eines Caesiumatoms werden zwei ausgewählt, die mit elektromagnetischer Strahlung einer ganz bestimmten Energie angesteuert werden können. Um den Übergang zwischen den beiden Niveaus zu ermöglichen, muss also die richtige elektromagnetische Strahlung zum Einsatz kommen. Stellen wir uns dafür Strahlung mit nur einer bestimmten Energie vor.

Da Energie einer elektromagnetischen Welle direkt mit ihrer Frequenz zusammenhängt (siehe auch Kap. 2), muss die passende elektromagnetische Strahlung also die richtige Frequenz haben. Nur Wellen mit der richtigen Frequenz können Elektronen im Caesiumatom von einem Niveau ins andere heben. Schon eine leicht zu hohe oder zu niedrige Frequenz zielt daneben und es passiert gar nichts. Wenn jedoch die Frequenz passt, findet der Übergang des Elektrons statt. In Atomuhren macht man sich genau das zunutze. Da sich Atome anders verhalten – je nachdem, in welchem Energieniveau sich ihre Elektronen befinden – kann man detektieren, ob ein Elektron den Sprung ins andere Niveau geschafft hat oder nicht. Der Versuchsaufbau einer Atomuhr ist in Abb. 7.3 gezeigt. Wie im Stern-Gerlach-Versuch aus Abb. 2.12 werden die Atome nach Bestrahlung mit elektromagnetischen Wellen ihren Zuständen nach sortiert. Mithilfe dieser Sortierung und eines ausgeklügelten elektronischen Feedbacksystems wird die Frequenz der elektromagnetischen Wellen an die von der Natur vorgegebene Atomfrequenz (bzw. an die Energiedifferenz zwischen atomaren Energieniveaus) angepasst. Damit lassen sich Frequenzen äußerst präzise messen und somit auch exzellente Zeitmesser bauen.

Atomuhren sind viel genauer als alle anderen Beispiele, die wir davor kennengelernt haben. Schon kommerzielle Atomuhren sind so genau, dass sie selbst nach 200.000 Jahren nur um eine Sekunde von der eigentlichen Zeit abweichen. Einer der Gründe dafür ist, dass die Frequenz von elektromagnetischer Strahlung, die ein Caesiumatom in einer Atomuhr von einem Niveau ins andere hebt, sehr hoch ist: die passende elektromagnetische Welle schwingt 9.192.631.770 mal pro Sekunde. Zum Vergleich: Das Pendel aus dem obigen Beispiel schwingt alle zwei Sekunden nur ein einziges Mal. Die Möglichkeit, eine viel höhere Frequenz sehr genau zu messen, erlaubt es, eine Sekunde in viel kleinere Teile zu teilen. Das kann zu einer erhöhten Genauigkeit führen – auch deshalb ist eine Atomuhr viel genauer als eine Pendeluhr und auch als alle anderen Uhren.

Warum fällt die Wahl unter all den möglichen Atomen gerade auf einen Übergang zwischen Energieniveaus in Caesium? Das hängt mit dessen geringer *Linienbreite* zusammen. Bisher haben wir angenommen, dass die Frequenz elektromagnetischer Strahlung einen ganz bestimmten Wert haben muss, um ein Elektron in einem Atom in ein höheres Niveau zu befördern. Deshalb bieten sich Laser mit ihrem annähernd monochromatischen Licht ja auch so gut zur Steuerung von Atomen an. Dabei haben wir jedoch verschwiegen, dass Übergänge auch mit leicht verschiedenen Frequenzen stattfinden. Die atomaren Übergänge sind also nicht ganz so scharf, weshalb die Spektrallinien in Abb. 3.1 keine ganz dünnen Linien sind und eine gewisse Breite haben. Diese Linienbreite ist je nach Übergang verschieden groß, doch zur genauen Feststellung einer Frequenz sollte sie möglichst gering sein. Der oben erwähnte Caesiumübergang hat diese gewünschte Eigenschaft.

Die einzige Zutat aus Abb. 2.1, die wir für ein Grundverständnis von Atomuhren benutzt haben, ist die Quantelung der atomaren Energieniveaus. Moderne Quantensensoren greifen noch viel tiefer in die Trickkiste der Quantenphysik.

Zusammenfassung

- Der Taktgeber einer Atomuhr basiert auf der charakteristischen Frequenz von Strahlungsübergängen der Elektronen freier Atome. Diese Strahlungsübergänge finden zwischen diskreten Energieniveaus statt.
- Die Definition der Sekunde basiert auf Übergängen des Caesiumatoms.
- Atomuhren sind derzeit die genauesten Uhren und finden zum Beispiel Anwendung in Satellitennavigationssystemen wie GPS.
- Aktuell werden optische Atomuhren entwickelt, die noch deutlich präziser sind als heute genutzte Caesiumuhren. Ermöglicht wird das durch die wesentlich (etwa 50.000-fach) höheren Schwingungsfrequenzen, die dabei zum Einsatz kommen. Dabei wird sichtbares Licht verwendet, wohingegen sich Caesiumuhren auf Mikrowellenstrahlung stützen.

7.2 Mit Heisenbergs Erlaubnis – Gequetschte Zustände

Ein nützlicher Trick der Quantenphysik ist das *Quetschen* (engl.: *squeezing*) von Zuständen. Die Idee hinter gequetschten Zuständen hängt mit der Unschärferelation zusammen. Wenn es darum geht, möglichst gute Sensoren und Messinstrumente zu bauen, klingt die Heisenberg'sche Unschärferelation wie ein ärgerliches Hindernis. Sie besagt, dass zwei *komplementäre* physikalische Eigenschaften nicht gleichzeitig *beliebig genau* bestimmt werden können. Zwei komplementäre Eigenschaften sind etwa der Ort und der Impuls (also Masse mal Geschwindigkeit) eines Atoms. Gleichzeitig ein Atom zu orten und seine Geschwindigkeit zu bestimmen, ist deshalb nur mit begrenzter Genauigkeit möglich. Möchte man die Position möglichst genau wissen, setzt das Grenzen für die mögliche Kenntnis der Geschwindigkeit – und umgekehrt. Die Quantenunschärfe hat nichts mit schlechten Messgeräten zu tun. Sie ist eine grundsätzliche Eigenschaft der Quantenmechanik und damit der Natur. Wie soll diese Einschränkung schon dabei helfen, physikalische Größen genauer zu messen?

Die Grenzen des Erlaubten

Wenn bei einer Radarkontrolle die Geschwindigkeit eines Fahrzeugs gemessen wird, gibt es eine gewisse Toleranz, innerhalb derer sich Temposünder bewegen dürfen, weil die Messgeräte nicht genau genug sind – zum Beispiel eine Geschwindigkeitstoleranz von 3 km/h. Wenn das Geschwindigkeitslimit bei 100 km/h liegt, bekäme man bei dieser Toleranz erst ab 103 km/h eine Buße.

Die *Unschärfe* ist in der Quantenphysik die Genauigkeit, mit der wir eine Größe überhaupt kennen *können*. Während eine Radarkontrolle mit besseren Messgeräten genauer sein könnte, ist die Unschärferelation unumstößlich. Selbst die besten Messgeräte können keine genaueren Ergebnisse erzielen, als es die Unschärferelation erlaubt. Denken wir zum Beispiel an ein Teilchen wie ein Elektron mit einer festgelegten Masse, das sich an einem Ort x aufhält und mit Geschwindigkeit v bewegt. Wie in Abb. 7.4 gezeigt, haben sowohl x als auch v eine Unschärfe, die wir in der Grafik mit Δx und Δv beschriftet haben. Es lässt sich also nicht mit Sicherheit sagen, dass sich das Elektron mit Geschwindigkeit v fortbewegt. Vielmehr können wir einen *Geschwindigkeitsbereich* eingrenzen. Dasselbe gilt auch für die Position des Elektrons. Wenn wir die Unschärfen von Ort und Geschwindigkeit miteinander multiplizieren, muss dabei *mindestens* ein Wert herauskommen, der durch die Heisenberg'sche Unschärferelation gegeben ist. Das Produkt $\Delta x \cdot \Delta v$ (*Ortsunschärfe* mal *Geschwindigkeitsunschärfe*) kann nach Heisenberg nicht kleiner als dieser Wert sein. Der genaue Wert hängt mit der Planck-Konstante h und der Masse des Elektrons zusammen.

Es gibt verschiedene Möglichkeiten, diese Unschärfebedingung zu erfüllen. Zum Beispiel kann die Unschärfe des Ortes sehr klein sein. Dementsprechend muss die Unschärfe der Geschwindigkeit jedoch sehr groß sein. Oder anders herum: große Ortsunschärfe, kleine Ungewissheit bei der Geschwindigkeit. Es gibt jedoch auch eine Zwischenlösung, bei der die gesamte Unschärfe so klein wie möglich ist und Δx und Δv sich diese Unschärfe zu gleichen Portionen untereinander aufteilen. Im kleinen Schaubild von Abb. 7.4 ist dies als *Kreis* veranschaulicht. Diese Kompromisslösung, bei der beide Unschärfen gleichzeitig so klein wie möglich sind, spielt in der Quantenphysik eine besondere Rolle. Weil dieser Fall so wichtig ist, haben Physikerinnen einen Namen dafür erfunden: In kohärenten Zuständen wird die Heisenberg'sche Unschärferelation nicht nur eingehalten, sondern auf eine Weise optimiert, die eine möglichst geringe Unschärfe für beide Variablen gleichzeitig – in unserem Beispiel Ort und Impuls (Geschwindigkeit mal Masse) – ermöglicht.

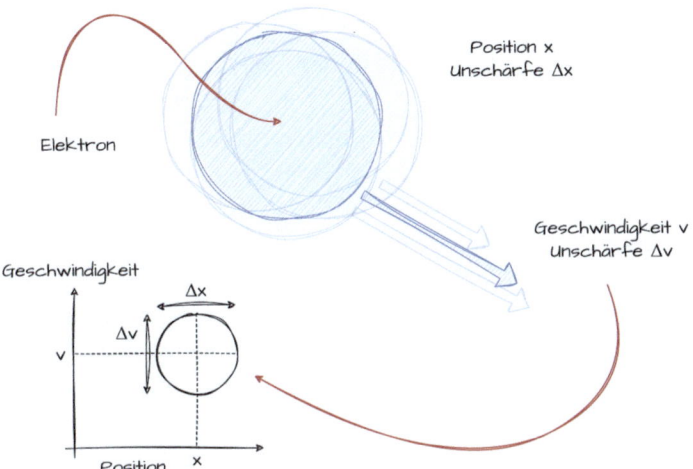

Abb. 7.4 Ein Elektron befindet sich an einem Ort x und bewegt sich mit einer Geschwindigkeit v fort. Aufgrund der Orts-Impuls-Unschärfe lassen sich beide Größen nicht gleichzeitig genau bestimmen. Ihre Unschärfen erfüllen die Heisenberg'sche Unschärferelation. Im unteren Teil der Grafik ist das durch einen Kreis dargestellt: Anstatt eine genaue Position x und eine genaue Geschwindigkeit v angeben zu können, gibt es einen Unschärfebereich

Winzige Verschiebungen

Die Kohärenzlänge ist ein zentraler Begriff in der Optik und Wellenphysik und spielt eine wichtige Rolle bei der Untersuchung der Interferenz- und Kohärenzeigenschaften von Wellen. Sie ist direkt verbunden mit der Bandbreite des Lichts: je schmaler die Bandbreite (d. h., je weniger Frequenzen bzw. Wellenlängen im Licht vorkommen), desto länger die Kohärenzlänge. Eine hohe Kohärenzlänge ist entscheidend für die Erzeugung scharfer Interferenzmuster in Experimenten wie dem Michelson-Interferometer, bei denen Lichtwege unterschiedlicher Länge verglichen werden. Weitere Details dazu gibt es im Kasten **Kurz & knackig: Michelson-Morley-Interferometer.**

> **Kurz & Knackig: Michelson-Morley-Interferometer**
> Ein Interferometer ist ein wissenschaftliches Instrument, das die Überlagerung von zwei oder mehreren Lichtwellen nutzt, um präzise Messungen von Entfernungen, Brechungsindexänderungen oder Wellenlängen durchzuführen. Durch die Interferenz, d. h. die Verstärkung oder Auslöschung der Wellen, wenn sie kombiniert werden (siehe Abb. 2.6), können

Forschende winzige Unterschiede in den Weglängen des Lichts detektieren.

Das Michelson-Morley-Interferometer, benannt nach Albert Michelson und Edward Morley, ist eine spezielle Art von Interferometer, das ursprünglich entworfen wurde, um die Existenz des Äthers zu beweisen, ein Medium, von dem man annahm, dass es für die Übertragung von Licht durch das Vakuum notwendig sei. Es besteht aus zwei Armen gleicher Länge, in denen Lichtstrahlen gespalten, entlang der Arme gesendet, reflektiert und dann wieder zusammengeführt werden, um ein Interferenzmuster zu erzeugen. Das Funktionsprinzip ist in der Abbildung dargestellt.

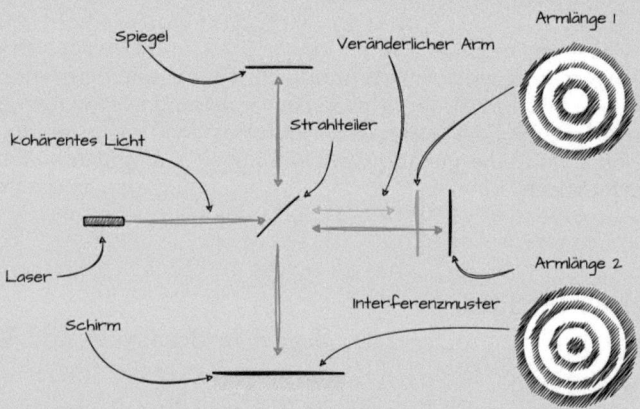

Michelson und Morley erwarteten, dass sich die Geschwindigkeit des Lichts relativ zum Äther ändern würde, wenn das Interferometer in verschiedene Richtungen gedreht wird, was zu einer Verschiebung des Interferenzmusters führen sollte. Die Abwesenheit einer solchen Verschiebung widerlegte die Äthertheorie und zeigte, dass Licht sich unabhängig von der Bewegungsrichtung durch den Raum mit konstanter Geschwindigkeit ausbreitet. Diese Entdeckung leistete einen wichtigen Beitrag zur Entwicklung der Relativitätstheorie.

Das Michelson-Morley-Interferometer half vor fast 150 Jahren dabei, die Äthertheorie zu beerdigen. Dabei wurde festgestellt, dass sich Licht mit konstanter Geschwindigkeit in alle Richtungen ausbreitet. Das Experiment von Michelson und Morley ebnete damit Albert Einsteins Arbeiten und seiner sogenannten Speziellen Relativitätstheorie den Weg. Es ist daher gut verständlich, dass es in die Annalen der Physik einging und heute noch seinen Platz im Schulunterricht hat. Doch damit nicht genug. Das Interferometer ist auch heute noch im Einsatz und erlebte im Jahr 2015 eine weitere Sternstunde [203].

LIGO, nicht LEGO
Im Jahr 2017 erhielten die drei Physiker Rainer Weiss, Barry Barish und Kip Thorne für ihre Beiträge zu *LIGO* den Physiknobelpreis [204]. Dahinter verbirgt sich ein gigantisches Spielzeug für Forscher: ein sehr großes Michelson-Morley-Interferometer (siehe **Kurz & knackig: Michelson-Morley-Interferometer**). Die Abkürzung steht für *Laser Interferometer Gravitational-Wave Observatory*. Hinter den ersten beiden Worten versteckt sich der Hinweis auf ein (Michelson-Morley-)Interferometer, in dem Laserlicht zur Interferenz gebracht wird. Die beiden folgenden Worte deuten auf den Anwendungsbereich von LIGO hin. Es wurde gebaut, um sogenannte *Gravitationswellen* zu erforschen. Im Kasten **Kurz & knackig: Gravitationswellen** wird der Begriff kurz erläutert.

Kurz & Knackig: Gravitationswellen
Gravitationswellen sind Verzerrungen in der Raumzeit, die sich mit Lichtgeschwindigkeit durch das Universum ausbreiten. Diese Wellen entstehen, wenn massereiche Objekte beschleunigt werden, wie bei der Kollision von Schwarzen Löchern, der Verschmelzung von Neutronensternen oder anderen extrem energiereichen astrophysikalischen Ereignissen. Albert Einstein sagte die Existenz von Gravitationswellen 1916 auf der Grundlage seiner Allgemeinen Relativitätstheorie voraus [205], doch ihre direkte Beobachtung gelang erst ein Jahrhundert später, im Jahr 2015, durch das LIGO (Laser Interferometer Gravitational-Wave Observatory) [203].

Gravitationswellen tragen Informationen über die Ursprünge und die Natur der Gravitation, die sonst unzugänglich wären. Man kann sie sich vorstellen wie Wellen auf einem Teich, die entstehen, wenn ein Stein hineingeworfen wird; in diesem Fall sind die „Steine" jedoch massive Objekte im Kosmos, und der „Teich" ist die Raumzeit selbst. Diese Wellen sind äußerst schwach, wenn sie die Erde erreichen, weshalb ihre Entdeckung hochsensible Detektoren erfordert.

> Die Messung von Gravitationswellen erfolgt durch die Beobachtung der winzigen Veränderungen, die sie verursachen, wenn sie durch einen Detektor wie LIGO laufen. Diese Detektoren nutzen Interferometer mit Armen, die mehrere Kilometer lang sein können. Gravitationswellen ändern die Länge dieser Arme nur ein kleines bisschen, indem sie die Raumzeit selbst strecken und stauchen. Diese Änderungen sind kleiner als ein Tausendstel des Durchmessers eines Protons und erfordern außerordentlich präzise Messinstrumente. Die Entdeckung von Gravitationswellen hat ein neues Fenster zum Universum geöffnet, das es Wissenschaftlerinnen ermöglicht, Ereignisse zu beobachten, die vorher verborgen waren und unser Verständnis des Kosmos zu erweitern.

Die hohe Genauigkeit, mit der LIGO kleinste Entfernungsänderungen messen kann, geht auf die Genauigkeit des Interferometeraufbaus zurück. Sie ist wie bei jeder physikalischen Messung begrenzt. Auch Michelson-Morley-Interferometer sind durch Heisenbergs Unschärferelation eingeschränkt.

Unscharfe Wellen
Zuvor haben wir die Orts-Impuls-Unschärfe kennengelernt. Dabei treten der Ort eines Teilchens und sein Impuls als *komplementäre* Eigenschaften auf. Sie hängen eng miteinander zusammen, was sich mithilfe von Heisenbergs Unschärfeprinzip mathematisch präzise ausdrücken lässt. Man kann zwar nicht Ort und Impuls gleichzeitig genau messen, aber den Aufenthaltsort eines Teilchens und gleichzeitig (zum Beispiel) seinen Spin durchaus. Ort und Spin sind nämlich nicht komplementär und deshalb nicht vom Unschärfeprinzip betroffen. Komplementäre Größen kommen in Paaren vor.

Die Heisenberg'sche Unschärferelation im Kontext von Lichtwellen bezieht sich nicht auf Ort und Impuls, sondern typischerweise auf die Unmöglichkeit, gleichzeitig und mit beliebiger Genauigkeit sowohl die Phase als auch die Anzahl der Photonen (die mit der Amplitude oder Intensität des Lichts zusammenhängt) zu bestimmen. Wir machen uns das Leben hier leichter und stellen uns direkt die Phase und Amplitude der Wellen als *komplementäre* Größen vor. (Für monochromatisches Laserlicht sind Lichtintensität und Photonenanzahl proportional zueinander und diese Vereinfachung gerechtfertigt.) Beide Größen – Amplitude und Phase – spielen bei der Interferenz von Lichtwellen eine entscheidende Rolle.

Die Phase einer Lichtwelle und ihre Amplitude sind einer ähnlichen Unschärfebeziehung unterworfen wie Ort und Impuls eines Teilchens. Wenn das

Licht durch einen kohärenten Zustand beschrieben wird, verteilt sich die Unschärfe in gleichen Teilen auf Phase und Amplitude. Das ist wie in Abb. 7.4, wo sich Ort und Impuls (Masse mal Geschwindigkeit) die Unschärfe gleichermaßen aufteilen und im Schaubild so einen Kreis ergeben. Phase und Amplitude samt Unschärfe könnten im Fall eines kohärenten Lichtzustands auch mit einem Kreis in ein Schaubild eingezeichnet werden.

Noch klarer wird die Bedeutung der Unschärfe im Fall von Wellen in Abb. 7.5. Dort ist eine kohärente Lichtwelle mit einer Unschärfe in Phase und Amplitude eingezeichnet. Die schwarz eingezeichnete Welle hat an jeder Stelle eine bestimmte Phase und Amplitude. Da beide Größen gleichzeitig nicht ganz genau bestimmbar sind, können wir die schwarze Welle jedoch nur ungefähr verorten. Das Ergebnis: Jeder Punkt auf der Welle lässt sich nur in einem gewissen Bereich angeben, der blau gekennzeichnet ist.

Jeder Punkt auf der schwarzen Welle in Abb. 7.5 ist mit einer *horizontalen* (nach links und rechts) und einer *vertikalen* (nach oben und unten) Unschärfe verbunden. Die Welle *verschwimmt* in dieser Darstellung vor unseren Augen. Für die Betreiber von Interferometern ist das frustrierend. Da möchte man

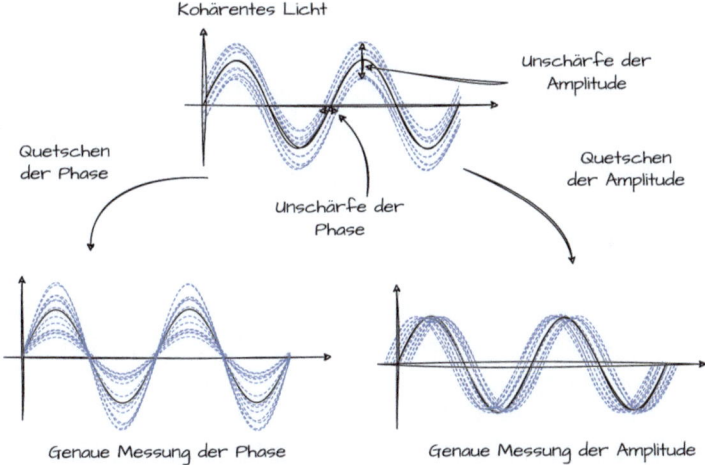

Abb. 7.5 Kohärentes und gequetschtes Licht unterscheiden sich bezüglich ihrer Amplituden- und Phasenunschärfen. Bei kohärentem Licht sind die Unsicherheit in Phase und Amplitude beide gleichzeitig gering, während bei gequetschten Zuständen eine Unschärfe kleiner gemacht wird, auf Kosten der anderen. Es ist eine schwarze Welle gezeigt, die aufgrund der Unschärfe zwischen Phase und Amplitude *verschwimmt*, angedeutet durch die blau gestrichelten Wellen. Wird die Phase gequetscht und die Genauigkeit ihrer Messung erhöht, können wir plötzlich viel besser den Ort bestimmen, wo die Welle die horizontale Achse schneidet. Wird hingegen die Amplitude gequetscht, können wir viel genauer sagen, wie stark die Welle ausschlägt

eine Welle vermessen, inklusive Phase und Amplitude, und ist zum Schluss von Heisenberg in die Schranken gewiesen. Doch es gibt einen Trick, der in der Quantenphysik und insbesondere in der Quantenmetrologie häufiger vorkommt: gequetschtes Licht. Ermöglicht wird der Trick durch ein „Schlupfloch" in Heisenbergs Unschärfeprinzip.

Den Rest heraus gequetscht
Mathematisch ausgedrückt müssen die Unschärfen von zwei komplementären Größen eine *Ungleichung* erfüllen:

$$\text{Unschärfe 1 (Ort/Amplitude/...)} \times \text{Unschärfe 2 (Impuls/Phase/...)}$$
$$\geq \text{Naturkonstante}$$

Wenn beide Unschärfen sehr groß sind, lässt sich diese Bedingung leicht einhalten. Für Anwendungen in der Quantenmetrologie ist man natürlich daran interessiert, geringe Unschärfen zu haben. Das hilft dabei, Größen präziser zu bestimmen. Kohärente Zustände erfüllen die Ungleichung, indem sie die Unschärfe gleichmäßig auf beide Größen verteilen. Das ist mit dem Kreis in Abb. 7.4 veranschaulicht und in Abb. 7.5 für Wellen dargestellt, deren Phase und Amplitude mit einer gleich großen Unschärfe behaftet sind. Bei einem kohärenten Zustand wird aus dem „$\geq$"-Zeichen außerdem ein Gleichheitszeichen. Denn er erfüllt die Bedingung *gerade so*. Beide Unschärfen sind so klein wie möglich.

Die Ungleichung lässt sich genau so gut einhalten, wenn man von einem kohärenten Zustand startet und eine Unschärfe verkleinert, solange man gleichzeitig die andere Unschärfe vergrößert. Für die Kreisdarstellung in Abb. 7.4 bedeutet das ein *Quetschen* – daher auch der Name der gequetschten Zustände – entlang einer Richtung, wodurch eine Ellipse entsteht. Das heißt: Wenn man dringend eine Größe sehr genau messen möchte, dann ist das durchaus möglich – auf Kosten der Genauigkeit, mit der eine andere, eng verwandte Größe, gemessen werden kann. In einem Interferometer wie dem LIGO kommt das wie gerufen.

Für ein Interferometer, das von der Überlagerung von Lichtwellen abhängt, um Messungen durchzuführen, ist die Präzision begrenzt, mit der die Phase und die Amplitude des Lichts bestimmt werden können. Das beeinträchtigt die Fähigkeit, winzige Veränderungen in der Phase des Lichts zu detektieren, was bei hochsensiblen Anwendungen wie der Detektion von Gravitationswellen kritisch sein kann. Seit einigen Jahren nutzen Forscher des LIGO-Projektes gequetschtes Licht um je nach Bedarf entweder die Genauigkeit der Phasenmessung oder eben der Amplitudenmessung zu erhöhen. Abb. 7.5 zeigt, wie man sich gequetschtes Licht veranschaulichen kann. Wenn man es darauf anlegt, die Phase ohne viel Unschärfe zu messen, geht das auf Kosten der Amplitudenmessung – und anders herum. Bei LIGO kommen beide Varianten zum Einsatz.

> **Zusammenfassung**
>
> - Die Heisenberg'sche Unschärferelation begrenzt die Genauigkeit, mit der wir komplementäre physikalische Größen wie Ort und Impuls, oder Phase und Photonenzahl messen können.
> - Gequetschte Zustände haben eine kleinere Unsicherheit bei einer von zwei Größen, auf Kosten der Unschärfe in der komplementären Größe.
> - Das LIGO-Experiment macht sich solche gequetschten Lichtzustände zur Messung von Gravitationswellen zunutze.

7.3 Alle für Einen – Standard Quantum Limit

Die Ergebnisse von LIGO verraten uns etwas über weit entfernte schwarze Löcher und unser Universum. Wesentlich kleinere Untersuchungsgegenstände begegnen uns etwa in der Biologie oder der Medizin. Dort kommen oft bildgebende Verfahren zum Einsatz. Mit ihnen kann ein Abbild von einem realen Objekt, wie einem menschlichen Knochen oder Organ, erzeugt werden. Es gibt etliche solcher bildgebender Verfahren und einige nutzen sichtbares Licht und dessen Eigenschaften wie Wellenlänge, Brechung, Fluoreszenz und Polarisation, um etwas über das Objekt zu erfahren. Andere hingegen basieren auf Röntgenstrahlung, Magnetfeldern, radioaktiven Tracern, Schallwellen und vielem mehr. Trotz aller Unterschiedlichkeit haben die meisten dieser Verfahren gemeinsam, dass besondere Vorsicht geboten ist, wenn man sie bei Lebewesen einsetzt. Die Intensität der jeweiligen Strahlung darf nicht zu hoch sein, um etwa Zellen und Gewebe nicht zu schädigen.

Diese Hürde tritt nicht nur bei mikroskopischen Untersuchungsobjekten auf. Sogar bei der Detektion von Gravitationswellen spielt sie eine Rolle. Denn das typischerweise eingesetzte Laserlicht im LIGO-Aufbau hat bereits so eine hohe Leistung, dass sie nicht beliebig weiter nach oben geschraubt werden kann. Ansonsten würden sich die optischen Bauteile des Interferometers verformen oder beschädigt werden und somit die Messung beeinträchtigen [206].

Doch warum ist das überhaupt eine Einschränkung? Warum möchte man für bessere Messergebnisse die Leistung des Lichtes hoch drehen, inwiefern ist das hilfreich? Man kann sich intuitiv ganz gut vorstellen, dass es hilft, *mehr* Licht auf einen Gegenstand zu richten, damit man ihn *besser* sieht. Doch wir brauchen eine bessere Erklärung. Um einen wichtigen Aspekt von Metrologie und Quantensensoren besser zu verstehen, beleuchten wir den Begriff des *Rauschens* von Signalen – genauer gesagt, des *Schrotrauschens* (engl.: *shot noise*).

Dem Regen lauschen – Schrotrauschen
Der Begriff *Rauschen* bezieht sich auf ungewünschte Störkomponenten in einem Signal. Bekannt ist uns Rauschen aus dem Alltag, zum Beispiel bei schlechtem Radioempfang, wenn das gewünschte Signal von Störgeräuschen überlagert wird. Der Begriff wird auch bei anderen Signalformen verwendet, nicht nur bei Geräuschen. Einige erinnern sich noch an das Schneegestöber im Bild von alten Fernsehern – auch das ist eine Art von Rauschen.

Schrotrauschen ist ein fundamentales Phänomen in zahlreichen physikalischen Systemen, insbesondere in solchen, die auf *diskreten Ereignissen* beruhen. Es wird auch als Quantenrauschen bezeichnet und tritt etwa bei Photonen in der Optik oder Elektronen in elektronischen Schaltungen auf. Am einfachsten lässt es sich durch eine Analogie mit Regentropfen erklären, wie in Abb. 7.6 dargestellt. Das Beispiel zeigt auch gut, was mit diskreten Ereignissen gemeint ist. Stellen Sie sich vor, Sie stehen während eines Regenschauers unter einem Wellblechdach und lauschen dem Geräusch der auf das Dach prasselnden Tropfen. Die Tropfen fallen in unregelmäßigen Abständen, und selbst wenn es durchschnittlich gleichmäßig regnet, gibt es kleine Variationen in der Anzahl der Tropfen, die pro Sekunde auf das Dach treffen. Wenn Sie drei Eimer nebeneinander aufstellen, um die Regentropfen einzufangen, werden sich die Tröpfchenmengen von Eimer zu Eimer leicht unterscheiden.

Diese zufälligen Schwankungen in der Anzahl der Tropfen sind vergleichbar mit dem Schrotrauschen in der Optik. Hier tritt *Shot Noise* (der englischsprachige Begriff ist wesentlich geläufiger) auf, weil das Licht auf Quantenebene aus diskreten Photonen besteht. Wenn Sie einen Laserstrahl auf einen Detektor richten, registriert dieser die ankommenden Photonen. Ähnlich wie die Regentropfen, die auf das Dach treffen oder in die drei Eimer fallen, kommen diese Photonen zu zufällig verteilten Zeitpunkten an, was zu Schwankungen im detektierten Signal führt.

Eine wichtige Eigenschaft von Shot Noise hängt mit der Stärke des Rauschens zusammen. Das ist im rechten Teil der Grafik 7.6 dargestellt. Die

Schwankungen in der Anzahl der Regentropfen, die pro Sekunde in einen der Eimer fallen, hängen von der Stärke des Regens ab. Wenn es nur wenig regnet, sind auch die Schwankungen um den Mittelwert (als schwarz-gestrichelte Linie in die Grafik eingezeichnet) weniger stark. Oder anders herum: Das Rauschen wird bei stärkerem Regen auch größer. Wenn pro Sekunde im Schnitt fünf Tropfen in den Eimer fallen, fallen häufig wirklich fünf, manchmal nur drei, manchmal aber sogar acht Tropfen hinein. Bei stärkerem Regenfall ist diese Schwankung größer – wenn etwa durchschnittlich 100 Tropfen pro Sekunde in den Eimer fallen, kann es gut passieren, dass manchmal nur 90 Tropfen pro Sekunde oder weniger gezählt werden. Diese Streuung um den Mittelwert, die regelmäßige Abweichung vom erwarteten Durchschnittssignal, ist in diesem Beispiel das Rauschen. Doch wie hängt die Stärke des Rauschens mit der Signalstärke, der Stärke des Regens, zusammen?

Wenn wir diese Frage stellen, sind wir – ähnlich wie in Kap. 4 – an einer *Skalierung* interessiert. Als wir dort von Komplexitätstheorie gesprochen haben, ging es in einem Beispiel darum, wie viele Schritte ein Algorithmus braucht, um eine Liste zu sortieren – etwa eine Namensliste alphabetisch zu ordnen. Wichtig war dabei zu wissen, wie schnell die Anzahl der nötigen Schritte mit der Länge der Liste *wächst*. Hier geht es stattdessen darum, wie viel stärker das Rauschen (Variation in der Anzahl der Tropfen) eines Signals bei Erhöhung der Signalstärke (Stärke des Regens) wird. Das zeigt erneut, wie wichtig solche Skalierungsfragen in der Physik sind.

Um die Frage quantitativ zu beantworten, muss man sich die Statistik des Regentropfenbeispiels genauer anschauen. Die Ankunft der Regentropfen in einem der Eimer aus Abb. 7.6 wird durch eine sogenannte *Poisson-Verteilung* gut beschrieben. Mit ihrer Hilfe lässt sich die Stärke der Schwankungen angeben. Wenn N die durchschnittliche Anzahl der pro Zeitintervall gemessenen Regentropfen ist, dann ist die *Streuung* (genauer: die *Standardabweichung*, siehe **Kurz & knackig: Poisson-Verteilungen**) des Signals proportional zu $\sqrt{N}$. Wenn es von einer Minute auf die andere wie aus Kübeln schüttet und zum Beispiel viermal so viele Regentropfen fallen wie zuvor, dann steigt die in Abb. 7.6 eingezeichnete Streuung um das Doppelte an. Regnen neunmal so viele Regentropfen herab wie zuvor, verdreifacht sich die Streuung, und so weiter. Ist das jetzt gut oder schlecht, wenn man die Anzahl der Regentropfen möglichst genau bestimmen will?

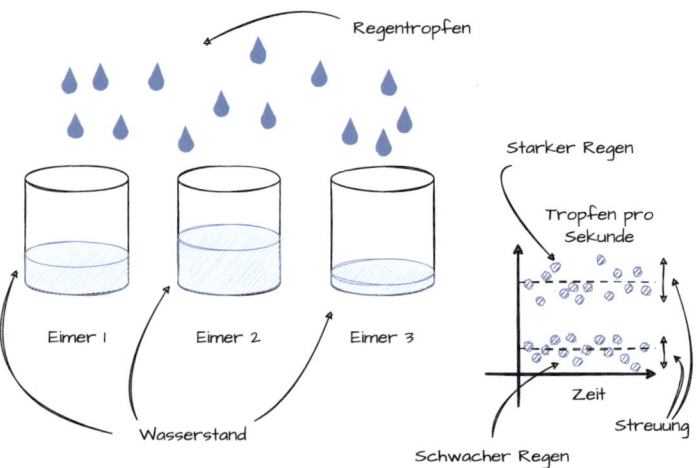

Abb. 7.6 Regentropfen erzeugen Schrotrauschen, da sie unabhängig voneinander zu Boden fallen. In den drei Eimern landen daher unterschiedlich viele Tropfen. Auf lange Sicht spielen diese Schwankungen jedoch keine große Rolle und die Wasserstände der Eimer sind sehr ähnlich

> **Kurz & Knackig: Poisson-Verteilungen**
> Eine Wahrscheinlichkeitsverteilung ist ein mathematisches Modell, das beschreibt, wie die Wahrscheinlichkeiten von verschiedenen möglichen Ausgängen in einem Zufallsexperiment verteilt sind. Sie zeigt auf, mit welcher Wahrscheinlichkeit jedes mögliche Ergebnis auftritt und ermöglicht es uns, Vorhersagen über das Verhalten von zufälligen Ereignissen zu treffen. Die Verteilung kann entweder *diskret* oder *kontinuierlich* sein, je nachdem, ob die Menge der möglichen Ergebnisse abzählbar ist oder nicht. Die Wahrscheinlichkeitsverteilung der Ergebnisse beim Wurf eines Würfels ist ein Beispiel für eine diskrete Verteilung, da es nur die wohlbekannten sechs möglichen Resultate gibt. Die Verteilung, die die Geschwindigkeit von Luftmolekülen beschreibt, ist hingegen kontinuierlich.
> Im Kontext der Poisson-Verteilung, einer diskreten Wahrscheinlichkeitsverteilung, fokussiert man sich auf die Anzahl der Ereignisse, die in einem bestimmten Zeitraum oder räumlichen Bereich auftreten, unter der Annahme, dass diese Ereignisse mit einer konstanten durchschnittlichen Rate geschehen und voneinander unabhängig sind. Die Poisson-Verteilung ist besonders nützlich, wenn es um seltene Ereignisse geht, also Situationen, in denen die durchschnittliche Anzahl der Ereignisse relativ

niedrig ist. Folgende Grafik zeigt das Regentropfenbeispiel für schwachen (durchschnittlich landen 8 Tropfen pro Minute im Eimer) und starken Regen (durchschnittlich 1500 Tropfen pro Minute und Eimer). Im Fall von vielen Ereignissen (Regentropfen, die pro Minute im Eimer landen) ist die Poisson-Verteilung symmetrisch und ähnelt der Gauß'schen Normalverteilung (auch als *Glockenkurve* bekannt). Ihre Standardabweichung – die *Breite* der Verteilung – ist durch die Wurzel der durchschnittlich zu erwartenden Anzahl an Ereignissen gegeben.

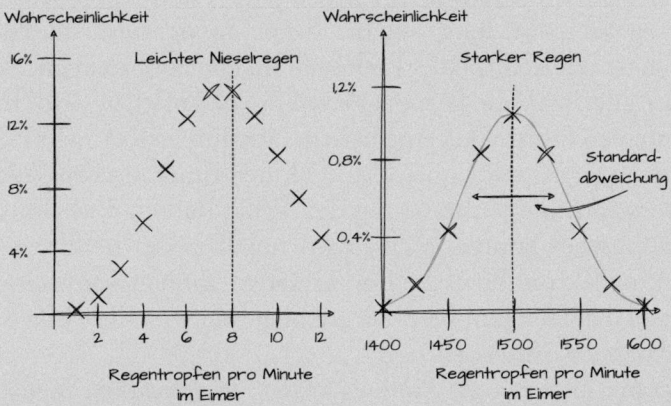

Die Poisson-Verteilung hat viele praktische Anwendungen. Sie wird unter anderem verwendet, um die Anzahl der Kunden zu modellieren, die innerhalb einer Stunde in ein Geschäft kommen, die Anzahl der Anrufe, die in einem Callcenter eingehen, oder die Anzahl der Sterne in einem bestimmten Bereich des Himmels. Ihr großer Vorteil liegt in der Fähigkeit, die Wahrscheinlichkeit von seltenen und zufällig verteilten Ereignissen zu berechnen, basierend auf einer bekannten durchschnittlichen Rate.

Mehr Photonen, bessere Messungen – Quantengrenze

Einen grundlegenden Vergleich zwischen dem gewünschten Signal und störenden Einflüssen bietet das Signal-Rausch-Verhältnis (engl.: *signal-to-noise ratio*, abgekürzt SNR). Dieses Maß bestimmt, wie deutlich sich ein Signal vom Hintergrundrauschen abhebt, indem es die Signalstärke ins Verhältnis zum Rauschen setzt. Das Beispiel der Regentropfen illustriert, dass bei einer durchschnittlichen Anzahl von N Tropfen die Streuung der Messergebnisse der

Wurzel aus N entspricht. Daraus ergibt sich für das Verhältnis von Signalstärke zu Streuung – N geteilt durch $\sqrt{N}$ – ein Wert von $\sqrt{N}$. Somit verbessert sich das Signal-Rausch-Verhältnis bei stärkerem Regen. Eine Vervierfachung der Tropfenanzahl verdoppelt die Streuung lediglich, wodurch sich das Verhältnis zwischen Signal und Rauschen verbessert. Ein stärkeres Signal ist bei Schrotrauschen deshalb vorteilhaft.

Photonen verhalten sich analog zu Regentropfen. Bei der Verwendung eines Photonenzählers zur Messung der Photonenanzahl pro Zeiteinheit variiert das Ergebnis bei jeder Messung leicht. Die zeitliche Kurve der gemessenen Photonen sieht dann so ähnlich wie in Abb. 7.6 aus, mit Photonen statt Regentropfen. Die Streuung nimmt auch hier mit der Wurzel aus der mittleren Photonenzahl zu, da es sich bei der Ankunft der Photonen am Detektor auch um einen Prozess handelt, der gut durch die Poisson-Verteilung beschrieben wird. In vielen optischen Systemen führt daher eine höhere Lichtintensität (mehr Photonen) zu einem klareren Signal im Vergleich zum Hintergrundrauschen. Allerdings gibt es eine Grenze für die Verbesserung des Signal-Rausch-Verhältnisses. Neben dem Schrotrauschen können andere Rauschquellen wie thermisches Rauschen oder Detektorelektronikrauschen dominieren. Zudem kann ein übermäßig starkes Signal den Detektor beschädigen oder unerwünschte Effekte im untersuchten Material verursachen.

Jenseits eines bestimmten Punktes bringt ein verstärktes Signal daher keine Verbesserung der Messergebnisse. Deshalb ist es wünschenswert, bereits mit schwachen Signalen eine hohe Messgenauigkeit zu erreichen. Die Herausforderung besteht darin, diese Genauigkeit optimal mit den verfügbaren Ressourcen, wie der Anzahl der Photonen, zu skalieren. Ziel ist es, mit minimalen Ressourcen maximale Genauigkeit und ein starkes Signal bei geringem Rauschen zu erreichen. Das Schrotrauschen setzt hier eine klare Grenze, doch Quantenverschränkung und gequetschte Zustände ermöglichen es, diese zu überwinden.

Die durch das Schrotrauschen von einzelnen Photonen bedingte Grenze der Messpräzision, bekannt als Standard-Quantengrenze (engl.: *Standard Quantum Limit,* kurz SQL), spielt zum Beispiel für Gravitationswellendetektoren eine wichtige Rolle. In Interferometern, wie LIGO, wo Laserlicht aufgespalten und wieder zusammengeführt wird, ist die Präzision, mit der Weglängenänderungen erfasst werden können, entscheidend für die Detektorempfindlichkeit. Durch das Schrotrauschen entsteht eine Messunsicherheit, die mit zunehmender Photonenanzahl N wie $1/\sqrt{N}$ abnimmt. Die Messungen werden mit mehr Photonen zwar genauer, aber für eine Verdopplung der Genauigkeit muss man viermal so viele Photonen bereitstellen. Doch diese Standard-Quantengrenze ist keine unüberwindbare Hürde. Mithilfe spezieller Quantenzustände kann sie überschritten werden, wie die Verwendung gequetschter Zustände im LIGO-Experiment zeigt.

Die Hauptzutat für eine bessere Skalierung der Präzision mit der Teilchenzahl (z. B. Photonenzahl) ist Verschränkung. Bei der Beschreibung von Schrotrauschen war wichtig, dass alle Regentropfen oder Photonen unabhängig voneinander beschrieben werden, sich nicht gegenseitig beeinflussen – und unabhängig voneinander in den Eimer fallen oder auf den Detektor treffen. Diese Annahme trifft auf verschränkte Quantenzustände nicht zu. Bei Photonen kann man sich das zunutze machen, um genauere Messungen durchzuführen. Moderne Gravitationswellenexperimente mit gequetschtem Licht erzeugen verschränkte Photonen, die nicht mehr (wie beim Schrotrauschen) unabhängig voneinander beschrieben werden können [206]. Auf der offiziellen LIGO-Website steht dazu: „Die Photonen treffen regelmäßiger ein, als ob die Photonen Händchen halten, anstatt unabhängig zu reisen."

Die Erzeugung nichtklassischer Quantenzustände ermöglicht es, bessere Messungen durchzuführen als mit klassischen, nichtverschränkten Zuständen. In Abb. 7.7 ist dargestellt, was das für die Skalierung der Messgenauigkeit mit der Teilchenzahl (z. B. Anzahl an Photonen) bedeutet. In der Grafik steht ein kleiner Wert für eine sehr genaue Messung. Die Grafik zeigt das Verhalten der Standard-Quantengrenze (verhält sich wie die Funktion $1/\sqrt{N}$ mit der Teilchenzahl N) und im Vergleich dazu die *Heisenberg-Grenze* (verhält sich wie $1/N$). Letztere steht für die erreichbare Genauigkeit unter Berücksichtigung verschränkter Zustände. Auch dann sind nicht beliebig genaue Messungen möglich, aber prinzipiell bessere. Gequetschte Zustände oder andere verschränkte Quantenzustände erlauben Messgenauigkeiten jenseits der Standard-Quantengrenze.

Quantensensoren machen sich diese Erkenntnisse schon heute zunutze, wie wir am Beispiel von LIGO gesehen haben. Doch in der Praxis ist es für viele Anwendungen nach wie vor schwierig, verschränkte Zustände mit vielen Teilchen zu erzeugen. Forschungsgruppen auf der ganzen Welt beschäftigen sich daher intensiv mit der Verbesserung von Messungen mithilfe spezieller Quantenzustände und Quantensensoren. In der Quantenmetrologie wird in dem Zusammenhang auch von einem metrologischen Quantenvorteil gesprochen [207]. Ähnlich wie beim Quantencomputing in Kap. 4 ist davon die Rede, wenn Quantensysteme *bessere* Ergebnisse erzielen als klassische Sensoren. Nach diesem Kurzeinblick in Skalierungen und theoretische Präzisionsgrenzen werfen wir einen Blick auf weitere Anwendungsfelder von Quantensensoren.

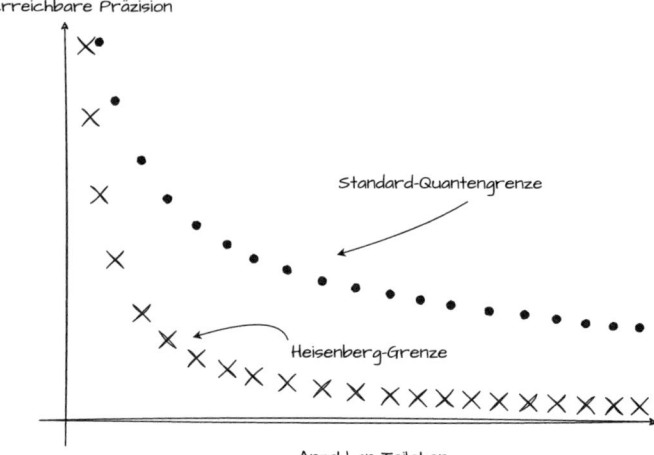

Abb. 7.7 Je kleiner der Wert im Schaubild, desto höher die Genauigkeit der Messung. Die Heisenberg-Grenze gilt für verschränkte Quantenzustände und die Standard-Quantengrenze für klassische Zustände

Zusammenfassung

- Schrotrauschen tritt auf, wenn Teilchen, wie Elektronen oder Photonen, unabhängig voneinander und mit einer festen Rate auftreten, wobei die zufälligen Schwankungen ihrer Ankunftszeiten einer Poisson-Verteilung folgen.
- Ein alltägliches Beispiel hierfür sind Regentropfen, die unabhängig voneinander auf eine Oberfläche fallen und dabei ein ähnliches Muster zufälliger Schwankungen erzeugen, wie es Photonen tun, wenn sie auf einen Detektor treffen.
- Die Standard-Quantengrenze bezeichnet die erreichbare Messgenauigkeit, die mit klassischen Zuständen (nichtverschränkte Zustände) in quantenmechanischen Systemen erreicht werden kann. Diese Grenze ist durch das Quantenrauschen bedingt, welches eine fundamentale Einschränkung für die Präzision von Messungen darstellt.
- Die Heisenberg-Grenze bezeichnet die erreichbare Messgenauigkeit, die theoretisch erreicht werden kann, wenn Quantenverschränkung ausgenutzt wird. Verschränkte Quantenzustände ermöglichen Präzisionsmessungen, die über die Standard-Quantengrenze hinausgehen, da sie die Messunsicherheit reduzieren.

7.4 Anwendungen von Quantensensoren

Quantensensoren finden in ganz verschiedenen Bereichen von Wissenschaft und Technik Anwendung. Wir werfen auf den folgenden Seiten einen Blick auf zwei konkrete Beispiele.

Magnetometer
Mit Quantensensoren können bereits heute sehr kleine Magnetfelder gemessen werden. Ein Anwendungsbeispiel ist die *Magnetoenzephalografie,* kurz MEG. MEG ist ein Verfahren zur Messung und Erforschung der menschlichen Hirnaktivität mit bemerkenswerter Präzision. Das menschliche Gehirn ist ein komplexes Netzwerk aus etwa 86 Mrd. Neuronen, die durch Synapsen miteinander verknüpft sind. Wenn Ionen durch die Membranen der Nervenzellen fließen, entstehen elektrische Ströme. Sie dienen der Signalübertragung innerhalb des Gehirns und führen zu kleinen magnetischen Feldern, die um den Kopf herum messbar sind. Diese Magnetfelder sind das Hauptforschungsobjekt der MEG. In der Medizin kommt MEG zum Einsatz, um zum Beispiel Hirnareale zu lokalisieren, die epileptische Anfälle auslösen oder um komplexe Schädeloperationen zu planen.

Die vom Gehirn erzeugten Magnetfelder sind äußerst schwach, typischerweise nur einige Femtotesla stark. Zum Vergleich: Das magnetische Feld der Erde liegt im Bereich von 25 bis 65 Mikrotesla, was bedeutet, dass die Magnetfelder des Gehirns etwa eine Million Mal schwächer sind als das Erdmagnetfeld. Diese geringe Stärke stellt eine erhebliche Herausforderung für die Messung dar und erfordert den Einsatz von extrem sensiblen Detektoren, die in der Lage sind, diese winzigen Magnetfelder zu erfassen.

Die MEG-Technologie basiert auf der Nutzung von *supraleitenden Quanteninterferenzgeräten,* kurz SQUIDs (von engl.: *superconducting quantum interference device*). Das sind derzeit die empfindlichsten verfügbaren Magnetfelddetektoren. Sie können kleine Änderungen in den Magnetfeldern aufspüren, die durch die neuronale Aktivität im Gehirn erzeugt werden. SQUIDs sind Quantensensoren der ersten Stunde und wurden in den 1960er-Jahren erfunden [208]. Sie basieren auf den Prinzipien der Supraleitung und des *Josephson-Effekts,* für dessen Entdeckung Brian Josephson 1973 den Nobelpreis für Physik erhielt [209]. Das Herzstück eines SQUID-Magnetfeldmessers ist ein Ring aus supraleitendem Material, der an zwei Punkten durch sogenannte Josephson-Kontakte unterbrochen ist (siehe auch Kap. 3). Die Josephson-Kontakte ermöglichen Elektronenpaaren – Cooper-Paare genannt – den isolierenden Spalt zwischen zwei Supraleitern ohne angelegte Spannung überbrücken zu können (Josephson-Effekt). Sobald der supraleitende Ring einem Magnetfeld ausgesetzt wird, entsteht ein Magnetfluss durch den Ring. Dieser Magnetfluss führt zu Interferenzmustern, die sehr empfindlich gegenüber Veränderungen des magnetischen Flusses sind. Durch die Messung kleiner Strom- oder Spannungsänderungen kann das SQUID daher äußerst geringfügige Änderungen in Magnetfeldern detektieren.

SQUIDs sind in der Welt der Präzisionsmessungen von Magnetfeldern unübertroffen, dennoch weisen sie einige Nachteile auf, die ihre Anwendungsbereiche und praktische Nutzung einschränken können. Einer der signifikantesten Nachteile von SQUIDs ist ihre Abhängigkeit von extrem niedrigen Temperaturen, um in den supraleitenden Zustand zu gelangen. Supraleitung, die grundlegende Betriebsbedingung von SQUIDs, tritt nur nahe dem absoluten Nullpunkt auf, was den Einsatz von flüssigem Helium oder anderen Kühlmitteln erforderlich macht. Diese Notwendigkeit führt zu erheblichen Betriebskosten und Komplexität in der Handhabung. Die kryogenen Systeme (vom Griechischen *kryos:* „Frost", „Eis") sind nicht nur teuer in der Anschaffung und Wartung, sondern auch in ihrem Energieverbrauch, was die Gesamtkosten der Nutzung von SQUIDs erhöht. Zudem sind sie äußerst empfindlich gegenüber externen magnetischen Störungen, was ihre Anwendung in unkontrollierten oder stark elektrisch aktiven Umgebungen erschwert. Um präzise Messungen zu gewährleisten, müssen SQUIDs oft in speziell abgeschirmten Räumen eingesetzt werden, die vor elektromagnetischen Interferenzen schützen. Diese zusätzliche Anforderung bedeutet nicht nur höhere Kosten für die Infrastruktur, sondern auch Einschränkungen in der Mobilität und Flexibilität der Messsysteme. Die hohen Kosten für die Anschaffung und den Betrieb von SQUID-basierten Systemen beschränken ihre Verfügbarkeit und Anwendung hauptsächlich auf gut finanzierte Forschungseinrichtungen und spezialisierte klinische Zentren.

Optisch gepumpte Magnetometer (OPMs) sind eine neuere Entwicklung im Bereich der Magnetfeldmessung und bieten einige Vorteile gegenüber den etablierten SQUID-Verfahren. Ihr Funktionsprinzip beruht auf den quantenmechanischen Eigenschaften von Atomen und deren Wechselwirkung mit Licht. Der namensgebende Prozess des *optischen Pumpens* ist zentral für die Funktionsweise von OPMs. Dabei werden Atome mittels Licht einer bestimmten Wellenlänge angeregt. Dieses Licht wird so gewählt, dass es Elektronen von einem niedrigeren Energiezustand in einen höheren Energiezustand versetzt. Durch kontinuierliche Anregung mit Licht werden die Atome *polarisiert*. Das heißt, dass ihre Spins in eine bevorzugte Richtung ausgerichtet werden, anstatt zufällig verteilt zu sein. Das ist in Abb. 7.8 gezeigt.

Äußere Magnetfelder beeinflussen die polarisierten Atome und verändern ihren Zustand. Diese Veränderungen können mit verschiedenen Methoden

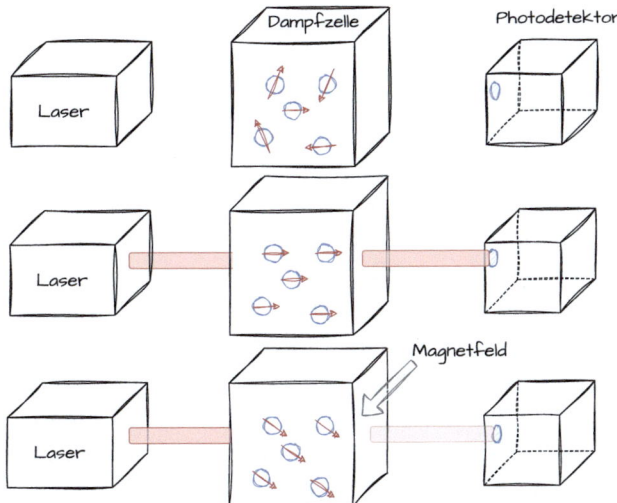

Abb. 7.8 Optisch gepumpte Magnetometer erlauben die Messung kleiner Magnetfelder. In einer *Dampfzelle* befinden sich Atome, die mithilfe von Laserlicht ausgerichtet werden. Äußere Magnetfelder stören die ausgerichteten Atome und machen sich dadurch bemerkbar, dass weniger Laserlicht aus der Dampfzelle austritt und am Photodetektor gemessen wird. Daraus lässt sich die Stärke des Magnetfeldes bestimmen

detektiert werden, beispielsweise durch eine Absorptionsmessung. Dabei wird gemessen, wie viel Licht in Abb. 7.8 noch im Photodetektor ankommt. Darüber lässt sich bestimmen, wie groß das Magnetfeld ist, das die Atome beeinflusst.

OPMs bieten gegenüber traditionellen Methoden zur Messung von Magnetfeldern, wie den SQUIDs, erhebliche Vorteile. Einer der signifikantesten Vorteile ist ihre Fähigkeit, bei Raumtemperatur zu funktionieren, wodurch der Bedarf an aufwendiger und kostspieliger Kryotechnik entfällt. Zudem erlaubt die Technologie der OPMs eine flexible Handhabung und die Möglichkeit, Messungen näher an der Quelle durchzuführen, was zu einer erhöhten räumlichen Auflösung führt. Es gibt noch weitere Quantensysteme, die für Magnetfeldmessungen zum Einsatz kommen und ähnliche Vorteile bieten. Dazu gehören sogenannte *Farbzentren,* die aus Gitterfehlern in Kristallen bestehen. Ein bekanntes Beispiel sind die Stickstoff-Fehlstellen-Zentren (engl.: *Nitrogen-vacancy centers*, kurz auch *NV-Zentren*) in Diamanten.

Quantengravimeter

Neben der Vermessung von elektromagnetischen Feldern ist auch die Bestimmung der Gravitationskraft, einer der anderen Grundkräfte der Physik, von großem Interesse für Wissenschaft und Industrie. Die Messung der Gravitationskraft ermöglicht es Wissenschaftlerinnen und Ingenieuren unter anderem, tiefe Einblicke in die Struktur der Erde, die Dynamik von Erdbeben und Vulkanen und die Verteilung von Massen im Untergrund zu gewinnen. Präzise Gravitationsmessungen sind für die Erdöl- und Mineraliensuche, die Bauingenieurwissenschaften und die Navigation von entscheidender Bedeutung. Viele solcher Messungen zielen auf eine möglichst genaue Bestimmung der Erdbeschleunigung g ab und basieren auf Fallexperimenten.

Ein typisches Fallexperiment ist vielen aus dem Schulunterricht bekannt: Lässt man einen Gegenstand aus einer Höhe, kurz h, fallen und stoppt die Zeit t bis zum Aufprall auf dem Boden, so hängen die beiden Größen über eine einfache Formel miteinander zusammen: $h = (g \cdot t^2)/2$. Anders ausgedrückt, gilt durch Umstellen der Gleichung für die Erdbeschleunigung: $g = 2h/t^2$. Diese Formel gilt nur unter Vernachlässigung des Luftwiderstandes, den ein fallendes Objekt spürt. Deshalb kommen in Fallexperimenten oft Vakuumkammern zum Einsatz. Traut man der Formel, lässt sich mit einer Messung der Höhe und Falldauer der Wert von g bestimmen. Diese Methode ist jedoch nicht sehr genau. Auf ein Ergebnis im Bereich von $g \approx 10\,m/s^2$ (sprich: g ist ungefähr 10 m pro Quadratsekunde) kann man mit einem zu Hause durchgeführten Versuch durchaus kommen. Aber für deutlich präzisere Messungen sind andere Messmethoden erforderlich.

Ein Messgerät zur Bestimmung der Erdbeschleunigung g heißt *Gravimeter*. Einige Gravimeter basieren auf Federwaagen und nutzen die Änderung der Spannung oder die Auslenkung einer Feder, die durch die Anziehung einer Masse verursacht wird. Damit kann die Erdbeschleunigung an unterschiedlichen Orten miteinander verglichen werden. Kennt man g an einem der beiden Orte, kann so auch g am anderen Ort bestimmt werden. Diese Messgeräte heißen *Relativgravimeter*. Im Gegensatz dazu lässt sich mit einem *Absolutgravimeter* der absolute Wert von g an einem Ort bestimmen, ohne zusätzlichen Vergleichswert. Für solche absoluten Messungen werden heute vor allem Gravimeter eingesetzt, die auf ausgeklügelteren Fallversuchen basieren als das oben beschriebene Beispiel. Eine gängige Methode besteht darin, ein *Prisma* (ein optisches Element, das Lichtstrahlen bricht und umlenkt, funktioniert hierbei wie ein beweglicher Spiegel) fallen zu lassen und dessen Bewegung mithilfe von Laserstrahlen genau zu vermessen. Ein zweites Prisma wird fest angebracht und dient als Referenz. Das Laserlicht benötigt zum fallenden Prisma unterschiedlich lange, je nachdem, wie weit es schon hinunter gefallen ist. Mit einem Michelson-Morley-Aufbau wird ein Interferenzmuster gemessen, das sich durch den freien Fall des ersten Prismas ständig ändert. Im Laufe der Zeit (die mit einer Atomuhr sehr genau gemessen werden kann) verändern sich dadurch die Interferenzringe (siehe

Kurz & knackig: Michelson-Morley-Interferometer) – wie schnell, hängt von der Beschleunigung des Prismas ab. Dadurch lässt sich g mit einer hohen Präzision und auf etwa $0{,}000\,000\,01$ m/s^2 genau bestimmen. Solche Messungen sind jedoch vergleichsweise aufwendig und zeitintensiv, denn nach jedem Fall vergehen einige Sekunden, bis der Aufbau wieder kalibriert und startbereit ist. In den letzten dreißig Jahren wird an einer anderen Möglichkeit geforscht, die auf dem freien Fall von lasergekühlten Atomen basiert. Solche Quantengravimeter können eine noch höhere Präzision erreichen, sind portabel und haben eine höhere *Wiederholungsrate* – das heißt, die Wartezeit nach jedem Fall ist kürzer. Sie nutzen Interferenzmuster von Atomen, um präzise Messungen durchzuführen. Interferometer beruhen auf der Überlagerung von Wellen. Experimente wie das LIGO zeigen eindrücklich, wie die Interferenz von Lichtwellen für Präzisionsmessungen genutzt werden kann. Doch auch Atome können sich wie Wellen verhalten und interferieren. Da solche Wellen nicht aus Licht bestehen, sondern aus Materie, nennt man sie auch *Materiewellen*. Das Quantengravimeter, das in Abb. 7.9 gezeigt ist, nutzt die Interferenz solcher Materiewellen zur hochpräzisen Bestimmung der Erdbeschleunigung.

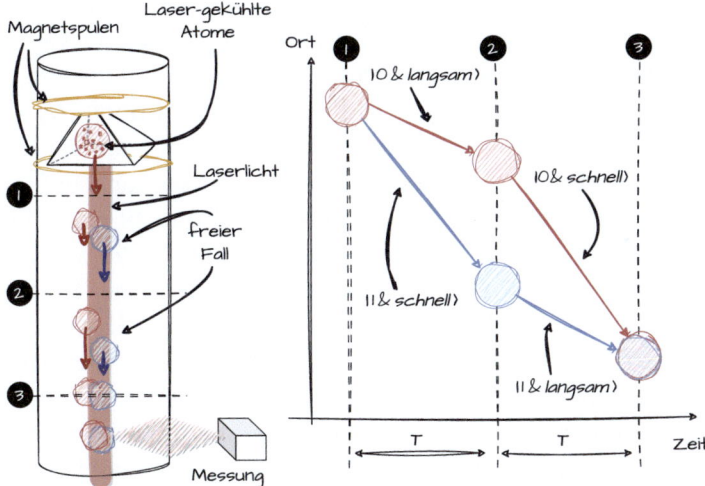

Abb. 7.9 Funktionsprinzip eines Atom-Interferometers zur Bestimmung der Erdbeschleunigung. Lasergekühlte Atome werden fallengelassen und mithilfe von zusätzlichen Laserstrahlen beeinflusst. Dieses Laserlicht bewirkt, dass einige Atome langsamer zu Boden fallen als andere. Später wird der Prozess umgekehrt und die vormals schnelleren Atome werden gezielt abgebremst. Nach einer gewissen Zeit treffen die verschieden schnellen Atome so wieder aufeinander und interferieren miteinander. Das dadurch entstehende Überlagerungsmuster lässt präzise Rückschlüsse auf die Erdbeschleunigung g zu

Das in der Grafik skizzierte Experiment beginnt mit lasergekühlten Atomen, die sich in einer Atomfalle (angedeutet durch die gelben Kreise, die für magnetfelderzeugende Spulen stehen) befinden. Interferenzexperimente mit Materiewellen haben stark von der Entwicklung der Laserkühlung profitiert – unter anderem, weil sich stark heruntergekühlte und verlangsamte Atome besser kontrollieren lassen, die Atome weniger thermische Bewegungsenergie haben und ihre de-Broglie-Wellenlänge (siehe Kap. 2) im Vergleich zu nichtgekühlten Atomen deutlich größer ist. Die lasergekühlten Atome werden zu Beginn des Fallexperimentes aus ihrer Falle entlassen und fallen aufgrund der Schwerkraft zu Boden. Dann beginnt der Drei-Schritt-Prozess, der in der Grafik gezeigt ist.

Laser helfen im Quantengravimeter sowohl beim Fangen und Kühlen als auch bei der Kontrolle über den Zustand der Atome. Drei gezielte Laserpulse (in der Grafik mit den Ziffern eins bis drei versehen) verändern den Zustand der Atome. Zu Beginn sind die Atome im Zustand $|0\rangle$. (Das ist ein bestimmter Hyperfeinzustand eines Atoms.) Der erste Laserpuls, der auf die fallenden Atome einwirkt, bringt sie in einen Überlagerungszustand aus $|0\rangle$ und einem weiteren Zustand, $|1\rangle$. Die Drehung vom Zustand $|0\rangle$ in diesen Überlagerungszustand entspricht einer 90°-Drehung auf der Bloch-Kugel (zum Beispiel eine Drehung in den Zustand $|+\rangle$, siehe Abb. 2.15). Dass Laser solche Zustandsänderungen bewirken können, haben wir in Kap. 3 gesehen. Das Atom nimmt die dafür nötige Energie vom Laserlicht auf, indem es ein Photon absorbiert (siehe Abb. 3.7). Dabei überträgt das Photon seinen Impuls auf das Atom. Im Gravimeter hat das zur Folge, dass der Zustand $|0\rangle$ mit einem anderen Impuls verbunden ist als der Zustand $|1\rangle$ – denn dieser entsteht ja nur durch Absorption eines Photons. Die Superposition ist also nicht einfach $|0\rangle + |1\rangle$, sondern vielmehr $|0 \text{ und langsam}\rangle + |1 \text{ und schnell}\rangle$. Die beiden Teile der Überlagerung haben verschiedene Impulse und fallen daher unterschiedlich schnell zu Boden. Zwischen Laserpuls Nummer eins und Laserpuls Nummer zwei bewegt sich der blaue Teil der Überlagerung in Abb. 7.9 daher schneller.

Der zweite Laserpuls vertauscht die Rollen und sorgt dafür, dass die vormals *langsameren* Atome jetzt schnell fallen und anders herum. Nun lässt man noch einmal so viel Zeit verstreichen wie zwischen den ersten beiden Laserpulsen und schon hat der vorher langsamere Teil wieder aufgeholt. Die beiden Teile der Superposition werden so wieder zusammengeführt. Jedoch hat sich während des beschrieben Ablaufs im Superpositionszustand eine *Phase* aufgesammelt (die auf der Bloch-Kugel einer Rotation in der Ebene von $|+\rangle$ und $|-\rangle$ entspricht, siehe Abb. 2.15). In der mathematischen Beschreibung des Versuchs stellt sich heraus, dass diese Phase direkt mit der Erdbeschleunigung g zusammenhängt. Der letzte Laserpuls dreht den Zustand auf der Bloch-Kugel noch einmal um 90°. Diese Drehung sorgt dafür, dass man die Phase auch gut mit einer Fluoreszenzmessung auslesen kann. Aus der Messung der Atome im unteren Teil des Aufbaus aus Abb. 7.9 lassen sich so direkt Rückschlüsse auf den absoluten Wert der Erdbeschleunigung machen. Bereits vor über fünf Jahren wurden transportable Quantengravimeter entwickelt, die die Erdbeschleunigung auf weniger als 10 nm/s^2 (sprich: zehn Nanometer pro Quadratsekunde) genau bestimmen können [210].

Das Tolle an solchen Quantengravimetern ist ihre Fähigkeit, die fundamentalen Prinzipien der Quantenmechanik für hochpräzise Messungen der Gravitation nutzbar zu machen. Die Kurzerklärung ihrer Funktionsweise hat viele der Konzepte zusammengebracht, die wir schon in den vorigen Kapiteln kennengelernt haben. Quantengravimeter und andere Quantensensoren sind nicht nur ein Zeugnis fortschrittlicher Technologie und innovativer Quantenforschung, sondern auch ein Werkzeug, das neue Möglichkeiten in der Geowissenschaft, Fundamentalphysik und darüber hinaus eröffnet. Ihre Präzision und Zuverlässigkeit machen sie unverzichtbar für Aufgaben, bei denen es auf genaueste Gravitationsmessungen ankommt.

Es gibt noch viele weitere Präzisionsmessgeräte, die Quanteneffekte nutzen oder in Zukunft nutzen sollen. Abschließend seien noch *Quantengyroskope* erwähnt, die etwa beim autonomen Fahren oder in Satelliten zum Einsatz kommen können. Gyroskope sind Sensoren, die der Rotationsmessung dienen und mit deren Hilfe Drehgeschwindigkeiten bestimmt werden. Eine andere gängige Bezeichnung für „Gyroskop" ist „Kreiselinstrument". Gyroskope machen sich nämlich die Eigenschaft von Kreiseln zunutze, dass sie ein hohes Beharrungsvermögen haben, sich also „nicht so leicht umschubsen" lassen. Verbreitet sind solche Instrumente in der Verkehrstechnik, insbesondere zu Orientierungs- und Navigationszwecken. Quantengyroskope sind Rotationssensoren, die mithilfe von Quanteneffekten Drehgeschwindigkeiten mit hoher Präzision messen. Ähnlich wie bei den Gravimetern können Quantengyroskope eine hohe Messpräzision erreichen, indem sie Atomwellen zur Überlagerung bringen. Je nach Rotationsgeschwindigkeit eines Systems entsteht dabei ein anderes Interferenzmuster. Quantengyroskope und Quantenbeschleunigungssensoren sind bereits in Testversuchen im Einsatz, die darauf abzielen, genauere und stabilere Ortungs- und Navigationssysteme für Flugzeuge oder U-Boote zu entwickeln [211].

Zusammenfassung

- Mit Magnetometern können sehr kleine Magnetfelder gemessen werden. Sie können zum Beispiel in der medizinischen Diagnostik eingesetzt werden.
- Gravimeter dienen der Messung der Gravitation an einem Ort. Quantengravimeter erlauben sehr genaue Gravitationsmessungen und können zum Beispiel in den Geowissenschaften zum Einsatz kommen, um räumliche Veränderungen von Massen im Untergrund zu beobachten (etwa Wasserspeicher oder vulkanische Strukturen).

8

Ein vorsichtiger Blick in die Zukunft

In dem kleinen Pyrenäendorf Benasque findet alle zwei Jahre im Sommer eine Fachkonferenz zur Quanteninformationstheorie statt. Im Sommer 2023 haben wir uns dort getroffen und an lauen Juliabenden an diesem Buch gearbeitet. Vor allem aber waren wir im Zuge unserer wissenschaftlichen Zusammenarbeiten dort. Für drei Wochen treffen sich dort Forschende aus aller Welt, um wissenschaftliche Ideen auszutauschen, gemeinsame Forschungsprojekte zu lancieren und in den Genuss der nordspanischen Küche und Natur zu kommen. Am Abschlusstag wird traditionell eine wissenschaftliche Bestandsaufnahme durchgeführt. Dabei blicken die Anwesenden auf die vergangenen Jahre zurück und küren die größten Errungenschaften aus ihrem Forschungsfeld. Außerdem stimmen sie in einer Umfrage darüber ab, ob sie zu ihren Lebzeiten noch mit voll ausgereiften Quantencomputern rechnen. Über die letzten zehn Jahre hinweg ist das Ergebnis stabil: etwa drei Viertel der Teilnehmenden sind zuversichtlich. Doch welchen Anlass gibt es zur Zuversicht und was bewegt das restliche Viertel zur Zurückhaltung? Anders gefragt: Wie steht es um den experimentellen Fortschritt von Quantencomputern?

Verlässt man den fachlichen Diskurs und folgt der öffentlichen Wahrnehmung, bekräftigt sich der Eindruck, es gäbe zwei Lager. Die einen halten Quantencomputer bereits heute für bahnbrechend und verweisen auf die zahlreichen Start-ups, die seit einigen Jahren wie Pilze aus dem Boden schießen. Viele davon widmen sich der Entwicklung von Quantenhardware, Software oder suchen die Brücke zu industriellen Anwendungen zu schlagen. Warum der Wirbel, wenn Quantencomputing nicht schon heute von Bedeutung wäre? Einem anderen Narrativ zufolge ist der Quantenhype bereits als großer Irrtum und der Traum vom Quantencomputer als falsches Heilsversprechen entlarvt. Denn wo bleibt der Nutzen, den die ganzen Investitionen doch schon längst hätten abwerfen sollen?

Beide Haltungen scheinen extrem und realitätsfern. Zwar sind die Investitionen in Quantenunternehmen beachtlich, doch praktische Anwendungen von Quantencomputern gibt es nach wie vor nicht.[1] Und selbst wenn es sie eines Tages gäbe, ist noch nicht abschließend klärt, wofür sie zum Einsatz kämen. Einige Medien und Investoren sorgen mit überzogenen oder zu dick aufgetragenen Überschriften, Ankündigungen und Falschdarstellungen dafür, dass man sich darunter Wundermaschinen vorzustellen habe, die nahezu alle Rechenprobleme viel schneller bewältigen, weil sie viele Lösungen gleichzeitig durchprobieren würden. Doch wie wir in diesem Buch dargestellt haben, ist die Wahrheit komplizierter, aber auch viel interessanter und eindrucksvoller als uns einige hastig verfasste Eilmeldungen glauben machen wollen. Es bedarf geschickt komponierter Quantenalgorithmen, die nicht auf bloßes Parallelisieren von klassischen Algorithmen zurückgehen. Es ist geradezu eine Kunst, einen guten Quantenalgorithmus für ein Problem zu finden (und dabei bestimmte Wahrscheinlichkeitsamplituden per Interferenz zum Verschwinden zu bringen). Auch dreißig Jahre nachdem der US-amerikanische Physiker Peter Shor herausgefunden hat, wie mithilfe eines Quantencomputers effizient die Primfaktoren einer Zahl gefunden werden können – eine Aufgabe, an der klassische Computer scheitern – wird noch intensiv an der Entwicklung von Quantenalgorithmen geforscht. Wie groß und wichtig die Menge der Probleme überhaupt ist, die von einem Quantencomputer effizienter als von jedem klassischen gelöst werden kann, ist weiterhin eine der großen offenen Fragen dieses Wissenschaftszweigs. Und gerade weil es sich eben nicht einfach um bessere oder schnellere Computer handelt, sondern um eine neue Art von Computer, bedarf auch die Entwicklung von Hard- und Software neuer Methoden und weiterhin mühsamer Grundlagenforschung.

Schon bei der theoretischen Beschreibung von Quantencomputern ist das letzte Wort also längst nicht gesprochen. Das ist aufregend, weil viel Bewegung in diesem nach wie vor relativ jungen Forschungsfeld steckt, mahnt aber auch zur Geduld bezüglich möglicher Anwendungen. Womit wir uns jedoch nicht mehr gedulden müssen, ist die Inbetriebnahme kleiner Prototypen. Deren Entwicklung findet nicht nur an Hochschulen statt. Seit einigen Jahren nehmen

---

[1] Im Vergleich zu anderen Investitionsfeldern, etwa im Bereich der Künstlichen Intelligenz, sind die jährlichen Milliardeninvestitionen in Quantentechnologien nach wie vor gering. Doch sie sind vor einigen Jahren rasant angestiegen [212].

neben universitären Forschungslaboren auch Start-ups und große Techkonzerne wie IBM oder Google am Rennen um größere und bessere Quantencomputer teil. Sie setzen dabei auf verschiedene Bauweisen und es lässt sich noch nicht mit Sicherheit sagen, welche dieser Architekturen für welche Anwendungen die geeignetste ist. Einige lassen sich besser skalieren, andere haben bessere Qubits, alle sind jedoch von Dekohärenz betroffen und in jeder Plattform sind knifflige Probleme zu lösen und herausragende Ingenieursleistungen gefragt, um Fehlerquellen möglichst gering zu halten. Gefangene Ionen und supraleitende Schaltkreise, denen wir in Kap. 3 begegnet sind, gehören zu den am meisten erforschten Plattformen und es gibt jeweils Prototypen, die online über die Cloud angesteuert werden können und auf die Forschende aus aller Welt bereits heute Zugriff haben. Diese werden auf Herz und Nieren geprüft, um typische Fehlerquellen besser zu verstehen und möglichst gut auszumerzen. Andere Bauformen sind etwa photonische und halbleiterbasierte Quantencomputer, wie in der Kurzübersicht verschiedener Plattformen am Ende von Kap. 3 dargestellt ist. Außerdem machen seit ein paar Jahren viel versprechende experimentelle Fortschritte von sich reden, bei denen neutrale Atome mit optischen Pinzetten gefangen werden (siehe Kap. 5). Mit dieser Strategie wurden schon vergleichsweise große Systeme aus Hunderten bis gar Tausenden von Qubits gebaut. Sie lassen sich mittlerweile über Minuten hinweg gefangen halten und die daraus gewonnen Qubits haben Kohärenzzeiten von etlichen Sekunden – viel länger, als noch vor einigen Jahren. Die Gatter, die Rechenoperationen mit Qubits ermöglichen, werden zudem immer besser und genauer. Kurzum: Es steckt viel Bewegung in der experimentellen Quantenforschung und der Suche nach geeigneten Quantencomputerarchitekturen. Ganz im Gegensatz zu klassischen Computern, die heute alle aus Siliziumchips aufgebaut sind, hat sich bisher keine dieser Plattformen endgültig durchgesetzt, aber die Fortschritte der letzten Jahre mit verschiedenen Qubit-Typen stimmen zuversichtlich, dass in all diesen Architekturen in den kommenden Jahren noch größere Systeme mit niedrigeren Fehlerraten entstehen. Mehrgleisig zu fahren und sich nicht von vornherein auf einen Typus festzulegen, kann später viele Vorteile haben, zum Beispiel um je nach Situation und Anwendungsfall den passendsten auswählen zu können.

Die Fortschritte der letzten Jahre betreffen nicht nur die Skalierung zu größeren Systemen mit mehr Qubits, sondern vor allem auch die beeindruckenden Experimente zum Thema Quantenfehlerkorrektur. Damit sind die Bemühungen gemeint, Fehler, die Quantencomputern während des Betriebs unterlaufen, mit ausgeklügelten Verfahren zu korrigieren. Solche Fehler entstehen aus verschiedenen Gründen, vor allem aber sorgen die Dekohärenz von Qubits und mangelhafte Gatter zu Informationsverlust. Frühe Skeptiker wie der bekannte Physiker Rolf Landauer, dem wir schon in der Einleitung begegnet sind, hatten Bedenken, ob man Quantencomputer überhaupt robust gegenüber Fehlern machen könnte [213]. Denn laut dem No-Cloning-Theorem lassen sich Quantenzustände im Allgemeinen nicht kopieren. Doch zum Korrigieren von Fehlern spielt, zumindest bei klassischen Computern, das Kopieren von Bits eine wichtige Rolle, wie wir in Kap. 4 gesehen haben: Dupliziert man ein Bit mehrmals, und macht zum Beispiel aus einer 1 viele Einsen, dann fällt auf, wenn eines dieser Bits aufgrund eines Fehlers in den Zustand 0 wechselt. Wenn solche Fehler selten genug auftreten, ist die Chance hoch, dass die verbleibenden Kopien davon nicht betroffen sind, sodass eine 0 inmitten zahlreicher Einsen verbleibt. Durch ein Mehrheitsvotum lässt sich dann entscheiden, ob eine der Kopien durch einen Fehler von den anderen abweicht und ihr Zustand lässt sich an den der anderen anpassen und korrigieren. Diese Art der Fehlerkorrektur basiert also auf dem Prinzip der Redundanz: Information wird vervielfältigt, damit Fehler auffallen und behoben werden können. Es ist daher nicht verwunderlich, dass das No-Cloning-Theorem einigen Wissenschaftlern, die schon früh über Quantencomputer nachdachten, ein Dorn im Auge war, denn es verhindert das Anlegen von redundanten Kopien beliebiger Quantenzustände. Fehlertoleranz, also die Fähigkeit eines Computersystems, trotz kleiner Fehler wie gewohnt seine Dienste zu leisten, schien im Fall von Quantencomputern vielleicht gar nicht möglich.

Doch Mitte der 1990er-Jahre entdeckten die Forscher Peter Shor und Andrew Steane unabhängig voneinander als Erste geeignete Methoden zur Quantenfehlerkorrektur [214, 215]. Sie basieren darauf, die gespeicherte Information von einem einzelnen Qubit auf ein verschränktes System aus mehreren Qubits zu übertragen. Im Fachjargon ist davon die Rede, dass so aus mehreren *physikalischen* Qubits ein *logisches* Qubit entsteht. Sofern die Rate oder Häufigkeit, mit der physikalischen Qubits Fehler unterlaufen, gering genug ist, können die Fehler der logischen Qubits mithilfe von Quantenfehlerkorrektur beliebig klein gehalten werden – dieses zentrale Resultat, das auf Englisch „threshold theorem" genannt wird, ermöglicht in der Theorie Fehlertoleranz auch bei Quantencomputern. Um sich dies auch in der Praxis zunutze zu machen, müssen die physikalischen Qubit-Fehler unter einem Schwellenwert liegen (der von den Details der zum Einsatz kommenden Fehlerkorrekturmethoden und der Menge der verwendeten Quantengatter abhängt). Damit sind große technische Herausforderungen verbunden, doch aufgrund der hohen Priorität dieses Forschungszweigs widmen sich mittlerweile viele Forschende der Korrektur von Fehlern in Quantencomputern. Diese Bemühungen tragen seit einigen Jahren erste Früchte. Unter anderem mit Atomen [216], Ionen [217, 218] und supraleitenden Qubits [219] wurden wichtige Grundzutaten für fehlertolerante Quantencomputerarchitekturen experimentell nachgewiesen. Es scheint zwar noch ein weiter Weg zum fehlertoleranten Quantencomputer mit vielen Qubits zu sein, doch viele Experten sind von den Resultaten positiv überrascht – bedenkt man, dass noch vor weniger als dreißig Jahren nicht mal in der Theorie klar war, ob sich die Fehler überhaupt in den Griff bekommen lassen. In den nächsten Jahren ist mit weiteren Erfolgen bei der Eindämmung von Quantenfehlern zu rechnen.

Bis es soweit ist, dass Quantenfehler im großen Stil korrigiert und fehlertolerante Quantencomputer gebaut werden können, gibt es jedoch auch noch andere Baustellen für die Physik. Diese fallen zu einem Teil in die Kategorie der sogenannten NISQ-Forschung, der wir auch in Kap. 4 kurz begegnet sind. Hinter dem Akronym verbirgt sich der von dem US-amerikanischen Physiker John Preskill geprägte Begriff „noisy intermediate-scale quantum". Damit wird der aktuelle und in seinem Nutzen noch stark limitierte Zustand des Quantencomputings bezeichnet, der ohne fehlertolerante Quantencomputer und mit relativ wenig Qubits auskommen muss. Zum Zeitpunkt des Erscheinens dieses Buches kratzen die größten Systeme an der 1000-Qubit-Marke, zwei davon bereits mit etwas mehr als tausend Qubits und in den kommenden Jahren ist mit weiteren Größenrekorden zu rechnen. Doch dies sind physikalische und nicht logische Qubits, sie sind also fehleranfällig und nach wie vor sind das noch kleine Systemgrößen. Denn obwohl man schon aus weniger als zehn physikalischen Qubits ein logisches Qubit bauen kann, werden für realistische Szenarien und ausreichend geringe Fehlerraten eher tausend physikalische Qubits dafür benötigt. In diesem Fall bräuchte es also eine Million physikalische für tausend logische Quantenbits. Da solche Architekturen noch ein ganz schönes Stück in der Zukunft liegen dürften, beschäftigen sich Forschende neben der Verbesserung der Hardware, Vergrößerung der Systeme und Weiterentwicklung sowie Inbetriebnahme von Fehlerkorrekturverfahren auch damit, was sich mit heutigen Quantencomputern bereits anfangen lässt.

Diese Sinnsuche führte vor einigen Jahren ins Reich der seit 2018 – in diesem Jahr prägte Preskill den Begriff – viel zitierten NISQ-Ära. Damit verbunden ist einerseits eine Phase des hoffnungsvollen Wartens auf die voll ausgereiften Quantencomputer, die es hoffentlich eines Tages geben wird, andererseits die Möglichkeit, bereits heute mit realen Quantenvielteilchensystemen aus Hunderten von Qubits zu experimentieren, sie besser zu verstehen, neue Algorithmen zu entwickeln und mithilfe von Experimenten zu zeigen, dass kontrollierbare Quantensysteme bereits heute bei der Lösung spezieller Probleme besser abschneiden können als klassische Computer. Die damit verbundene Debatte um den sogenannten Quantenvorteil wird seit einigen Jahren intensiv und öffentlichkeitswirksam geführt, unter Berufung auf mehrere Experimente, die auf die Lösung speziell konstruierter mathematischer Probleme zugeschnitten wurden, mit denen klassische Computer ihre liebe Mühe haben. Dabei werden Situationen geschaffen, in denen heutige Quantencomputer Aufgaben lösen, für die Supercomputer deutlich länger bräuchten. Das ist zwar beeindruckend, doch bisher nicht gerade von großer praktischer Bedeutung. Die bekannten Probleme, deren Lösung durch Quantencomputer echtes Gewicht und Relevanz haben würden – wie etwa die Primfaktorzerlegung großer Zahlen – werden mit NISQ-Geräten wohl nicht zu bewerkstelligen sein. Auch hier zweigleisig weiterzuforschen – sowohl die Entwicklung großer, fehlertoleranter Maschinen voranzutreiben als auch die aktuellen Quantencomputer auf Herz und Nieren zu prüfen und neue Algorithmen zu entwickeln – scheint jedoch einen guten und vielversprechenden Weg in die Zukunft zu weisen. Niemand kann genau wissen, welche Überraschungen diesen Weg in den kommenden Jahren noch pflastern werden. So spannend das auch für Forschung und Entwicklung ist, so behutsam ist jedoch im Umgang mit zeitlichen Versprechungen an Industrie und Wirtschaft umzugehen, denn zielgenaue Prognosen scheinen, Stand heute, unvernünftig.

Genau diese Ungewissheit lässt jedoch auch viel Raum für von Neugier getriebene Forschung. Die Vergangenheit hat gezeigt, wie erkenntnisreich und auch technologisch wertvoll es sein kann, wenn Wissenschaftlerinnen den Fragen nachgehen, die sie aus reinem Interesse am Wesen der Natur bewegen und die ihnen auch dann in den Sinn kommen, während sie gerade nicht über mögliche Anwendungen nachdenken. Die Quantenforschung hat viele solcher Geschichten hervorgebracht. Im Grunde ist die gesamte Quanteninformationsforschung ein Produkt der neugierigen Fragen von Physikern, von denen wir einigen direkt oder indirekt in diesem Buch begegnet sind, wie zum Beispiel:

- Wie kommt der Zufall in die Welt und ist die Quantentheorie lokal?
- Wo liegen die Grenzen der Quantenmechanik und lassen sich auch makroskopische Objekte in Superposition versetzen?
- Wie eng sind Informatik und Physik verflochten?
- Welche Rolle spielt der Messprozess in der Quantenmechanik und wie lassen sich Messungen quantenphysikalisch beschreiben?
- Lassen sich Quantensprünge im Labor beobachten?

Allein die letzte Frage in dieser Liste hat in den letzten vierzig Jahren zu etlichen beeindruckenden Experimenten geführt. Eine Gruppe von Forschenden um den Physiknobelpreisträger Serge Haroche zum Beispiel hat vor gut fünfzehn Jahren Quantensprünge eines einzelnen Photons beobachtet, womit in der Quantenphysik die spontane Erzeugung und Zerstörung eines einzelnen Lichtteilchens zu zufälligen Zeitpunkten gemeint ist [220]. In ihrem Experiment sperrten sie ein einzelnes Photon über eine gute Zehntelsekunde hinweg zwischen zwei Spiegeln ein, was durchaus schon als lang gelten darf: Freie Photonen würden in diesem Zeitraum bereits einmal um die Erde reisen. Während des Experiments schickten sie Atome durch den Versuchsaufbau, deren Energieniveaus durch die Gegenwart eines Photons beeinflusst werden, ohne das Photon zu absorbieren oder zu zerstören. Diese zerstörungsfreie Messung ähnelt dem dispersiven Messverfahren, das wir in Kap. 3 kennengelernt haben. Damit lässt sich erkennen, sobald ein Photon spontan aus dem Vakuum heraus erzeugt und auch, wann es wieder zerstört wird. Die experimentellen Techniken, die dabei zum Einsatz kamen, finden heute auch Anwendung in anderen Bereichen wie etwa der Quantenfehlerkorrektur. Das zeigt exemplarisch, wie aus einer Frage, die aus rein wissenschaftlicher Neugier gestellt wurde, etwas entstehen kann, das einen möglichen praktischen Mehrwert hat. Dieses wissenschaftliche Urinteresse spielt deshalb auch für die Quantenforschung zu NISQ-Zeiten und noch darüber hinaus eine zentrale Rolle.

Der Physiker John Preskill hat nicht nur den Begriff der NISQ-Ära geprägt, sondern ist für viele andere Beiträge zur Quanteninformationsforschung bekannt geworden. Preskill ist eine charismatische Persönlichkeit, die noch heute, im Alter von über 70 Jahren, stets mit neuen Forschungsbeiträgen aufwartet. Er bekleidet am renommierten California Institute of Technology, kurz Caltech, seit 2010 den Posten des *Richard P. Feynman Professor of Theoretical Physics*. Dieser Lehrstuhl ist nach dem ebenfalls vielen als charismatisch in Erinnerung gebliebenen Quantencomputingpionier benannt, dem wir bereits früher begegnet sind und der mit seinen Denkanstößen geholfen hat, neben Quantencomputern auch Quantensimulatoren den Weg zu ebnen. Die Quantensimulation, der wir das ganze Kap. 5 gewidmet haben, rangierte bei vielen Medien bisher unter ferner liefen. Doch analoge Quantensimulatoren haben schon heute das Potenzial, nützliche Beiträge in der Grundlagenforschung zu leisten. Es ist auch durchaus plausibel, dass die Simulation von Quantensystemen mithilfe anderer Quantensysteme unmittelbarer umsetzbar ist als solche Quantenalgorithmen wie der von Shor. Der Informatiker Scott Aaronson und sein ehemaliger Doktorand Alex Arkhipov formulierten es einmal so (aus dem Englischen):

> Man könnte vermuten, dass der Nachweis der Rechenleistung eines Quantensystems, indem man es ganze Zahlen faktorisieren lässt, ein bisschen so ist, als würde man die Intelligenz eines Delphins beweisen, indem man ihm beibringt, arithmetische Aufgaben zu lösen. Ja, mit heldenhaftem Einsatz können wir das wahrscheinlich tun, und vielleicht haben wir auch gute Gründe dafür. Wenn

wir den Delphin jedoch einfach in seinem natürlichen Lebensraum beobachten würden, könnten wir feststellen, dass er auch ohne spezielles Training die gleiche Intelligenz aufweist.

Kurzum, Quantensimulation ist auch deshalb so vielversprechend, weil man doch von Quantensystemen vor allem eins erwarten kann: dass sie sich hervorragend dafür eignen, um anhand ihres Verhaltens quantenphysikalische Phänomene besser zu verstehen. Da solche Phänomene in den Materialwissenschaften, der Chemie und anderen Bereichen eine wichtige Rolle spielen, sind sie durchaus auch von praktischem Interesse. Daher werden in Laboren auf der ganzen Welt Simulatoren gebaut, die sich eines nicht allzu fernen Tages dazu eignen sollen, komplexe Quantenprozesse nachzuempfinden, wie sie zum Beispiel bei stark korrelierten Elektronensystemen in echten Materialien oder in der Chemie bei der Stickstofffixierung auftreten. Solche Simulatoren zu bauen, stellt immer noch eine Herausforderung dar, doch viele der experimentellen Grundzutaten gibt es schon heute. Dazu zählen auch Experimente, bei deren Beschreibung klassische Computer bereits an ihre Grenzen stoßen. Forschende können Quantensimulatoren schon heute als Spielwiese nutzen, um etwa neue Quantensysteme zu schaffen, die uns aus der Natur unbekannt sind und um fundamentalen Fragen der Physik nachzugehen [221]. Diese Doppelrolle mit möglichen Anwendungen für Bereiche wie die Materialforschung und daneben rein wissenschaftlich motivierten Fragestellungen macht die Quantensimulation zu einem ertragreichen Forschungszweig, noch lange bevor es fehlertolerante Quantencomputer gibt. Gleichzeitig profitieren auch klassische Simulationsmethoden vom Wettstreit mit Quantensimulatoren. Es fließt nämlich aufgrund der neuen Möglichkeiten, die die Quantensimulation eröffnet, auch viel Arbeit in die Weiterentwicklung klassischer Algorithmen.

Eine Doppelrolle spielen auch einige der Quanteneffekte, denen wir in diesem Buch begegnet sind. Je nach Einsatzgebiet können sie von Vorteil oder ein großes Hindernis sein. Ein Beispiel bietet das eben angesprochene No-Cloning-Theorem, das der Quantenfehlerkorrektur erst einmal Steine in den Weg legt und verhindert, dass man das Prinzip der redundanten Speicherung so ohne Weiteres von klassischen Bits auf Qubits übertragen kann. Gleichzeitig bildet es jedoch die Grundlage der Quantenkryptografie, denn es sorgt dafür, dass Quanteninformation nicht vervielfältigt und etwa beim Quantenschlüsselaustausch unbemerkt abgefangen werden kann. Unter dem Begriff Quantenschlüsselaustausch, kurz QKD (engl.: *Quantum Key Distribution*), werden verschiedene Protokolle subsumiert, mit denen Sender und Empfänger einen geheimen Schlüssel erzeugen können, den nur sie kennen und mit dem sie Nachrichten zur sicheren Übertragung verschlüsseln können. Das bekannteste, das BB84-Protokoll, haben wir im Detail in Kap. 6 besprochen.

Bei idealer Umsetzung sorgt der Quantenschlüsselaustausch, gemeinsam mit einem nachweislich sicheren Verschlüsselungsalgorithmus wie dem One-Time Pad dafür, dass Nachrichten sicher zwischen zwei Parteien übertragen werden können, ohne dass eine dritte Partei unbemerkt die Kommunikation abhören kann. Damit wird die Quantenphysik mit ihrem No-Cloning-Theorem von einem ärgerlichen Hindernis also zur Ermöglicherin einer sicheren Kommunikation. Das ist nicht bloße Theorie: Seit Jahren gibt es bereits Unternehmen, die sich auf Quantenkryptografie spezialisiert haben und kommerzielle Produkte anbieten, um per Quantenphysik geschützte Nachrichtenübermittlung zu ermöglichen. Dazu gehören hochspezialisierte Betriebe wie die Schweizer Firma ID Quantique und auch große Technologiekonzerne wie Toshiba. Sie verkaufen Geräte, die mit Glasfaserkabeln verbunden werden und zum Austausch von Quantenschlüsseln eingesetzt werden können. Zum Zielpublikum dieser Produkte gehören derzeit eher Regierungen und Unternehmen mit erhöhten Sicherheitsanforderungen als Normalverbraucher. Gründe dafür sind die noch hohen Kosten für die nötige technische Ausrüstung, aber auch eine aktuell ausbleibende Bedrohung existierender Protokolle, die auch ohne Quanteninformationsübertragung auskommen. Doch viele der heute gängigen kryptografischen Verfahren sind spätestens dann nicht mehr sicher, wenn es eines Tages voll funktionsfähige, digitale Quantencomputer gibt. Daten, die bis dahin mit vielen heute als sicher eingestuften Algorithmen verschlüsselt werden, könnten dann im Nachhinein lesbar gemacht werden. Neben Quantenkryptografie gibt es auch klassische Verfahren, die voraussichtlich gegen Angriffe von Quantencomputern sicher wären. Die Erforschung solcher Methoden fällt in den Zuständigkeitsbereich der Post-Quantenkryptografie, der wir ebenfalls kurz in Kap. 6 begegnet sind. Verschlüsselungsverfahren aus der Post-Quantenkryptografie kommen bereits heute zum Einsatz, etwa beim Messenger Signal oder bei Apples iMessage-Dienst. Ein wesentlicher Unterschied zwischen dem Quantenschlüsselaustausch und diesen klassischen Verfahren besteht darin, dass QKD eine Sicherheitsgarantie auf Basis der Quantenphysik geben kann, während sich die Protokolle der Post-Quantenkryptografie darauf stützen, dass bestimmte mathematische Probleme auch für Quantencomputer unlösbar blieben. Falls sich eines Tages doch ein Algorithmus fände, der solche Probleme lösen könnte, wäre die Sicherheit der Verschlüsselungen jedoch kompromittiert. Der Quantenschlüsselaustausch hingegen wird höchstens durch nicht perfekt umgesetzte Implementierungen gefährdet. Das machen sich sogenannte Quantenhacker zunutze, um den Schlüssel trotz aller im Idealfall geltenden Sicherheitsgarantien unbemerkt anzufangen. Je besser die Umsetzung des BB84-Protokolls (oder auch eines anderen Protokolls zum Quantenschlüsselaustausch), desto schwieriger haben es jedoch die Hacker. Um von beiden Bemühungen zu profitieren, ist künftig auch eine Kombination aus Quantenkryptografie und Post-Quantenkryptografie-Verfahren vorstellbar.

Neben kryptografischen Anwendungen bietet die Quantenkommunikation auch die Möglichkeit der Informationsübertragung in Quantennetzwerken, zum Beispiel um Quantencomputer miteinander zu verbinden. Da es ab einer gewissen Anzahl an Qubits eine große technische Herausforderung wird, die Systeme weiter zu vergrößern, könnten diese in Quantennetzwerken miteinander verbunden werden, um die Fähigkeiten mehrerer Quantencomputer zu bündeln und effektiv Zugriff auf mehr Qubits zu haben. Bei der Übertragung von Quanteninformation können Verfahren wie die in Kap. 6 vorgestellte Quantenteleportation zum Einsatz kommen. Quantenteleportation beruht auf Quantenverschränkung, einer der grundlegenden Phänomene der Quantenphysik, die keine klassische Entsprechung haben.

Die Verschränkung ist eines der zentralen Konzepte dieses Buches und ist uns in allen vier Forschungs- und Anwendungsbereichen moderner Quantentechnologien begegnet. In der Quantenmetrologie steht die Quantenverschränkung im Zusammenhang mit der maximal erreichbaren Messpräzision physikalischer Größen. Die Quantenphysik gibt dabei einerseits vor, wie präzise Größen überhaupt vermessen werden können und gibt uns andererseits Möglichkeiten an die Hand, klassische Messverfahren mit geschickt konstruierten Quantensensoren zu verbessern. Dabei ist die Palette an möglichen Anwendungen quantengestützter Messverfahren sehr breit. Einige Beispiele haben wir in diesem Buch kennengelernt. Unsere genausten Zeitmesser, die Atomuhren, konnten zum Beispiel nur aufgrund eines soliden Verständnisses der Quantenphysik entwickelt werden. Durch Verschränkungseffekte können sie in Zukunft noch genauer werden [222]. In Kap. 7 haben wir anhand des Beispiels von LIGO gesehen, wie Gravitationswellen mithilfe von gequetschtem Licht noch genauer vermessen werden können. Damit sind neue Erkenntnisse über unser Universum, schwarze Löcher und weit entfernte Galaxien möglich [223]. Auch mikroskopische und bildgebende Verfahren können von Quantensensoren profitieren und finden etwa in der Biologie und Medizin [224] ihre Anwendung, zum Beispiel zur ortsaufgelösten Vermessung magnetischer Felder im Gehirn. In der Medizin erhofft man sich auch eine verbesserte Früherkennung von Krankheiten. Nanometergroße Diamanten, die in lebendem Gewebe keinen Schaden anrichten und als Biomarker eingesetzt werden können, sollen als diagnostisches Werkzeug helfen, etwa bei der Unterscheidung von gesunden und mutierten Zellen im Falle einer Krebserkrankung. Entsprechende Verfahren zur Analyse menschlichen Blutes und anderer Proben sind bereits kommerziell verfügbar [225]. Mögliche weitere Anwendungen von Quantensensoren reichen von der Qualitätssicherung elektronischer Bauteile wie Festplatten über die geologische Exploration mineralischer Vorkommen bis zur Lokalisierung und GPS-freien Navigation in autonomen Fahrzeugen. Das Potpourri an möglichen Einsatzbereichen ist beeindruckend vielfältig und es ist daher kein Wunder, dass es inzwischen zahlreiche Unternehmen gibt, die sich der Entwicklung von Quantensensorik widmen, in Deutschland etwa das zur TRUMPF-Gruppe gehörende Start-up Q.ANT oder der Technologiekonzern Bosch. Obwohl noch viel Grundlagenforschung nötig ist, um das Potenzial von quantengestützten Messsystemen voll auszuschöpfen, sind Quantensensoren in einigen der erwähnten Einsatzbereichen schon heute verfügbar. Die Verbesserung heutiger Messmethoden auf Basis der grundlegenden Effekte der Quantenphysik spielt sich bereits vor unseren Augen ab.

Auch wenn nützliche und fehlertolerante Quantencomputer noch auf sich warten lassen, wartet die zweite Quantenrevolution also schon heute mit vielversprechenden und stellenweise schon einsatzbereiten Entwicklungen auf. In allen vier Kernbereichen, die wir in diesem Buch kennengelernt haben – Quantencomputing, Quantensimulation, Quantenkommunikation und Quantenmetrologie – besteht eine der Hauptvoraussetzungen darin, Quantensysteme gezielt zu kontrollieren, zu erforschen und letztlich auch technologisch nutzbar zu machen. Trotz zahlreicher theoretischer und experimenteller Hürden lässt sich bereits heute festhalten: Die Quantenphysik ist in vielerlei Hinsicht eine Ermöglicherin, zeigt uns mit ihren Gesetzmäßigkeiten gleichzeitig aber auch auf, wo die Grenzen dessen liegen, was wir über die Natur in Erfahrung bringen können. In diesem Spannungsverhältnis gibt es noch viel Luft für neue wissenschaftliche Entdeckungen, technologische Anwendungen und interdisziplinären Austausch über Fachgrenzen hinweg. Als inmitten der 1990er-Jahre immer offenkundiger wurde, welche Hindernisse mit dem Bau von Quantencomputern verbunden sind, kamen der weiter oben erwähnte Physiker Serge Haroche und sein Kollege Jean-Michel Raimond in einem Aufsatz mit dem Titel „Quantencomputing: Traum oder Albtraum?" (engl.: „Quantum Computing: Dream or Nightmare?") zu einer ernüchternden Erkenntnis (aus dem Englischen):

> In diesem Sinne ist die große Quantenmaschine zwar der Traum des Informatikers, aber der Albtraum des Experimentators.

Die experimentellen Unwägbarkeiten, die Schwierigkeit der Skalierung hin zu großen Systemen und die damals noch nicht einmal in der Theorie etablierte Quantenfehlerkorrektur schienen unüberwindbar. Obwohl diese Hürden auch heute nicht aus der Welt sind, ist der Fortschritt der letzten 25 Jahre beachtlich. Kleine Quantencomputer stehen inzwischen in verschiedenen Orten der Welt und können über das Internet angesteuert werden. Parallel dazu stimmen die vielen Fortschritte bei der Kontrolle von Quantenvielteilchensystemen und Quantensimulatoren optimistisch, gerade für die Grundlagenforschung und ein besseres Verständnis vieler Quantenphänomene. Ganz zu schweigen von den bereits kommerziell nutzbaren Anwendungen in der Quantenkommunikation und der Fülle an Einsatzfeldern von Quantensensoren. Das alles macht die Quantenphysik mit ihren neuen technologischen Anwendungen schon heute zu einer Erfolgsgeschichte. Der Traum von weiteren Fortschritten ist noch nicht ausgeträumt.

Erratum zu:
Das kleine Einmaleins der Quantenphysik

Erratum zu:
Kapitel 2 in: J. Knörzer und P. Emonts,
Ein Quantum Zukunft – Quantenphysik und
Quantentechnologien einfach erklärt,
https://doi.org/10.1007/978-3-662-70066-2_2

Aufgrund eines Versehens wurde die Abbildung 2.1 ursprünglich mit einem Fehler veröffentlicht. Die Abbildung wurde inzwischen korrigiert und wird auch hier wiedergegeben.

Viele Effekte der Quantenmechanik lassen sich auf vier grundlegende Konzepte zurückführen. Im Gegensatz zur klassischen Physik sind in der Quantenmechanik viele Größen diskret (1); sie nehmen nur bestimmte Werte an. Die Effekte der Superposition (2), der Heisenberg'schen Unschärferelation (3) und der Verschränkung (4) werden nur in der Quantenmechanik und nicht in der klassischen Physik angetroffen

---

Die aktualisierte Version dieses Kapitels finden Sie unter
https://doi.org/10.1007/978-3-662-70066-2_2

© Der/die Autor(en), exklusiv lizenziert an Springer-Verlag GmbH, DE, ein Teil von
Springer Nature 2025
J. Knörzer und P. Emonts, *Ein Quantum Zukunft – Quantenphysik und Quantentechnologien einfach erklärt,* https://doi.org/10.1007/978-3-662-70066-2_9

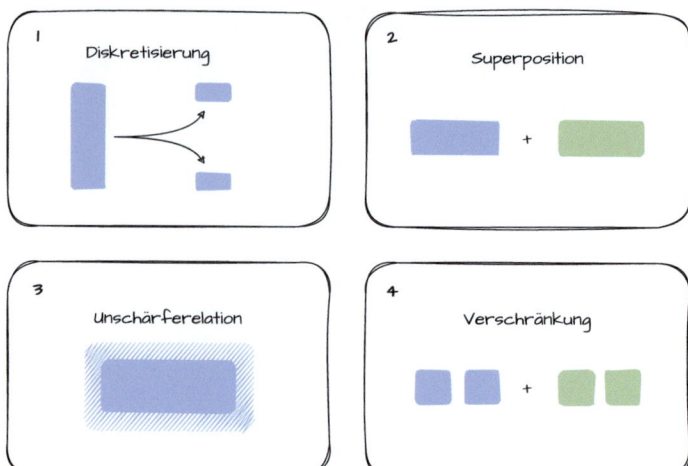

Abb. 2.1 Viele Effekte der Quantenmechanik lassen sich auf vier grundlegende Konzepte zurückführen. Im Gegensatz zur klassischen Physik sind in der Quantenmechanik viele Größen diskret (1); sie nehmen nur bestimmte Werte an. Die Effekte der Superposition (2), der Heisenberg'schen Unschärferelation (3) und der Verschränkung (4) werden nur in der Quantenmechanik und nicht in der klassischen Physik angetroffen

Glossar

Absoluter Nullpunkt Der absolute Temperaturnullpunkt ist die tiefstmögliche Temperatur und liegt bei 0 K (sprich Kelvin) bzw. $-273{,}15\,°C$.

Algorithmus Ein Algorithmus ist eine festgelegte Abfolge von Befehlen, die eine Eingabe in eine bestimmte Ausgabe überführt. Algorithmen kommen zum Beispiel beim Sortieren einer Liste von Namen, Zahlen oder beim Suchen eines Listeneintrags zum Einsatz. Ein Algorithmus ist vergleichbar mit dem Ausführen eines Rezeptes: Die Eingabe (Zutaten) ergeben bei Befolgen des Rezepts (Algorithmus) einen Kuchen (Ausgabe).

Asymmetrische Verschlüsselung Eine asymmetrische Verschlüsselung nutzt für der Verschlüsselung und Entschlüsselung einer Nachricht verschiedene Schlüssel. Typischerweise gibt es einen öffentlichen und einen privaten Schlüssel. Mit dem öffentlichen Schlüssel des Empfängers wird die Nachricht verschlüsselt. Dieser kann sie mit seinem privaten Schlüssel entschlüsseln. Ein Entschlüsseln mit dem öffentlichen Schlüssel ist nicht möglich.

Bloch-Kugel Die Bloch-Kugel ist eine geometrische Veranschaulichung aller möglichen Überlagerungszustände eines einzelnen Qubits – vergleichbar zu einem Globus. So wie jeder Ort der Erde auf einem Globus abgebildet ist, so kommt jeder Zustand eines Qubits auf der Bloch-Kugel vor.

Bohr'sches Atommodell Das Bohr'sche Atommodell wurde vor gut hundert Jahren von dem Physiknobelpreisträger Niels Bohr entwickelt, um den Aufbau von Atomen zu erklären. Es besticht durch seine Einfachheit und wird noch heute herangezogen, um einige grundlegende Eigenschaften von Atomen und ihr Zustandekommen zu veranschaulichen. Das Modell beschreibt die Bahnen von Elektronen um einen positiv geladenen Atomkern als Kreisbahnen. Mittlerweile weiß man, dass diese Vorstellung nicht ganz korrekt ist. Das Modell wurde wenig später vom Orbitalmodell abgelöst, das bis heute Bestand hat.

Boole'sche Aussagenlogik Die Boole'sche Aussagenlogik ist ein Teilbereich der Mathematik, bei der Aussagen (richtig oder falsch) mit Operatoren wie AND, OR und NOT verknüpft werden und die Richtigkeit der Gesamtaussage anhand von festen Regeln ermittelt wird.

Bose-Einstein-Kondensat Ein Bose-Einstein-Kondensat ist ein Aggregatzustand *ununterscheidbarer* Teilchen. Er entsteht, wenn man sogenannte Bosonen – das können zum Beispiel bestimmte Atome sein – sehr stark abkühlt, fast bis zum absoluten Nullpunkt. In diesem superkalten Zustand verhalten sich die Atome wie ein einziges großes Teilchen, statt als viele Einzelteile. Theoretisch wurden Bose-Einstein-Kondensate bereits 1924 vorhergesagt, es gelang allerdings erst im Jahr 1995, diese auch im Labor herzustellen und zu messen.

Braket-Notation Die Braket-Notation ist eine Schreibweise für Vektoren und Matrizen in der Quantenmechanik. Der Name kommt vom englischen Wort für Klammer (engl.: *bracket*). Im Rahmen dieses Buches nutzen wir die Notation nicht für Rechnungen, sondern um deutlich zu machen, wann es sich um einen Quantenzustand handelt.

Dekohärenz Dekohärenz ist ein quantenphysikalisches Phänomen, das zum Verlust von Kohärenzeigenschaften eines Quantensystems führt. Im Falle eines Qubits wird die Superposition aus $|0\rangle$ und $|1\rangle$ zerstört, was zu Informationsverlust führt. Der Effekt wäre ähnlich zu einem USB-Stick, der mit der Zeit seine Information verliert. Um funktionstüchtige Quantencomputer zu bauen, muss mit verschiedenen Methoden gegen die Dekohärenz angekämpft werden.

Dephasierung Dephasierung ist ein Mechanismus der zur Verlust von Quanteninformation führt, also zur Dekohärenz beiträgt. Dephasierung bezeichnet Prozesse, durch die Phaseninformation verloren geht. Auf der Bloch-Kugel entspricht das einer Bewegung entlang des Äquators.

Determinismus Determinismus ist die philosophische Auffassung, dass alle Ereignisse und Handlungen durch vorherige Ursachen und Gesetze vorherbestimmt sind. Das bedeutet, dass die Zukunft – zumindest theoretisch – aufgrund der gegenwärtigen Bedingungen und der Vergangenheit eindeutig vorhersagbar ist. Nach gängigen Interpretationen ist die Quantenphysik (z. B. die Kopenhagener Deutung) probabilistisch zu verstehen: Messergebnisse lassen sich nicht vorhersagen, sondern folgen einer Wahrscheinlichkeitsverteilung. Solche probabilistischen Interpretationen sind nicht mit einem deterministischen Weltbild vereinbar.

DiVincenzo-Kriterien Die DiVincenzo-Kriterien sind eine Liste von Bedingungen, die für den Bau eines Quantencomputers erforderlich sind. Unter anderem beinhaltet die Liste, dass Qubits – die elementaren Bestandteile eines Quantencomputers – steuerbar, auslesbar und isoliert sein müssen.

Einwegfunktion Einwegfunktionen sind Funktionen, die einfach zu berechnen, aber schwierig umzukehren sind. Sie funktionieren ein wenig wie Einbahnstraßen: Eine Richtung ist einfach, die andere extrem rechenaufwendig. Ein Beispiel ist die Multiplikation: Multiplikation ist einfach, während die Umkehrung, eine Primfaktorzerlegung, nicht effizient berechnet werden kann.

Elektromagnetismus Elektromagnetismus bezeichnet das Zusammenspiel von elektrischen und magnetischen Feldern und beschreibt, wie sich elektrische Ladungen durch magnetische und elektrische Kräfte bewegen. Zusätzlich erklärt diese Theorie, wie veränderliche elektrische Felder Magnetfelder erzeugen können und umgekehrt. Es handelt sich um eine der vier fundamentalen Kräfte der Physik. Elektromagnetismus wird durch durch die *Maxwell'schen Gleichungen* beschrieben.

Elementarteilchen Elementarteilchen sind die grundlegenden Bauteile der Materie, die nicht weiter teilbar sind. Elektronen sind ein Beispiel für Elementarteilchen. Protonen, die im Atomkern vorkommen, sind hingegen aus sogenannten Quarks aufgebaut und damit keine Elementarteilchen.

Empirie Empirie bezieht sich auf die Methode der Erkenntnisgewinnung durch Beobachtung, Experimente und Erfahrung, anstatt sich auf Theorien oder Logik allein zu stützen. Sie basiert auf der systematischen Sammlung und Analyse von Daten aus der realen Welt, um Hypothesen zu überprüfen und Wissen über Naturphänomene, gesellschaftliche Prozesse oder menschliches Verhalten zu erlangen. Empirische Forschung ist ein grundlegender Ansatz in den Natur-, Sozial- und Humanwissenschaften.

Energierelaxation Energierelaxation ist neben Dephasierung ein Mechanismus, der zum Verlust von Quanteninformation beiträgt, also zur Dekohärenz von Qubits. Energierelaxation beschreibt Sprünge zwischen Energieniveaus, sodass das System ins (thermische) Gleichgewicht mit seiner Umgebung kommt.

Fehlerkorrigierte Quantencomputer Fehlerkorrigierte oder fehlertolerante Quantencomputer steuern aktiv gegen die Fehler, die in Qubits durch Dekohärenz auftreten. Algorithmen, wie der Grover-Algorithmus oder der Shor-Algorithmus, sind für fehlerkorrigierte Quantencomputer entwickelt worden. Aktuell gibt es noch keinen voll funktionsfähigen fehlerkorrigierten Quantencomputer.

Festkörperphysik Die Festkörperphysik untersucht, wie feste Stoffe wie Metalle, Steine oder Kunststoffe aufgebaut sind und sich verhalten. Im Rahmen der Festkörperphysik wird untersucht, wie die mikroskopischen Bestandteile dieser Stoffe (wie Ionen und Elektronen) zusammenarbeiten und dadurch bestimmen, ob ein Material zum Beispiel hart, weich, durchsichtig oder magnetisch ist. Dieser Wissenschaftszweig hilft uns zu verstehen, warum bestimmte Materialien bestimmte Eigenschaften haben und wird genutzt, um neue Materialien zu entwickeln, etwa für bessere Computerchips oder Solarzellen.

Gedankenexperiment In der theoretischen Physik beschreibt ein Gedankenexperiment eine ausgedachte Situation, um die Aussagen einer Theorie zu testen oder eine Theorie aufzustellen. Ein berühmtes Beispiel für Gedankenexperimente sind Einsteins Überlegungen zur Relativitätstheorie. Er hatte keine Möglichkeit Experimente durchzuführen, also ersann er die Theorie mithilfe von ausgedachten Experimenten zu bewegten Uhren und Lichtstrahlen, die an Spiegeln reflektiert werden. Beispielsweise vergeht die Zeit auf bewegten Uhren langsamer, ein Effekt, den man erst viele Jahre später experimentell messen konnte.

Gequetschter Zustand und gequetschtes Licht In der Physik ist *gequetschtes Licht* die Bezeichnung für Licht, das sich in einem speziellen Quantenzustand befindet. Bei gequetschtem Licht ist die Unschärfe in einer Eigenschaft des Lichtes (wie der Amplitude oder Phase) reduziert, unterhalb der Grenze, die durch die Heisenberg'sche Unschärferelation für kohärentes Licht festgelegt ist. Mit diesem Effekt können Präzisionsmessungen verbessert werden, was für Anwendungen in der Quantenkommunikation und bei der Entwicklung hochsensibler Messinstrumente von Vorteil ist. Eingesetzt wird gequetschtes Licht etwa in Gravitationswellendetektoren, wo es hilft, Signale über das übliche Rauschniveau hinaus zu verstärken.

Grundzustand Der Grundzustand eines quantenmechanischen Systems ist dessen Zustand mit der geringstmöglichen Energie. Er ist *stabil*, da es keinen Zustand noch geringerer Energie gibt, in den der Grundzustand übergehen könnte. In der Quantenvielteilchenphysik, die der Beschreibung vieler miteinander wechselwirkender Quantenteilchen dient, ist es oft eine Herkulesaufgabe, den Grundzustand eines Systems zu bestimmen. Dafür kommen sowohl klassische Simulationsalgorithmen als auch Quantensimulatoren zum Einsatz.

Hamiltonian *und* Hamilton-Operator Der Hamilton-Operator beschreibt in der Quantenmechanik die Energie eines Systems. Von besonderem Interesse ist der *Grundzustand* eines Systems, also die kleinste erlaubte Energie im System. Um ihn zu bestimmen, muss man erst den Hamiltonian des

Systems kennen. Synonym wird oft auch der Begriff *Modell* verwendet, da ein Hamiltonian die wesentliche Physik von Quantensystemen und Phänomenen beschreibt.

Implementierung Eine Implementierung ist eine konkrete physikalische Realisierung eines theoretischen Konzepts. Der *Hamiltonian* eines Quantensystems kann z. B. mithilfe von Atomen *implementiert werden,* oder auch mit gefangenen Ionen, supraleitenden Qubits usw. Dabei haben verschiedene Implementierungen ihre (oft anwendungsspezifischen) Vor- und Nachteile. Wenn ein physikalisches Modell etwa ein System mit langreichweitigen Wechselwirkungen beschreibt, sollte die Implementierung das widerspiegeln. Auch andere abstrakte Konzepte, wie Quantenalgorithmen, werden in der Praxis mithilfe von spezifischen Implementierungen umgesetzt. In der klassischen Informatik wird das Konzept von Bits in verschiedenen Realisierungen verkörpert. Bits können mithilfe von magnetischen Domänen auf einer Festplatte oder mithilfe von elektrischem Strom in Kabeln verwirklicht werden.

Impuls Impuls ist eine fundamentale physikalische Größe, die das Produkt aus der Masse und der Geschwindigkeit eines Objekts ($p = m \cdot v$) darstellt und dessen Bewegungszustand charakterisiert. In der klassischen Mechanik ist der Impuls eine Vektorgröße, die sowohl Richtung als auch Betrag der Bewegung eines Körpers beschreibt und in einem abgeschlossenen System ohne äußere Einflüsse bleibt der Gesamtimpuls erhalten. In der Quantenmechanik beschreibt der Impuls ebenfalls die Bewegung von Partikeln wie Photonen und Atomen, wobei sich die de-Broglie-Wellenlänge eines Teilchens invers (umgekehrt proportional) zu seinem Impuls verhält, was die dualen Wellen- und Teilcheneigenschaften auf mikroskopischer Ebene verbindet.

Intensität und Lichtintensität Intensität beschreibt in der Physik die Stärke oder Energieflussdichte einer physikalischen Größe pro Flächeneinheit, beispielsweise von Schallwellen, elektromagnetischer Strahlung oder anderen Wellenphänomenen. Speziell im Kontext von Licht bezieht sich die Intensität auf die Energiemenge, die Lichtstrahlen pro Zeiteinheit und Flächeneinheit transportieren, was direkt mit der wahrgenommenen Helligkeit zusammenhängt. Die Messung der Intensität ermöglicht es, die Energieübertragung von Strahlungsquellen zu quantifizieren und ist in vielen Bereichen der Physik, von der Optik bis zur Akustik, von zentraler Bedeutung.

Interferenz Interferenz beschreibt die Überlagerung oder Superposition von Wellen. Da sich sowohl Wellenberge als auch Wellentäler überlagern können, kann Interferenz sowohl destruktiv (auslöschend) als auch konstruktiv (vergrößernd) wirken. In der Natur tritt Interferenz beispielsweise auf, wenn zwei Steine ins Wasser fallen. Das wilde Muster auf der Wasseroberfläche, das dabei entsteht, geht auf die Interferenz der Wasserwellen zurück.

Klassische Mechanik Klassische Mechanik beschäftigt sich typischerweise mit der Beschreibung der Bewegung von Körpern, die durch Federn oder Gravitation wechselwirken. Ein typisches Anwendungsbeispiel der klassischen Mechanik sind frühe Berechnungen in der Astronomie, wie die Umlaufbahn von Planeten oder Berechnungen im Ingenieurwesen zur Stabilität von Bauwerken oder Fahrzeugen. Auf mikroskopischer Ebene, wenn es also um kleine Teilchen wie Atome geht, gelten stattdessen die Regeln der *Quantenmechanik.*

Klassische Physik Die klassische Physik umfasst alle Bereiche der Physik, die sich nicht mit Quantenmechanik beschäftigen, insbesondere Thermodynamik, Elektrodynamik und Mechanik. Sie wird in Schulen und Hochschulen auch heute noch zuerst gelehrt, da sie die Grundlage für viele Prozesse aus unserer Alltagserfahrung bietet. Quantenforscher versuchen häufig, klassische Effekte von Quantenphänomenen abzugrenzen und dabei zu verstehen, für welche Erklärungen die klassische Theorie ausreicht und wann dafür Quantenphysik nötig ist.

Kohärenter Zustand Ein kohärenter Zustand ist ein spezieller Typ eines quantenmechanischen Zustandes, der einige Eigenschaften klassischer Wellen widerspiegelt. Kohärente Zustände erfüllen die Heisenberg'sche Unschärferelation mit dem geringstmöglichen Produkt von Unschärfen (zum Beispiel von Orts- und Impulsunschärfe). Von praktischer Bedeutung sind kohärente Zustand zum Beispiel bei der Beschreibung von Lasern.

Kohärenzlänge Die Kohärenzlänge beschreibt die maximale Distanz, über die zwei Wellen, z. B. Lichtwellen, eine nennenswerte Korrelation (in ihren Phasenbeziehungen) aufrechterhalten können, bevor die Kohärenz abnimmt. Sie ist ein entscheidendes Maß für die Fähigkeit von Licht, scharfe Interferenzmuster zu erzeugen und wird durch die Bandbreite der Lichtquelle bestimmt. Licht mit einer geringen Bandbreite hat typischerweise eine längere Kohärenzlänge als breitbandiges Licht: So haben Laser typischerweise eine hohe Kohärenzlänge.

Komplexitätstheorie Komplexitätstheorie ist eine Methode um verschiedene Algorithmen unabhängig von ihrer Implementierung zu vergleichen. In der Komplexitätstheorie wird üblicherweise eine geschätzte Anzahl von Schritten in Abhängigkeit der Eingabelänge angegeben. Je weniger Schritte der Algorithmus braucht, desto besser.

Laser Ein Laser (engl.: *Light Amplification by Stimulated Emission of Radiation*) ist ein Gerät, das Licht durch stimulierte Emission von Strahlung verstärkt und erzeugt. Es erzeugt einen kohärenten und monochromatischen Lichtstrahl. Laser werden in verschiedenen Bereichen wie Medizin, Kommunikation und Messtechnik eingesetzt.

Laserkühlung Mit Laserkühlung werden Verfahren zur Kühlung von Atomen und Molekülen durch Laser bezeichnet. Dabei überträgt ein Laser einen Impuls auf die Teilchen, die dadurch an Geschwindigkeit verlieren und langsamer werden.

Lichtgeschwindigkeit Licht breitet sich im luftleeren Raum mit einer konstanten Geschwindigkeit aus, der Lichtgeschwindigkeit. Laut der speziellen Relativitätstheorie kann sich keine Information schneller als mit Lichtgeschwindigkeit ausbreiten.

Logische Qubits Logische Qubits bestehen aus vielen physikalischen Qubits und werden durch Quantenfehlerkorrektur während der Rechnung stetig korrigiert. Sie sind vor Dekohärenz geschützt und können Quanteninformation über lange Zeiten speichern.

Makroskopisch und mikroskopisch Der Begriff „mikroskopisch" steht meist für eine Betrachtung auf der Ebene einzelner Teilchen, wie etwa Elektronen oder einzelne Atome. Die Quantenphysik dient der mikroskopischen Beschreibung von physikalischen Systemen. „Makroskopische" Quantenzustände bestehen aus vielen Teilchen, die sich jedoch nicht klassisch, sondern quantenmechanisch richtig beschreiben lassen.

Monochromatisches Licht Monochromatisches Licht ist Licht einer bestimmten Wellenlänge und Frequenz. Laser erzeugen annähernd monochromatisches Licht.

Naturkonstante Eine Naturkonstante ist ein Größe, die tief in unserer Beschreibung der Natur verankert ist und sich nicht über Zeit verändert. Bekannte Naturkonstanten sind die Gravitationskonstante, das Planck'sche Wirkungsquantum und die Lichtgeschwindigkeit.

Newton'sche Gesetze Die Newton'schen Gesetze bilden das Fundament der Klassischen Mechanik. Diese drei Lehrsätze wurden von Isaac Newton um das Jahr 1687 aufgestellt und spielen für die Bewegungslehre eine zentrale Rolle. Sie besagen beispielsweise, dass ein Körper sich gleichmäßig weiterbewegt, wenn keine externe Kraft auf ihn einwirkt.

NISQ-Geräte NISQ-Geräte (Noisy Intermediate-Scale Quantum) sind Quantencomputer, die aktuell mit ca. 100 physikalischen Qubits arbeiten und nicht fehlerkorrigiert sind. Die Anzahl von Gattern, also die Länge des Algorithmus, sind durch Dekohärenz und Gatterfehler beschränkt. Aktuelle Quantencomputer gehören zu dieser Kategorie.

No-Cloning-Theorem Das No-Cloning-Theorem ist ein sogenanntes *No-Go-Theorem,* also ein Theorem, dass eine Unmöglichkeit beschreibt. Es besagt, dass es unmöglich ist, einen allgemeinen Quantenzustand zu kopieren.

One-Time Pad Ein One-Time Pad (dt.: *Einmalverschlüsselung*) ist eine kryptografisch sichere Methode der Verschlüsselung von Daten. Da der Schlüssel die gleiche Länge wie die Nachricht hat, kann die Verschlüsselung nicht gebrochen werden.

Photoelektrischer Effekt, Photoeffekt Wenn man hochfrequentes Licht auf eine Metallplatte scheint, so lösen sich Elektronen. Dieser Effekt tritt erst oberhalb einer bestimmten Frequenz auf. Diese Beobachtung nennt sich photoelektrischer Effekt, oder kurz Photoeffekt. Die Entdeckung des Photoeffekts war einer der ersten experimentellen Anhaltspunkte für die Quantenmechanik.

Photonen Photonen werden auch Lichtquanten oder Lichtteilchen genannt und sind die Energiepakete, aus denen elektromagnetische Strahlung (wie sichtbares Licht) besteht. Die Energie eines einzelnen Lichtteilchens wird allein durch seine Frequenz bestimmt.

Planck'sches Wirkungsquantum Das nach Max Planck benannte Wirkungsquantum, auch Planck-Konstante, bezeichnet eine in der Quantenphysik häufig auftretende Naturkonstante. Mit ihrer Hilfe rechnet man beispielsweise die Energie von Photonen aus. Das Wirkungsquantum taucht auch in der Schrödinger-Gleichung auf.

Polarisation Bei elektromagnetischen Wellen schwingen elektrische und magnetische Felder senkrecht zur Ausbreitungsrichtung. Die Schwingungsrichtung dieser Felder heißt Polarisation. Sie kann genutzt werden, um Quanteninformation zu codieren. Im Alltag wird Polarisation beispielsweise bei Handydisplays, 3D-Brillen und Sonnenbrillen eingesetzt.

Primzahl Eine Primzahl ist eine Zahl, die nur durch sich selbst und 1 teilbar ist, also genau zwei Teiler hat. Ein Beispiel für eine Primzahl ist $7 = 7 \cdot 1$. Keine Primzahl hingegen ist 6, da sie sich als $6 = 2 \cdot 3$ schreiben lässt. Da die Zahl 1 nur einen Teiler hat (sich selbst), gilt sie *nicht* als Primzahl.

Quantelung In der Quantenphysik nehmen bestimmte physikalische Größen diskrete Werte an. Man spricht auch davon, dass sie *gequantelt* sind. Der Spin eines Elektrons nimmt zum Beispiel nur die diskreten Werte $+1/2$ oder $-1/2$ an, aber nichts dazwischen. Ein anderes Beispiel für Quantelung sind die diskreten Energien, die von Elektronen im Atom aufgenommen werden können.

Quantenalgorithmus Ein Quantenalgorithmus ist ein Algorithmus, der auf einem Quantencomputer ausgeführt werden kann. Im Gegensatz zu klassischen Algorithmen machen Quantencomputer sich grundlegende Eigenschaften der Quantenphysik zunutze, wie etwa Superposition, Verschränkung und Interferenz von Wellenfunktionen. Der Shor-Algorithmus und der Grover-Algorithmus sind zwei prominente Beispiele für Quantenalgorithmen, die in diesem Buch vorkommen.

Quantenfehlerkorrektur Da Qubits unter Dekohärenz leiden, müssen sie korrigiert werden. Das Feld der Quantenfehlerkorrektur beschäftigt sich mit Methoden, um viele fehlerbehaftete (physikalische) Qubits zu weniger, fehlerfreien (logischen) Qubits zu kombinieren.

Quantengatter Quantengatter sind die elementaren Rechenoperationen, die ein Quantencomputer auf seinen Qubits ausführen kann. Die Wirkung von Ein-Qubit-Gattern lässt sich durch Rotationen auf der Bloch-Kugel veranschaulichen. Um beliebige Quantenoperationen ausführen zu können, sind auch Zwei-Qubit-Gatter nötig.

Quanteninformationstheorie, Quanteninformatik Die Quanteninformationstheorie (auch Quanteninformatik) ist ein interdisziplinäres Forschungsfeld an der Schnittstelle zwischen Quantenphysik und Informationswissenschaften. Es ist erst vor etwa einem halben Jahrhundert entstanden und liegt vielen modernen Quantentechnologien zugrunde.

Quantenoptik Quantenoptik ist ein Teilgebiet der Quantenphysik, dass sich mit der Wechselwirkung zwischen Licht und Materie beschäftigt. Die Quantenoptik erforscht, wie Photonen, die elementaren Teilchen des Lichts, mit Atomen, Molekülen und anderen quantenmechanischen Systemen wechselwirken. Sie ist grundlegend für das Verständnis und die Entwicklung vieler Quantentechnologien.

Quantenschlüsselaustausch Quantenschlüsselaustausch (engl.: *Quantum Key Distribution,* kurz *QKD*) ist ein Verfahren, bei dem zwei Parteien einen gemeinsamen geheimen Schlüssel mithilfe der Gesetze der Quantenmechanik erzeugen. Typischerweise kann auch ein Abhören durch Dritte erkannt werden. Der erzeugte Schlüssel wird verwendet, um Daten mithilfe klassischer Verschlüsselungsverfahren abhörsicher zu übermitteln.

Quantenvielteilchensysteme Quantenvielteilchensysteme sind physikalische Systeme, die aus vielen Komponenten bestehen, die den Gesetzen der Quantenmechanik gehorchen. Das können zum Beispiel mehrere Qubits sein, die miteinander wechselwirken.

Quantenvorteil (engl.: *quantum advantage*) Quantenvorteil beschreibt die Idee, dass ein Quantenalgorithmus ein Problem schneller löst als alle bekannten klassischen Algorithmen. Ein *praktischer* Quantenvorteil beschreibt die schnellere Lösung eines *praxisrelevanten* Problems aus der Industrie oder Wissenschaft.

Quantenzustand Ein Quantenzustand ist die quantenmechanische Beschreibung eines physikalischen Systems. Der Quantenzustand bestimmt die Wahrscheinlichkeiten der Ergebnisse, die bei einer Messung des Quantensystems auftreten. Obwohl die Ergebnisse einer Messung probabilistisch sind, kann die Entwicklung einer Wellenfunktion exakt mithilfe der Schrödinger-Gleichung berechnet werden.

Qubit Ein Qubit ist ein Zwei-Niveau-System und wird typischerweise mit den quantenmechanischen Zuständen $|0\rangle$ und $|1\rangle$ beschrieben. Es dient als Informationseinheit in der Quanteninformationsverarbeitung. Es ist die quantenmechanische Entsprechung von einem Bit.

Schwarzer Körper Ein Schwarzer Körper ist eine idealisierte Beschreibung einer Strahlungsquelle in der theoretischen Physik. Es beschreibt einen Hohlraum, der elektromagnetische Strahlung einer bestimmten Temperatur beinhaltet. Die Beschreibung eines solchen Körpers war eines der ersten Anzeichen, dass die klassische Physik als Theorie nicht ausreicht.

Shor-Algorithmus Der Shor-Algorithmus ist einer der bekanntesten Quantenalgorithmen für fehlertolerante Quantencomputer. Durch ihn wird das Faktorisieren von Zahlen effizient möglich. Das stellt eine Gefahr für die Sicherheit von modernen kryptografischen Systemen wie RSA (Rivest-Shamir-Adleman) dar.

Spin Spin ist eine fundamentale Eigenschaft von Teilchen in der Quantenphysik. Es handelt sich um einen *Eigendrehimpuls*. Im Gegensatz zu einem klassischen Drehimpuls, der aus der Bewegung eines Körpers resultiert (wie bei einer Eiskunstläuferin), ist der Spin eine inhärente Eigenschaft von Teilchen wie Elektronen, Protonen und Neutronen, die nicht von einer Rotation im klassischen Sinne abhängt. Spin beeinflusst das magnetische Verhalten von Teilchen und spielt eine entscheidende Rolle in der Quantenmechanik.

Statistische Physik Statistische Physik ist ein Zweig der klassischen Physik, der makroskopische Effekte wie Temperatur über statistische Eigenschaften von mikroskopischen Teilchen beschreibt. Die Temperatur eines Gases kann beispielsweise über die Geschwindigkeitsverteilung der Gasatome beschrieben werden.

Störungstheorie Viele Theorien in der Physik sind nicht exakt lösbar. Wenn sich eine Theorie aber nur geringfügig von einer lösbaren unterscheidet, dann kann man mithilfe von Störungstheorie eine stetig besser werdende Näherung für die neue Theorie ausrechnen.

Superposition Eine Superposition beschreibt die Überlagerung von mehreren Zuständen oder Wellen. Quantenmechanische Superpositionen sind einer der Kernunterschiede zwischen klassischer Informationsverarbeitung und Quanteninformation. Wenn eine Superposition gemessen wird, wird zufällig einer der Anteile der Superposition realisiert. Dies wird auch als *Kollaps der Wellenfunktion* bezeichnet. In einer Superposition hängen die Messwahrscheinlichkeiten mit den Amplituden der Bestandteile des Zustands zusammen. Ob ein Zustand eine Superposition ist, hängt von der Wahl der Basis ab.

Supraleiter Supraleiter sind Materialien, die unterhalb einer bestimmten Temperatur allen elektrischen Widerstand verlieren. In einem Supraleiter unterhalb der sogenannten Sprungtemperatur fließt Strom ohne Hindernis. Solche Materialien werden heutzutage insbesondere in MRT-Scannern oder wissenschaftlichen Experimenten mit hohen Magnetfeldern eingesetzt.

Symmetrische Verschlüsselung Symmetrische Verschlüsselungen sind kryptografische Algorithmen, bei der für die Verschlüsselung und Entschlüsselung der gleiche Schlüssel verwendet wird. Der Industriestandard AES (Advanced Encryption Standard) ist eine symmetrische Verschlüsselung.

Transistor Ein Transistor ist ein elektronisches Bauelement zum Steuern oder Verstärken elektrischer Spannungen und Ströme. Vereinfacht ist ein Transistor ein elektrisch gesteuerter Schalter. Sein Funktionsprinzip beruht auf den Grundlagen der Halbleiterphysik. Die Halbleiterphysik wiederum ist ein wichtiger Teilbereich der Festkörperphysik, den es ohne die moderne Quantenphysik so nicht gäbe.

Ungleichung Mit einer Ungleichung lassen sich in der Mathematik und in der Physik Größenvergleiche anstellen. Wenn zum Beispiel die Geschwindigkeit v eines Autos bei höchstens 50 km/h liegt, lässt sich das mithilfe einer Ungleichung als $v \leq 50$ km/h formulieren. In der Physik spielen Ungleichungen eine sehr wichtige Rolle, z. B. im Rahmen der Heisenberg'schen Unschärferelation oder bei den Bell'schen Ungleichungen in der Quantenmechanik.

Unschärferelation Die Heisenberg'sche Unschärferelation ist eine grundlegende Aussage der Quantenphysik. Sie besagt, dass sich bestimmte Größen nicht gleichzeitig beliebig genau messen lassen. Das bekannteste Beispiel dafür ist die Orts-Impuls-Unschärfe. Sie begrenzt die Genauigkeit, mit der gleichzeitig Aufenthaltsort und Geschwindigkeit von einem Teilchen gemessen werden können.

Verschränkung Verschränkung ist eine Vielteilcheneigenschaft in der Quantenmechanik. Wenn zwei quantenmechanische Systeme nicht getrennt voneinander beschrieben werden können, dann sind sie verschränkt. Ein typisches Beispiel sind zwei Qubits, die immer beide 0 oder 1 liefern, wenn man sie misst. Sobald ein Qubit gemessen ist, ist auch der Zustand des zweiten Qubits bestimmt.

Welle-Teilchen-Dualismus Der Welle-Teilchen-Dualismus ist ein historisches Konzept und besagt, dass sich Licht sowohl als Welle als auch als Teilchen (Photon) verhalten kann. Während sich Licht im Doppelspaltexperiment wie eine Welle verhält, legen Versuche wie der Photoeffekt nahe, dass es sich um ein Teilchen handelt. Diese zunächst widersprüchlichen Ergebnisse werden durch die Quantenmechanik erklärt.

Wellenfunktion Eine Wellenfunktion beschreibt den Zustand von Quantenteilchen. Sie ist eine äquivalente Darstellung zum Quantenzustand. Genau wie klassische Wellen in Wasser kann sie interferieren. Die Amplitude der Wellenfunktion bestimmt die Beobachtungswahrscheinlichkeit eines Teilchens an einem bestimmten Ort.

Wellenlänge Die Wellenlänge einer Welle beschreibt die Entfernung zwischen zwei Maxima (Wellenbergen). Sie hängt über die Ausbreitungsgeschwindigkeit mit der Frequenz zusammen.

Zwei-Niveau-System Ein System mit zwei diskreten Energieniveaus. Quantensysteme haben häufig viele Energieniveaus, wie z. B. Atome und Moleküle. Um daraus ein Zwei-Niveau-System zu machen, muss man zwei Energieniveaus gezielt ansteuern und vom Rest isolieren. Zwei-Niveau-Systeme werden in Quanteninformationstechnologien als Qubits eingesetzt.

Quellenverzeichnis

Kap. 1

1. James Fallows. *The 50 Greatest Breakthroughs Since the Wheel.* The Atlantic. 23. Okt. 2013. https://www.theatlantic.com/magazine/archive/2013/11/innovations-list/309536/ (besucht am 05.11.2022).
2. Rolf Landauer. „Information Is a Physical Entity". In: *Physica A: Statistical Mechanics and its Applications.* Proceedings of the 20th IUPAP International Conference on Statistical Physics 263.1 (1. Feb. 1999), S. 63–67.
3. Rolf Landauer. „Information Is Physical". In: *Physics Today* 44.5 (1. Mai 1991), S. 23–29.
4. *Heise Online: Genf Sichert Wahldaten Mit Quantenkryptographie Ab.* 2007. https://www.heise.de/newsticker/meldung/Genf-sichert-Wahldaten-mit-Quantenkryptographieab-185506.html.
5. Peter W. Shor. „Polynomial-Time Algorithms for Prime Factorization and Discrete Logarithms on a Quantum Computer". In: *SIAM Review* 41.2 (Jan. 1999), S. 303–332.
6. Lieven M. K. Vandersypen u. a. „Experimental Realization of Shor's Quantum Factoring Algorithm Using Nuclear Magnetic Resonance". In: *Nature* 414.6866 (6866 Dez. 2001), S. 883–887.
7. Enrique Martín-López u. a. „Experimental Realization of Shor's Quantum Factoring Algorithm Using Qubit Recycling". In: *Nature Photonics* 6.11 (11 Nov. 2012), S. 773–776.
8. A. T. Doodson. „Tide-Predicting Machines". In: *Nature* 118.2978 (Nov. 1926), S. 787–788.
9. Simon Singh. *The Code Book: The Science of Secrecy from Ancient Egypt to Quantum Cryptography.* 1. ed. New York: Anchor Books, 2000. 411 S.
10. R. L. Rivest, A. Shamir und L. Adleman. „A Method for Obtaining Digital Signatures and Public-Key Cryptosystems". In: *Communications of the ACM* 21.2 (1. Feb. 1978), S. 120–126.
11. *Blog – iMessage with PQ3: The New State of the Art in Quantum-Secure Messaging at Scale – Apple Security Research.* Blog – iMessage with PQ3: The new state of the art in quantum-secure messaging at scale – Apple Security Research. https://security.apple.com/blog/imessage-pq3/ (besucht am 26.06.2024).
12. *The Nobel Prize in Physics 1997.* NobelPrize.org. https://www.nobelprize.org/prizes/physics/1997/summary/ (besucht am 21.04.2024).
13. C.-W. Chou u. a. „Frequency Comparison of Two High-Accuracy Al+ Optical Clocks". In: *Physical Review Letters* 104.7 (17. Feb. 2010), S. 070802.
14. Edward Horace Man. „The Nicobar Islands and Their Inhabitants". In: *Journal of the Royal Asiatic Society* 65.3 (Juli 1933), S. 749–763.

Kap. 2

15. Sadi Carnot. *Réflexions sur la puissance motrice du feu et sur les machines propres à développer atte puissance*. Bachelier Libraire, 1824. 142 S.
16. J. Willard Gibbs. *The Scientific Papers of J. Willard Gibbs: In Two Volumes*. Woodbridge, Conn: Ox Bow Press, 1993. 1 S.
17. Josiah Willard Gibbs. *Elementary Principles in Statistical Mechanics: Developed with Especial Reference to the Rational Foundation of Thermodynamics*. Cambridge Library Collection – Ma thematics. Cambridge: Cambridge University Press, 2010.
18. James Clerk Maxwell. „VIII. A Dynamical Theory of the Electromagnetic Field". In: *Philosophical Transactions of the Royal Society of London* 155 (Jan. 1865), S. 459–512.
19. A. A. Michelson und E. W. Morley. „On the Relative Motion of the Earth and the Luminiferous Ether". In: *American Journal of Science* s3-34.203 (1. Nov. 1887), S. 333–345.
20. University of Chicago. *Register of the University of Chicago 1895–1896*. Chicago: The University of Chicago Press, 1896. 462 S.
21. *Slinky*. In: *Wikipedia*. 13. Feb. 2024.
22. Thomas Young. „I. The Bakerian Lecture. Experiments and Calculations Relative to Physical Optics". In: *Philosophical Transactions of the Royal Society of London* 94 (Jan. 1804), S. 1–16.
23. Karl R. Popper und Herbert Keuth. *Logik der Forschung*. 11. Aufl. Gesammelte Werke in deutscher Sprache / Karl R. Popper. Tübingen: Mohr Siebeck, 2005. 601 S.
24. Willy Wien. „Ueber Die Energievertheilung Im Emissionsspectrum Eines Schwarzen Körpers". In: *Annalen der Physik* 294.8 (1896), S. 662–669.
25. Lord Rayleigh. „LIII. Remarks upon the Law of Complete Radiation". In: *The London, Edin burgh, and Dublin Philosophical Magazine and Journal of Science* 49.301 (1. Juni 1900), S. 539–540.
26. J.H. Jeans. „XI. On the Partition of Energy between Matter and Æther". In: *The London, Edin burgh, and Dublin Philosophical Magazine and Journal of Science* 10.55 (1. Juli 1905), S. 91–98.
27. Max Planck. *Über eine Verbesserung der Wien'schen Spectralgleichung*. Leipzig: J.A. Barth, 1900. 202 S.
28. *The Nobel Prize in Physics 1918*. NobelPrize.org. https://www.nobelprize.org/prizes/physics/1918/summary/ (besucht am 22.04.2024).
29. Bruce R. Wheaton. „Philipp Lenard and the Photoelectric Effect, 1889–1911". In: *Historical Studies in the Physical Sciences* 9 (1. Jan. 1978), S. 299–322.
30. A. Einstein. „Über einen die Erzeugung und Verwandlung des Lichtes betreffenden heuristischen Gesichtspunkt". In: *Annalen der Physik* 322.6 (1905), S. 132–148.
31. *The Nobel Prize in Physics* 1921. NobelPrize.org. https://www.nobelprize.org/prizes/physics/1921/summary/ (besucht am 05.11.2022).

32. Hugh Everett. „"Relative State" Formulation of Quantum Mechanics". In: *Reviews of Modern Physics* 29.3 (1. Juli 1957), S. 454–462.
33. David Bohm. „A Suggested Interpretation of the Quantum Theory in Terms of "Hidden" Variables. I". In: *Physical Review* 85.2 (15. Jan. 1952), S. 166–179.
34. David Bohm. „A Suggested Interpretation of the Quantum Theory in Terms of "Hidden" Variables. II". In: *Physical Review* 85.2 (15. Jan. 1952), S. 180–193
35. Carlton M. Caves, Christopher A. Fuchs und Ruediger Schack. „Quantum Probabilities as Bayesian Probabilities". In: *Physical Review A* 65.2 (4. Jan. 2002), S. 022305.
36. Christopher A. Fuchs. *QBism, the Perimeter of Quantum Bayesianism*. 26. März 2010. arXiv:1003.5209 [quant-ph]. http://arxiv.org/abs/1003.5209 (besucht am 27.06.2024). Vorveröffentlichung.
37. Carl H. Brans. „Bell's Theorem Does Not Eliminate Fully Causal Hidden Variables". In: *Inter national Journal of Theoretical Physics* 27.2 (1. Feb. 1988), S. 219–226.
38. Michael J. W. Hall. „Local Deterministic Model of Singlet State Correlations Based on Relaxing Measurement Independence". In: *Physical Review Letters* 105.25 (16. Dez. 2010), S. 250404.
39. Sandro Donadi und Sabine Hossenfelder. „Toy Model for Local and Deterministic Wave Function Collapse". In: *Physical Review A* 106.2 (19. Aug. 2022), S. 022212.
40. *The Nobel Prize in Physics 1929*. NobelPrize.org. https://www.nobelprize.org/prizes/physics/1929/summary/ (besucht am 24.04.2024).
41. Claus Jönsson. „Elektroneninterferenzen an mehreren künstlich hergestellten Feinspalten". In: *Zeitschrift für Physik* 161.4 (1. Aug. 1961), S. 454–474.
42. Stefano Frabboni u. a. „The Young-Feynman Two-Slits Experiment with Single Electrons: Build up of the Interference Pattern and Arrival-Time Distribution Using a Fast-Readout Pixel Detec tor". In: *Ultramicroscopy* 116 (1. Mai 2012), S. 73–76.
43. H. W. Kroto u. a. „C60: Buckminsterfullerene". In: *Nature* 318.6042 (Nov. 1985), S. 162–163.
44. Markus Arndt u. a. „Wave-Particle Duality of C60 Molecules". In: *Nature* 401.6754 (6754 Okt. 1999), S. 680–682.
45. Olaf Nairz, Markus Arndt und Anton Zeilinger. „Quantum Interference Experiments with Large Molecules". In: *American Journal of Physics* 71.4 (1. Apr. 2003), S. 319–325.
46. *The Nobel Prize in Physics 1913*. NobelPrize.org. https://www.nobelprize.org/prizes/physics/1913/onnes/facts/ (besucht am 21.12.2023).
47. *The Nobel Prize in Physics 1972*. NobelPrize.org. https://www.nobelprize.org/prizes/physics/1972/summary/ (besucht am 01.05.2024).
48. *The Nobel Prize in Physics 1987*. NobelPrize.org. https://www.nobelprize.org/prizes/physics/1987/summary/ (besucht am 01.05.2024).
49. *The Nobel Prize in Physics 2001*. NobelPrize.org. https://www.nobelprize.org/prizes/physics/2001/summary/ (besucht am 01.05.2024).

50. Walther Gerlach und Otto Stern. „Der experimentelle Nachweis der Richtungsquantelung im Magnetfeld". In: *Zeitschrift für Physik* 9.1 (1. Dez. 1922), S. 349–352.
51. E. Schrödinger. „Die gegenwärtige Situation in der Quantenmechanik". In: *Naturwissenschaften* 23.48 (1. Nov. 1935), S. 807–812.
52. A. Einstein, B. Podolsky und N. Rosen. „Can Quantum-Mechanical Description of Physical Reality Be Considered Complete?" In: *Physical Review* 47.10 (15. Mai 1935), S. 777–780.
53. J. S. Bell. „On the Einstein Podolsky Rosen Paradox". In: *Physics Physique Fizika* 1.3 (1. Nov. 1964), S. 195–200.
54. John S. Bell. „On the Problem of Hidden Variables in Quantum Mechanics". In: *Reviews of Modern Physics* 38.3 (1. Juli 1966), S. 447–452.
55. Stuart J. Freedman und John F. Clauser. „Experimental Test of Local Hidden-Variable Theories". In: *Physical Review Letters* 28.14 (3. Apr. 1972), S. 938–941.
56. Alain Aspect, Philippe Grangier und Gérard Roger. „Experimental Tests of Realistic Local Theories via Bell's Theorem". In: *Physical Review Letters* 47.7 (17. Aug. 1981), S. 460–463.
57. Alain Aspect, Jean Dalibard und Gérard Roger. „Experimental Test of Bell's Inequalities Using Time-Varying Analyzers". In: *Physical Review Letters* 49.25 (20. Dez. 1982), S. 1804–1807.
58. B. Hensen u. a. „Loophole-Free Bell Inequality Violation Using Electron Spins Separated by 1.3 Kilometres". In: *Nature* 526.7575 (7575 Okt. 2015), S. 682–686.
59. Marissa Giustina u. a. „Significant-Loophole-Free Test of Bell's Theorem with Entangled Pho tons". In: *Physical Review Letters* 115.25 (16. Dez. 2015), S. 250401.
60. Lynden K. Shalm u. a. „Strong Loophole-Free Test of Local Realism". In: *Physical Review Letters* 115.25 (16. Dez. 2015), S. 250402.
61. *The Nobel Prize in Physics 2022*. NobelPrize.org. https://www.nobelprize.org/prizes/physics/2022/summary/ (besucht am 15.04.2024).
62. Tyler Vigen. *Per Capita Consumption of Margarine Correlates with The Divorce Rate in Maine (R = 0.993). Spurious Correlations.* https://www.tylervigen.com/spurious/correlation/5920_per-capita-consumption-of-margarine_correlates-with_the-divorce-rate-in-maine (besucht am 27.06.2024).
63. J. S. Bell. „Bertlmann's Socks and the Nature of Reality". In: *Le Journal de Physique Colloques* 42.C2 (März 1981), S. C2-41–C2-62.

Kap. 3

64. Anders Jonas Ångström. *Recherches Sur Le Spectre Solaire. Spectre Normal Du Soleil : Atlas de Six Planches.* Uppsala: Schultz, 1868.
65. William Hyde Wollaston. „XII. A Method of Examining Refractive and Dispersive Powers, by Prismatic Reflection". In: *Philosophical Transactions of the Royal Society of London* 92 (1802), S. 365–380.

66. Joseph von Fraunhofer. *Bestimmung des Brechungs- und Farbenzerstreuungsvermögens verschiede ner Glasarten in Bezug auf die Vervollkommnung achromatischer Fernröhre. Bd. 5.* Denkschriften der königlichen Akademie der Wissenschaften zu München für die Jahre 1814 und 1815. München, 1815.
67. Johannes Rydberg. *Recherches Sur La Constitution Des Spectres d'émission Des Éléments Chimi ques.* Bd. 23. 2. Stockholm: Kongliga Svenska Vetenskaps-Akademiens Handlingar, 1889.
68. *The Nobel Prize in Physics 1922.* NobelPrize.org. https://www.nobelprize.org/prizes/physics/1922/bohr/facts/ (besucht am 19.12.2023).
69. David P. DiVincenzo. „The Physical Implementation of Quantum Computation". In: *Fortschrit te der Physik* 48.9-11 (2000), S. 771–783.
70. J. Alnis u. a. „Subhertz Linewidth Diode Lasers by Stabilization to Vibrationally and Thermally Compensated Ultralow-Expansion Glass Fabry-Pérot Cavities". In: *Physical Review* A 77.5 (12. Mai 2008), S. 053809.
71. *The Nobel Prize in Physics 1997.* NobelPrize.org. https://www.nobelprize.org/prizes/physics/1997/summary/ (besucht am 21.04.2024).
72. Peter Lebedew. „Untersuchungen Über Die Druckkräfte Des Lichtes". In: *Annalen der Physik* 311.11 (1901), S. 433–458.
73. E. F. Nichols und G. F. Hull. „The Pressure Due to Radiation". In: *The Astrophysical Journal* 17 (1. Juni 1903), S. 315.
74. *The Nobel Prize in Physics 2018.* NobelPrize.org. https://www.nobelprize.org/prizes/physics/2018/summary/ (besucht am 14.06.2024).
75. A. Ashkin. „Acceleration and Trapping of Particles by Radiation Pressure". In: *Physical Review Letters* 24.4 (26. Jan. 1970), S. 156–159.
76. J. I. Cirac und P. Zoller. „Quantum Computations with Cold Trapped Ions". In: *Physical Review Letters* 74.20 (15. Mai 1995), S. 4091–4094.
77. Irka Hajdas u. a. „Radiocarbon Dating". In: *Nature Reviews Methods Primers* 1.1 (9. Sep. 2021), S. 1–26.
78. Michael Faraday. „VI. Experimental Researches in Electricity.-Seventh Series". In: *Philosophical Transactions of the Royal Society of London* 124 (1834), S. 77–122.
79. *The Nobel Prize in Chemistry 1903.* NobelPrize.org. https://www.nobelprize.org/prizes/chemistry/1903/summary/ (besucht am 02.06.2024).
80. S. Earnshaw. „On the Nature of the Molecular Forces Which Regulate the Constitution of the Luminiferous Ether". In: *Transactions of the Cambridge Philosophical Society* 7 (1. Jan. 1848), S. 97.
81. Dr Wolfgang Paul und Dr Helmut Steinwedel. „Verfahren Zur Trennung Bzw. Zum Getrennten Nachweis von Ionen Verschiedener Spezifischer Ladung". Dt. Pat. 944900C. Wolfgang Paul Dr Ing. 28. Juni 1956.
82. *Curriculum Vitae Prof. Dr. Wolfgang Paul.* https://www.leopoldina.org/fileadmin/redaktion/Mitglieder/CV_Paul_Wolfgang_D.pdf (besucht am 14.06.2024).
83. *The Nobel Prize in Physics 1989.* NobelPrize.org. https://www.nobelprize.org/prizes/physics/1989/paul/facts/ (besucht am 20.12.2023).

84. *The Nobel Prize in Physics 1944.* NobelPrize.org. https://www.nobelprize.org/prizes/physics/1944/summary/ (besucht am 21.12.2023).
85. *The Nobel Prize in Physics 1913.* NobelPrize.org. https://www.nobelprize.org/prizes/physics/1913/onnes/facts/ (besucht am 21.12.2023).
86. A. Yu Kitaev. „Quantum Computations: Algorithms and Error Correction". In: *Russian Ma thematical Surveys* 52.6 (31. Dez. 1997), S. 1191.
87. C.M. Dawson und M.A. Nielsen. „The Solovay-Kitaev Algorithm". In: *Quantum Information and Computation* 6.1 (Jan. 2006), S. 81–95.
88. Ferdinand Schmidt-Kaler u. a. „Realization of the Cirac-Zoller Controlled-NOT Quantum Gate". In: *Nature* 422.6930 (6930 März 2003), S. 408–411.
89. NASA Exoplanet Science Institute. „Planetary Systems Composite Table". In: (2020).
90. *Lidschlag.* In: 2024.
91. Colin D. Bruzewicz u. a. „Trapped-Ion Quantum Computing: Progress and Challenges". In: *Applied Physics Reviews* 6.2 (1. Juni 2019), S. 021314.
92. *Quantum Startup Atom Computing First to Exceed 1000 Qubits.* 24. Okt. 2023. https://atom-computing.com/quantum-startup-atom-computing-first-to-exceed-1000-qubits/.
93. *IBM Quantum System Two: The Era of Quantum Utility Is Here | IBM Quantum Computing Blog.* https://www.ibm.com/quantum/blog/quantum-roadmap-2033 (besucht am 04.07.2024).
94. M. Malinowski, D.T.C. Allcock und C.J. Ballance. „How to Wire a 1000 - Qubit Trapped-Ion Quantum Computer". In: *PRX Quantum* 4.4 (19. Okt. 2023), S. 040313.
95. *Quantinuum Launches Industry-First, Trapped-Ion 56-Qubit Quantum Computer, Breaking Key Benchmark Record.* 2024. https://www.quantinuum.com/news/quantinuum-launches-industry-first-trapped-ion-56-qubit-quantum-computer-that-challenges-the-worlds-best-supercomputers (besucht am 04.07.2024).
96. *IONQ Tempo - A Paradigm Shifting Quantum Computer.* 2024. https://ionq.com/quantum-systems/tempo (besucht am 04.07.2024).
97. Andrew W. Cross u. a. „Validating Quantum Computers Using Randomized Model Circuits". In: *Physical Review A* 100.3 (20. Sep. 2019), S. 032328.
98. *Quantum Volume.* In: Wikipedia. 1. Juli 2024.
99. Hannes Bernien u. a. „Probing Many-Body Dynamics on a 51-Atom Quantum Simulator". In: *Nature* 551.7682 (7682 Nov. 2017), S. 579–584.
100. Dolev Bluvstein u. a. „Logical Quantum Processor Based on Reconfigurable Atom Arrays". In: *Nature* (6. Dez. 2023), S. 1–3.
101. *PsiQuantum – Building the World's First Useful Quantum Computer.* 2024. https://www.psiquantum.com/ (besucht am 04.07.2024).
102. *Quantenpunkt.* In: Wikipedia. 30. Juni 2024.
103. *Quantenpunkte im Rampenlicht – Weshalb Ihr TV-Bildschirm heute so richtig gut aussieht.* Schwei zer Radio und Fernsehen (SRF). 4. Okt. 2023. https://www.srf.ch/wissen/forschung-nobelpreise/quantenpunkte-im-rampenlicht-weshalb-ihr-tv-bildschirm-heute-so-richtig-gut-aussieht (besucht am 04.07.2024).

104. Daniel Loss und David P. DiVincenzo. „Quantum Computation with Quantum Dots". In: *Physical Review A* 57.1 (1. Jan. 1998), S. 120–126.
105. *Spin Qubit Quantum Computer*. In: Wikipedia. 20. Juni 2024.
106. Stephan G. J. Philips u. a. „Universal Control of a Six-Qubit Quantum Processor in Silicon". In: *Nature* 609.7929 (Sep. 2022), S. 919–924.
107. Kenta Takeda u. a. „Quantum Tomography of an Entangled Three-Qubit State in Silicon". In: *Nature Nanotechnology* 16.9 (Sep. 2021), S. 965–969.
108. Marcus W. Doherty u. a. „The Nitrogen-Vacancy Colour Centre in Diamond". In: *Physics Reports. The Nitrogen-Vacancy Colour Centre in Diamond* 528.1 (1. Juli 2013), S. 1–45.
109. *NV Center | Quantum Sensing Lab | University of Basel*. 2024. https://quantum-sensing.physik.unibas.ch/en/research/nv-center/ (besucht am 04.07.2024).
110. Maximilian Ruf u. a. „Quantum Networks Based on Color Centers in Diamond". In: *Journal of Applied Physics* 130.7 (21. Aug. 2021), S. 070901.

Kap. 4

111. James E. Tomayko. *Computers in Spaceflight: The NASA Experience*. NAS 1.26:182505. 3. Aug. 1987.
112. Graham Kendall. *Would Your Mobile Phone Be Powerful Enough to Get You to the Moon?* The Conversation. 1. Juli 2019. http://theconversation.com/would-your-mobile-phone-be-powerful-enough-to-get-you-to-the-moon-115933 (besucht am 02.07.2024).
113. Gordon E. Moore. „Cramming More Components onto Integrated Circuits". In: Electronics Magazine (19. Apr. 1965).
114. Donald Ervin Knuth. *The Art of Computer Programming. 1: Fundamental Algorithms*. 2. ed., 7. print. Reading, Mass: Addison-Wesley, 1982. 634 S.
115. E. M. Stoudenmire und Xavier Waintal. Grover's Algorithm Offers No Quantum Advantage. 20. März 2023. arXiv: 2303.11317. http://arxiv.org/abs/2303.11317. Vorveröffentlichung.
116. John Preskill. „Quantum Computing in the NISQ Era and Beyond". In: *Quantum* 2 (6. Aug. 2018), S. 79.
117. P.W. Shor. „Fault-Tolerant Quantum Computation". In: *Proceedings of 37th Conference on Foundations of Computer Science*. Proceedings of 37th Conference on Foundations of Computer Science. Okt. 1996, S. 56–65.
118. D. Aharonov und M. Ben-Or. „Fault-Tolerant Quantum Computation with Constant Error". In: *Proceedings of the Twenty-Ninth Annual ACM Symposium on Theory of Computing*. STOC'97. New York, NY, USA: Association for Computing Machinery, 4. Mai 1997, S. 176–188.
119. Emanuel Knill, Raymond Laflamme und Wojciech H. Zurek. „Resilient Quantum Computation". In: *Science* 279.5349 (16. Jan. 1998), S. 342–345.
120. Alan Edelman. „The Mathematics of the Pentium Division Bug". In: *SIAM Review* 39.1 (Jan. 1997), S. 54–67.

121. Dolev Bluvstein u. a. „Logical Quantum Processor Based on Reconfigurable Atom Arrays". In: *Nature* (6. Dez. 2023), S. 1–3.
122. Google Quantum AI u. a. „Suppressing Quantum Errors by Scaling a Surface Code Logical Qubit". In: *Nature* 614.7949 (23. Feb. 2023), S. 676–681.
123. Peter W. Shor. „Polynomial-Time Algorithms for Prime Factorization and Discrete Logarithms on a Quantum Computer". In: *SIAM Review* 41.2 (Jan. 1999), S. 303–332.
124. Gaius Suetonius Tranquillus. *De Vita Caesarum*. Roman Empire, 121.
125. Steven M. Bellovin. „Frank Miller: Inventor of the One-Time Pad". In: *Cryptologia* 35.3 (1. Juli 2011), S. 203–222.
126. C. E. Shannon. „Communication Theory of Secrecy Systems". In: *The Bell System Technical Journal* 28.4 (Okt. 1949), S. 656–715.
127. R. L. Rivest, A. Shamir und L. Adleman. „A Method for Obtaining Digital Signatures and Public-Key Cryptosystems". In: *Communications of the ACM* 21.2 (1. Feb. 1978), S. 120–126.
128. Planck Collaboration u. a. „Planck 2015 Results. XIII. Cosmological Parameters". In: *Astronomy and Astrophysics* 594 (1. Sep. 2016), A13.
129. P.W. Shor. „Algorithms for Quantum Computation: Discrete Logarithms and Factoring". In: *Proceedings 35th Annual Symposium on Foundations of Computer Science*. Proceedings 35th Annual Symposium on Foundations of Computer Science. Nov. 1994, S. 124–134.
130. Peter W. Shor. „Polynomial-Time Algorithms for Prime Factorization and Discrete Logarithms on a Quantum Computer". In: *SIAM Journal on Computing* 26.5 (Okt. 1997), S. 1484–1509.
131. Élie Gouzien und Nicolas Sangouard. „Factoring 2048-Bit RSA Integers in 177 Days with 13 436 Qubits and a Multimode Memory". In: *Physical Review Letters* 127.14 (28. Sep. 2021), S. 140503.
132. Craig Gidney und Martin Ekerå. „How to Factor 2048 Bit RSA Integers in 8 Hours Using 20 Million Noisy Qubits". In: *Quantum* 5 (15. Apr. 2021), S. 433.
133. Enrique Martín-López u. a. „Experimental Realization of Shor's Quantum Factoring Algorithm Using Qubit Recycling". In: *Nature Photonics* 6.11 (11 Nov. 2012), S. 773–776.
134. Frank Arute u. a. „Quantum Supremacy Using a Programmable Superconducting Processor". In: *Nature* 574.7779 (7779 Okt. 2019), S. 505–510.
135. Edwin Pednault u. a. *Leveraging Secondary Storage to Simulate Deep 54-Qubit Sycamore Cir cuits*. 22. Okt. 2019. arXiv: 1910.09534. http://arxiv.org/abs/1910.09534. Vorveröffentlichung.
136. J. Ignacio Cirac u. a. „Matrix Product States and Projected Entangled Pair States: Concepts, Symmetries, Theorems". In: *Reviews of Modern Physics* 93.4 (17. Dez. 2021), S. 045003.
137. I. V. Oseledets. „Tensor-Train Decomposition". In: *SIAM Journal on Scientific Computing* 33.5 (Jan. 2011), S. 2295–2317.
138. M B Hastings. „An Area Law for One-Dimensional Quantum Systems". In: *Journal of Statistical Mechanics: Theory and Experiment* 2007.08 (2007), P08024.

139. Iordanis Kerenidis und Anupam Prakash. *Quantum Recommendation Systems.* 22. Sep. 2016. arXiv: 1603.08675. http://arxiv.org/abs/1603.08675. Vorveröffentlichung.
140. András Gilyén, Seth Lloyd und Ewin Tang. *Quantum-Inspired Low-Rank Stochastic Regression with Logarithmic Dependence on the Dimension.* 12. Nov. 2018. arXiv: 1811.04909 [quant-ph]. http://arxiv.org/abs/1811.04909. Vorveröffentlichung.
141. Ewin Tang. „A Quantum-Inspired Classical Algorithm for Recommendation Systems". In: *Proceedings of the 51st Annual ACM SIGACT Symposium on Theory of Computing.* STOC 2019. New York, NY, USA: Association for Computing Machinery, 23. Juni 2019, S. 217–228.
142. Nai-Hui Chia u. a. „Sampling-Based Sublinear Low-Rank Matrix Arithmetic Framework for Dequantizing Quantum Machine Learning". In: *Proceedings of the 52nd Annual ACM SIG ACT Symposium on Theory of Computing.* STOC 2020. New York, NY, USA: Association for Computing Machinery, 22. Juni 2020, S. 387–400.
143. Ewin Tang. „Quantum Principal Component Analysis Only Achieves an Exponential Speedup Because of Its State Preparation Assumptions". In: *Physical Review Letters* 127.6 (4. Aug. 2021), S. 060503.
144. Yunchao Liu, Srinivasan Arunachalam und Kristan Temme. „A Rigorous and Robust Quantum Speed-up in Supervised Machine Learning". In: *Nature Physics* 17.9 (Sep. 2021), S. 1013–1017.
145. Casper Gyurik und Vedran Dunjko. *Exponential Separations between Classical and Quantum Learners.* 28. Juni 2023. arXiv: 2306.16028 [quant-ph]. http://arxiv.org/abs/2306.16028 (besucht am 20. 06. 2024). Vorveröffentlichung.
146. Aram W. Harrow, Avinatan Hassidim und Seth Lloyd. „Quantum Algorithm for Linear Systems of Equations". In: *Physical Review Letters* 103.15 (7. Okt. 2009), S. 150502.
147. Scott Aaronson. „Read the Fine Print". In: *Nature Physics* 11.4 (Apr. 2015), S. 291–293.
148. Torsten Hoefler, Thomas Häner und Matthias Troyer. „Disentangling Hype from Practicality: On Realistically Achieving Quantum Advantage". In: *Communications of the ACM* 66.5 (Mai 2023), S. 82–87.
149. Charles H. Bennett u. a. „Strengths and Weaknesses of Quantum Computing". In: *SIAM Journal on Computing* 26.5 (Okt. 1997), S. 1510–1523.
150. Scott Aaronson. *BQP and the Polynomial Hierarchy.* 25. Okt. 2009. arXiv: 0910.4698 [quant-ph]. http://arxiv.org/abs/0910.4698 (besucht am 20. 06. 2024). Vorveröffentlichung.

Kap. 5

151. *Simulation – Schreibung, Definition, Bedeutung, Etymologie, Synonyme, Beispiele.* DWDS. 7. Nov. 2018. https://www.dwds.de/wb/Simulation (besucht am 14.06.2024).

152. *Simulation*. In: Wikipedia. 21. Mai 2024.
153. *The Nobel Prize in Physics 1933*. NobelPrize.org. https://www.nobelprize.org/prizes/physics/1933/summary/ (besucht am 12.06.2024).
154. *List of Quantum-Mechanical Systems with Analytical Solutions*. In: Wikipedia. 10. Apr. 2023.
155. D. Jaksch u. a. „Cold Bosonic Atoms in Optical Lattices". In: *Physical Review Letters* 81.15 (12. Okt. 1998), S. 3108–3111.
156. *The Nobel Prize in Physics 2001 - NobelPrize.Org*. https://www.nobelprize.org/prizes/physics/2001/summary/ (besucht am 18.06.2024).
157. Matthew P. A. Fisher u. a. „Boson Localization and the Superfluid-Insulator Transition". In: *Physical Review B* 40.1 (1. Juli 1989), S. 546–570.
158. Immanuel Bloch, Jean Dalibard und Sylvain Nascimbène. „Quantum Simulations with Ultracold Quantum Gases". In: *Nature Physics* 8.4 (4 Apr. 2012), S. 267–276.
159. R. Blatt und C. F. Roos. „Quantum Simulations with Trapped Ions". In: *Nature Physics* 8.4 (4 Apr. 2012), S. 277–284.
160. Pierre Barthelemy und Lieven M. K. Vandersypen. „Quantum Dot Systems: A Versatile Platform for Quantum Simulations". In: *Annalen der Physik* 525.10-11 (2013), S. 808–826.
161. Andrew A. Houck, Hakan E. Türeci und Jens Koch. „On-Chip Quantum Simulation with Superconducting Circuits". In: *Nature Physics* 8.4 (Apr. 2012), S. 292–299.
162. Alán Aspuru-Guzik und Philip Walther. „Photonic Quantum Simulators". In: *Nature Physics* 8.4 (Apr. 2012), S. 285–291.
163. Ehud Altman u. a. „Quantum Simulators: Architectures and Opportunities". In: *PRX Quantum* 2.1 (24. Feb. 2021), S. 017003.
164. *The Nobel Prize in Physics 1987*. NobelPrize.org. https://www.nobelprize.org/prizes/physics/1987/summary/ (besucht am 01.05.2024).
165. J. G. Bednorz und K. A. Müller. „Possible highTc Superconductivity in the Ba-La-Cu-O System". In: *Zeitschrift für Physik B Condensed Matter* 64.2 (1. Juni 1986), S. 189–193.
166. Hiroshi Maeda u. a. „A New High-Tc Oxide Superconductor without a Rare Earth Element". In: *Japanese Journal of Applied Physics* 27 (2A 1. Feb. 1988), S. L209.
167. M. K. Wu u. a. „Superconductivity at 93 K in a New Mixed-Phase Y-Ba-Cu-O Compound System at Ambient Pressure". In: *Physical Review Letters* 58.9 (2. März 1987), S. 908–910.
168. P. Dai u. a. „Synthesis and Neutron Powder Diffraction Study of the Superconductor Hg Ba2Ca2Cu3O8 + δ by Tl Substitution". In: *Physica C: Superconductivity* 243.3 (1. März 1995), S. 201–206.
169. *The Nobel Prize in Physics 1972*. NobelPrize.org. https://www.nobelprize.org/prizes/physics/1972/summary/ (besucht am 01.05.2024).
170. Waseem S. Bakr u. a. „A Quantum Gas Microscope for Detecting Single Atoms in a Hubbard regime Optical Lattice". In: *Nature* 462.7269 (Nov. 2009), S. 74–77.

171. Jacob F. Sherson u. a. „Single-Atom-Resolved Fluorescence Imaging of an Atomic Mott Insula tor". In: *Nature* 467.7311 (Sep. 2010), S. 68–72.
172. Daniel Barredo u. a. „Synthetic Three-Dimensional Atomic Structures Assembled Atom by Atom". In: *Nature* 561.7721 (Sep. 2018), S. 79–82.
173. S. Ebadi u. a. „Quantum Optimization of Maximum Independent Set Using Rydberg Atom Arrays". In: *Science* 376.6598 (10. Juni 2022), S. 1209–1215.

Kap. 6

174. S. Langenfeld u. a. „A Quantum Repeater Node Demonstrating Unconditionally Secure Key Distribution". In: *Physical Review Letters* 126.23 (11. Juni 2021), S. 230506.
175. Yuta Tsuchimoto u. a. „Large-Bandwidth Transduction between an Optical Single Quantum Dot Molecule and a Superconducting Resonator". In: *PRX Quantum* 3.3 (9. Sep. 2022), S. 030336.
176. W. K. Wootters und W. H. Zurek. „A Single Quantum Cannot Be Cloned". In: *Nature* 299.5886 (5886 Okt. 1982), S. 802–803.
177. Stephanie Wehner, David Elkouss und Ronald Hanson. „Quantum Internet: A Vision for the Road Ahead". In: *Science* 362.6412 (19. Okt. 2018), eaam9288.
178. Nicolas Sangouard u. a. „Quantum Repeaters Based on Atomic Ensembles and Linear Optics". In: *Reviews of Modern Physics* 83.1 (21. März 2011), S. 33–80.
179. H.-J. Briegel u. a. „Quantum Repeaters: The Role of Imperfect Local Operations in Quantum Communication". In: *Physical Review Letters* 81.26 (28. Dez. 1998), S. 5932–5935.
180. Zhen-Sheng Yuan u. a. „Experimental Demonstration of a BDCZ Quantum Repeater Node". In: *Nature* 454.7208 (7208 Aug. 2008), S. 1098–1101.
181. Charles H. Bennett u. a. „Purification of Noisy Entanglement and Faithful Teleportation via Noisy Channels". In: *Physical Review Letters* 76.5 (29. Jan. 1996), S. 722–725.
182. Charles H. Bennett u. a. „Concentrating Partial Entanglement by Local Operations". In: *Physical Review A* 53.4 (1. Apr. 1996), S. 2046–2052.
183. Marketing. *IDQ Celebrates 10-Year Anniversary of the World's First Real-Life Quantum Crypto graphy Installation*. ID Quantique. 23. Nov. 2017. https://www.idquantique.com/idq-celebrates-10-year-anniversary-of-the-worlds-first-real-life-quantum-cryptography-installation/ (besucht am 14.04.2024).
184. Charles H. Bennett und Gilles Brassard. „Quantum Cryptography: Public Key Distribution and Coin Tossing". In: *Theoretical Computer Science*. Theoretical Aspects of Quantum Cryptography – Celebrating 30 Years of BB84 560 (4. Dez. 2014), S. 7–11.
185. Chi-Hang Fred Fung u. a. „Phase-Remapping Attack in Practical Quantum-Key-Distribution Systems". In: *Physical Review A* 75.3 (12. März 2007), S. 032314.
186. Feihu Xu, Bing Qi und Hoi-Kwong Lo. „Experimental Demonstration of Phase-Remapping Attack in a Practical Quantum Key Distribution System". In: *New Journal of Physics* 12.11 (Nov. 2010), S. 113026.

187. Lars Lydersen u. a. „Hacking Commercial Quantum Cryptography Systems by Tailored Bright Illumination". In: *Nature Photonics* 4.10 (Okt. 2010), S. 686–689.
188. Artur K. Ekert. „Quantum Cryptography Based on Bell's Theorem". In: *Physical Review Letters* 67.6 (5. Aug. 1991), S. 661–663.
189. Won-Young Hwang. „Quantum Key Distribution with High Loss: Toward Global Secure Com munication". In: *Physical Review Letters* 91.5 (1. Aug. 2003), S. 057901.
190. Charles H. Bennett u. a. „Experimental Quantum Cryptography". In: *Journal of Cryptology* 5.1 (1. Jan. 1992), S. 3–28.
191. A. Muller, J. Breguet und N. Gisin. „Experimental Demonstration of Quantum Cryptography Using Polarized Photons in Optical Fibre over More than 1 Km". In: *Europhysics Letters* 23.6 (Aug. 1993), S. 383.
192. A. Muller, H. Zbinden und N. Gisin. „Quantum Cryptography over 23 Km in Installed Under Lake Telecom Fibre". In: *Europhysics Letters* 33.5 (10. Feb. 1996), S. 335.
193. B. C. Jacobs und J. D. Franson. „Quantum Cryptography in Free Space". In: *Optics Letters* 21.22 (15. Nov. 1996), S. 1854–1856.
194. W. T. Buttler u. a. „Practical Free-Space Quantum Key Distribution over 1 Km". In: *Physical Review Letters* 81.15 (12. Okt. 1998), S. 3283–3286.
195. Cheng-Zhi Peng u. a. „Experimental Long-Distance Decoy-State Quantum Key Distribution Based on Polarization Encoding". In: *Physical Review Letters* 98.1 (5. Jan. 2007), S. 010505.
196. Tobias Schmitt-Manderbach u. a. „Experimental Demonstration of Free-Space Decoy-State Quantum Key Distribution over 144 Km". In: *Physical Review Letters* 98.1 (5. Jan. 2007), S. 010504.
197. Sebastian Nauerth u. a. „Air-to-Ground Quantum Communication". In: *Nature Photonics* 7.5 (5 Mai 2013), S. 382–386.
198. Jian-Yu Wang u. a. „Direct and Full-Scale Experimental Verifications towards Ground-Satellite Quantum Key Distribution". In: *Nature Photonics* 7.5 (5 Mai 2013), S. 387–393.
199. Sheng-Kai Liao u. a. „Satellite-to-Ground Quantum Key Distribution". In: *Nature* 549.7670 (7670 Sep. 2017), S. 43–47.
200. Sheng-Kai Liao u. a. „Satellite-Relayed Intercontinental Quantum Network". In: *Physical Review Letters* 120.3 (19. Jan. 2018), S. 030501.
201. Information Technology Laboratory Computer Security Division. *Post-Quantum Cryptography Standardization – Post-Quantum Cryptography | CSRC | CSRC*. CSRC | NIST. 3. Jan. 2017. https://csrc.nist.gov/projects/post-quantum-cryptography/post-quantum-cryptography-standardization (besucht am 26.09.2023)

Kap. 7

202. *GPS.Gov: GPS Accuracy*. https://www.gps.gov/systems/gps/performance/accuracy/ (besucht am 03.07.2024).

203. B. P. Abbott u. a. „Observation of Gravitational Waves from a Binary Black Hole Merger". In: *Physical Review Letters 116.6* (11. Feb. 2016), S. 061102.
204. *The Nobel Prize in Physics 2017.* NobelPrize.org. https://www.nobelprize.org/prizes/physics/2017/summary/ (besucht am 03.07.2024).
205. Albert Einstein. „Über Gravitationswellen". In: Sitzungsberichte der Königlich Preussischen Akademie der Wissenschaften (1. Jan. 1918), S. 154–167.
206. The LIGO Scientific Collaboration u. a. „Advanced LIGO". In: Classical and Quantum Gravity 32.7 (März 2015), S. 074001.
207. Vittorio Giovannetti, Seth Lloyd und Lorenzo Maccone. „Advances in Quantum Metrology". In: Nature Photonics 5.4 (Apr. 2011), S. 222–229.
208. R. C. Jaklevic u. a. „Quantum Interference Effects in Josephson Tunneling". In: Physical Review Letters 12.7 (17. Feb. 1964), S. 159–160.
209. The Nobel Prize in Physics 1973. NobelPrize.org. https://www.nobelprize.org/prizes/physics/1973/summary/ (besucht am 02.06.2024).
210. Vincent Ménoret u. a. „Gravity Measurements below 10^{-9} g with a Transportable Absolute Quantum Gravimeter". In: Scientific Reports 8.1 (17. Aug. 2018), S. 12300.
211. Steve Bush. Quantum Navigation Components Demonstrated in Flight. Electronics Weekly. 12. Mai 2024. https://www.electronicsweekly.com/news/research-news/quantum-navigation-demonstrated-in-flight-2024-05/ (besucht am 07.07.2024).

Kap. 8

212. *Quantum Technology Sees Record Investments, Progress on Talent Gap.* 2023. url: https://www.mckinsey.com/capabilities/mckinsey-digital/our-insights/quantum-technology sees-record-investments-progress-on-talent-gap.
213. Seth Lloyd. „Rolf Landauer (1927–99): Head and Heart of the Physics of Information". In: *Nature* 400.6746 (Aug. 1999), S. 720–720.
214. Peter W. Shor. „Scheme for Reducing Decoherence in Quantum Computer Memory". In: *Physical Review A* 52.4 (1. Okt. 1995), R2493–R2496.
215. A. M. Steane. „Error Correcting Codes in Quantum Theory". In: *Physical Review Letters* 77.5 (29. Juli 1996), S. 793–797.
216. Dolev Bluvstein u. a. „Logical Quantum Processor Based on Reconfigurable Atom Arrays". In: *Nature* 626.7997 (1. Feb. 2024), S. 58–65.
217. Lukas Postler u. a. „Demonstration of Fault-Tolerant Universal Quantum Gate Operations". In: *Nature* 605.7911 (26. Mai 2022), S. 675–680.
218. M. P. da Silva u. a. *Demonstration of Logical Qubits and Repeated Error Correction with Better-than-Physical Error Rates.* Version 2. 2024. url: https://arxiv.org/abs/2404.02280 (besucht am 03. 07. 2024). Vorveröffentlichung.
219. Google Quantum AI u. a. „Suppressing Quantum Errors by Scaling a Surface Code Logical Qubit". In: *Nature* 614.7949 (23. Feb. 2023), S. 676–681.

220. Sèbastien Gleyzes u. a. „Quantum Jumps of Light Recording the Birth and Death of a Photon in a Cavity". In: *Nature* 446.7133 (März 2007), S. 297–300.
221. S. Trotzky u. a. „Probing the Relaxation towards Equilibrium in an Isolated Strongly Correlated One-Dimensional Bose Gas". In: *Nature Physics* 8.4 (Apr. 2012), S. 325–330.
222. B. C. Nichol u. a. „An Elementary Quantum Network of Entangled Optical Atomic Clocks". In: *Nature* 609.7928 (22. Sep. 2022), S. 689–694.
223. J. Aasi u. a. „Enhanced Sensitivity of the LIGO Gravitational Wave Detector by Using Squeezed States of Light". In: *Nature Photonics* 7.8 (Aug. 2013), S. 613–619.
224. Ziyun Yu u. a. Non-Invasive Magnetocardiography of Living Rat Based on Diamond QuantumSensor. 3. Mai 2024. arXiv: 2405.02376 [physics, physics:quant-ph]. url: http://arxiv.org/abs/2405.02376 (besucht am 22. 05. 2024). Vorveröffentlichung.
225. Nabeel Aslam u. a. „Quantum Sensors for Biomedical Applications". In: *Nature Reviews Physics* 5.3 (3. Feb. 2023), S. 157–169.

MIX
Papier aus verantwortungsvollen Quellen
Paper from responsible sources
FSC® C105338

If you have any concerns about our products,
you can contact us on
ProductSafety@springernature.com

In case Publisher is established outside the EU,
the EU authorized representative is:
**Springer Nature Customer Service Center GmbH
Europaplatz 3, 69115 Heidelberg, Germany**

Printed by Libri Plureos GmbH
in Hamburg, Germany